全国建设行业职业教育任务引领型规划教材

建筑与装饰工程量计算

（工程造价专业适用）

主编　邵怀宇　丁　梅
主审　顿志林　周晨霞

中国建筑工业出版社

图书在版编目（CIP）数据

建筑与装饰工程量计算/邵怀宇，丁梅主编．—北京：中国建筑工业出版社，2010.6

（全国建设行业职业教育任务引领型规划教材．工程造价专业适用）

ISBN 978-7-112-12209-7

Ⅰ.①建… Ⅱ.①邵…②丁… Ⅲ.①建筑工程-工程造价-计算方法②建筑装饰-工程造价-计算方法 Ⅳ.①TU723.3

中国版本图书馆CIP数据核字（2010）第125461号

全国建设行业职业教育任务引领型规划教材

建筑与装饰工程量计算

（工程造价专业适用）

主编 邵怀宇 丁 梅

主审 顿志林 周晨霞

*

中国建筑工业出版社出版、发行（北京西郊百万庄）

各地新华书店、建筑书店经销

北京嘉泰利德公司制版

北京建筑工业印刷厂印刷

*

开本：787×1092毫米 1/16 印张：23 字数：574千字

2010年9月第一版 2013年1月第三次印刷

定价：**38.00**元

ISBN 978-7-112-12209-7

（19471）

本书是根据住房和城乡建设部建筑与房地产经济管理专业指导委员会2008年制定的《工程造价专业整体改革方案》和审定的《建筑与装饰工程量计算》课程标准、编写大纲的要求，依据目前最新《建设工程工程量清单计价规范》(GB 50500—2008)、《建筑工程建筑面积计算规范》(GB/T 50353—2005)、《全国统一建筑工程预算工程量计算规则》以及地方定额等规定编写的。

本书共有19项任务：学习工程量计算基础知识，建筑面积计算，土（石）方工程量计算，桩与地基基础工程量计算，砌筑工程量计算，混凝土及钢筋混凝土工程量计算，厂库房大门、特种门、木结构工程量计算，金属结构工程量计算，屋面及防水工程量计算，防腐、隔热、保温工程量计算，建筑工程措施项目计算，楼地面工程量计算，墙、柱面工程量计算，顶棚工程量计算，门窗工程量计算，油漆、涂料、裱糊工程量计算，其他工程量计算，装饰装修工程措施项目计算，建筑与装饰工程量计算实例。

本书以识读图纸、实例计算、研讨与练习、巩固与提高、综合实训等形式，重点介绍定额、清单两种工程量计算方法及应用，坚持“教、学、做”相结合，理论与实践相结合，具有内容新颖、图文并茂、简明实用、可操作性强等特点。

本书可作为各级各类职业教育、自学考试、技术培训等教学和自学用书，也可作为工程造价人员工作参考用书。

* * *

责任编辑：张　晶　李　明
责任设计：赵明霞
责任校对：王雪竹

教材编审委员会名单

序　言

根据国务院《关于大力发展职业教育的决定》精神，结合职业教育形势的发展变化，2006年底，建设部第四届建筑与房地产经济专业指导委员会在工程造价、房地产经营与管理、物业管理三个专业中开始新一轮的整体教学改革。

本次整体教学改革从职业教育“技能型、应用型”人才培养目标出发，调整了专业培养目标和专业岗位群；以岗位职业工作分析为基础，以综合职业能力培养为引领，构建了由“职业素养”、“职业基础”、“职业工作”、“职业实践”和“职业拓展”五个模块构成的培养方案，开发出具有职教特色的专业课程。

专业指导委员会组织了相关委员学校的教研力量，根据调整后的专业培养目标定位对上述三个专业传统的教学内容进行了重新的审视，删减了部分理论性过强的教学内容，补充了大量的工作过程知识，把教学内容以“工作过程”为主线进行整合、重组，开发出一批“任务型”的教学项目，制定了课程标准，并通过主编工作会议，确定了教材编写大纲。

“任务引领型”教材与职业工作紧密结合，体现职业教育“工作过程系统化”课程的基本特征和“学习的内容是工作，在工作中实现学习”的教学内容、教学模式改革的基本思路，符合“技能型、应用型”人才培养规律和职业教育特点，适应目前职业院校学生的学习基础，值得向有关职业院校推荐使用。

建设部第四届建筑与房地产经济专业指导委员会

前　言

本书是以住房和城乡建设部建筑与房地产经济管理专业指导委员会2008年制定的《工程造价专业整体改革方案》和审定的《建筑与装饰工程量计算》课程标准与编写大纲为依据，结合国内建筑与装饰工程计量改革现状，在总结多年教学实践经验、广泛听取各方面建议、参考许多专业资料的基础上编写的。本书以《全国统一建筑工程预算工程量计算规则》、《建设工程工程量清单计价规范》（GB 50500—2008）为基础，以建筑与装饰工程量计算为主线，所涉及的识图、构造、施工等知识贯穿于其中，理论与实践相结合，"教、学、做"相结合，力求言简意赅，通俗易懂，简明实用，以适应职业教育教学改革发展的需要。

本书系任务引领型系列教材之一，是工程造价计价的核心技能课程，在学习《工程定额与计价方法》课程之后开设，为后续《建筑与装饰工程工程量清单报价书编制》、《建筑与装饰工程施工图预算编制》等课程学习奠定基础。

全书共19项任务，分为建筑工程量和装饰工程量计算两大部分，基本按《建设工程工程量清单计价规范》附录A、B中项目的排列顺序介绍定额工程量和清单工程量计算方法。本书可作为各级各类职业教育、自学考试、技术培训等教学和自学用书，也可作为工程造价人员参考用书。

本书力求贯彻职业教育"以职业实践为主线，以能力为本位，以就业为导向，以够用、实用为目标"的指导方针，在教材编写中打破学科课程体系，采用识读建筑图纸、实例计算、研讨与练习、巩固与提高等多种形式，坚持"教、学、做"相结合，通过全套图纸的综合实训，使学生能熟练地计算分部分项工程量，提高综合运用理论知识解决实际问题的能力，为满足学生职业生涯发展需要奠定基础。本书具有以下特点：

（1）本教材采用任务引领型课程模式，以能力为本位，打破了学科体系，围绕掌握职业能力提出课程相应的知识、技能，设计相应的实践活动。教材内容分为三个模块：①基础知识与识读图纸；②工程量计算规则与方法；③实例分析与计算。

（2）本教材编写时考虑到各地的具体情况和计算方法的不同，按最新标准、规范等规定，并结合地区定额，详细介绍了定额工程量和清单工程量两种计算方法，以适应目前定额计价与清单计价两种计价方式的需要。

（3）本教材选择许多典型的建筑与装饰工程实例，穿插大量的工程图片，图文并茂，通俗易懂，理论联系实际，切实提高学生的岗位技能。

（4）本教材设计了识读建筑图纸、研讨与练习、巩固与提高、综合实训等环节，有助于引导学生举一反三，学会自主学习，充分发挥学生的主体作用。

本书由河南省焦作建筑经济学校邵怀宇（高级讲师）、丁梅（注册造价工程师）任主编。具体分工是：任务1、2、8、9、10、11由丁梅编写，任务3、4、5、7由牛爱梅编写，任务6、19由石海霞编写，任务12、13、14、15由邵晓龙编写，任务16、

17、18 由邵怀宇编写。

本书由顿志林（教授）、周晨霞（注册造价工程师）任主审，并对本书的编写提出了许多建设性建议。本书还参考了许多文献资料，并得到了住房和城乡建设部建筑与房地产经济管理专业指导委员会的大力支持，在此一并表示衷心感谢。

由于编者水平有限，本书在编写内容和方法上难免有不当之处，热诚欢迎广大读者和同仁提出批评和建议。

目录
CONTENTS

任务1　学习工程量计算基础知识 …… 1
过程 1.1　计算工程量的意义、依据 …… 1
过程 1.2　工程量计算的方法和程序 …… 5
过程 1.3　识读建筑工程施工图 …… 10

任务2　建筑面积计算 …… 26
过程 2.1　建筑面积的相关概念 …… 26
过程 2.2　计算建筑面积 …… 29

任务3　土（石）方工程量计算 …… 55
过程 3.1　识读基础平面及剖面图 …… 55
过程 3.2　工程量清单项目设置及工程量计算规则 …… 59
过程 3.3　土方工程 …… 65
过程 3.4　石方工程 …… 71
过程 3.5　土石方回填 …… 72

任务4　桩与地基基础工程量计算 …… 75
过程 4.1　识读桩基础图 …… 75
过程 4.2　工程量清单项目设置及工程量计算规则 …… 78

过程 4.3　混凝土桩 …… 80
过程 4.4　其他桩 …… 86
过程 4.5　地基与边坡处理 …… 87

任务5　砌筑工程量计算 …… 89
过程 5.1　识读砌筑工程施工图 …… 89
过程 5.2　工程量清单项目设置及工程量计算规则 …… 92
过程 5.3　砖基础 …… 93
过程 5.4　砖砌体 …… 99
过程 5.5　砌块砌体 …… 104
过程 5.6　其他砌体工程 …… 106

任务6　混凝土及钢筋混凝土工程量计算 …… 117
过程 6.1　识读建筑结构图及相关标准图集 …… 117
过程 6.2　工程量清单项目设置及工程量计算规则 …… 122
过程 6.3　现浇混凝土构件 …… 123
过程 6.4　预制混凝土构件 …… 139
过程 6.5　钢筋工程及螺栓、铁件 …… 142
过程 6.6　混凝土构筑物 …… 158

任务7　厂库房大门、特种门、木结构工程量计算 …… 161
过程 7.1　工程量清单项目设置及工程量计算规则 …… 161
过程 7.2　厂库房大门、特种门 …… 163
过程 7.3　木屋架 …… 164
过程 7.4　木构件 …… 164

任务8　金属结构工程量计算 …… 166
过程 8.1　识读钢结构图 …… 166
过程 8.2　工程量清单项目设置及工程量计算规则 …… 168
过程 8.3　钢屋架、钢网架、钢托架、钢桁架 …… 170
过程 8.4　钢柱、钢梁 …… 172
过程 8.5　其他金属构件 …… 174

任务9　屋面及防水工程量计算 …… 179
过程 9.1　识读屋面平面图及构造做法 …… 179
过程 9.2　工程量清单项目设置及工程量计算规则 …… 181
过程 9.3　瓦、型材屋面 …… 185

过程 9.4　屋面防水 …… 187
过程 9.5　墙、地面防水、防潮 …… 191

任务10　防腐、隔热、保温工程量计算 …… 196
过程 10.1　识读建筑施工图及构造做法 …… 196
过程 10.2　工程量清单项目设置及工程量计算规则 …… 197
过程 10.3　防腐面层 …… 199
过程 10.4　其他防腐 …… 200
过程 10.5　隔热、保温 …… 201

任务11　建筑工程措施项目计算 …… 207
过程 11.1　混凝土、钢筋混凝土模板及支架 …… 207
过程 11.2　脚手架 …… 212
过程 11.3　垂直运输机械 …… 215

任务12　楼地面工程量计算 …… 217
过程 12.1　识读建筑施工图及构造做法 …… 217
过程 12.2　工程量清单项目设置及工程量计算规则 …… 218
过程 12.3　整体面层、块料面层 …… 220
过程 12.4　橡塑面层、其他面层 …… 224
过程 12.5　踢脚线、楼梯装饰、零星装饰项目 …… 226

任务13　墙、柱面工程量计算 …… 235
过程 13.1　识读建筑施工图及构造做法 …… 235
过程 13.2　工程量清单项目设置及工程量计算规则 …… 236
过程 13.3　墙、柱面抹灰 …… 237
过程 13.4　墙、柱面镶贴块料 …… 241
过程 13.5　墙、柱饰面 …… 244
过程 13.6　隔断、幕墙 …… 246

任务14　顶棚工程量计算 …… 251
过程 14.1　识读建筑施工图及构造做法 …… 251
过程 14.2　工程量清单项目设置及工程量计算规则 …… 252
过程 14.3　顶棚抹灰 …… 253
过程 14.4　顶棚吊顶及其他 …… 255

任务15　门窗工程量计算 ………………………………………… 261
过程 15. 1　识读建筑施工图及构造做法 …………………………… 261
过程 15. 2　工程量清单项目设置及工程量计算规则 ……………… 263
过程 15. 3　木门、金属门及其他门 ………………………………… 264
过程 15. 4　木窗、金属窗及其他 …………………………………… 268

任务16　油漆、涂料、裱糊工程量计算 ……………………………… 275
过程 16. 1　识读建筑施工图及构造做法 …………………………… 275
过程 16. 2　工程量清单项目设置及工程量计算规则 ……………… 276
过程 16. 3　油漆 …………………………………………………… 277
过程 16. 4　涂料 …………………………………………………… 284
过程 16. 5　裱糊 …………………………………………………… 286

任务17　其他工程量计算 ………………………………………… 291
过程 17. 1　识读建筑施工图及构造做法 …………………………… 291
过程 17. 2　工程量清单项目设置及工程量计算规则 ……………… 291

任务18　装饰装修工程措施项目计算 ……………………………… 296
过程 18. 1　施工技术措施费 ………………………………………… 296
过程 18. 2　施工组织措施费 ………………………………………… 298

任务19　建筑与装饰工程量计算实例 ……………………………… 299
过程 19. 1　某框架结构工程施工图 ………………………………… 299
过程 19. 2　建筑与装饰工程量计算实例 …………………………… 317

参考文献 ………………………………………………………… 356

任务1

学习工程量计算基础知识

工程量计算是工程造价计价的基础，是编制施工图预算和工程量清单报价书的核心技能，也是编制施工组织设计、安排施工进度、编制材料供应计划、进行统计工作和经济核算的重要依据；识读建筑工程施工图，可以全面、正确地了解设计内容，是工程量计算的基础。通过本部分学习使学生对工程量计算基础知识有概括、全面的了解，可以提高学生将“文字”转化为“图形”和将“图形”转化为“文字”的能力，为后续学习奠定基础。

过程1.1　计算工程量的意义、依据

1.1.1　正确计算工程量的意义

1. 工程量的概念

工程量是建筑安装工程中以物理计量单位或自然计量单位表示的各种具体工程或结构构件的数量。物理计量单位是以物体的物理属性为计量单位，一般是指以公制度量表示的长度、面积、体积、质量等的单位。自然计量单位是以施工对象本身自然组成情况为计量单位。自然计量单位有“个”、“台”、“樘”、“组”、“榀”等。

计量单位的确定规则为：

(1) 当物体长、宽、高三个方向的尺寸均变化不定时，应以“m^3”为计量单位，如土石方工程、砌筑工程、混凝土工程等。

(2) 当物体厚度一定，而面积不固定时，应以“m^2”为计量单位，如楼地面

工程、抹灰工程、屋面防水工程等。

(3) 当物体的截面有一定形状，但长度方向不固定时，应以“m”为计量单位，如扶手、栏杆、栏板、窗帘盒等。

(4) 当物体形体相同，但质量和价格差异很大，应以“kg”、“t”为计量单位，如金属结构构件、配件及制成品等。

(5) 有些项目可按“个”、“樘”、“套”、“座”等自然单位为计量单位，如水斗、水口、弯头、门、窗等。

2. 工程量计算的作用

工程量计算是根据施工图、预算定额（或计价规范）以及工程量计算规则，列出分项工程名称，列出计算式，最后计算出结果的过程。工程量计算的准确与否，将直接影响工程直接费，从而影响工程造价、材料数量、劳动力需求量以及机械台班消耗量。因此，准确计算工程量对正确确定工程造价，以及建设单位、施工企业和管理部门加强成本控制和内部管理，都具有重要的现实意义。

(1) 工程计价以工程量为基本依据，因此，工程量计算的准确与否，直接影响工程造价的准确性，以及工程建设的投资控制。

(2) 工程量是施工企业编制施工作业计划，合理安排施工进度、组织现场劳动力、材料以及机械的重要依据。

(3) 工程量是施工企业编制工程形象进度统计报表，向工程建设投资方结算工程价款的重要依据。

(4) 工程量是企业进行经济核算、加强成本控制和内部管理的重要依据。

3. 工程量计算精确度要求

(1) 以“t”为单位的，应保留三位小数，第四位四舍五入。

(2) 以“m^3”、“m^2”、“m”为单位的，应保留两位小数，第三位四舍五入。

(3) 以“项”、“个”、“套”、“樘”等为单位的，应取整数。

1.1.2 工程量的分类

1. 按不同工程量形态分类

由于工程所处的设计阶段不同，工程施工所采用的施工工艺、施工组织方法的不同，在反映工程造价时会有不同的工程量，具体可以划分为以下几类：

(1) 设计工程量。是指可行性研究阶段或初步设计阶段为编制设计概算而根据初步设计图纸计算出的工程量。它一般由图纸工程量和设计阶段扩大工程量组成。其中图纸工程量是按设计图纸的几何轮廓尺寸算出的。设计阶段扩大工程量是考虑设计工作的深度有限，有一定的误差，为留有余地而设置的工程量，它可根据分部分项工程的特点，以图纸工程量乘以系数求得。

(2) 施工超挖工程量。在施工过程中，由于生产工艺及产品质量的需要，往往需要进行一定的超挖，如土方工程中的放坡开挖，水利工程中的地基处理等，其施工超挖量的多少与施工方法、施工技术、管理水平及地质条件等因素有关。

(3) 施工附加量。是指为完成本项工程而必须增加的工程量。如小断面圆形隧洞为满足交通需要扩挖下部而增加的工程量；隧洞工程为满足交通、放炮的需要设置洞内错车道、避炮洞所增加的工程量；为固定钢筋网而增加的工程量等。

(4) 施工超填工程量。是指由于施工超挖量、施工附加量相应增加回填工程量。

(5) 施工损失量。包括：①体积变化损失量。如土石方填筑过程中的施工期沉陷而增加的工程量，混凝土体积收缩而增加的工程量等。②运输及操作损耗量。如混凝土、土石方在运输、操作过程中的损耗。③其他损耗量。如土石方填筑工程阶梯形施工后，按设计边坡要求的削坡损失工程量、接缝削坡损失工程量、混凝土防渗墙一、二期墙槽接头孔重复造孔及混凝土浇筑增加的工程量。

(6) 质量检查工程量。包括：①基础处理工程检查工程量。基础处理工程大多采用钻一定数量检查孔的方法进行质量检查。②其他检查工程量。如土石方填筑工程通常采用的挖试坑的方法来检查其填筑成品方的干密度。

(7) 试验工程量。如土石方工程为取得石料场爆破参数和土方碾压参数而进行的爆破试验、碾压试验而增加的工程量；为取得灌浆设计参数而专门进行的灌浆试验增加的工程量等。

(8) 措施项目工程量。为完成工程项目施工，发生于该工程施工前和施工过程中技术、生活、安全等方面的非工程实体项目的具体数量。如施工排水、降水工程量，大型机械进出场及安拆费工程量，现浇混凝土及预制混凝土构件模板工程量，脚手架搭拆工程量等。

以上工程量的分类，主要是为理解工程量计算规则及准确报价服务的，因为在不同的定额及计算规则中有不同的规定，有些已列入现行定额中，有些有计入范围的限制，有些需单列项目计算，这些在后续学习工程量计算规则时应予以注意。

2. 按不同计算规则分类

工程造价计价方式有两类：①定额计价模式。它是依据由国家或国家授权的地方工程造价管理部门编制的定额规定的分部分项子目，逐项计算工程量，套用预算定额单价（或单位估价表）确定直接费，然后按规定的取费标准确定间接费、利润和税金，汇总后即为工程造价。②工程量清单计价模式。它是招标人提供工程量清单，投标人根据招标文件、工程量清单等内容，结合本企业的实际情况自主报价，并据此签订合同价款，进行工程结算的计价活动。

由于两类计价方式的工程量计算规划不同，工程量可以分为两类：

(1) 清单工程量。按《建设工程工程量清单计价规范》GB 50500—2008 附录中的工程量计算规则计算的工程量。

(2) 定额工程量。按《全国统一建筑工程预算工程量计算规则》或当地预算定额中的工程量计算规则计算的工程量。

两类工程量的根本区别，在于其分项特征与内涵不同，而两类工程量又有紧密的关系，定额工程量是清单工程量的基础，或者说定额工程量是构成清单工程量的基本要素。清单工程量，是按工程实体设计净尺寸计算的工程量；而定额工程量是在工程实体工程量净值的基础上，另加上施工操作、施工技术、施工必需条件等需要的预留量，即施工过程超挖工程量、超填工程量、施工损失量等工程量。

1.1.3 工程量计算的一般原则

1. 计算口径要一致

计算工程量时，根据施工图列出的分项工程所包括的工作内容和范围，必须与所套预算定额中相应分项工程的口径一致。例如钢筋砖过梁分项工程，预算定额中已包括了钢筋的工料费用，因此不能再列钢筋项目，而砌体内的钢筋加固未包括在砖砌体分项中，则应另列项目计算砌体中加固钢筋的工程量。

2. 计量单位要一致

根据施工图纸计算分项工程量的计量单位必须与所套预算定额相应子目的计量单位一致，否则不能套用。工程量计算规则规定的计量单位是基本单位，而定额中大多数用扩大定额（按计算单位的倍数）的方法来计量。例如现浇钢筋混凝柱、梁、板定额计量单位 $10m^3$，现浇钢筋混凝土整体楼梯，定额中是以水平投影面积 $100m^2$ 为计量单位，而预制钢筋混凝土楼梯定额计量单位为 $10m^3$。在工程量计算时，都应加以注意和区分，以避免由于计量单位搞错而影响到施工图预算的准确性。

3. 计算规则要一致

按照施工图纸计算各分项工程量的计算规则，必须与预算定额中规定的工程量计算规则相一致。例如一砖半砖墙的厚度，无论施工图纸中所标注的尺寸是360mm 还是 370mm，均应按定额工程量计算规则的规定，按标准尺寸 365mm 计算。因此，计算工程量时应按工程所在地现行的工程量计算规则进行计算，这样才能套用相应的定额，正确计算直接费。

4. 工程量计算的数据要与设计图纸一致

工程量是根据设计图纸，按定额项目划分原则和方法，计算出来的分项工程数量。计算时所采用的数据，必须以施工图纸所标注的尺寸为准，不得任意加大或缩小各部位尺寸。

1.1.4 工程量计算的依据

1. 施工图纸及配套的标准图集

经过会审的施工图设计文件，包括设计说明书、标准图集、图纸会审纪要、设计变更通知单等，它全面反映建筑物（或构筑物）的具体内容、结构构造、各部位的尺寸及工程做法等技术特征，是工程量计算的基础资料和基本依据。

2. 施工组织设计或施工方案

施工图纸主要表现拟建工程的实体项目，而施工组织设计是确定单位工程施工方案、施工方法、主要技术组织措施，以及施工现场平面布置等内容的技术文件。如计算挖基础土方，施工方法是采用人工开挖，还是采用机械开挖，基坑周围是否需要放坡、预留工作面或做支撑防护，运土的方法及运距等，应以施工组织设计或施工方案为计算依据。

3. 现场地质勘探报告

现场地质勘探报告主要影响土石方、人工降水、桩基础等工程的工程量计算。

4. 预算定额、工程量清单计价规范

建筑工程预算定额指《全国统一建筑工程基础定额》、《全国统一建筑工程预算工程量计算规则》，以及省、市、自治区颁发的地区性建筑工程预算定额。《建设工程工程量清单计价规范》（GB 50500—2008）为国家标准，适用于建设工程工程量清单计价。根据工程造价计价的方式不同（定额计价或清单计价），计算工程量应选择相应的工程量计算规则。编制施工图预算，应按预算定额及其工程量计算规则计算工程量；若编制工程量清单，应按《计价规范》附录中的工程量计算规则计算工程量。

5. 预算工作手册

预算工作手册是将常用数据、计算公式或系数等资料汇编成手册以备查找和使用的便捷工具。如各种钢筋和型钢的单位理论质量、屋架杆件长度系数、各种形体的面积和体积计算公式、各种材料的密度等等，都是施工图预算中经常使用的数据。查找和使用预算工作手册，可避免重复计算，加快工程量计算速度。

6. 招投标文件、工程合同或协议

采用招标方式确定承包人的项目，招标文件全面地展示了发包人对建设项目的要求。施工企业与建设单位签订的承包合同或协议中有关工程造价的条款，这些都是工程量计算的依据。

过程 1.2　工程量计算的方法和程序

1.2.1　工程量计算的一般顺序

1. 单位工程计算顺序

（1）按施工顺序计算法。它是按照工程施工顺序的先后次序来计算工程量。即从平整场地、基础挖土到主体，从结构到装饰装修工程等，按顺序逐项计算工程量。用这种方法计算工程量，要求具有一定的施工经验，能掌握组织施工的全部过程，并且要求对定额和图纸的内容十分熟悉，否则容易漏项。

（2）按定额顺序计算法。它是按照定额分部分项顺序计算工程量。即按定额的章节、子项目顺序，由前到后，逐项对照，核对定额项目内容与图纸设计内容一致。

2. 单个分项工程计算顺序

为了提高工程量计算速度和质量，在同一分项工程内部各部位之间，也应循着一定的顺序依次计算。常见的有下列计算顺序：

（1）按顺时针方向进行计算。从图纸的左上角开始，按顺时针方向进行，环绕一周后又回到左上角，如图1-1所示。这种方法适用于外墙、外墙基础、地面、顶棚、墙面装饰装修等项目。

（2）按先横后竖、先上后下、先左后右的顺序进行计算，如图1-2所示。这种方法适用于计算内墙、内墙基础、内墙装修等分项。如先计算横向，先上后下有①②③④⑤五道；后计算竖向，先左后右有⑥⑦⑧⑨⑩五道。

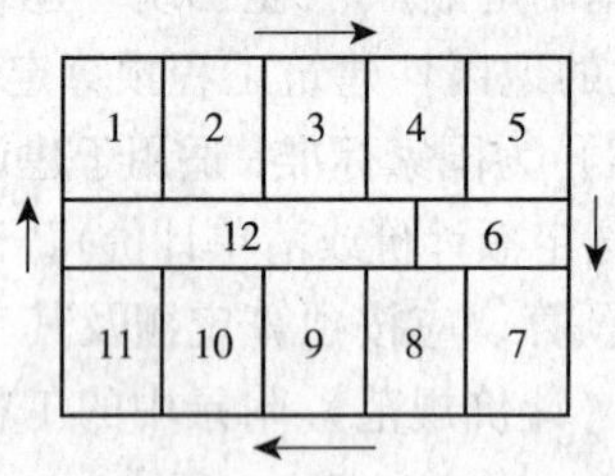

图1-1　按顺时针方向计算示意图

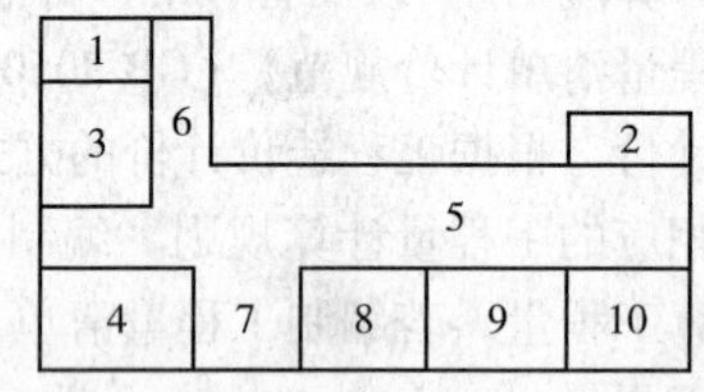

图1-2　按先横后竖的顺序计算示意图

（3）按轴线编号顺序计算工程量，如图1-3所示。这种方法适用于内外墙挖地槽、内外墙基础、内外墙砌体、内外墙面装饰等分项。

（4）按结构构件编号的顺序计算工程量，如图1-4所示。这种方法适用于计算钢筋混凝土构件、钢结构构件、门窗半成品构件等结构构件工程量。如按柱 Z_1、Z_2、Z_3……，板 B_1、B_2、B_3……，梁 L_1、L_2、L_3……构件编号分类依次计算。

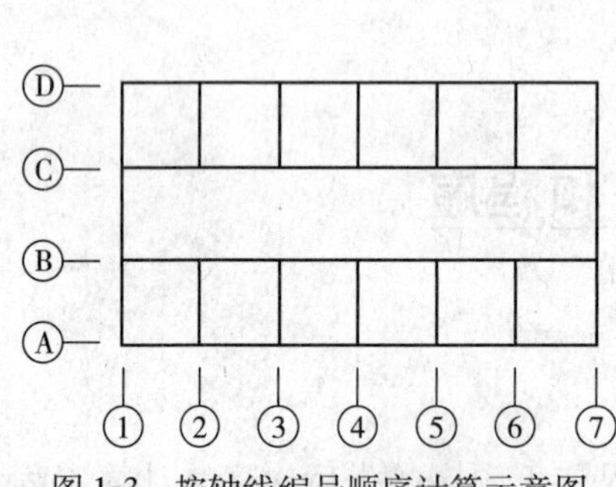

图1-3　按轴线编号顺序计算示意图

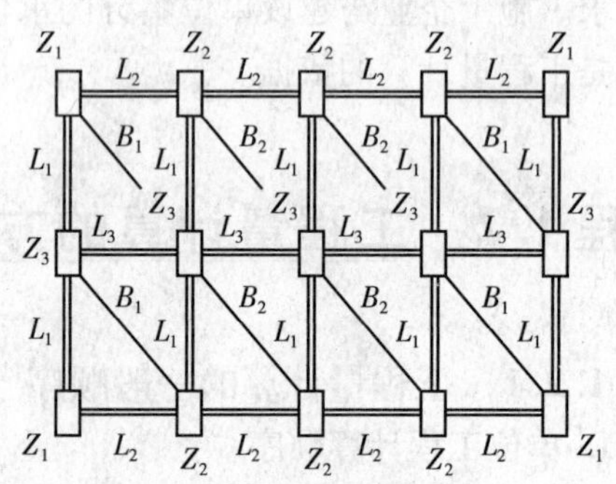

图1-4　按结构构件编号顺序计算示意图

在计算工程量时，不论采用哪种顺序方法计算，都是为了避免重算或漏算，加快计算速度，提高计算的准确度，同时也便于审核工程量计算书。

1.2.2　应用统筹法计算工程量

1. 统筹法计算工程量的基本原理

实际工作中，工程量计算一般采用统筹法。统筹法是通过研究分析事物内在规律及其相互依赖关系，从全局出发，统筹安排工作顺序，明确工作重心，以提高工作质量和工作效率的一种科学管理方法。

根据统筹法原理，对工程量计算过程进行分析，可以看出各分项工程量之间有着各自的特点，也存在着内在联系。例如槽沟挖土、基础垫层、基础砌筑、地圈梁等分项工程，按工程量计算规则都要计算外墙中心线长、内墙净长线和断面面积；外墙勾缝、外墙抹灰、散水、勒脚、外墙脚手架等分项工程量计算，都与外墙外边线长度有关系；平整场地、地面防潮层、地面垫层、地面找平层、地面面层、顶棚等分项工程量的计算都与一层建筑面积有关。

从上述的分析可以看出，在计算许多分项工程量时都离不开外墙中心线、外墙外边线、内墙净长线的长度以及一层建筑面积。通过学习统筹法原理和总结多年预算工作经验，经过反复实践，得出了“线、面、册”的工程量计算统筹方法。

“线”是指外墙中心线、外墙外边线、内墙净长线，分别用 $L_{中}$、$L_{外}$、$L_{内}$ 表示。

“面”是指底层建筑面积，用 $S_{底}$ 表示。

“册”是指除线、面以外，在工程量计算中经常使用的数据、系数或标准构配件的单件工程量，可预先集中一次算出，汇编成工程量计算手册，以供工程量计算时查找。

2. 统筹法计算工程量的基本要点

（1）统筹顺序，合理安排。

计算工程量的顺序是否合理，直接关系到工程量计算工作效率的高低。工程量计算一般是以施工顺序和定额顺序进行计算的，若没有充分利用项目之间的内在联系，将导致重复计算。例如：在计算室内回填夯实、地面垫层、地面面层工程量时，运用统筹法计算，就是把具有共性的地面面层工程量放在前面计算，利用地面面层工程量乘以垫层厚度，得出地面垫层的工程量，同样利用地面面层的工程量乘以室内回填土厚度得出室内回填夯实工程量，这样以地面面层面积为基数，避免了不必要的重复计算。

（2）利用基数，连续计算。

基数是指工程量计算中可重复利用的数据。工程量计算的基数是“三线一面”，“三线”是指外墙中心线（$L_{中}$）、外墙外边线（$L_{外}$）、内墙净长线（$L_{内}$），“一面”是指底层建筑面积（$S_{底}$），这些数据计算一次，可多次使用。利用基数计算时，还要考虑计算项目的计算顺序，使前面项目的计算结果能运用于后面的计算中，尽量减少重复计算。

上述基数由于基础及各层布局不同，常常有若干组，如基础中的 $L_{中}$ 和 $L_{内}$，各层墙体的 $L_{中}$、$L_{外}$、$L_{内}$、$S_{底}$。每一个基数又要划分为若干个，如内墙净长线的个数应根据不同墙厚、墙高、砂浆品种和强度等级，计算出若干个基数。因此应用时应灵活掌握，切不可生搬硬套。

（3）一次算出，多次使用。

在工程量计算中，凡是不能用“线”、“面”基数进行连续计算的项目，或工程量计算中经常用到的一些系数，如各种定型门窗、钢筋混凝土预制构件等分项工程，按个、根、榀、块等计量单位，预先集中一次算出，汇编成工程量计算手册，即“册”的工程量，供计算工程量时使用。例如条形砖基础（等高式、不等高式）砌体每延长米体积表等。

（4）结合实际，灵活机动。

由于工程设计差异很大，运用统筹法计算工程量时，必须具体问题，具体分析，结合实际，灵活机动。

1）分段计算法。如果基础断面不同，基础埋深不同，则沟槽土方、基础垫层、砖基础等分项工程应分段计算。例如某住宅外墙基础有 1—1 和 2—2 两种断面，则计算外墙基础各分项工程量时应分成两段计算。

2）分层计算法。对多层建筑物，当各楼层的建筑面积、墙厚、砂浆种类及强度等级等不同时可分层计算。

3）分块法。楼地面、顶棚、墙面抹灰的做法不同时，应分块计算。可先算小块，然后用总面积减去小分块面积，即得较大的分块面积，如墙裙和非墙裙部位工程量的计算。

4）补加补减法。如计算工程量涉及的各部位，除极少部位外其他部位都相同，可先算出共同性部位的工程量，然后将个别不同部位的工程量补加或补减进去。例如某建筑物每层的墙体都相同，仅某一层多（少）一隔墙，则可按每层都没有（有）这一隔墙的情况计算，然后补加（减）这一隔墙。

5）平衡法和近似法。当工程量不大，或图纸复杂难以准确计算时，可采用平衡抵消或近似计算法计算。

1.2.3 工程量计算的程序

工程量按计算规则的不同分为清单工程量和定额工程量两类，因此两类工程量计算程序和方法也有所不同。由于定额工程量是清单工程量的基础，下面重点介绍定额工程量计算的程序。

1. 收集、熟悉工程量计算的基础文件和有关资料

（1）收集工程量计算的基础文件和有关资料。主要包括施工图纸及设计说明、施工组织设计、现行建筑工程预算定额、工程合同、预算工作手册等文件和资料。

（2）熟练地掌握预算定额及其有关规定。正确地掌握预算定额及其有关规定，熟悉预算定额的全部内容和项目划分，定额子目的工程内容、施工方法、材料规格、质量要求、计量单位、分部分项工程量计算规则等，以便正确的应用定额。

（3）熟悉施工图纸和设计说明书。全面、系统地读图，以便于了解设计意图，重点检查图纸是否齐全，设计要采用的标准图集是否具备，图示尺寸是否有误，建筑图、结构图、细部大样和各种图纸之间是否相互对应，为准确计算工程量做好准备。

(4) 了解和掌握施工组织设计的有关内容。施工组织设计是施工单位对拟建工程的施工技术、施工组织、施工方法等方面的全面安排。工程量计算要了解施工现场情况，如地貌、土质、水位、施工条件、施工方法、施工进度安排、技术措施、安全措施、组织措施、施工机械配置、施工现场总平面布置等等情况，使工程量计算符合施工实际。

2. 计算工程量

工程量计算工作，往往要占整个预算编制工作70%以上的时间。由于工程量计算是编制工程预算的重要基础数据，其计算的准确程度直接影响到编制预算的质量和效率。

(1) 列出分部分项工程项目名称。施工图预算分项工程的划分，是编制工程预算的关键环节，也是计算工程量的起点。工程量计算必须根据设计图纸及说明书所表达的结构形式、材料做法、施工组织设计等资料，按照预算定额的规定和一定的计算顺序，准确列示单位工程施工图预算应计算的分部分项工程名称，并注明应套定额编号。分部分项工程名称必须同预算定额单价的计量计价口径一致，即与预算定额单价所包含和规定的作业内容、计量计价单位必须一致。

(2) 列出工程量计算式。分项名称确定后，即可根据设计图纸上所标明的尺寸、数量和工程量计算规则，按照一定的计算顺序列出所计算分项工程的工程量计算式，并注明数据来源部位及必要的文字说明，并保留工程量计算书，作为复查依据。工程量计算式，应力求简单明了，醒目易懂，并要按一定的次序排列，以便于审核和校对。

(3) 计算结果并调整计量单位。计算式列出后，对取定的数据进行一次复核，确认无误后按计算式计算出结果，并将计算结果进行汇总。然后按定额计量单位及精确度要求取定数值。

为了做到工程量计算准确，便于审查和核对，工程量计算应在工程量计算表(表1-1)内进行，按照表内的内容填写序号、定额编号、分部分项工程名称、计量单位、工程数量、计算式及说明。

工程量计算表 **表1-1**

序号	定额编号	分部分项工程名称	计量单位	工程数量	计算过程

1.2.4 工程量计算的注意事项

（1）要根据相应的工程量计算规则进行计算，其计量单位必须与相应的预算基价或综合单价的计量单位口径一致。

（2）注意设计图纸和设计说明，应以图示尺寸为依据，不能任意加大或缩小。

（3）注意计算中的整体性、相关性。如墙体工程量计算时，应先按整体墙体计算，在算完门、窗或混凝土分项时，再在墙体工程中扣除门、窗洞口、嵌入墙体混凝土工程量。

（4）注意按一定顺序计算，避免重算或漏算。

（5）注意计算列式的规范性与完整性。计算时采用统一格式的工程量计算表，列出算式并标注计算的部位、轴线编号（例如Ⓑ轴线④~⑥轴间的内墙）以便核对。

（6）注意计算的实际性。深入了解工程的现场情况、施工方案、方法等，使计算更切合实际。

（7）力求分层分段计算。要结合施工图纸尽量做到结构按楼层，内装修按楼层分房间，外装修按立面分施工层计算，或按施工方案的要求分段计算，或按使用的材料不同分别进行计算。这样既可避免漏项，又可为编制工料分析和安排施工进度计划提供数据。

（8）必须注意统筹计算，一数多用，以达到快速、高效之目的。

（9）必须注意计算结果的检查、复核。

过程 1.3 识读建筑工程施工图

建筑工程施工图是将拟建工程项目总体布局，建筑物的外部形状、内部布置、大小尺寸以及各部分的构造、结构、装饰、设备等，按建筑工程制图的规定，用投影方法详细准确表示出来的一整套图纸。按其专业不同分为：建筑施工图、结构施工图、设备施工图。

施工图是设计工作的最后成果，是进行工程施工、编制施工图预算和施工组织设计的依据，也是进行施工技术管理的重要技术文件。实际工作中，首要任务是学会看懂施工图。总的识读图纸的步骤：先看目录和设计说明，再看建筑施工图，然后再看结构施工图。识读图纸的一般方法应按照“总体了解、顺序识读、前后对照、重点细读”的读图方法，完整准确地理解设计图纸内容，为准确计算工程量奠定基础。

1.3.1 施工图的编排顺序及内容

施工图编排顺序一般为：图纸目录、施工总说明、建筑施工图、结构施工图、设备施工图等。各专业图纸应按全局性图纸在前，说明局部的图纸在后的顺序编排。

1. 图纸目录

图纸目录包括每张图纸的名称、内容、图号等，该工程由哪几个专业图纸组成，以便查找图纸。

2. 建筑施工图

建筑施工图（简称建施）包括建筑总平面图、建筑平面图、建筑立面图、建筑剖面图和建筑详图等。

3. 结构施工图

结构施工图（简称结施）包括基础平面图、基础详图、结构平面图、楼梯结构图、结构构件详图及其说明等。

4. 设备施工图

设备施工图（简称设施）包括给水、排水、采暖通风、电气照明等各种施工图，主要有平面布置图、系统图等。

1.3.2 识读建筑施工图

建筑施工图主要表示建筑物的总体布局、外部造型、内部布置、细部构造、装饰装修和施工要求等。

1. 建筑总平面图

建筑总平面图是在地形图上用较小的比例画出拟建房屋和原有房屋外轮廓的水平投影、红线范围、总体布置。它反映出拟建房屋的位置和朝向、室外场地、道路、绿化等布置，主要出入口及新建筑 ±0.000 标高相当于绝对标高的数值。

2. 建筑总说明

建筑总说明反映工程的性质、建筑面积、设计依据、本工程需要说明的各部位构造做法和装修做法，所引用的标准图集，门窗表以及对施工的要求等。

3. 建筑平面图

建筑平面图是表示房屋的平面形状、大小和布置；墙、柱的位置、尺寸和材料；门窗的类型和位置等。平面图一般有一层平面图、标准层平面图、顶层平面图以及屋顶平面图。

识读方法：先看图号，了解是哪一层平面图；看房屋平面外形和内部墙的分隔情况，了解房屋总长度、总宽度，房间开间、进深尺寸，走廊、楼梯位置及尺寸，台阶、阳台、雨篷、散水的位置及尺寸；细看定位轴线编号及间距尺寸，墙柱与轴线的关系，内外墙上门窗位置、尺寸及编号，楼地面标高；查看平面图各剖面的剖切符号、部位及编号，以便与剖面图对照读，查看平面图中索引符号，详图的位置及选用的标准图集。

4. 建筑立面图

建筑立面图主要反映房屋的外貌形状、立面装修的做法以及地面、门窗、雨篷、挑檐、屋顶等标高。

识读方法：先看图名、立面外形、外墙表面装修做法与分格形式、粉刷材料的类型；再看室外地面线及房屋的勒脚、台阶、花台、门、窗、雨篷、阳台，室外楼梯、墙、柱，外墙的预留孔洞、檐口、屋顶、雨水管，墙面分格线或其他装饰构件等；查看图上各部分构造、装饰节点详图的索引符号及文字说明，了解房屋外墙面装修的材料及做法。

5. 建筑剖面图

建筑剖面图是反映房屋内部的楼层分层、垂直方向高度及各部位的联系、结构形式、构造及材料等，是与平、立面图相互配合的不可缺少的重要图样之一。

读图方法：看房屋各部位高度应与平面、立面图对照读，注意各标高的位置；看楼屋面构造做法，注意各层做法的上下顺序、厚度、所选用的材料；看剖面图中的详图索引符号，以便与施工详图对照读。

6. 建筑详图

建筑详图是表示建筑构造细部的图，又称大样图。在平、立、剖面或文字说明中无法交待或交待不清的建筑构配件和建筑构造，要表达出构造做法，尺寸，构配件相互关系和建筑材料等，就要引出大样，相对于平立剖而言，是一种辅助图样。

读图方法：看大样图名称、各部位尺寸、构造做法，与平面、立面、剖面图对照读，了解建筑剖面节点（檐口、楼梯、踏步、阳台、雨篷等）的详细做法和构造尺寸，并与总说明中的材料做法表核对。

1.3.3 识读结构施工图

结构施工图主要表示建筑结构设计内容，包括结构构造类型、结构的平面布置、构件的种类、形状、大小、数量、材料要求以及构件间的连接构造等。

读图方法：应按结构设计说明、基础图、柱及剪力墙施工图、楼屋面结构平面图及详图、楼梯电梯施工图的顺序读图，并将结构平面图与详图，结构施工图与建筑施工图对照起来看，采用标准图集的应仔细阅读规定的标准图集，图纸中的文字说明应认真仔细逐条阅读，并与图样对照看，以便于完整准确理解图纸。

1. 结构设计说明

结构设计说明主要说明本工程结构设计的依据；水文、地质、气象、地震烈度等基本数据；所选用结构材料的品种、规格、强度等级、受力钢筋保护层厚度、钢筋的锚固长度、搭接长度及接长方法；所采用的通用做法的标准图图集。

2. 基础施工图

基础施工图包括基础平面图和基础详图。它表明基础的平面布置以及不同基础断面各部分的形状、大小、材料、构造、基础埋置深度。

读图方法：看基础平面图中基础墙、柱及基础底面的形状、尺寸大小及其与轴线的关系；看基础平面图中剖切线及编号，了解基础断面的种类、数量及分布位置，以便与断面图对照阅读；看说明了解基础所选用材料及其强度等。看基础详图时，要注意条形基础墙厚、基础底宽、大放脚尺寸、基础圈梁的位置，以及与轴线的关系；看独立基础各部分细部尺寸、底板和基础梁内配筋等；看防潮层位置、垫层厚度、基础埋深和标高等。

3. 各层结构平面图

各层结构平面图是表示建筑物各层楼面、屋面承重构件（梁、板、柱、墙、屋架等）的平面布置图。分为地下室结构平面图、楼层结构平面图、屋顶结构平面图。

读图方法：看图名、轴线和各构件的名称编号、布置及定位尺寸，了解轴线尺寸与构件长宽的关系，墙与构件关系，构件在墙上的支撑长度，以及各构件之间的连接关系、构造处理；看说明中板厚、板底标高、板上留洞及混凝土强度等级等。

4. 构件详图

构件详图表明钢筋混凝土构件的形状、大小、材料、构造、连接及配筋等。

读图方法：看各构件详图应与平面图对照，了解该构件的位置、混凝土强度等级、钢筋级别；看构件立面图和断面图，了解构件的长度、截面尺寸，钢筋编号、排列、直径、间距、弯起和截断位置；看钢筋明细表，了解构件钢筋用料情况。

1.3.4 研讨与练习

1. 某办公楼设计说明及部分施工图

设计说明：

（1）本工程为×××办公楼，四层框架结构，抗震设防烈度为7度，结构抗震等级为三级，土的类别为三类土，无地下水。

（2）图中墙体厚度未注明者均为240mm，外墙做法为05YJ1，外墙12。

（3）该工程楼梯栏杆油漆做法为05YJ1，涂13，颜色由甲方定。

（4）内部装饰施工见装修表。

（5）卫生间四周混凝土墙体上翻200mm，卫生间地面比室内地面低20mm。

（6）节能做法。外墙外保温：机械固定单面钢丝网架夹芯苯板，构造做法选用05YJ3-1-D2-3、05YJ3-1-D2-1，厚度为70mm。屋面：40mm厚挤塑聚苯乙烯泡沫塑料板，构造做法选用05YJ01 屋1。一层地面：50mm厚挤塑聚苯乙烯泡沫塑料板。外墙门窗：单框中空玻璃塑钢门窗。

（7）材料。砌体：±0.000以下及一层外墙用煤矸砖，其余均为加气混凝土轻质砌块。砂浆：±0.000以下为M5水泥砂浆，其他为M5混合砂浆。混凝土：基础垫层为C15，基础为C30，框架柱、梁、板为C25，砌体结构中的圈梁、构造柱等为C20，卫生间梁、板为C30。钢筋：ϕ—HPB235，Φ—HRB335。

（8）女儿墙设混凝土压顶和构造柱，压顶60mm厚，构造柱断面240mm×240mm。

（9）凡洞口标高低于该层圈梁底标高的门窗洞口均设置过梁，洞口宽在1m以内者，过梁断面为240mm×180mm；在2m以内者，过梁断面为240mm× 240mm。

（10）未尽事宜严格按施工规范执行。

门窗表　　表1-2

编号	洞口尺寸（mm）		数量	图集号	备注
	宽	高			
M－1	1500	2700	4	仿05YJ4－1　2PM－1527	90系列
M－2	800	2100	8	05YJ4－1　1PM－0821	平开夹板门
M－3	1000	2100	14	05YJ4－1　1PM－1021	平开夹板门
M－1A	1500	3300	1	仿05YJ4－1　9PM－1527	90系列
C－1	1500	1500	43	仿05YJ4－1　2TC－1515	
C－2	900	1500	4	仿05YJ4－1　2TC－0915	
C－3	1500	600	4	仿05YJ4－1　1TC－1509	
C－B	600	600	2	百叶窗	

图中使有窗均为80系列蓝色塑钢单框中空玻璃门窗，直接对外窗户活扇均加纱扇。

室内装修表（mm）　　表1-3

部位	地面	楼面	踢脚	墙面	顶棚
办公室、多功能间、走廊、楼梯间	地20	楼10	踢24	内墙4（防瓷涂料）	顶3（防瓷涂料）
卫生间	地53（防滑）	楼28（防滑）		内墙11	顶4（防瓷涂料）

表中的标准图集选自05YJ1。

部分施工图见图1-5～图1-14（四层平面布置同一层，二层平面布置同三层）。

2. 从图纸中读取如下设计内容

（1）房屋结构类型、室内外标高、各层层高、建筑物高度。

（2）建筑物各部位构造、做法、层次、选材、尺寸及施工要求。

（3）门窗的类型、编号、数量、尺寸及所采用的标准图集。

（4）墙、柱的位置及其定位轴线、墙厚、开间、进深尺寸与轴线关系。

（5）雨篷、台阶、雨水管、散水等的位置及尺寸。

（6）楼梯的类型、结构形式、各部位的尺寸及装修做法。

（7）剖面图的剖切符号及编号、详图的位置和编号。

（8）各承重构件的结构类型、编号、尺寸及表示符号。

（9）各构件所选用的混凝土强度等级与钢筋种类、配筋的标注方法。

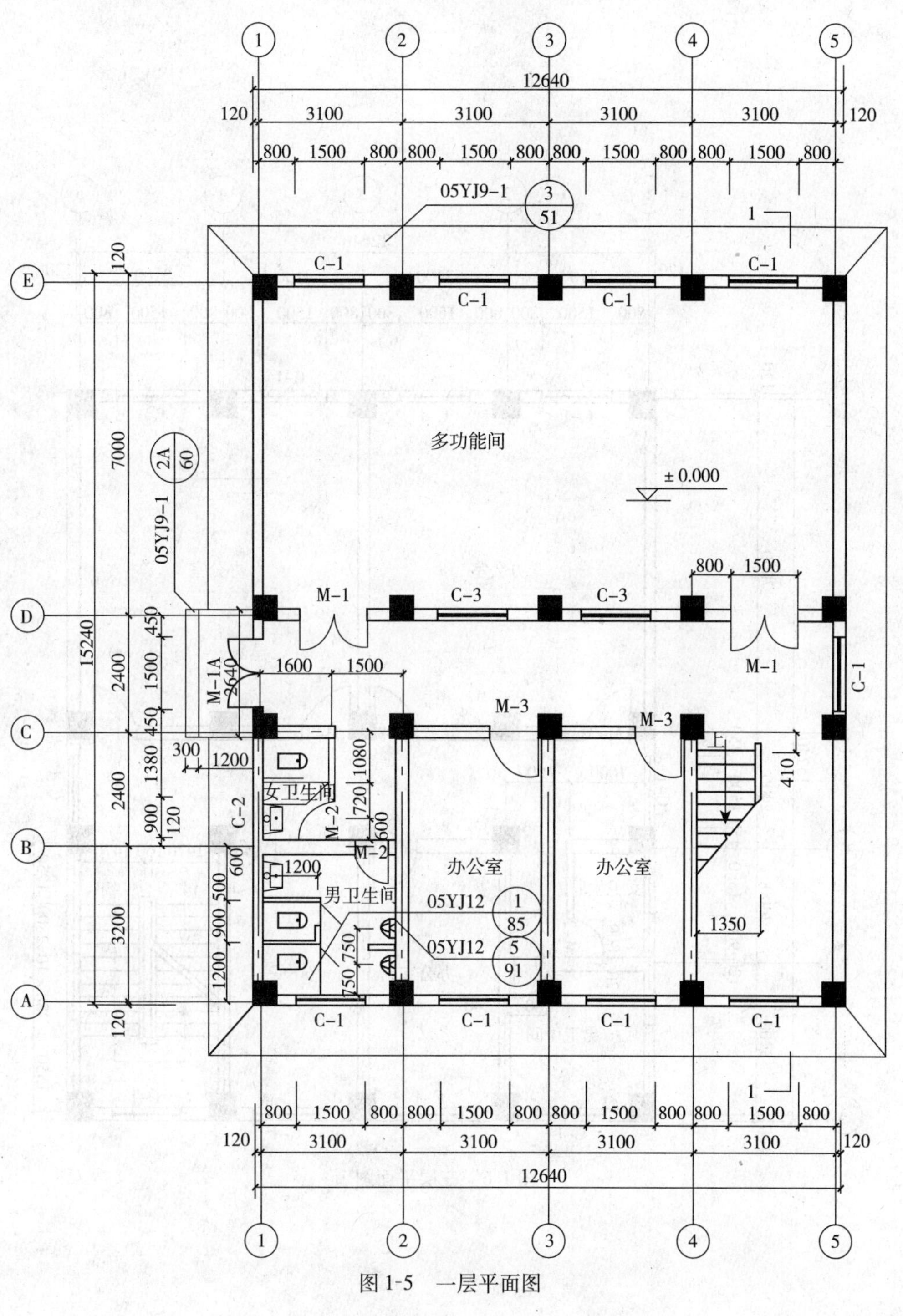

12640
120
3100
3100
3100
3100
120
800
1500
800
05YJ9-1
3
51
C-1
多功能间
± 0.000
2A
60
05YJ9-1
M-1
C-3
M-1
M-1A
M-3
M-3
女卫生间
男卫生间
办公室
办公室
05YJ12
1
85
05YJ12
5
91
1350
C-2
M-2
15240
7000
2400
2400
3200

图 1-5　一层平面图

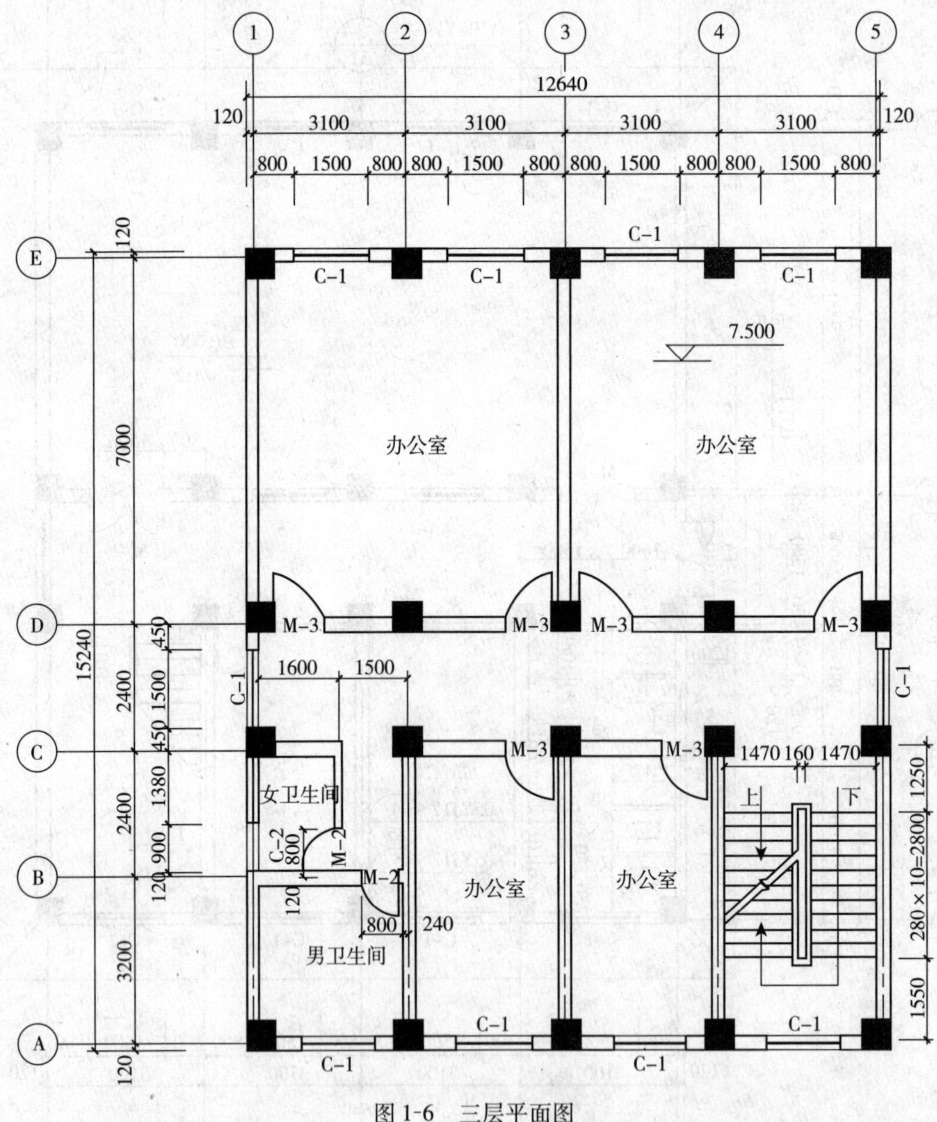
12640
120
3100
3100
3100
3100
120
800
1500
800
C-1
C-1
7.500
办公室
办公室
M-3
1600
1500
女卫生间
C-2
M-2
男卫生间
240
1470
160
上
下
280×10=2800
1250
1550
15240
7000
2400
3200
450
1380
900
120
C-1

图 1-6　三层平面图

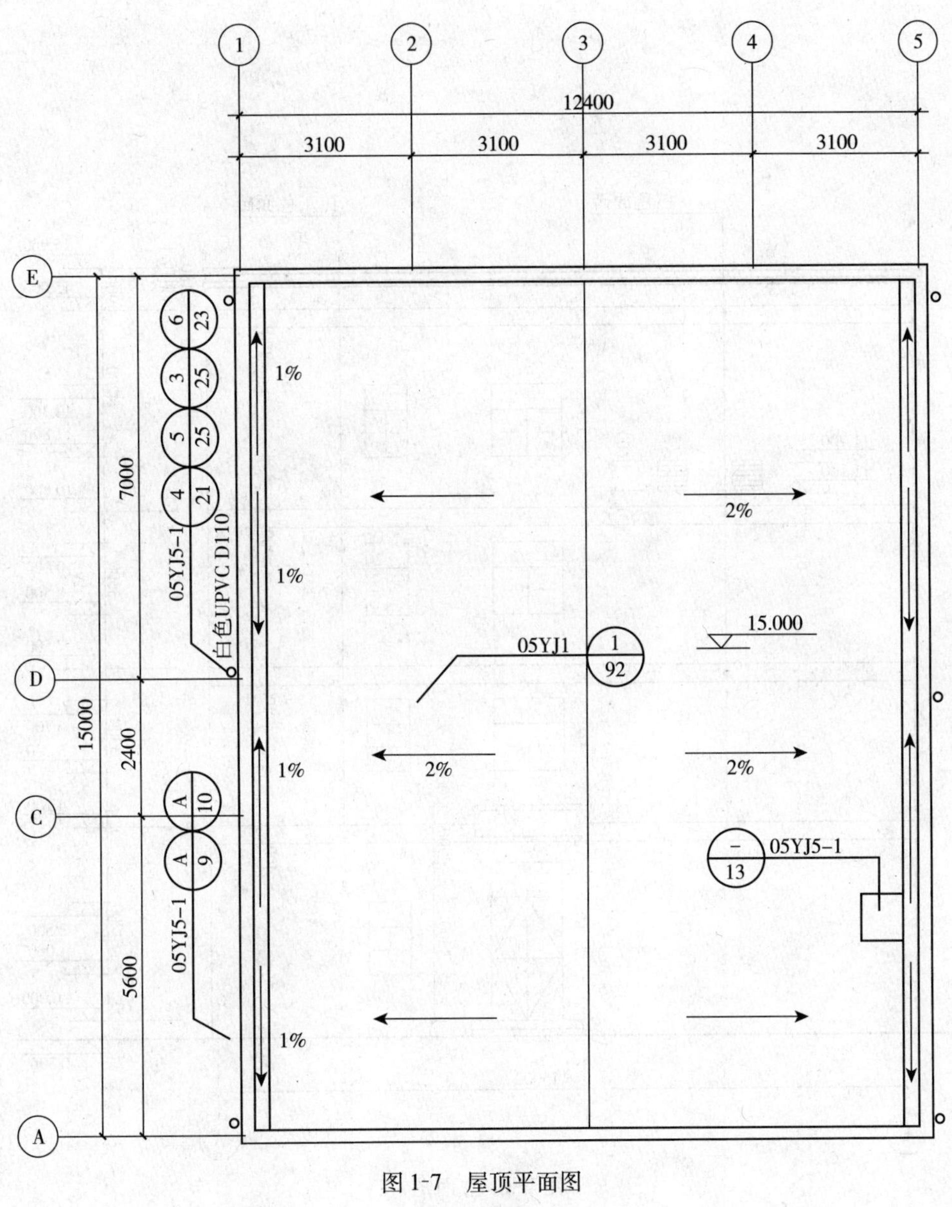
1
2
3
4
5
12400
3100
3100
3100
3100
E
D
C
A
15000
7000
2400
5600
6
23
3
25
5
25
4
21
05YJ5-1
白色UPVC D110
A
10
A
9
05YJ5-1
1%
1%
1%
1%
2%
2%
2%
05YJ1
1
92
15.000
-
13
05YJ5-1

图 1-7　屋顶平面图

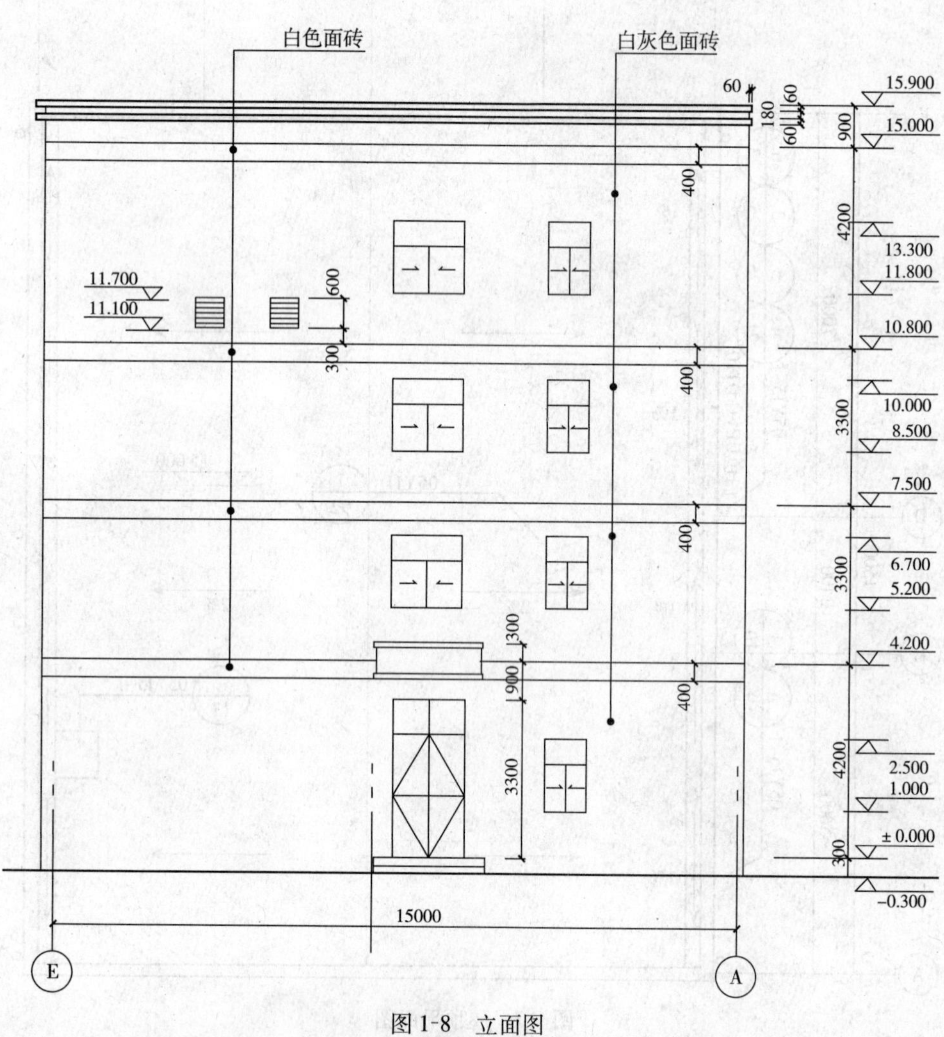
白色面砖
白灰色面砖
60
180
60
60
900
15.900
15.000
400
4200
13.300
11.800
11.700
11.100
600
300
10.800
400
10.000
3300
8.500
7.500
400
6.700
3300
5.200
300
900
4.200
400
3300
4200
2.500
1.000
± 0.000
300
-0.300
15000
E
A

图 1-8　立面图

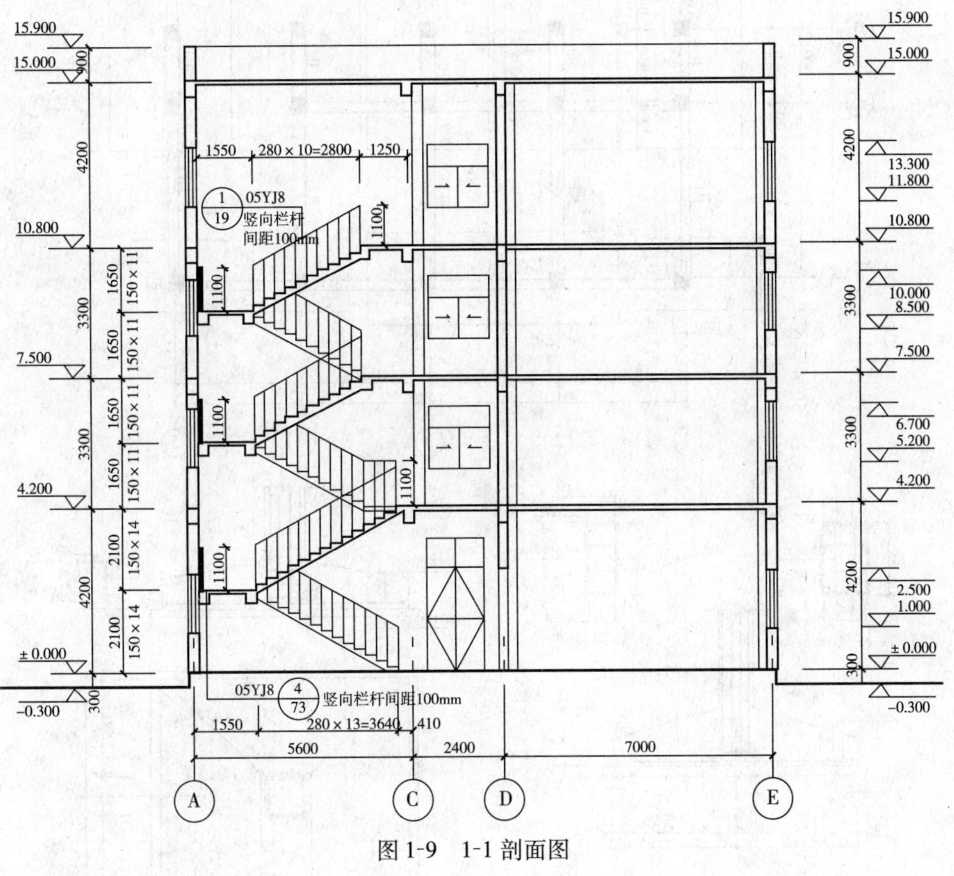

图 1-9　1-1 剖面图

任务1　学习工程量计算基础知识

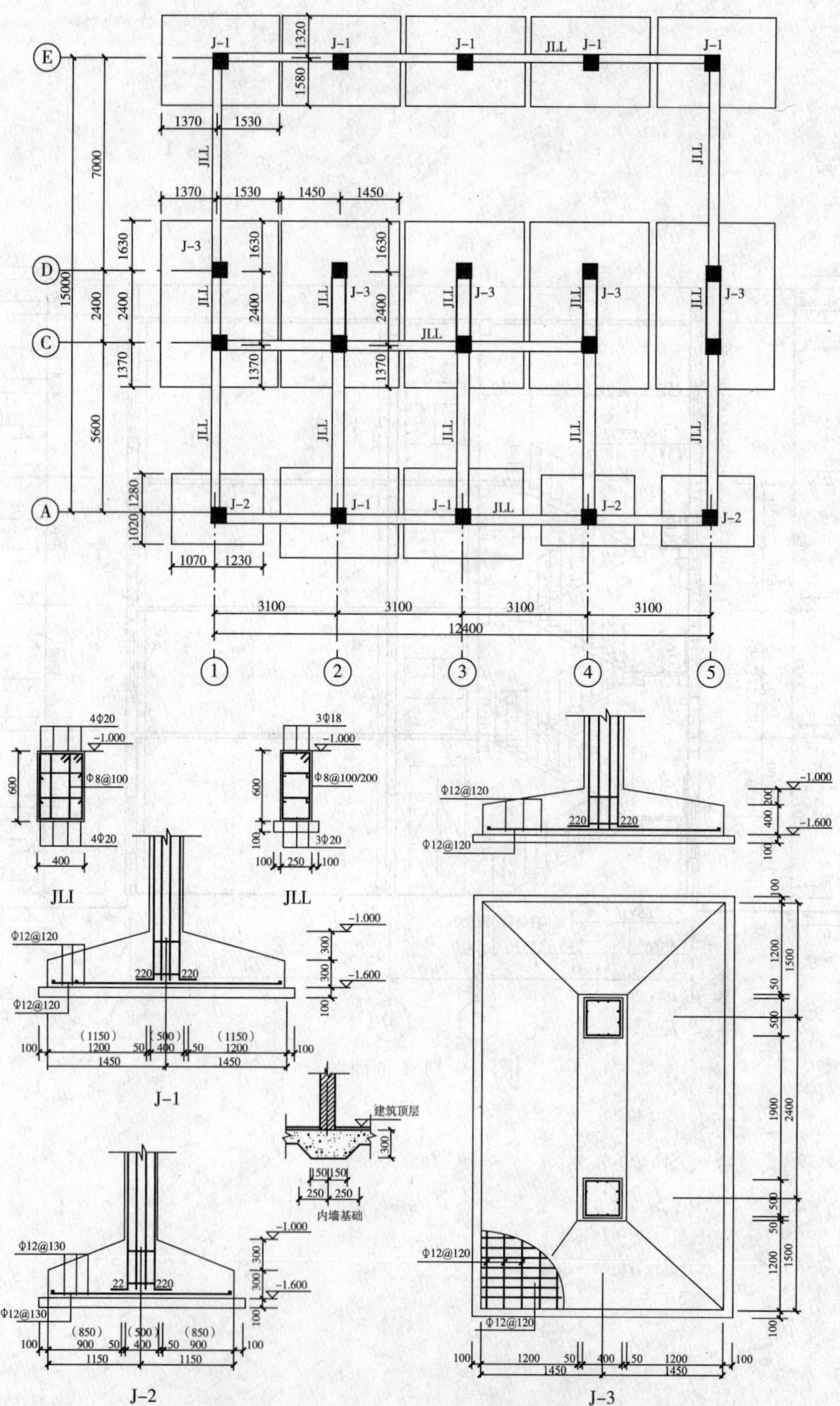

图 1-10　基础平面布置及剖面图

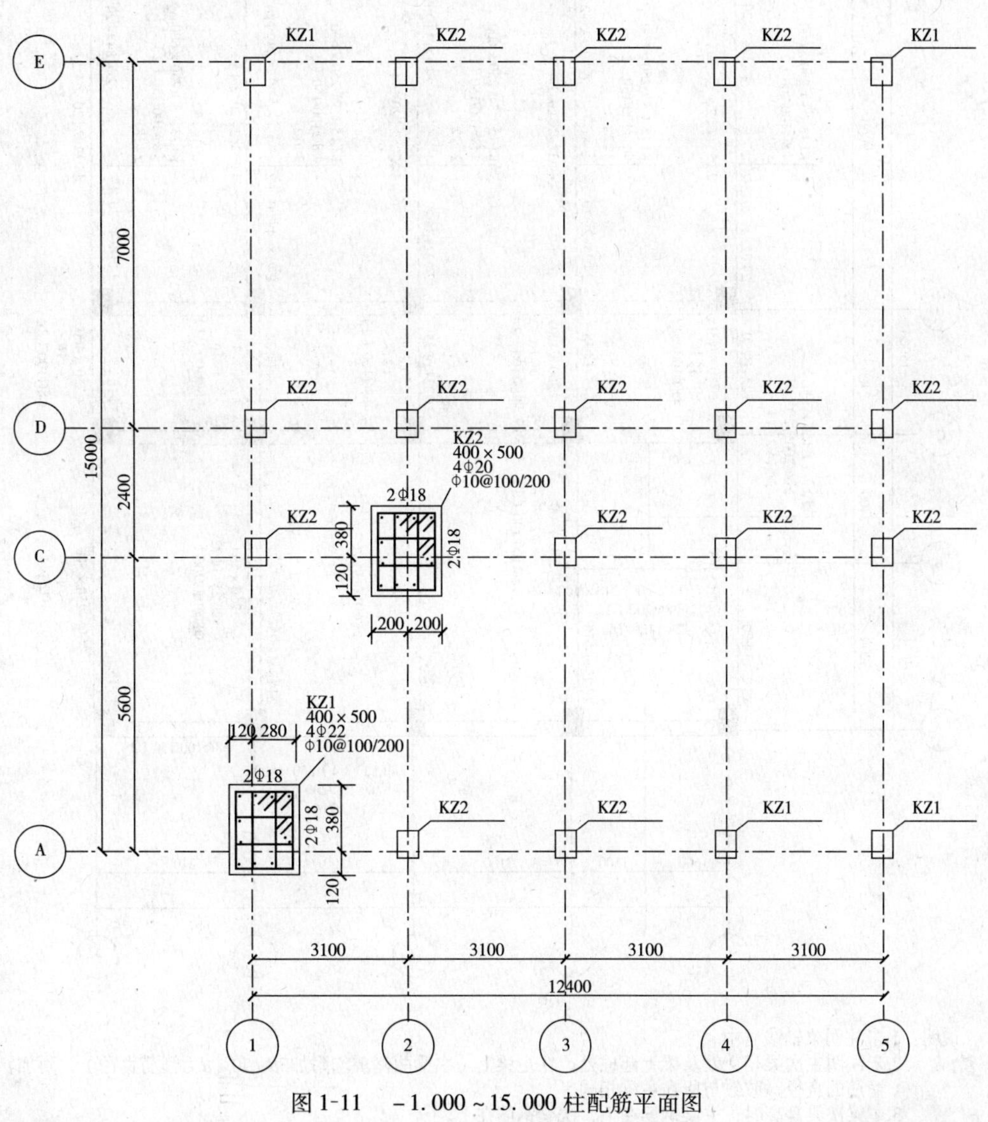

图 1-11　-1.000 ~ 15.000 柱配筋平面图

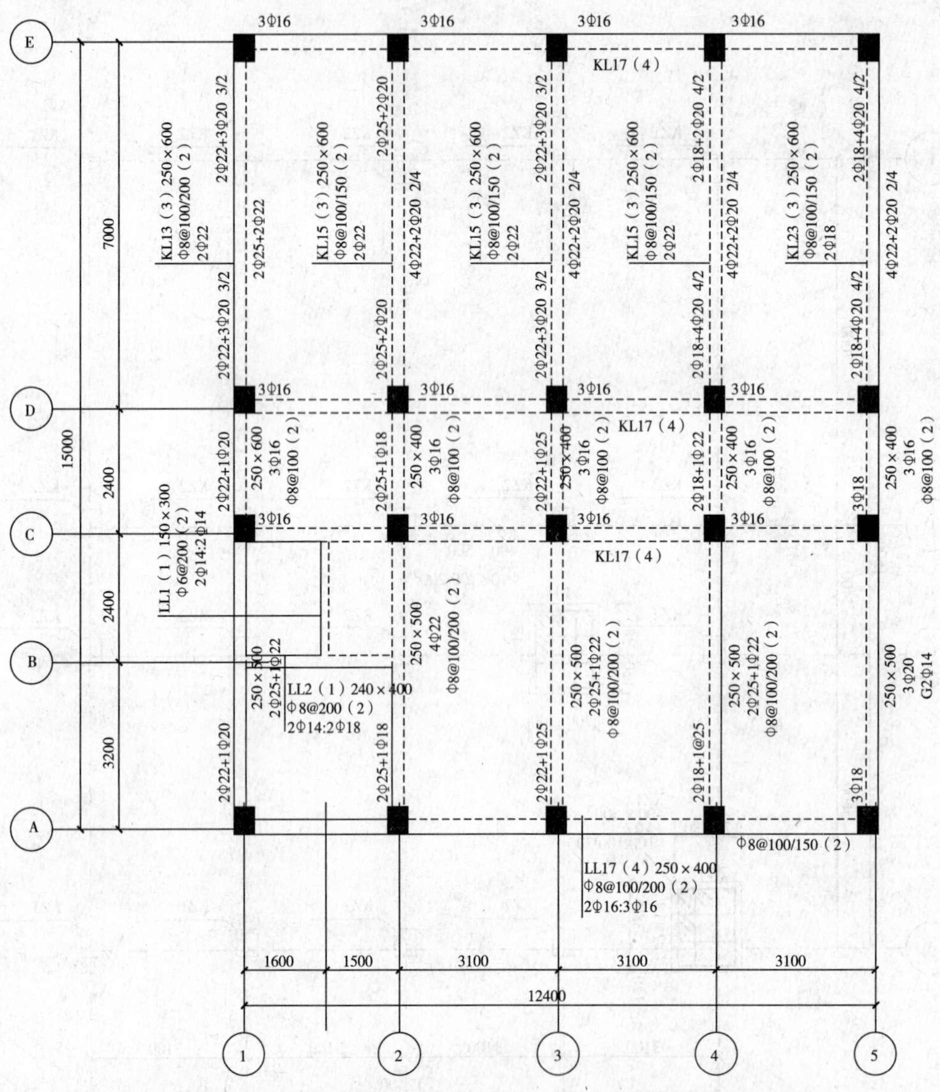

说明：1.未注明梁轴线居中。

2.未注明主次梁相交处及梁上起柱处，在主梁上（次梁两侧）均附加3*d*@50（*d*为箍筋直径），附加箍筋的直径、肢数与所在主梁相同。

3.主梁次梁等高时，主梁钢筋在下，次梁钢筋在上。

图1-12　三层梁配筋图（结构标高10.780）

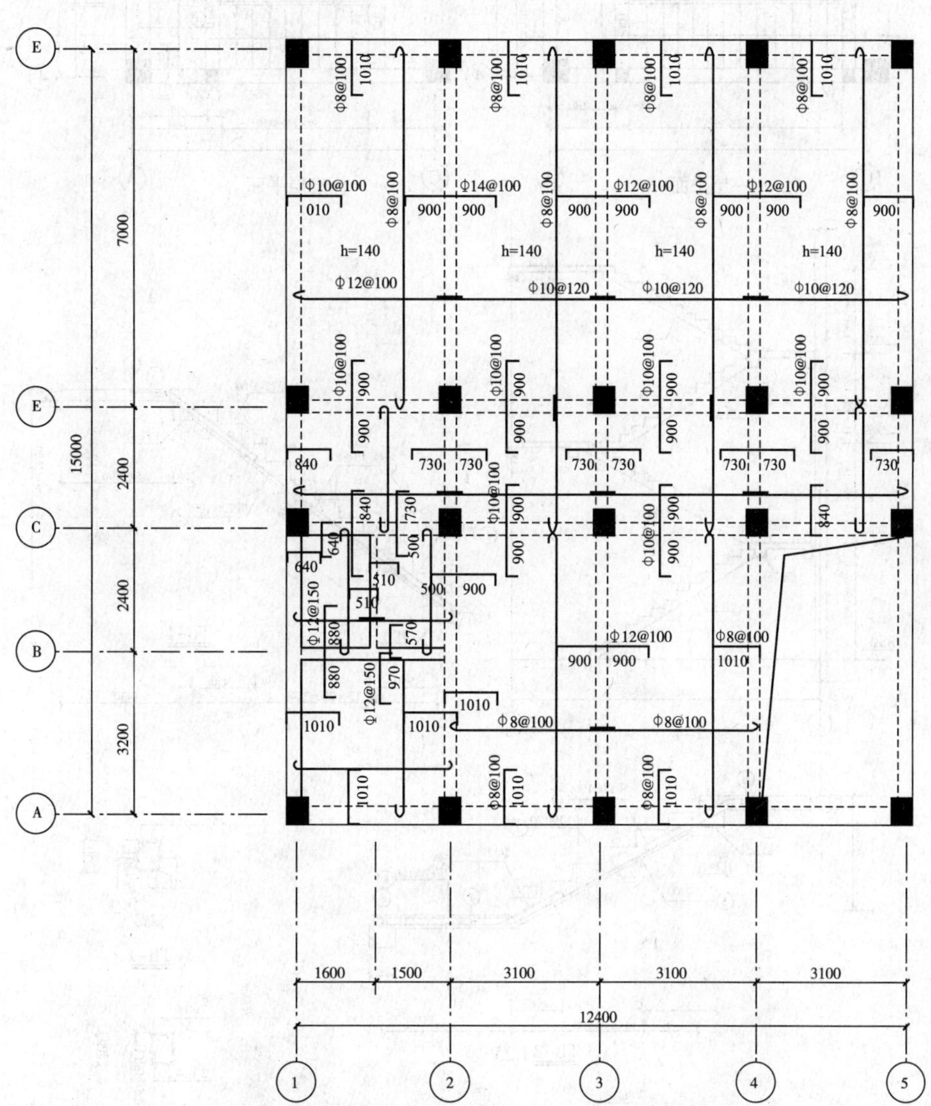

图 1-13　三层板结构平面图（结构标高 10.780）

注：未注明现浇板厚为 100mm；未注明受力钢筋为 φ8@150。

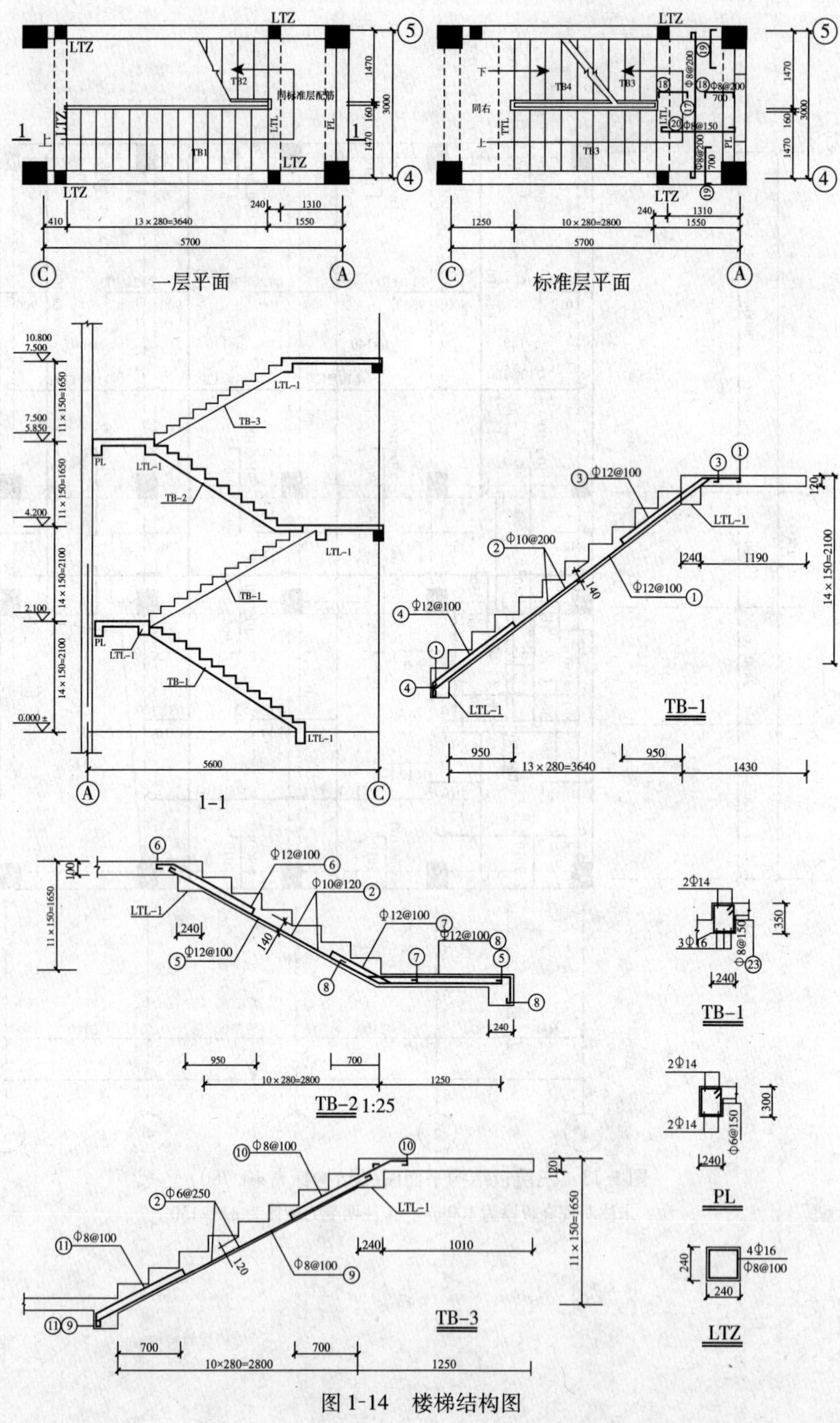

图 1-14 楼梯结构图

巩固与提高：

1. 简述计算工程量的意义。
2. 简述工程量的分类。
3. 计算工程量应遵循哪些原则？
4. 简述计算工程量的依据。
5. 简述工程量计算的一般顺序。
6. 简述运用统筹法计算工程量要点。
7. 简述计算工程量的程序。
8. 简述建筑工程施工图的编排顺序和内容。
9. 简述识读建筑工程施工图的方法。

任务 2

建筑面积计算

本部分主要任务是学习《建筑工程建筑面积计算规范》GB/T 50353—2005，通过学习使读者能根据规范的规定和建筑工程施工图纸，熟练正确地计算建筑面积。

过程 2.1 建筑面积的相关概念

2.1.1 计算建筑面积的意义

1. 建筑面积概念

建筑面积亦称建筑物展开面积，是建筑物各层面积的总和。它是根据建筑施工图按《建筑工程建筑面积计算规范》GB/T 50353—2005 规定计算出来的一项重要技术经济指标。

建筑物的建筑面积包括使用面积、结构面积、辅助面积三部分。

使用面积是指建筑物各层平面中直接为生产或生活使用的净面积之和。例如，住宅建筑中的居室、客厅净面积等。

辅助面积是指建筑物各层平面中为辅助生产或辅助生活所占净面积之和。例如，住宅建筑中的楼梯、厕所、厨房等。使用面积与辅助面积的总和称为有效面积。

结构面积是指建筑物各层平面中的墙、柱等结构所占面积的总和。

2. 计算建筑面积的作用

建筑面积的计算是工程计量的基础性工作，由于在工程建设的众多技术经济指标中，大多以建筑面积为基数，所以建筑面积的计算在工程建设中起着非常重要的作用。

（1）建筑面积是确定工程估算、概算、预算工程造价的一个重要基础数据，是分析工程造价和工程设计合理性的一个基础指标。例如：概算指标、每平方米的工程造价即单方造价、每平方米的用工量、每平方米的主要材料用量等。

（2）建筑面积是国家进行建设工程数据统计、固定资产宏观调控的重要指标。例如，规划设计面积、计划施工面积、在建施工面积、工程竣工面积等指标。

（3）建筑面积是检查控制施工进度、竣工任务的重要指标。

（4）建筑面积是房地产交易、工程发包交易、建筑工程有关运营费用核定的一个关键指标。

（5）建筑面积是计算面积利用系数、简化计算部分工程量的基本数据。例如，建筑物垂直运输及建筑物超高费用的计算，其工程量就是直接以建筑面积或超高部分建筑面积来计算的，场地平整、综合脚手架、室内回填土、楼地面装饰、顶棚抹灰等分项的工程量计算，均可利用建筑面积这个基数计算。

3. 建筑面积计算方法

建筑面积计算应首先看图分析，看图分析是计算建筑面积的重要环节；然后分类计算，根据图纸平面的具体情况，按照单层、多层、走廊、阳台和附属建筑等进行分类，以横轴的起止编号和纵轴的起止编号加以标注，列出计算建筑面积的计算式，并计算出结果，以便查找和核对；最后汇总，将分类计算结果相加得出建筑物总面积。建筑面积计算，不是简单的各层平面面积的累加，应采用“分块分层计算、最终合计”的计算方法。如一层建筑面积、标准层建筑面积、顶层建筑面积等。建筑面积计算形式要统一，排列要有规律，以便于检查、纠正错误。

2.1.2 术语

1. 层高 story height

上下两层楼面或楼面与地面之间的垂直距离。

2. 自然层 floor

按楼板、地板结构分层的楼层。

3. 架空层 empty space

建筑物深基础或坡地建筑吊脚架空部位不回填土石方形成的建筑空间。

4. 走廊 corridor、gallery

建筑物的水平交通空间。

5. 挑廊 overhanging corridor

挑出建筑物外墙的水平交通空间。

6. 檐廊 eaves gallery

设置在建筑物一层出檐下的水平交通空间。

7. 回廊 cloister

在建筑物门厅、大厅内设置在二层或二层以上的回形走廊。

8. 门斗 foyer

在建筑物出入口设置的起分隔、挡风、御寒等作用的建筑过渡空间。

9. 建筑物通道 passage

为道路穿过建筑物而设置的建筑空间。

10. 架空走廊 bridge way

建筑物与建筑物之间，在二层或二层以上专门为水平交通设置的走廊。

11. 勒脚 plinth

建筑物的外墙与室外地面或散水接触部位墙体的加厚部分。

12. 围护结构 envelop enclosure

围合建筑空间四周的墙体、门、窗等。

13. 围护性幕墙 enclosing curtain wall

直接作为外墙起围护作用的幕墙。

14. 装饰性幕墙 decorative faced curtain wall

设置在建筑物墙体外起装饰作用的幕墙。

15. 落地橱窗 French window

突出外墙面根基落地的橱窗。

16. 阳台 balcony

供使用者进行活动和晾晒衣物的建筑空间。

17. 眺望间 view room

设置在建筑物顶层或挑出房间的供人们远眺或观察周围情况的建筑空间。

18. 雨篷 canopy

设置在建筑物进出口上部的遮雨、遮阳篷。

19. 地下室 basement

房间地平面低于室外地平面的高度超过该房间净高的 1/2 者为地下室。

20. 半地下室 semibasement

房间地平面低于室外地平面的高度超过该房间净高的 1/3，且不超过 1/2 者为半地下室。

21. 变形缝 deformation joint

伸缩缝（温度缝）、沉降缝和防震缝的总称。

22. 永久性顶盖 permanent cap

经规划批准设计的永久使用的顶盖。

23. 飘窗 bay window

为房间采光和美化造型而设置的突出外墙的窗。

24. 骑楼 overhang

楼层部分跨在人行道上的临街楼房。

25. 过街楼 arcade

有道路穿过建筑空间的楼房。

过程 2.2　计算建筑面积

2.2.1　单层建筑物的建筑面积

1. 规范规定

单层建筑物的建筑面积，应按其外墙勒脚（见图 2-1）以上结构外围水平面积计算，并应符合下列规定：

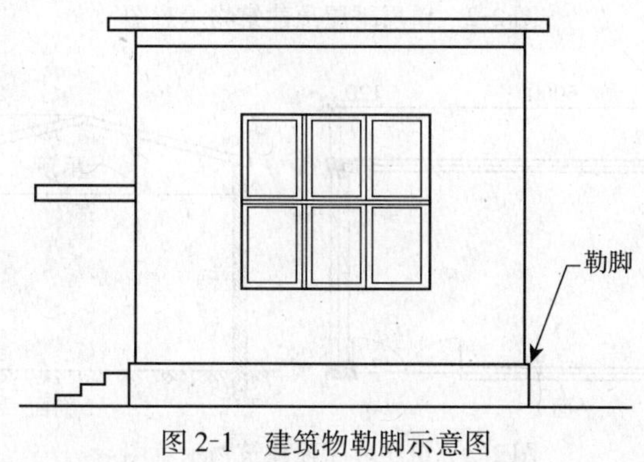

图 2-1　建筑物勒脚示意图

（1）单层建筑物高度在 2.20m 及以上者应计算全面积；高度不足 2.20m 者应计算 1/2 面积。

（2）利用坡屋顶内空间时，净高超过 2.10m 的部位应计算全面积；净高在 1.20 ~ 2.10m 的部位应计算 1/2 面积；净高不足 1.20m 的部位不应计算面积。

2. 有关说明

（1）勒脚起着保护墙身和增加建筑物立面美观的作用，是墙根部很矮的一部分墙体加厚，不能代表整个外墙结构，因此要扣除勒脚墙体加厚的部分。

（2）单层建筑物的建筑面积是以外墙体主体结构层的水平面积为准计算的，不包括装饰层在内。

（3）单层建筑物应按不同的高度确定其面积的计算。其高度指室内地面标高至屋面板板面结构标高之间的垂直距离。遇有以屋面板找坡的平屋顶单层建筑物，其高度指室内地面标高至屋面板最低处板面结构标高之间的垂直距离。

（4）利用坡屋顶内空间时，按不同净高确定其面积的计算。

3. 实例计算

【例 2.1】 某单层平屋顶建筑物（见图 2-2），墙厚 240mm，轴线居中，试计算该建筑物的建筑面积。

解：单层建筑物建筑面积 S

$S = (15 + 0.12 \times 2) \times (5 + 0.12 \times 2) = 79.86\text{m}^2$

【例 2.2】 计算如图 2-3 所示单层坡屋顶建筑物的建筑面积。

解：单层建筑物建筑面积 S

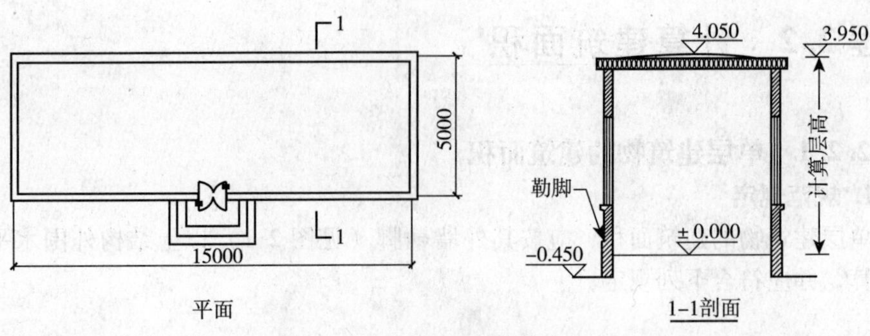

图 2-2　单层平屋顶建筑物示意图

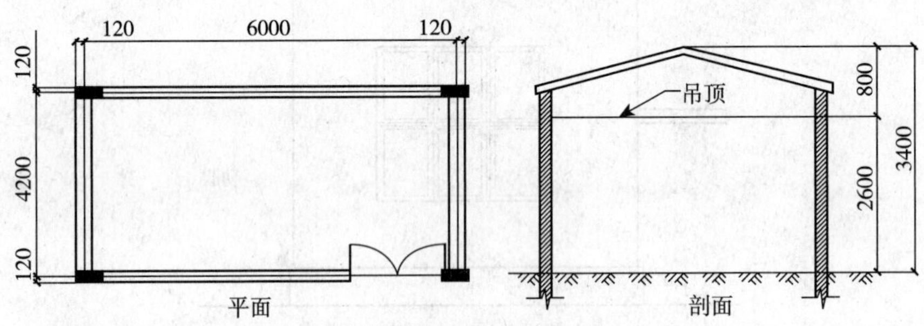

图 2-3　单层坡屋顶建筑物示意图

$S = (4.2 + 0.24) \times (6 + 0.24) = 27.71\text{m}^2$

【例 2.3】 计算如图 2-4 所示利用坡屋顶内空间建筑物的建筑面积。

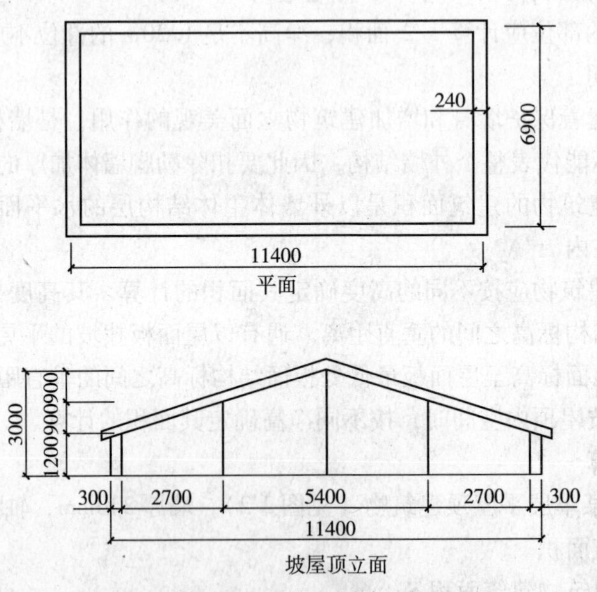

图 2-4　利用坡屋顶内空间建筑物示意图

解：①净高超过 2.10m 的建筑面积 S_1

$S_1 = 5.4 \times (6.9 + 0.24) = 38.56\text{m}^2$

②净高在 1.20 ~ 2.10m 的建筑面积 S_2

$S_2 = 2.7 \times (6.9 + 0.24) \times 1/2 \times 2 = 19.28\text{m}^2$

③利用坡屋顶内空间的总建筑面积 S

$S = S_1 + S_2 = 57.84\text{m}^2$

2.2.2 单层建筑物内设有局部楼层的建筑面积

1. 规范规定

单层建筑物内设有局部楼层者，局部楼层的二层及以上楼层，有围护结构的应按其围护结构外围水平面积计算，无围护结构的应按其结构底板水平面积计算。层高在 2.20m 及以上者应计算全面积；层高不足 2.20m 者应计算 1/2 面积。

2. 有关说明

（1）单层建筑内有局部空间分隔成楼层时，一层建筑面积已包括在单层建筑的建筑面积内，二层及以上楼层应按规定计算建筑面积。

（2）局部楼层面积指在整体单层建筑物内部进行分隔，有墙有顶有楼板的那一部分面积。

3. 实例计算

【例 2.4】计算如图 2-5 所示单层平屋顶建筑物内有局部楼层的建筑面积。

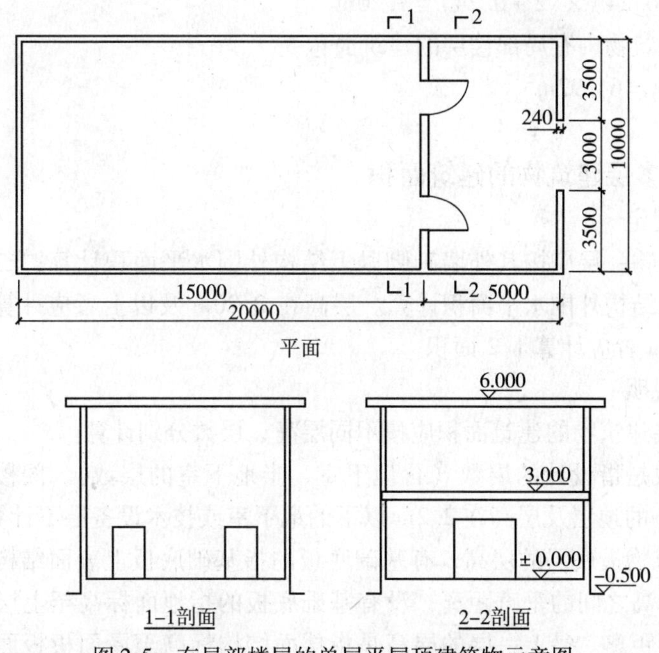

图 2-5　有局部楼层的单层平屋顶建筑物示意图

解：①一层建筑面积 S_1

$S_1 = (20 + 0.24) \times (10 + 0.24) = 207.26\text{m}^2$

②局部二层建筑面积 S_2

$S_2=(5+0.24)\times(10+0.24)=53.66\text{m}^2$

③单层建筑物内有局部楼层的建筑面积 S

$S=S_1+S_2=260.92\text{m}^2$

【例 2.5】计算如图 2-6 所示单层坡屋顶建筑物内有局部楼层的建筑面积。

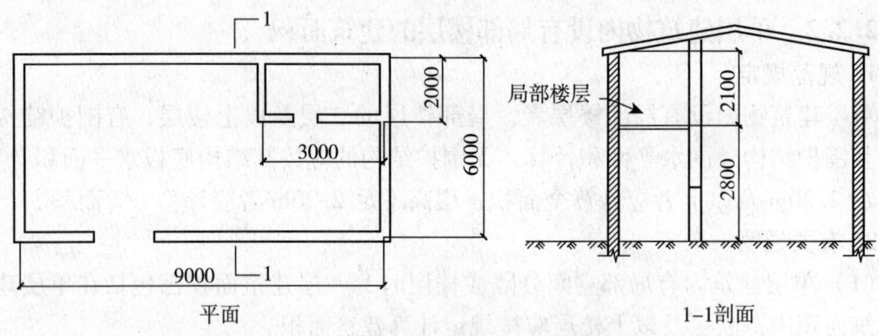

图 2-6　有局部楼层的单层坡屋顶建筑物示意图

解：①一层建筑面积 S_1

$S_1=(9+0.24)\times(6+0.24)=57.66\text{m}^2$

②局部二层建筑面积 S_2

$S_2=(3+0.24)\times(2+0.24)=7.26\text{m}^2$

③单层建筑物内有局部楼层的建筑面积 S

$S=S_1+S_2=64.92\text{m}^2$

2.2.3　多层建筑物的建筑面积

1. 规范规定

多层建筑物一层应按其外墙勒脚以上结构外围水平面积计算；二层及以上楼层应按其外墙结构外围水平面积计算。层高在 2.20m 及以上者应计算全面积；层高不足 2.20m 者应计算 1/2 面积。

2. 有关说明

（1）多层建筑物的建筑面积应按不同层高、层数分别计算。

（2）层数是指设计的层数（含地下室、半地下室的层数）。阁楼层、面积小于标准层 30% 的顶层及层高在 2.2m 以下的地下室或技术设备层不计算层数。

（3）建筑物最底层的层高，有基础底板的指基础底板上表面结构标高至上层楼面的结构标高之间的垂直距离；没有基础底板的指地面标高至上层楼面结构标高之间的垂直距离。最上一层的层高是指楼面结构标高至屋面板板面结构标高之间的垂直距离，遇有以屋面板找坡的屋面，层高指楼面结构标高至屋面板最低处板面结构标高之间的垂直距离。

（4）多层建筑物应注意各层的外墙外边线是否一致，当外墙外边线不一致时，应分开计算水平面积。

（5）同一建筑物如结构、层数不同时，应分别计算建筑面积。这是指在同一建筑物中，一部分为框架结构，另一部分为砖混结构；应分别按框架和砖混结构计算各自的建筑面积，然后再累加。

3. 实例计算

【**例 2.6**】计算如图 2-7 所示多层建筑物的建筑面积。

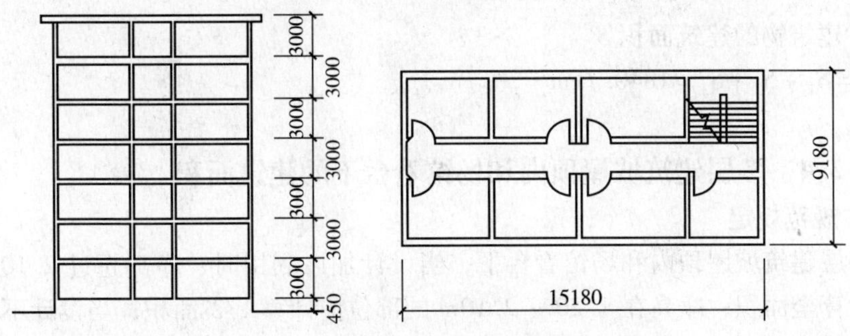

图 2-7 多层建筑物的建筑面积示意图

解：①一层建筑面积 S_1

$S_1 = 15.18 \times 9.18 = 139.35\text{m}^2$

②2～7 层建筑面积 S_2

$S_2 = 139.35 \times 6 = 836.10\text{m}^2$

③多层建筑物的建筑面积 S

$S = S_1 + S_2 = 975.45\text{m}^2$

【**例 2.7**】计算如图 2-8 所示层数不同的多层建筑物的建筑面积。

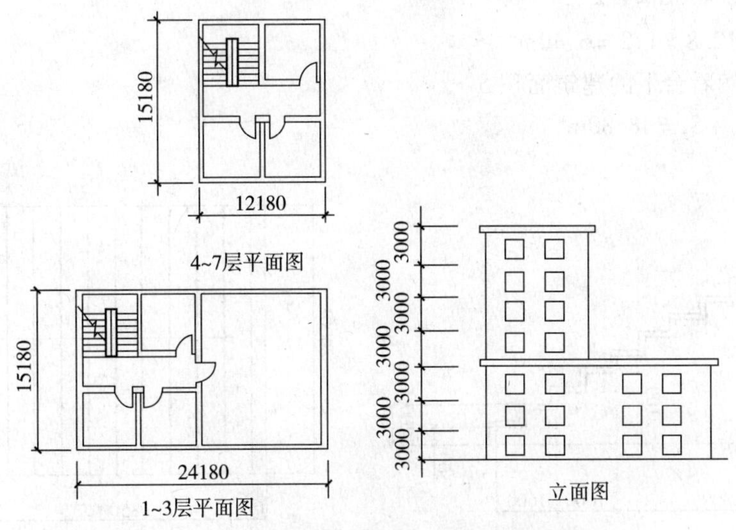

图 2-8 层数不同的多层建筑物的建筑面积示意图

解：①一层建筑面积 S_1

$S_1 = 24.18 \times 15.18 = 367.05\text{m}^2$

②2 ~3 层建筑面积 S_2

$S_2 = 367.05 \times 2 = 734.10\text{m}^2$

③4 ~7 层建筑面积 S_3

$S_3 = 12.18 \times 15.18 \times 4 = 739.56\text{m}^2$

④建筑物的建筑面积 S

$S = S_1 + S_2 + S_3 = 1840.71\text{m}^2$

2.2.4 多层建筑坡屋顶内和场馆看台下的建筑面积

1. 规范规定

多层建筑坡屋顶内和场馆看台下，当设计加以利用时，净高超过 2.10m 的部位应计算全面积；净高在 1.20 ~ 2.10m 的部位应计算 1/2 面积；当设计不利用或室内净高不足 1.20m 时不应计算面积。

2. 有关说明

多层建筑坡屋顶内和场馆看台下的空间应视为坡屋顶内的空间，设计加以利用时，应按净高确定其面积的计算。设计不利用的空间，不应计算建筑面积。

3. 实例计算

【**例 2.8**】计算如图 2-9 所示建筑物场馆看台下的建筑面积。

解：①净高超过 2.10m 的建筑面积 S_1

$S_1 = 8 \times 5.3 = 42.40\text{m}^2$

②净高在 1.20 ~2.10m 的建筑面积 S_2

$S_2 = 8 \times 1.6 \times 1/2$

$= 12.8 \times 1/2 = 6.40\text{m}^2$

③场馆看台下的建筑面积 S

$S = S_1 + S_2 = 48.80\text{m}^2$

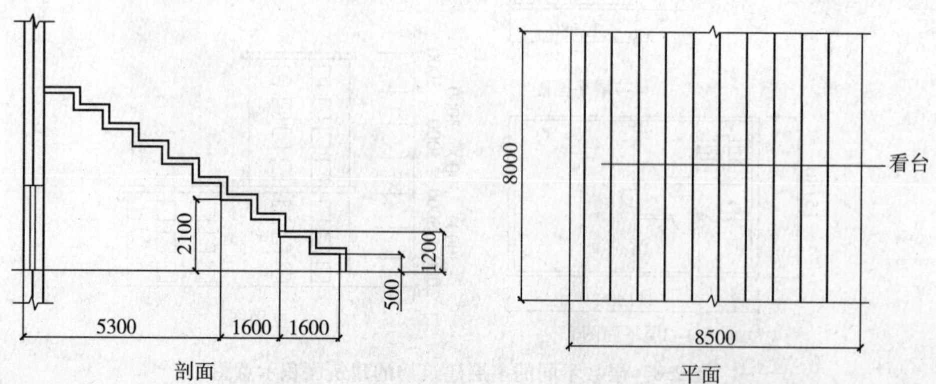

图 2-9 利用的建筑物场馆看台下的建筑面积示意图

2.2.5　地下室、半地下室的建筑面积

1. 规范规定

地下室、半地下室（车间、商店、车站、车库、仓库等），包括相应的有永久性顶盖的出入口，应按其外墙上口（不包括采光井、外墙防潮层及其保护墙）外边线所围水平面积计算。层高在 2.20m 及以上者应计算全面积；层高不足 2.20m 者应计算 1/2 面积。

2. 有关说明

（1）地下室建筑物的外墙身随着建筑物的地下室埋置深度的增加，墙体将会随之增厚，故计算地下建筑物的建筑面积时应以外墙上口外边线为准计算，立面防潮层及其保护墙的厚度不算在建筑面积之内。

（2）地下室设采光井是为了满足采光通风的要求，在地下室围护墙的上口开设的矩形或其他形状的井。井的上口设有铁栅，井的一个侧面安装地下室用的窗子。该采光井不计算建筑面积。

3. 实例计算

【例 2.9】计算如图 2-10 所示地下室的建筑面积。

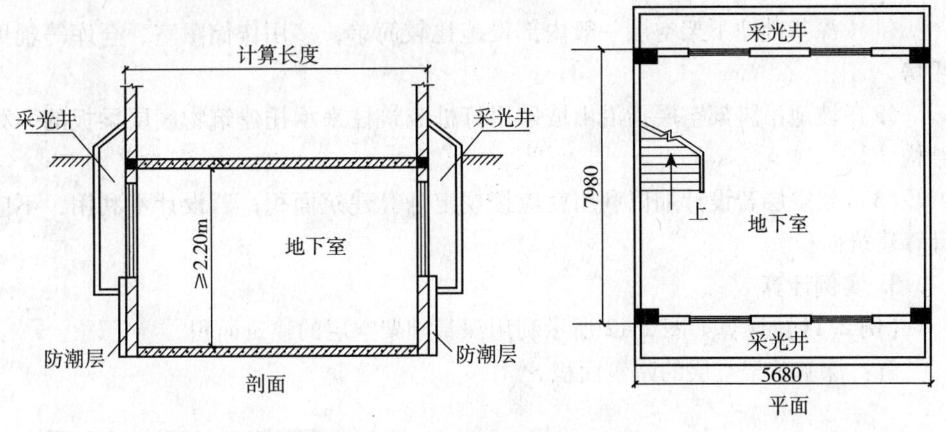

图 2-10　地下室建筑面积示意图

解：地下室的建筑面积 S

$S = 7.98 \times 5.68 = 45.33\text{m}^2$

【例 2.10】计算如图 2-11 所示地下室的建筑面积（层高 3.0m）。

解：①地下室的建筑面积 S_1

$S_1 = 18 \times 9 = 162.00\text{m}^2$

②出入口的建筑面积 S_2

$S_2 = (2 + 0.18) \times 1.5 + 1.5 \times 1 = 4.77\text{m}^2$

③地下室的总建筑面积 S

$S = S_1 + S_2 = 166.77\text{m}^2$

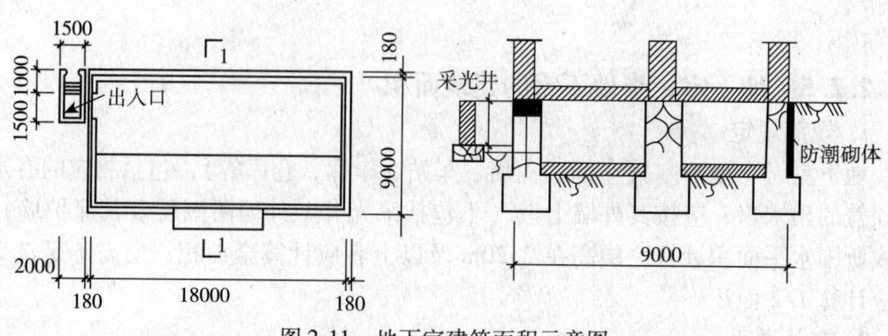

图 2-11　地下室建筑面积示意图

2.2.6　坡地的建筑物吊脚架空层、深基础架空层的建筑面积

1. 规范规定

坡地的建筑物吊脚架空层、深基础架空层，设计加以利用并有围护结构的，层高在 2.20m 及以上的部位应计算全面积；层高不足 2.20m 的部位应计算 1/2 面积。设计加以利用、无围护结构的建筑吊脚架空层，应按其利用部位水平面积的 1/2 计算；设计不利用的深基础架空层、坡地吊脚架空层、多层建筑坡屋顶内、场馆看台下的空间不应计算面积。

2. 有关说明

（1）深基础地下架空层一般内部设施比较简单，多用作储藏室、仓库等辅助用房。

（2）坡地吊脚架空层指沿山坡采用打桩或筑柱来承托建筑物底层梁板的一种结构。

（3）架空层若设计加以利用就应按规定计算建筑面积；若设计不利用，不应计算建筑面积。

3. 实例计算

【例 2.11】 计算如图 2-12 所示利用深基础架空层的建筑面积。

解：深基础架空层的建筑面积 S

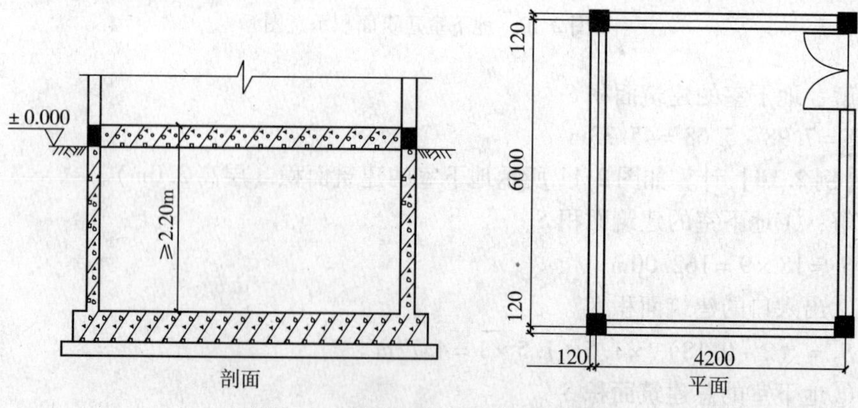

图 2-12　深基础架空层建筑示意图

$S=(4.2+0.24)\times(6+0.24)=27.71\text{m}^2$

【例 2.12】计算如图 2-13 所示利用坡地吊脚架空层的建筑面积。

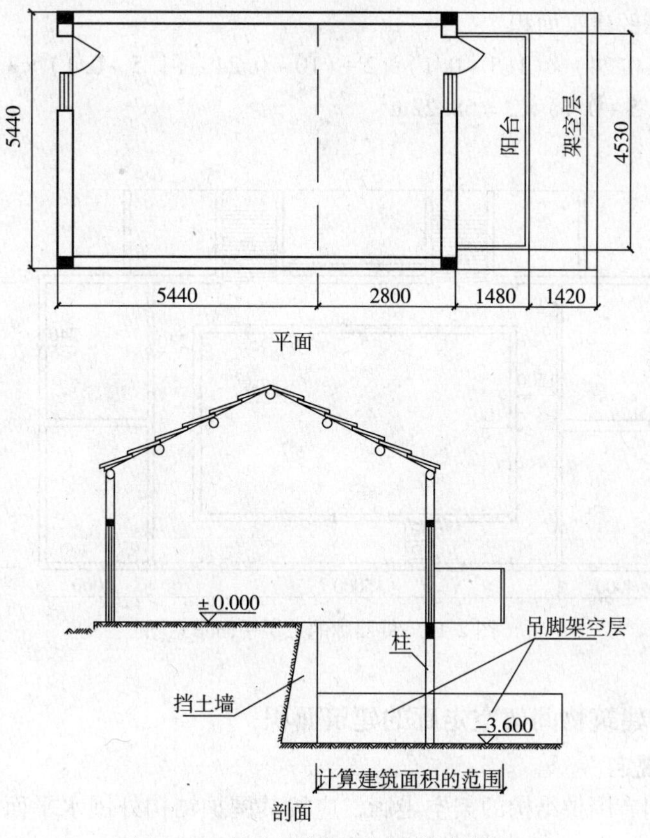

图 2-13　坡地吊脚架空层建筑示意图

解：吊脚架空层的建筑面积 S

$$S=(5.44\times2.8+4.53\times1.48)\times1/2$$
$$=21.94\times1/2=10.97\text{m}^2$$

2.2.7　建筑物的门厅、大厅的建筑面积

1. 规范规定

建筑物的门厅、大厅按一层计算建筑面积。门厅、大厅内设有回廊时，应按其结构底板水平面积计算。层高在 2.20m 及以上者应计算全面积；层高不足 2.20m 者应计算 1/2 面积。

2. 有关说明

（1）单层建筑物的门厅、大厅已包含在整个建筑物的建筑面积内。

（2）多层建筑物的门厅、大厅层高超过两层时，这一部分建筑面积只能按一层计算。

(3) 回廊的建筑面积应区分不同层高按其结构底板水平面积分别计算。

3. 实例计算

【**例 2.13**】计算如图 2-14 所示回廊的建筑面积（层高不小于 2.20m）。

解：回廊的建筑面积

$$S=(15-0.24)\times(1.5+0.1)\times2+(10-0.24-(1.5+0.1)\times2)\times(1.5+0.1)\times2=68.22\text{m}^2$$

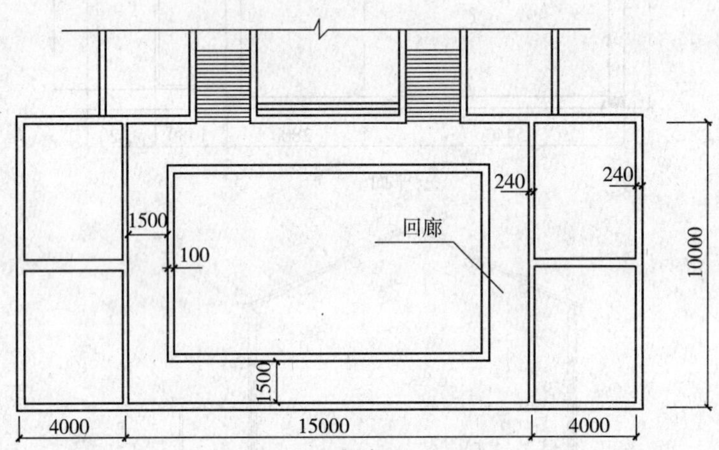

图 2-14　带回廊的二层平面示意图

2.2.8　建筑物间架空走廊的建筑面积

1. 规范规定

建筑物间有围护结构的架空走廊，应按其围护结构外围水平面积计算。层高在 2.20m 及以上者应计算全面积；层高不足 2.20m 者应计算 1/2 面积。有永久性顶盖无围护结构的应按其结构底板水平面积的 1/2 计算。

2. 实例计算

【**例 2.14**】计算如图 2-15 所示有围护结构的架空走廊的建筑面积（墙厚 240mm，轴线居中，层高 3m）。

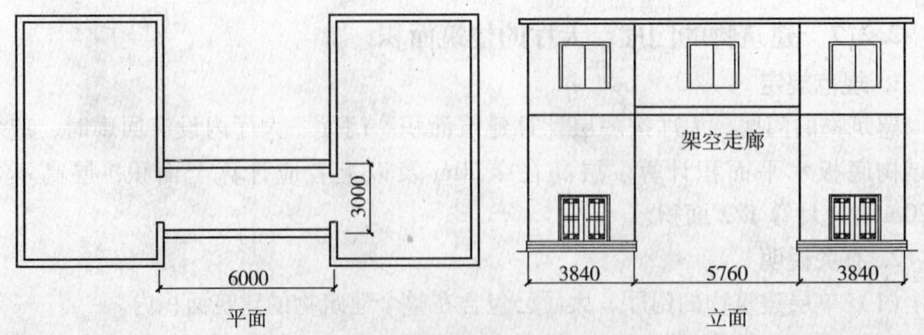

图 2-15　有架空走廊建筑的示意图

解：架空走廊的建筑面积

$S=(6-0.24)\times(3+0.24)=18.66\text{m}^2$

2.2.9　书库、立体仓库、立体车库的建筑面积

1. 规范规定

立体书库、立体仓库、立体车库，无结构层的应按一层计算，有结构层的应按其结构层面积分别计算。层高在 2.20m 及以上者应计算全面积；层高不足 2.20m 者应计算 1/2 面积。

2. 有关说明

立体书库、立体仓库、立体车库不规定是否有围护结构，均按是否有结构层，应区分不同的层高确定建筑面积计算的范围。

3. 实例计算

【**例 2.15**】某库房内货台，如图 2-16 所示，计算其建筑面积。

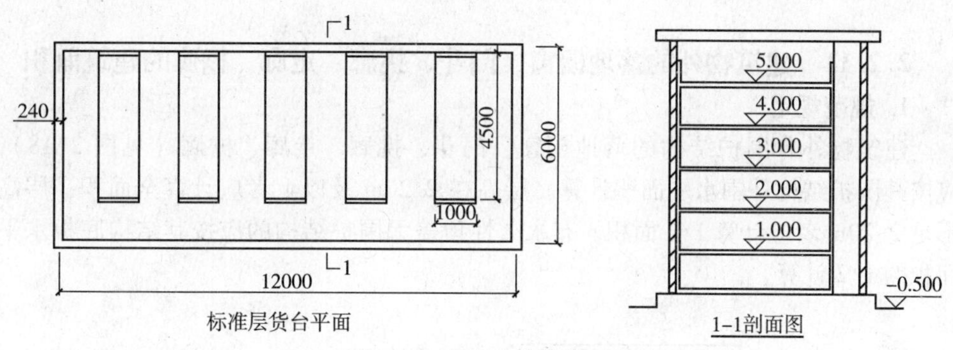

图 2-16　货台建筑示意图

解：①货台的建筑面积 S_1

$S_1=4.5\times1\times5\times1/2\times5=56.25\text{m}^2$

②库房底层建筑面积 S_2

$S_2=(12.00+0.24)\times(6.00+0.24)=76.38\text{m}^2$

③库房总建筑面积 S

$S=S_1+S_2=132.63\text{m}^2$

2.2.10　舞台灯光控制室的建筑面积

1. 规范规定

有围护结构的舞台灯光控制室，应按其围护结构外围水平面积计算。层高在 2.20m 及以上者应计算全面积；层高不足 2.20m 者应计算 1/2 面积。

2. 有关说明

大部分影剧院都将舞台灯光控制室设在舞台内侧的夹层里或设在耳房中，实际是一个有墙有顶的分隔间，它的建筑面积应按其不同层高分别计算。

3. 实例计算

【例 2.16】 计算如图 2-17 所示舞台灯光控制室的建筑面积（层高不小于 2.20m）。

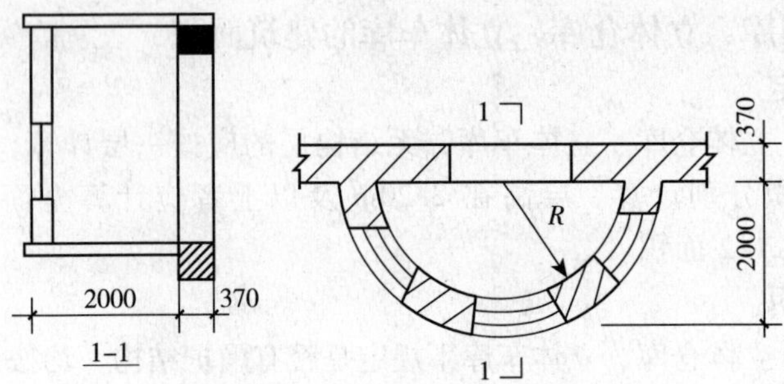

图 2-17　舞台灯光控制室建筑面积示意图

解：舞台灯光控制室的建筑面积

$S = \pi \times 2^2 \times 1/2 = 6.28\text{m}^2$

2.2.11　建筑物外的落地橱窗、门斗、挑廊、走廊、檐廊的建筑面积

1. 规范规定

建筑物外有围护结构的落地橱窗、门斗、挑廊、走廊、檐廊（见图 2-18），应按其围护结构外围水平面积计算。层高在 2.20m 及以上者应计算全面积；层高不足 2.20m 者应计算 1/2 面积。有永久性顶盖无围护结构的应按其结构底板水平面积的 1/2 计算。

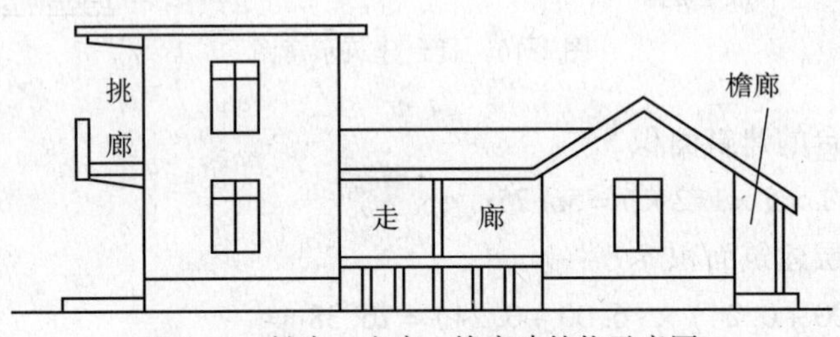

图 2-18　挑廊、走廊、檐廊建筑物示意图

2. 实例计算

【例 2.17】 某建筑物有门斗、水箱间，如图 2-19 所示，试计算该建筑物的建筑面积。

解：①一层建筑面积 S_1

$S_1 = (12.00 + 0.24) \times (6.00 + 0.24) = 76.38\text{m}^2$

②二层建筑面积 S_2

$S_2 = S_1 = 76.38\text{m}^2$

③门斗建筑面积 S_3

$S_3 = 3.5 \times 2.5 = 8.75\text{m}^2$

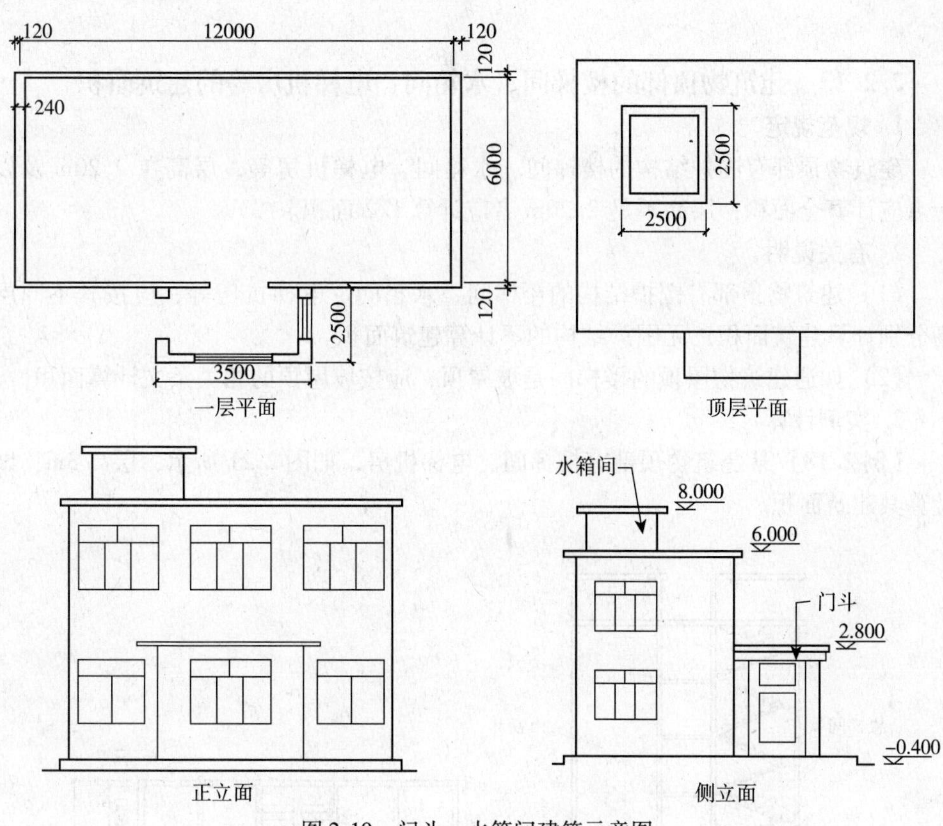

图 2-19　门斗、水箱间建筑示意图

④水箱间建筑面积 S_4

$S_4 = 2.5 \times 2.5 \times 1/2 = 3.13\text{m}^2$

⑤建筑物的建筑面积 S

$S = S_1 + S_2 + S_3 + S_4 = 164.64\text{m}^2$

2.2.12　场馆看台的建筑面积

1. 规范规定

有永久性顶盖无围护结构的场馆看台（见图 2-20）应按其顶盖水平投影面积的1/2计算。

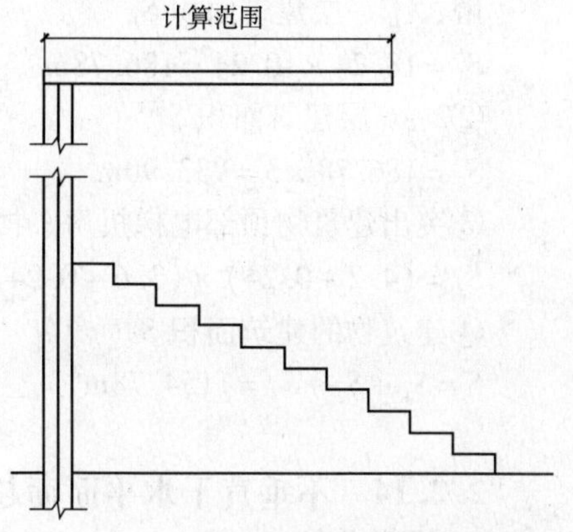

图 2-20　场馆看台的建筑面积示意图

2. 有关说明

（1）“场”指看台上有永久性顶盖部分，如足球场、网球场等。

（2）“馆”指有永久性顶盖和围护结构，如篮球馆、展览馆等。

（3）场馆看台的建筑面积，应按单层或多层建筑相关规定计算。

2.2.13 建筑物顶部的楼梯间、水箱间、电梯机房等的建筑面积

1. 规范规定

建筑物顶部有围护结构的楼梯间、水箱间、电梯机房等，层高在 2.20m 及以上者应计算全面积；层高不足 2.20m 者应计算 1/2 面积。

2. 有关说明

（1）建筑物顶部有围护结构的楼梯间、水箱间、电梯机房等，应按其不同层高分别计算建筑面积；无围护结构的不计算建筑面积。

（2）如遇建筑物屋顶的楼梯间是坡屋顶，应按坡屋顶的相关条文计算面积。

3. 实例计算

【例 2.18】 某建筑物顶部有楼梯间、电梯机房，如图 2-21 所示，层高 3m，试计算其建筑面积。

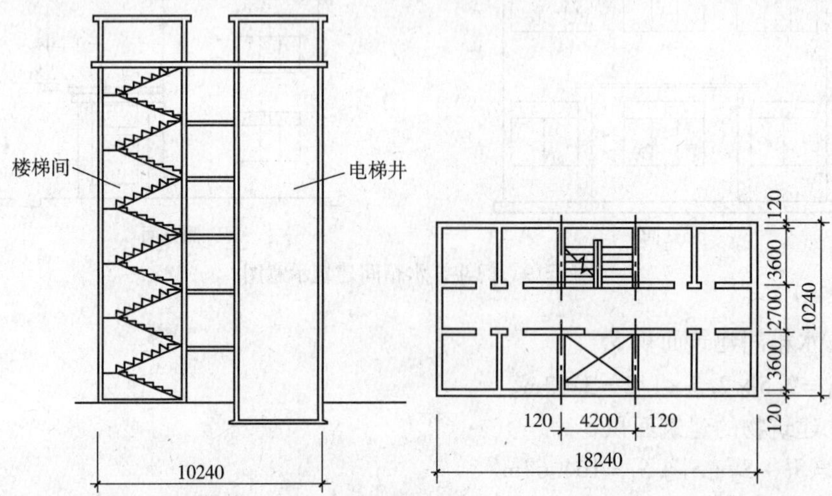

图 2-21 建筑物顶部有楼梯间、电梯机房的建筑示意图

解：①一层建筑面积 S_1

$S_1 = 18.24 \times 10.24 = 186.78\text{m}^2$

②2～6 层建筑面积 S_2

$S_2 = 186.78 \times 5 = 933.90\text{m}^2$

③突出建筑物顶部电梯机房、楼梯间的建筑面积 S_3

$S_3 = (4.2 + 0.24) \times (3.6 + 0.24) \times 2 = 34.10\text{m}^2$

④建筑物的建筑面积 S

$S = S_1 + S_2 + S_3 = 1154.78\text{m}^2$

2.2.14 不垂直于水平面而超出底板外沿的建筑物的建筑面积

1. 规范规定

设有围护结构不垂直于水平面而超出底板外沿的建筑物（见图 2-22），应按

其底板面的外围水平面积计算。层高在 2. 20m 及以上者应计算全面积；层高不足 2. 20m 者应计算 1/2 面积。

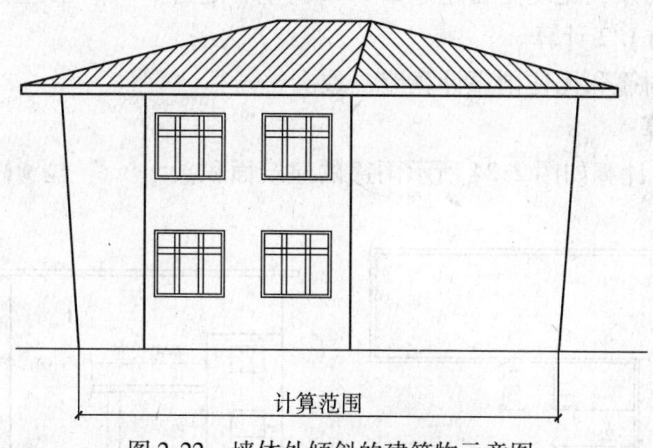

图 2-22　墙体外倾斜的建筑物示意图

2. 有关说明

设有围护结构不垂直于水平面而超出底板外沿的建筑物是指墙体向建筑物外倾斜。若遇有墙体向建筑物内倾斜，则应视为坡屋顶，应按坡屋顶有关条文计算面积。

2. 2. 15　建筑物内的室内楼梯间、电梯井、观光电梯井、提物井、管道井、通风排气竖井、垃圾道、附墙烟囱的建筑面积

1. 规范规定

建筑物内的室内楼梯间、电梯井、观光电梯井、提物井、管道井、通风排气竖井、垃圾道、附墙烟囱应按建筑物的自然层计算。

2. 有关说明

（1）室内楼梯间的面积计算，应按楼梯依附的建筑物的自然层数计算并在建筑物面积内。

（2）遇跃层建筑，其共用的室内楼梯应按自然层计算面积；上下两错层户室共用的室内楼梯，应选上一层的自然层计算面积（见图 2-23）。

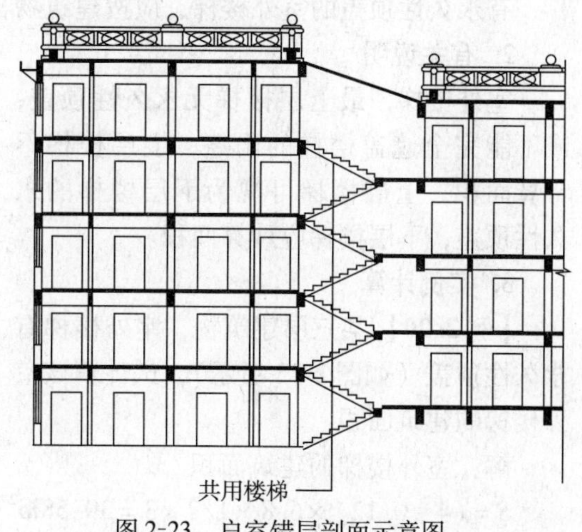

图 2-23　户室错层剖面示意图

2. 2. 16　雨篷的建筑面积

1. 规范规定

雨篷结构的外边线至外墙结构外边线的宽度超过 2. 10m 者，应按雨篷结构板

的水平投影面积的1/2计算。

2. 有关说明

(1) 雨篷均以其宽度是否超过2.10m衡量，超过2.10m者应按雨篷的结构板水平投影面积的1/2计算。

(2) 有柱雨篷和无柱雨篷计算应一致。

3. 实例计算

【例2.19】计算如图2-24所示雨篷的建筑面积。

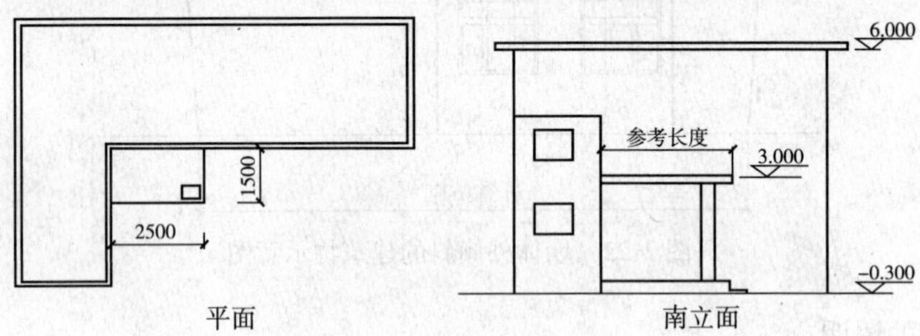

图2-24 雨篷建筑示意图

解：雨篷的建筑面积

$S = 2.5 \times 1.5 \times 1/2 = 1.88\text{m}^2$

2.2.17 室外楼梯的建筑面积

1. 规范规定

有永久性顶盖的室外楼梯，应按建筑物自然层的水平投影面积的1/2计算。

2. 有关说明

室外楼梯，最上层楼梯无永久性顶盖，或不能完全遮盖楼梯的雨篷，上层楼梯不计算面积，上层楼梯可视为下层楼梯的永久性顶盖，下层楼梯应计算面积。

3. 实例计算

【例2.20】某三层建筑物，室外楼梯有永久性顶盖（如图2-25所示），试计算该室外楼梯的建筑面积。

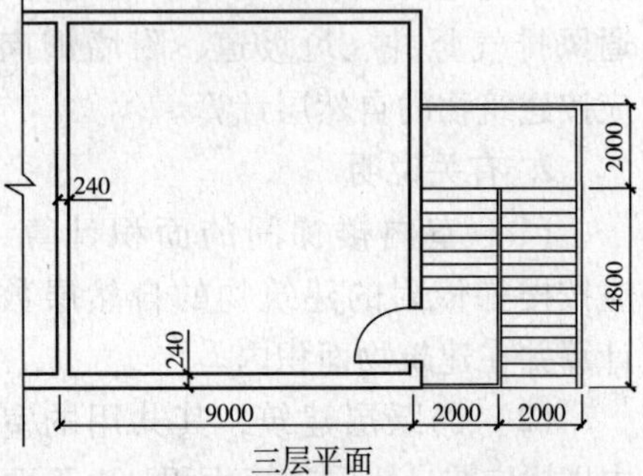

图2-25 室外楼梯建筑示意图

解：室外楼梯的建筑面积

$S = (4 - 0.12) \times 6.8 \times 1/2 \times 3 = 39.58\text{m}^2$

2.2.18 阳台的建筑面积

1. 规范规定

建筑物的阳台均应按其水平投影面积的1/2计算。

2. 有关说明

建筑物的阳台，不论是凹阳台、挑阳台、封闭阳台、不封闭阳台，均应按其水平投影面积的1/2计算。

3. 实例计算

【例2.21】计算如图2-26所示某层建筑物阳台的建筑面积（墙厚240mm，轴线居中）。

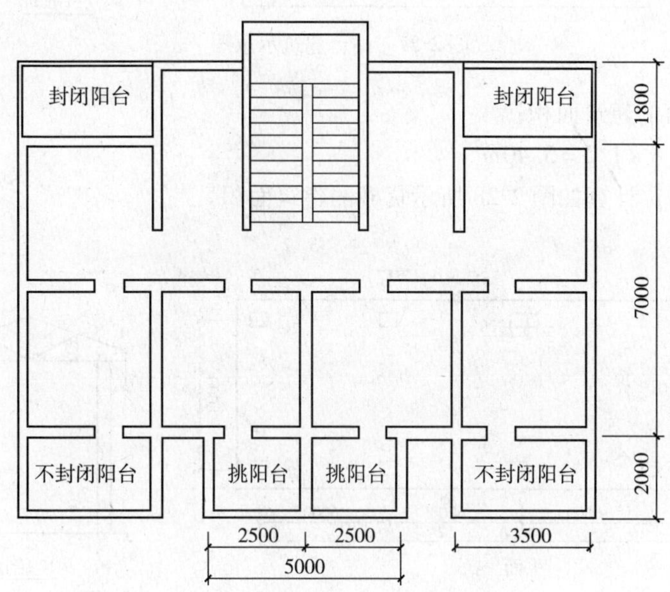

图2-26 建筑物的阳台平面示意图

解：阳台的建筑面积：

$$S=3.5\times(1.8-0.12)\times1/2\times2+(3.5+0.24)\times(2-0.12)\times1/2\times2+(5+0.24)\times(2-0.12)\times1/2=17.84\text{m}^2$$

2.2.19 车棚、货棚、站台、加油站、收费站等的建筑面积

1. 规范规定

有永久性顶盖无围护结构的车棚、货棚、站台、加油站、收费站等，应按其顶盖水平投影面积的1/2计算。

2. 有关说明

（1）车棚、货棚、站台、加油站、收费站等，不以柱来确定建筑面积的计算，而依据顶盖的水平投影面积计算。

（2）在车棚、货棚、站台、加油站、收费站内设有围护结构的管理室、休息室等，另按相关条款计算面积。

3. 实例计算

【例2.22】计算如图2-27所示站台的建筑面积。

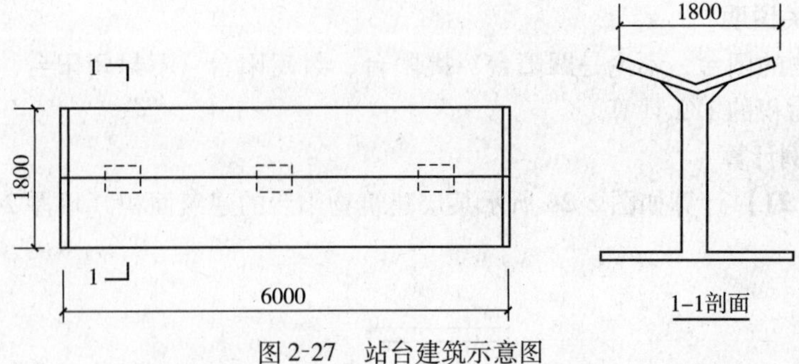

图 2-27　站台建筑示意图

解：站台的建筑面积：

$S = 6 \times 1.8 \times 1/2 = 5.40\text{m}^2$

【例 2.23】 计算如图 2-28 所示货棚的建筑面积。

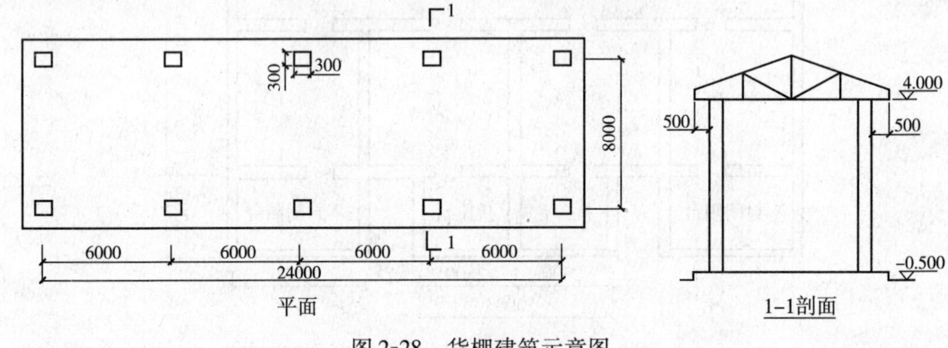

图 2-28　货棚建筑示意图

解：货棚的建筑面积：

$S = (8 + 0.3 + 0.5 \times 2) \times (24 + 0.3 + 0.5 \times 2) \times 1/2 = 117.65\text{m}^2$

2.2.20　高低联跨的建筑物的建筑面积

1. 规范规定

高低联跨的建筑物，应以高跨结构外边线为界分别计算建筑面积；其高低跨内部连通时，其变形缝应计算在低跨面积内。

2. 有关说明

（1）伸缩缝是将基础以上的建筑构件全部分开，并在两个部分之间留出适当缝隙，以保证伸缩缝两侧的建筑构件能在水平方向自由伸缩（见图 2-29）。沉降缝主要应满足建筑物各部分在垂直方向的自由沉降变形，故应将建筑物从基础到屋顶全部断开（见图 2-30）。防震缝一般从基础顶面开始，沿房屋全高设置。

（2）高跨与低跨分别计算建筑面积时，高低跨交界的墙和柱所占面积，应算在高跨面积内。

3. 实例计算

【例 2.24】 计算如图 2-31 所示高低联跨单层建筑物的建筑面积。

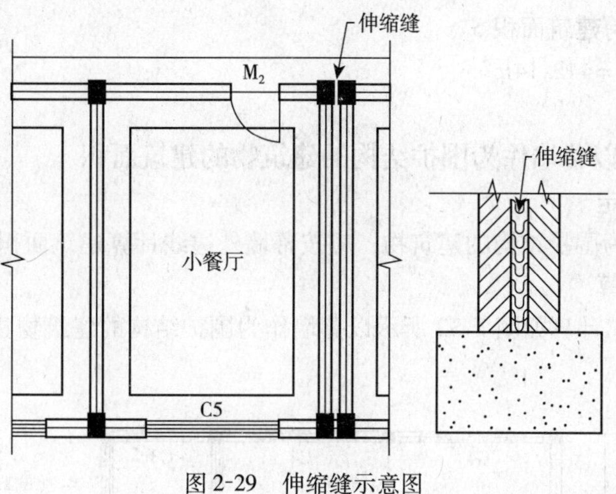

图 2-29　伸缩缝示意图

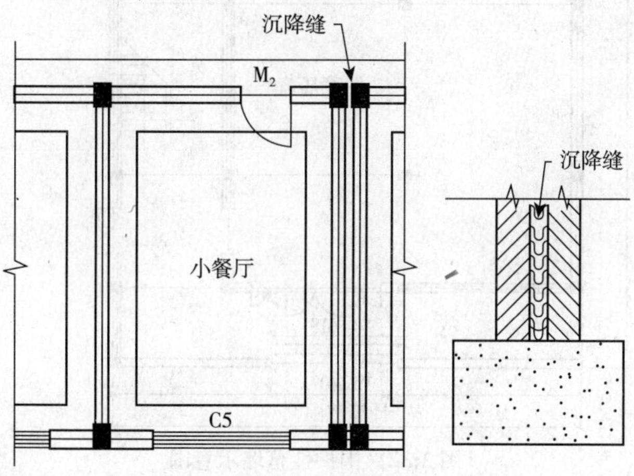

图 2-30　沉降缝示意图

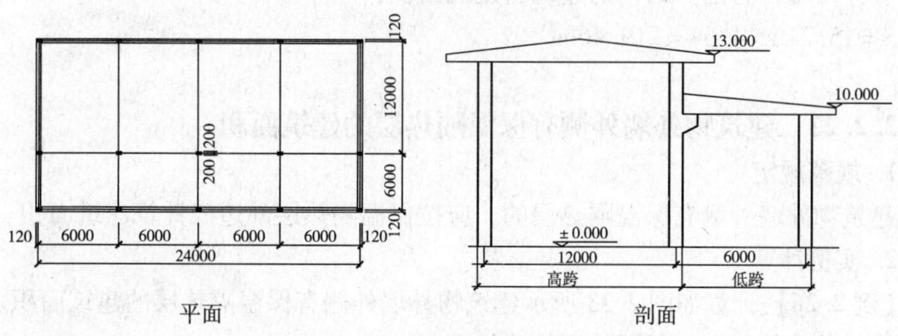

图 2-31　高低联跨的建筑物示意图

解：①高跨建筑面积 S_1

$S_1 = (24 + 0.12 \times 2) \times (12 + 0.12 + 0.2) = 298.64\text{m}^2$

②低跨建筑面积 S_2

$S_2 = (24 + 0.12 \times 2) \times (6 - 0.2 + 0.12) = 143.50\text{m}^2$

③高低联跨建筑面积 S

$S = S_1 + S_2 = 442.14\text{m}^2$

2.2.21 以幕墙作为围护结构的建筑物的建筑面积

1. 规范规定

以幕墙作为围护结构的建筑物，应按幕墙外边线计算建筑面积。

2. 实例计算

【**例 2.25**】计算如图 2-32 所示以幕墙作为围护结构的建筑物建筑面积。

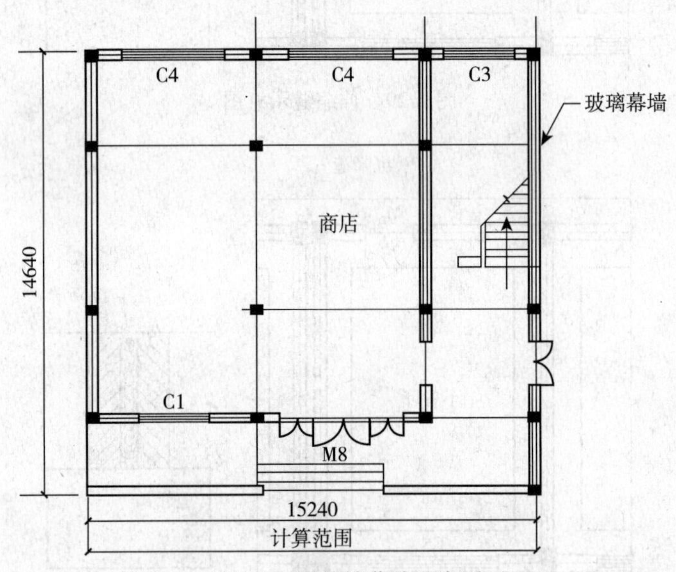

图 2-32 围护性幕墙示意图

解：幕墙作为围护结构的建筑物建筑面积：

$S = 15.24 \times 14.64 = 219.46\text{m}^2$

2.2.22 建筑物外墙外侧有保温隔热层的建筑面积

1. 规范规定

建筑物外墙外侧有保温隔热层的，应按保温隔热层外边线计算建筑面积。

2. 实例计算

【**例 2.26**】计算如图 2-33 所示建筑物外墙外侧有保温隔热层的建筑面积。

解：外墙外侧有保温隔热层的建筑面积

$S = (3 + 0.2 \times 2) \times (3.6 + 0.2 \times 2) = 13.60\text{m}^2$

2.2.23 建筑物内的变形缝的建筑面积

1. 规范规定

建筑物内的变形缝，应按其自然层合并在建筑物面积内计算。

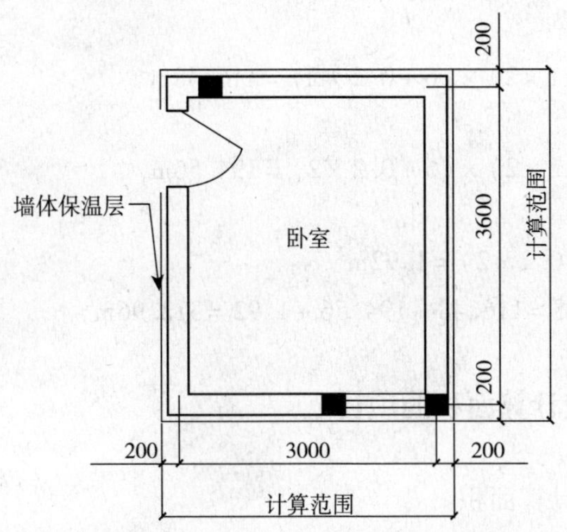

图 2-33　外墙外侧有保温隔热层建筑物示意图

2. 有关说明

建筑物内的变形缝是指与建筑物相连通的变形缝，即暴露在建筑物内，在建筑物内可以看得见的变形缝。

3. 实例计算

【例 2.27】 某单层工业厂房如图 2-34 所示。该厂房一部分采用无梁楼盖，另一部分采用纵向框架承重，中间设置宽度 300mm 的变形缝。厂房层高为 3.6m，墙体除注明者外均为 200mm 厚加气混凝土墙，轴线位于柱中。试计算该厂房的建筑面积。

解：厂房建筑面积计算：

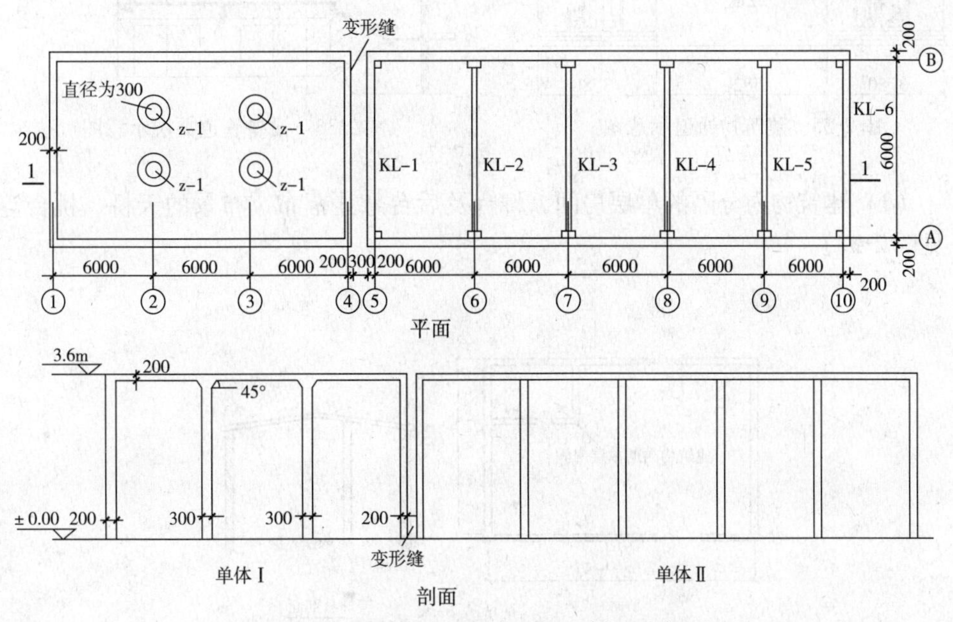

图 2-34　某单层工业厂房平面及剖面示意图

①～④轴

$S_1 = (3 \times 6 + 0.1 \times 2) \times (6 + 0.2 \times 2) = 116.48\text{m}^2$

⑤～⑩轴

$S_2 = (5 \times 6 + 0.2 \times 2) \times (6 + 0.2 \times 2) = 194.56\text{m}^2$

变形缝：

$S_3 = 0.3 \times (6 + 0.2 \times 2) = 1.92\text{m}^2$

厂房建筑面积 $S = 116.48 + 194.56 + 1.92 = 312.96\text{m}^2$

2.2.24 不应计算面积的项目

1. 规范规定

下列项目不应计算面积：

（1）建筑物通道（骑楼、过街楼的一层）（见图2-35）。

（2）建筑物内的设备管道夹层（见图2-36）。

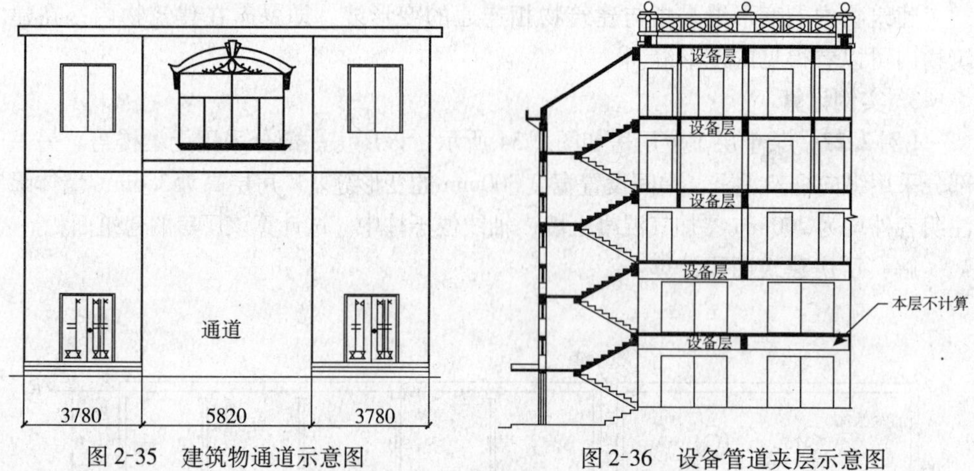

图2-35 建筑物通道示意图　　图2-36 设备管道夹层示意图

（3）建筑物内分隔的单层房间，舞台及后台悬挂幕布、布景的天桥、挑台等（见图2-37）。

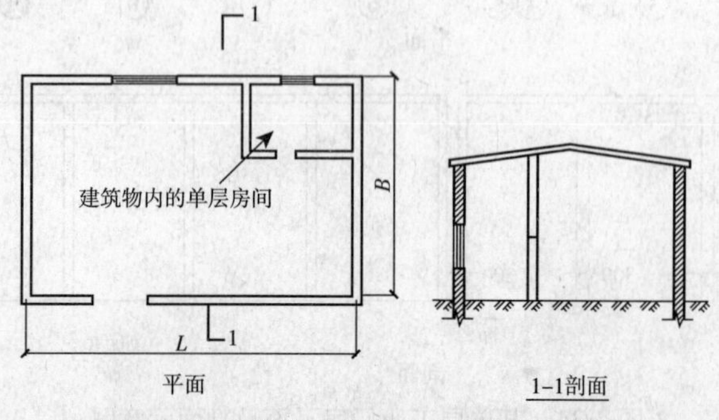

图2-37 建筑物内分隔的单层房间示意图

（4）屋顶水箱、花架、凉棚、露台、露天游泳池（见图 2-38）。

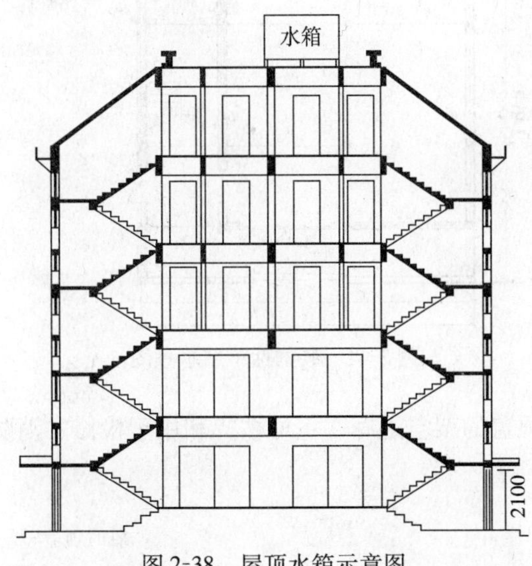

图 2-38　屋顶水箱示意图

（5）建筑物内的操作平台、上料平台、安装箱和罐体的平台（见图 2-39）。

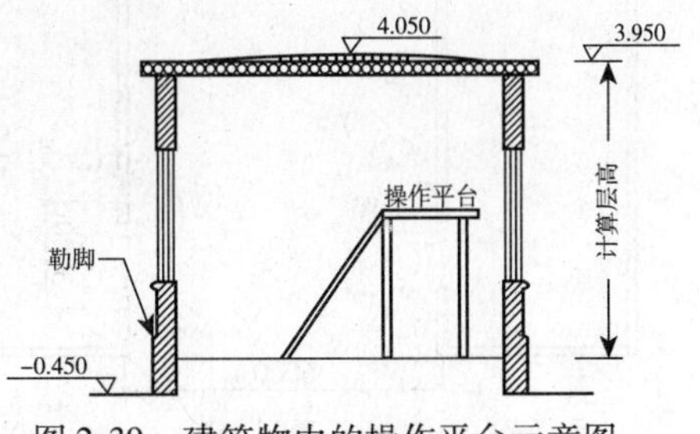

图 2-39　建筑物内的操作平台示意图

（6）勒脚、附墙柱、垛、台阶、墙面抹灰、装饰面、镶贴块料面层、装饰性幕墙、空调机外机搁板（箱）、构件、配件、宽度在 2.10m 及以内的雨篷以及与建筑物内不相连通的装饰性阳台、挑廊（见图 2-40、图 2-41）。

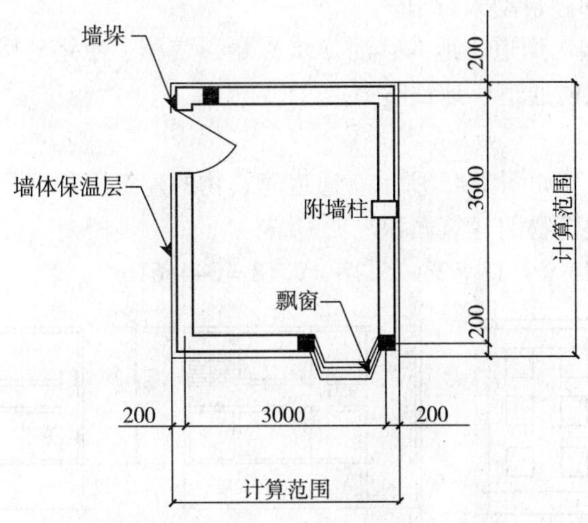

图 2-40　附墙柱、墙垛、飘窗示意图

任务2　建筑面积计算

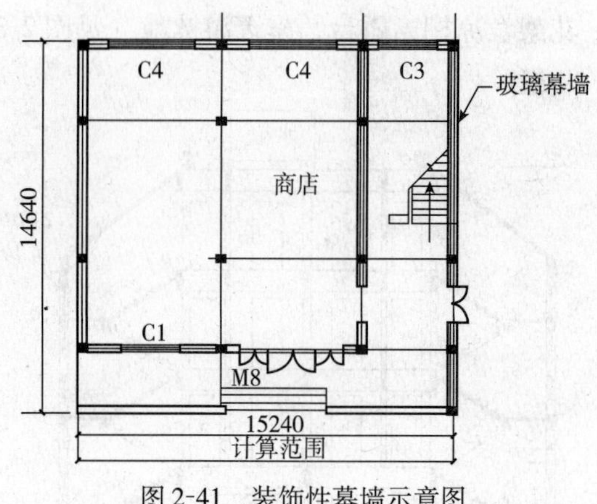

图 2-41　装饰性幕墙示意图

（7）无永久性顶盖的架空走廊、室外楼梯和用于检修、消防等的室外钢楼梯、爬梯（见图 2-42）。

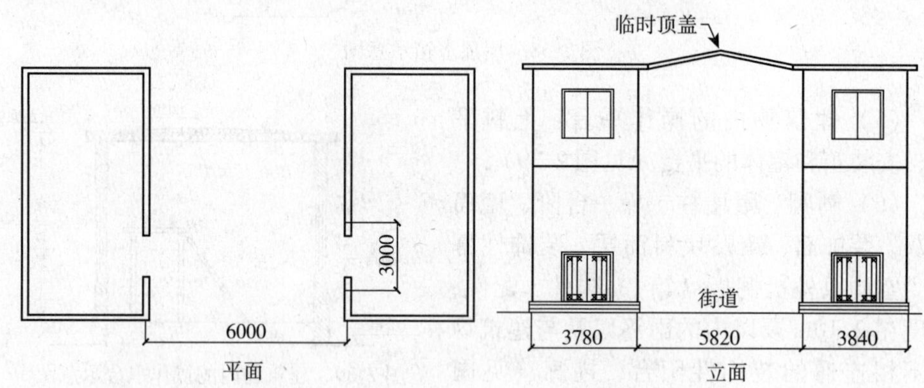

图 2-42　无永久性顶盖的架空走廊示意图

（8）自动扶梯、自动人行道。

（9）独立烟囱、烟道、地沟、油（水）罐、气柜、水塔、贮油（水）池、贮仓、栈桥、地下人防通道、地铁隧道。

2. 实例计算

【例 2.28】 计算如图 2-43 所示有通道建筑物的建筑面积（层高均为 3.2m）。

解：有通道建筑物的建筑面积

$S=(15.18-4)\times 9.18\times 2+15.18\times 9.18=344.61\text{m}^2$

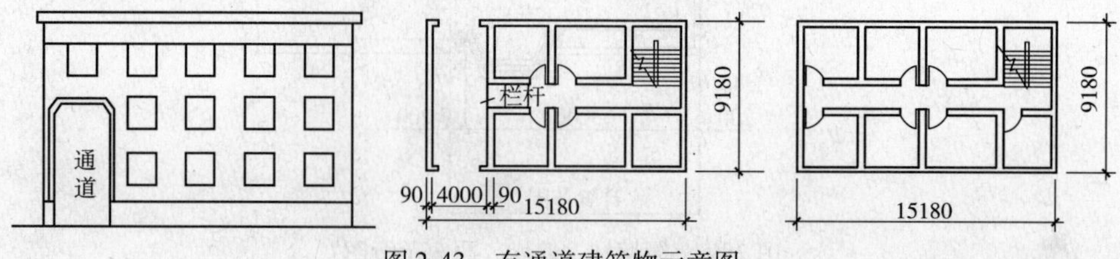

图 2-43　有通道建筑物示意图

2.2.25 研讨与练习

某私人会所建筑设计的部分施工图如图2-44所示，共两层，层高均为3m，墙体除注明外均为200mm厚加气混凝土墙，轴线位于墙中。单体Ⅰ和单体Ⅱ之间通过架空走廊连接，层高为2.1m，且有永久性顶盖但无围护结构。单体Ⅰ的室外楼梯最上层无永久性顶盖。阳台为半封闭阳台。一层建筑平面结构外围与二层相同。

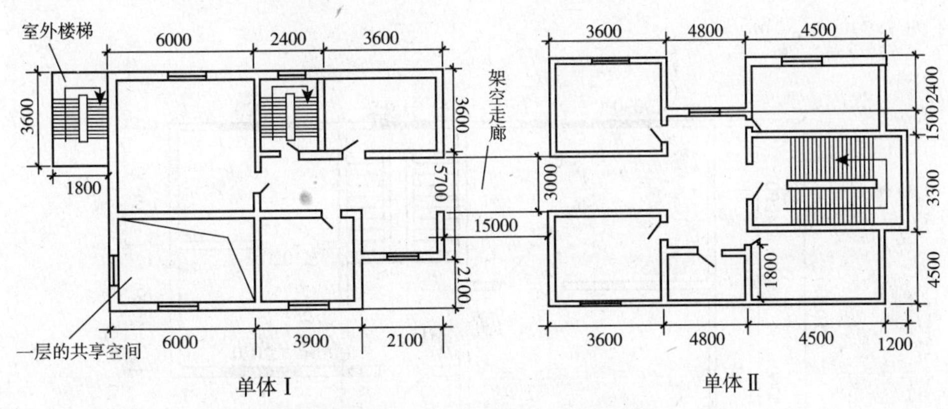

图2-44 某私人会所二层平面图

讨论问题：①室外楼梯、架空走廊、阳台、大厅、多层建筑物的建筑面积如何计算？

②如何读取图示尺寸数据计算该建筑物的建筑面积？

2.2.26 建筑面积计算应注意事项

（1）计算建筑面积时要按墙的外边线取定尺寸，而设计图纸是以轴线标注尺寸；因此要特别注意底层和标准层的墙厚尺寸，以便于和轴线尺寸的转换。

（2）看清剖面图和平面图中一层与标准层的外墙有无变化，以便确定水平尺寸。在同一外墙上有墙、有柱时，要查看墙柱外边线是否一致，不一致时要按墙的外边线取定尺寸计算建筑面积。

（3）仔细查找建筑物内有无局部楼层、回廊以及坡屋顶内、场馆看台下设计加以利用的空间等，以便确定是否增算建筑面积。

（4）阳台一般都设有栏杆或栏板，其水平投影面积按栏杆柱或栏板的外边线取尺寸。若采用钢木花栏杆者，以阳台板外边线取定尺寸。

（5）有永久性顶盖无围护结构的橱窗、门斗、挑廊、走廊、檐廊等，其水平面积应按结构底板外边线取定尺寸。

（6）注意高跨多层与低跨单层的分界线及其尺寸，以便分开计算建筑面积。

（7）当建筑物一层留有通道时，应扣建筑物通道面积。

（8）最后查看一下建筑物的顶上、地下、前后、左右等有无附属建筑物。

巩固与提高：

1. 建筑面积有哪三部分组成？计算建筑面积的作用有哪些？

2. 解释下列术语：

（1）层高；（2）走廊；（3）围护结构；（4）勒脚；（5）地下室。

3. 如何计算下列建筑物的建筑面积？

（1）单层建筑物；（2）多层建筑物；（3）阳台；（4）楼梯；（5）雨篷；（6）走廊。

4. 某建筑物如图2-45所示，试计算该建筑物的建筑面积（天台面楼梯出口尺寸为1.5m×1.5m）。

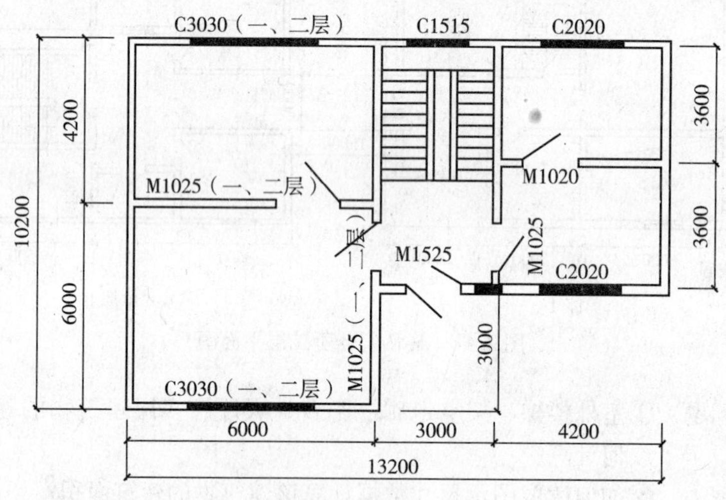

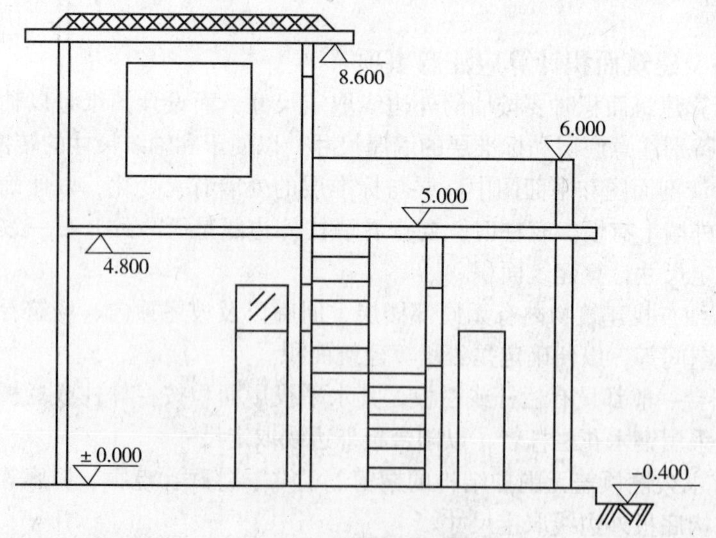

图2-45 某建筑物示意图

5. 计算某办公楼建筑面积（见1.3.4研讨与练习）。

任务3

土(石)方工程量计算

土（石）方工程包括土方工程、石方工程、土石方回填。通过学习，达到会依据基础平面图、剖面图及工程量计算规则计算土方项目的工程量的目的。

过程3.1　识读基础平面及剖面图

基础平面及剖面图是结构施工图的一部分，是设计室内地坪标高以下的结构图，主要为放灰线、挖基础土方、做垫层及基础施工、编制工程预算提供依据。基础图一般由基础平面、剖面、文字说明三部分组成，这部分与一层建筑平面图关系密切，应配合阅读。

3.1.1　基础图内容

1. 文字说明

基础图的文字说明主要是说明基础的形式、材料种类、规格；基础垫层的材料种类、规格等内容。识图时不仅要看基础平面、剖面图部分文字的说明，而且还要注意看结构设计说明部分有关基础及基础垫层方面的内容。

2. 基础平面

基础平面主要表示基础墙、垫层、柱、基础梁等平面位置关系。

（1）轴线网。包括轴线号、轴线尺寸，主要用来放线，确定各部分的位置。结构施工图的轴线必须与建筑平面完全一致。

（2）基础的平面布置。这部分是基础平面图的主要内容。包括基础的主要轮廓线，如垫层边线、基础墙边线、柱基边线及其与轴线的关系。

（3）剖切符号。凡基础宽度、墙厚、大放脚、基底标高等不同时，均以不同剖面图表示，并标以不同的剖切符号，如1—1、2—2等。

3. 基础剖面

主要表示基础及基础垫层的材料、尺寸等。

（1）轴线。以轴线为准注出基础垫层的尺寸、基础墙或柱的尺寸、墙厚等。

（2）基础及基础垫层底面标高、材料、尺寸。各个剖面图中均会注明基础及基础垫层的底面标高、宽度、高度。

（3）大放脚的尺寸。基础墙或砖柱下面扩大的部分叫大放脚。剖面图中会注明大放脚的层数、宽度、高度。

（4）防潮层。剖面图中会标明墙基防潮层的标高位置，有时也会注明防潮层的做法。

3.1.2 识读基础图

识读基础图的目的主要是了解基础及基础垫层的材料种类、规格、平面尺寸、标高及基础形式等内容，从而编制出可行的、准确的施工方案和工程预算。现以某接待室为例识读基础平面及剖面图。

1. 实例

某接待室施工图设计说明如下，基础平面、剖面图见图3-1。

（1）结构类型及标高。本工程为砖混结构，一层，采用MU10煤矸石烧结砖240mm×115mm×53mm砌筑。设计室内、外地坪标高分别为±0.000、-0.300m。

（2）基础。M5水泥砂浆砌砖基础，C10混凝土基础垫层200mm厚，于-0.060m处做20mm厚1∶2水泥砂浆防潮层（加入一定比例的防水粉）。

（3）墙、柱。M5混合砂浆砌砖墙、砖柱。

（4）地面。基层素土回填夯实，80mm厚C10混凝土地面垫层，18mm厚1∶3水泥砂浆找平层，12mm厚1∶2水泥白石子浆磨光。

2. 识读内容

（1）施工图设计说明。根据说明可知：本工程的结构类型为砖混结构，一层，设计室内、外地坪标高分别为±0.000、-0.300m；基础为M5水泥砂浆砌砖基础、基础垫层为C10混凝土、防水砂浆墙基防潮层设在-0.060m处；墙、柱为砖砌体。

（2）基础平面图。基础平面图标明了轴线号①→④、Ⓐ→Ⓒ，及其相应的轴线尺寸，且轴线居中；标明了混凝土基础垫层、基础墙、砖柱的边线；剖切位置及符号1—1、2—2、3—3、轴线到基础墙边120mm、轴线到垫层边400mm。另外，从图中也不难看出，基础形式为墙下条形砖基础、柱下独立砖基础。

（3）基础剖面图。基础剖面标明了室内、外地面标高、防潮层的位置。3—3剖面还标明了柱下混凝土基础垫层底面尺寸为800mm×800mm，垫层底面标高-1.500m，垫层高200mm；砖柱断面尺寸240mm×240mm、大放脚为二层等高，

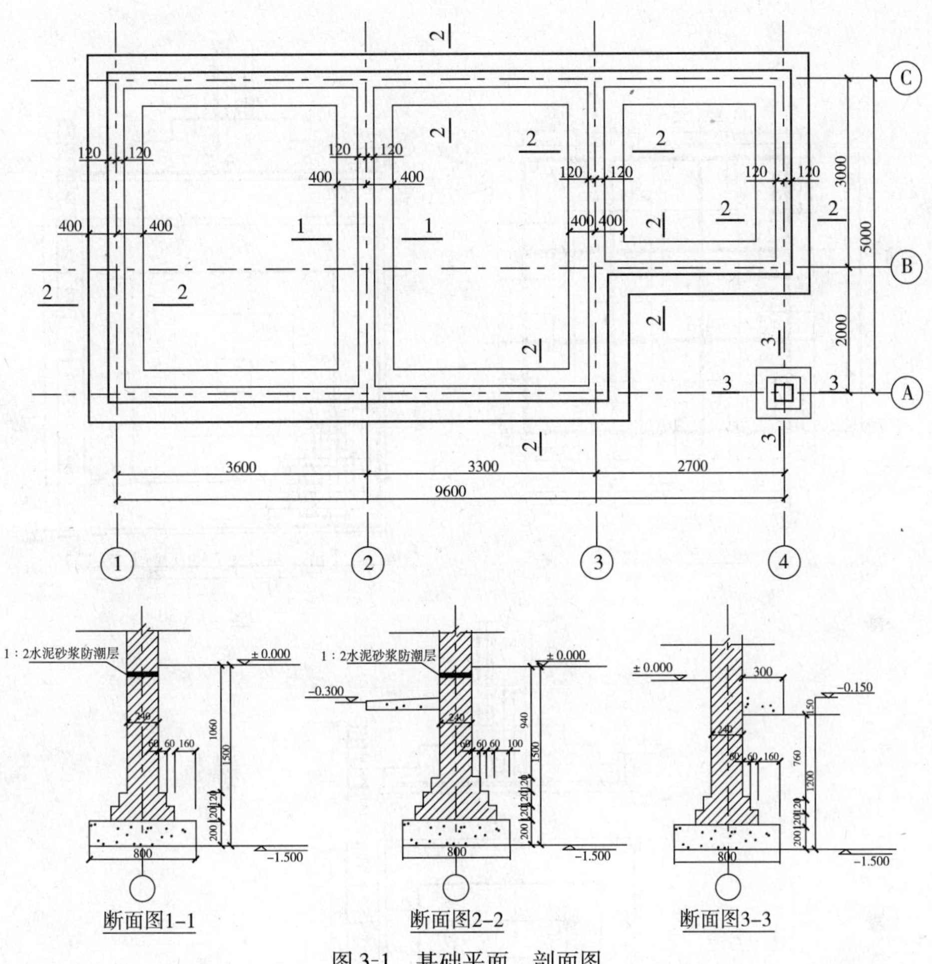

图 3-1　基础平面、剖面图

砖柱基础底标高为 -1.300m（-1.500 +0.20 = -1.300m）。1—1、2—2 剖面图，标明了墙下混凝土条形基础垫层的宽为 800mm、高 200mm，垫层底标高 -1.500m；墙厚 240mm、大放脚分别为二层、三层等高，通过计算，也可以知道砖墙基础底标高为 -1.300m。

3.1.3　研讨与练习

×××研究中心办公楼自然地面标高 -1.900m，楼层为地上四层，地下一层，结构体系为现浇框架 - 剪力墙结构。地下室外墙采用 360mm 厚砖墙，内墙采用 240mm 砖墙，一层地面以上外墙采用 250mm 厚加气混凝土，剪力墙外侧采用 300mm 厚加气混凝土砌块。基础部位砌体采用 M7.5 水泥砂浆，其他部位采用 M5 混合砂浆。柱下采用钢筋混凝土独立基础，基础垫层采用 C10 混凝土，基础、基础梁、剪力墙、柱子采用 C25 钢筋混凝土（其他说明略）。基础平面、剖面见图 3-2。

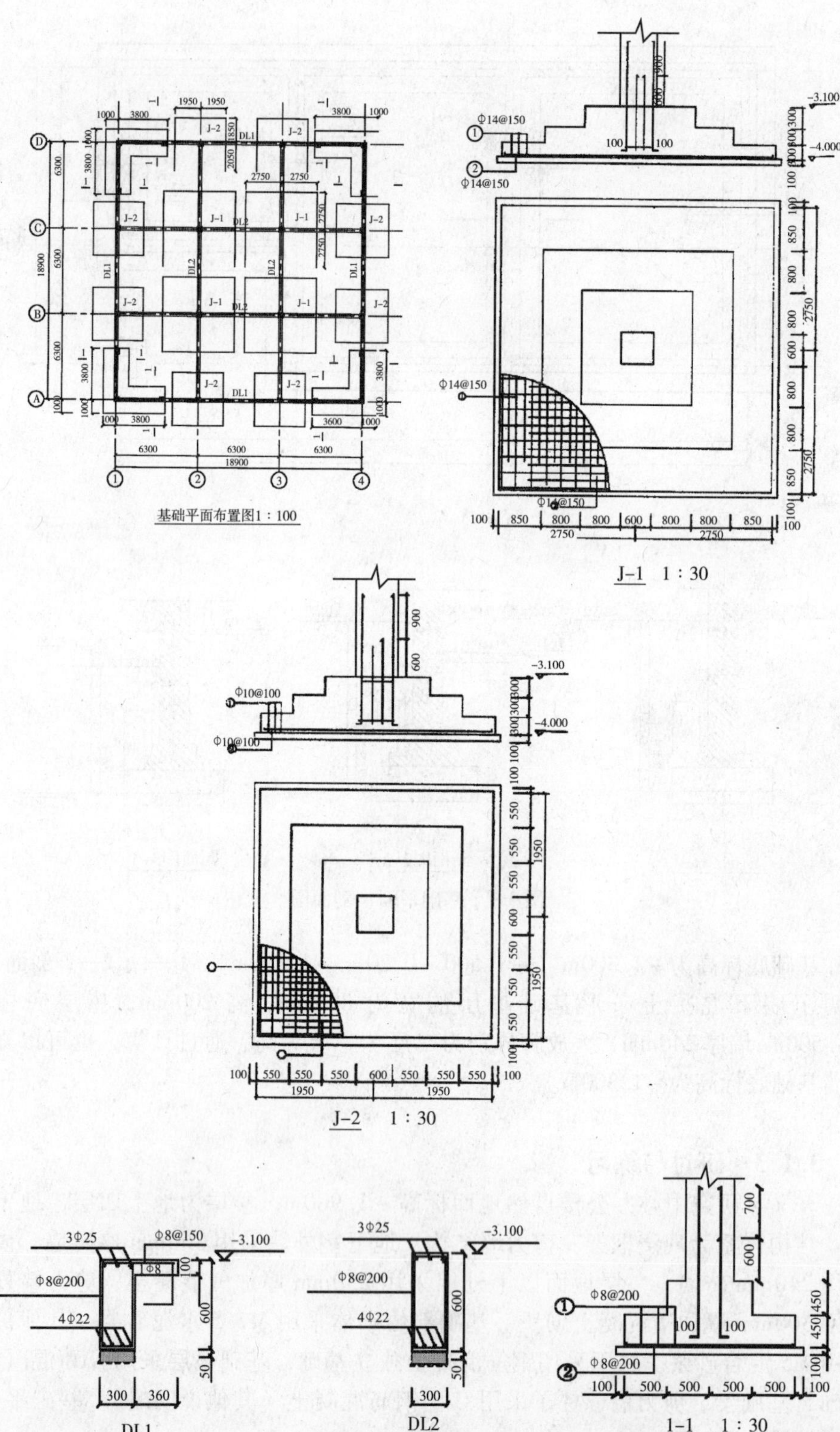

图 3-2 ×××研究中心办公楼基础平面、剖面图

讨论问题：

（1）本工程基础图中 DL、J 代号表示的构件名称是什么？

（2）本工程中基础的类型有哪几种？

（3）设置 DL 构件的作用是什么？

（4）从承重角度说说该工程的墙体与某接待室工程的墙体有何不同？

（5）说出基础及基础垫层的材料种类、规格、尺寸及挖土深度。

过程 3.2　工程量清单项目设置及工程量计算规则

土（石）方工程定额与《计价规范》相比，在项目设置、工程量计算规则等方面有较大差异。

3.2.1　定额项目设置及工程量计算规则

土（石）方工程项目有平整场地、人工（机械）挖土方、挖沟槽、挖地坑、双轮车运土、机械挖土汽车运土、翻斗车运土、凿截钢筋混凝土桩、基底钎探、回填土、原土打夯等。

1. 项目有关说明

（1）土壤及岩石的分类见表 3-1。

土壤及岩石（普氏）分类表　　**表 3-1**

土石分类	普氏分类	土壤及岩石名称	天然湿度下平均密度（kg/m^3）	极限压碎强度（kg/cm^2）	用轻钻孔机钻进 1m 耗时（min）	开挖方法及工具	紧固系数 f
一、二类土壤	Ⅰ	砂 砂壤土 腐殖土 泥炭	1500 1600 1200 600			用尖锹开挖	0.5～0.6
	Ⅱ	轻壤和黄土类土 潮湿而松散的黄土，软的盐渍土和碱土 平均 15mm 以内的松散而软的砾石 含有草根的密实腐殖土 含有直径在 30mm 以内根类的泥炭和腐殖土 掺有卵石、碎石和石屑的砂和腐殖土 含有卵石或碎石杂质的胶结成块的填土 含有卵石、碎石和建筑料杂质的砂壤土	1600 1600 1700 1400 1100 1650 1750 1900			用锹开挖并少数用镐开挖	0.6～0.8

续表

土石分类	普氏分类	土壤及岩石名称	天然湿度下平均密度（kg/m³）	极限压碎强度（kg/cm²）	用轻钻孔机钻进1m耗时（min）	开挖方法及工具	紧固系数 f
三类土壤	Ⅲ	肥黏土，其中包括石炭纪、侏罗纪的黏土和冰黏土 重粉质黏土、粗砾石，粒径为15～40mm的碎石和卵石 干黄土和掺有碎石或卵石的自然含水量黄土 含有直径大于30mm根类的腐殖土或泥炭 掺有碎石或卵石和建筑碎料的土壤	1800 1750 1790 1400 1900			用尖锹并同时用镐开挖（30%）	0.8～1.0
四类土壤	Ⅳ	土含碎石重黏土其中包括侏罗纪和石英纪的硬黏土 含有碎石、卵石、建筑碎料和重达25kg的顽石（总体积10%以内）等杂质的肥黏上和重粉质黏土 冰渍黏土，含有重量在50kg以内的巨砾其含量为总体积10%以内 泥板岩 不含或含有重量达10kg的顽石	1950 1950 2000 2000 1950			用尖锹并同时用镐和撬棍开挖（30%）	1.0～1.5
松石	Ⅴ	含有重量在50kg以内的巨砾（占体积10%以上）的冰渍石 矽藻岩和软白垩岩 胶结力弱的砾岩 各种不坚实的片岩 石膏	2100 1800 1900 2600 2200	小于200	小于3.5	部分用手凿工具，部分用爆破来开挖	1.5～2.0
次坚石	Ⅵ	凝灰岩和浮石 松软多孔和裂隙严重的石灰岩和介质石灰岩 中等硬变的片岩 中等硬变的泥灰岩	1100 1200 2700 2300	200～400	3.5	用风镐和爆破法开挖	2～4
	Ⅶ	石灰石胶结的带有卵石和沉积岩的砾石 风化的和有大裂缝的黏土质砂岩 坚实的泥板岩 坚实的泥灰岩	2200 2000 2800 2500	400～600	6.0	用爆破方法开挖	4～6
	Ⅷ	砾质花岗岩 泥灰质石灰岩 黏土质砂岩 砂质云母片岩 硬石膏	2300 2300 2200 2300 2900	600～800	8.5		6～8

续表

土石分类	普氏分类	土壤及岩石名称	天然湿度下平均密度（kg/m³）	极限压碎强度（kg/cm²）	用轻钻孔机钻进1m耗时（min）	开挖方法及工具	紧固系数 f
普坚石	Ⅸ	严重风化的软弱的花岗岩、片麻岩和正长岩 滑石化的蛇纹岩 致密的石灰岩 含有卵石、沉积岩的渣质胶结的砾岩 砂岩 砂质石灰质片岩 菱镁矿	2500 2400 2500 2500 2500 2500 3000	800～1000	11.5	用爆破方法开挖	8～10
	Ⅹ	白云石 坚固的石灰岩 大理石 石灰胶结的致密砾石 坚固砂质片岩	2700 2700 2700 2600 2600	1000～1200	15.0		10～12
	Ⅺ	粗花岗岩 非常坚硬的白云岩 蛇纹岩 石灰质胶结的含有火成岩之卵石的砾石 石英胶结的坚固砂岩 粗粒正长岩	2800 2900 2600 2800 2700 2700	1200～1400	18.5		12～14
	Ⅻ	具有风化痕迹的安山岩和玄武岩 片麻岩 非常坚固的石灰岩 硅质胶结的含有火成岩之卵石的砾岩 粗石	2700 2600 2900 2900 2600	1400～1600	22.0		14～16
	ⅩⅢ	中粒花岗岩 坚固的片麻岩 辉绿岩 玢岩 坚固的粗面岩 中粒正长岩	3100 2800 2700 2500 2800 2800	1600～1800	27.5		16～18
	ⅩⅣ	非常坚硬的细粒花岗岩 花岗岩麻岩 闪长岩 高硬度的石灰岩 坚固的玢岩	3300 2900 2900 3100 2700	1800～2000	32.5		18～20
	ⅩⅤ	安山岩、玄武岩、坚固的角页岩 高硬度的辉绿岩和闪长岩 坚固的辉长岩和石英岩	3100 2900 2800	2000～2500	46.0		20～25
	ⅩⅥ	拉长玄武岩和橄榄玄武岩 特别坚固的辉长辉绿岩、石英石和玢岩	3300 3300	大于2500	大于60		大于25

（2）基础土方开挖应区分施工方法（人工、机械）、挖土方、挖沟槽、挖地坑、土壤类别、干湿土、挖土深度、机械类型、运距等分别列项计算。

（3）土方体积应按挖掘前的天然密实体积计算。土方体积折算系数见表3-2。

土方体积折算系数表 **表3-2**

天然密实土体积	虚土体积	夯实土体积	松填土体积
1.00	1.30	0.87	1.08
0.77	1.00	0.67	0.83
1.15	1.49	1.00	1.24
0.93	1.20	0.81	1.00

注：表中的虚土是指未经填压自然堆成的土；天然密实土是指未经动的自然土（天然土）；夯实土是指按规范要求经过分层碾压、夯实的土；松填土是指挖出的自然土，自然堆放未经夯实填在槽坑中的土。

（4）机械挖土方应按机械挖土方、人工挖土方分别列项计算，其中机械挖土方工程量占总土方量的90%、人工挖土方工程量占总土方量的10%。

2. 常用项目工程量计算规则

（1）平整场地。

平整场地系指建筑物场地厚度在±30cm以内的挖、填土及找平，其工程量按建筑物（或构筑物）底面积的外边线每边各加2m，以平方米为单位计算。

（2）挖土方。

凡图示基底宽3m以上，基底面积20m^{2}以上（不包括加宽工作面），平整场地挖土方厚度在30cm以上者，均为挖土方。挖土方工程量应根据基础的尺寸、放坡情况、工作面大小等资料按图示尺寸以立方米为单位计算。

（3）挖沟槽。

凡图示基底宽在3m以内，且基底长大于基底宽3倍以上的，为沟槽。挖沟槽的土方工程量应根据基础的尺寸、放坡情况、工作面大小等资料按图示尺寸以立方米为单位计算。内外凸出部分（垛、附墙烟囱等）体积并入沟槽土方工程量内计算。

管沟土方按挖沟槽项目执行，其工程量按设计图示的管沟中心线长度乘以截面面积以立方米为单位计算。

（4）挖地坑。

凡图示基底面积在20m^{2}以内（不包括加宽工作面）的称为地坑。挖地坑土方工程量应根据基础的尺寸、放坡情况、工作面大小等资料按图示尺寸以立方米为单位计算。

（5）运土方。

运土方应区分双轮车、翻斗车、自卸汽车、运距等按天然密实度体积计算。因场地狭小，无堆土地点或土方开挖量较大，槽、坑边堆放不下，挖出的土方是否全部运出待回填时再运回，或部分运出，应根据施工组织设计规定的数量、运距及运输工具计算。

余土外运工程量=挖土总体积−回填土总体积

挖土外运工程量 = 需外运的挖土体积

回填土内运工程量 = 回填土体积 × 系数

回填土为松填时系数取 0.93，为夯填时系数取 1.15。

（6）凿、截桩头。

凿、截各种桩头工程量按实际凿、截的数量以根为单位计算。

（7）基底钎探。

基底钎探工程量按设计图示基底尺寸以面积计算。

（8）回填土。

回填土分夯填、松填，工程量按设计图示尺寸以体积计算。管道沟槽回填工程量按挖土体积减去管道所占体积计算。管径在 500mm 以下的不扣除管道所占体积；管径超过 500mm 以上时每米管长度按表 3-3 规定扣除管道所占体积计算。

管道扣除土方体积表（单位：m^3） **表 3-3**

管道名称	管道直径（mm）		
	501 ~ 600	601 ~ 800	801 ~ 1000
钢管	0.21	0.44	0.71
铸铁管	0.24	0.49	0.77
混凝土管	0.33	0.60	0.92

管道名称	管道直径（mm）		
	110 ~ 1200	1201 ~ 1400	1401 ~ 1600
混凝土管	1.15	1.35	1.55

3. 土方工程量计算时应注意问题

（1）沟槽突出部分体积，并入沟槽工程量内计算；

（2）沟槽断面不同时，应分别计算，然后将同一深度段内体积进行合并；

（3）同一槽（坑）内有干、湿土时，应分别计算；

（4）施工组织设计要求计算放坡时，交接处所产生的重复工程量不予扣除，单位工程中如内墙过多、过密、交接处重复计算量过大，已超出大开口所挖土方量时，应按大开口规定计算土方工程量；

（5）放坡时，应从垫层下表面开始放坡；

（6）注意挖沟槽、挖地坑及挖土方的区分。

3.2.2 清单项目设置及工程量计算规则

1. 项目有关说明

（1）土（石）方工程分项工程量计算时应区分土壤及岩石的类别分别计算，土壤及岩石的分类应按表 3-1 确定。

（2）土石方体积应按挖掘前的天然密实体积计算。如需按天然密实体积折算时，应按表 3-2 系数计算。

（3）挖土方平均厚度应按自然地面测量标高至设计地坪标高间的平均厚度确定。基础土方、石方开挖深度应按基础垫层底表面标高至交付施工场地标高确定，无交付施工场地标高时，应按自然地面标高确定。

（4）平整场地项目是指建筑物场地厚度在 ±30cm 以内的挖、填、运、找平。±30cm 以外的竖向布置挖土或山坡切土，应按挖土方项目编码列项。

（5）挖基础土方包括带形基础、独立基础、满堂基础（包括地下室基础）及设备基础、人工挖孔桩等的挖方。带形基础应按不同底宽和深度，独立基础和满堂基础应按不同底面积和深度分别编码列项。

（6）管沟土（石）方工程量计算时应区分不同的平均深度进行计算。有管沟设计时，平均深度以沟垫层底表面标高至交付施工场地标高计算；无管沟设计时，直埋管深度应按管底外表面标高至交付施工场地标高的平均高度计算。

（7）设计要求采用减振孔方式减弱爆破振动波时，应按预裂爆破项目编码列项。

（8）湿土的划分应按地质资料提供的地下常水位为界，地下常水位以下为湿土。

（9）挖方出现流砂、淤泥时，可根据实际情况由发包人与承包人双方认证。

2. 规则规定

土方工程清单项目设置及工程量计算规则，应按表 3-4 的规定执行。

土方工程（编码：010101）　　表 3-4

项目编码	项目名称	项目特征	计量单位	工程量计算规则	工程内容
010101001	平整场地	1. 土壤类别 2. 弃土运距 3. 取土运距	m^2	按设计图示尺寸以建筑物首层面积计算	1. 土方挖填 2. 场地找平 3. 运输
010101002	挖土方	1. 土壤类别 2. 挖土平均厚度 3. 弃土运距	m^3	按设计图示尺寸以体积计算	1. 排地表水 2. 土方开挖 3. 挡土板支拆 4. 截桩头 5. 基底钎探 6. 运输
010101003	挖基础土方	1. 土壤类别 2. 基础类型 3. 垫层底宽、底面积 4. 挖土深度 5. 弃土运距		按设计图示尺寸以基础垫层底面积乘以挖土深度计算	
010101004	冻土开挖	1. 冻土厚度 2. 弃土运距		按设计图示尺寸开挖面积乘以厚度以体积计算	1. 打眼、装药、爆破 2. 开挖 3. 清理 4. 运输
010101005	挖淤泥、流砂	1. 挖掘深度 2. 弃淤泥、流砂距离		按设计图示位置、界限以体积计算	1. 挖淤泥、流砂 2. 弃淤泥、流砂
010101006	管沟土方	1. 土壤类别 2. 管外径 3. 挖沟平均深度 4. 弃土运距 5. 回填要求	m	按设计图示以管道中心线长度计算	1. 排地表水 2. 土方开挖 3. 挡土板支拆 4. 运输 5. 回填

石方工程清单项目设置及工程量计算规则，应按表3-5的规定执行。

石方工程（编码：010102）　　表3-5

项目编码	项目名称	项目特征	计量单位	工程量计算规则	工程内容
010102001	预裂爆破	1. 岩石类别 2. 单孔深度 3. 单孔装药量 4. 炸药品种、规格 5. 雷管品种、规格	m	按设计图示以钻孔总长度计算	1. 打眼、装药、放炮 2. 处理渗水、积水 3. 安全防护、警卫
010102002	石方开挖	1. 岩石类别 2. 开凿深度 3. 弃渣运距 4. 光面爆破要求 5. 基底摊座要求 6. 爆破石块直径要求	m^3	按设计图示尺寸以体积计算	1. 打眼、装药、放炮 2. 处理渗水、积水 3. 解小 4. 岩石开凿 5. 摊座 6. 清理 7. 运输 8. 安全防护、警卫
010102003	管沟石方	1. 岩石类别 2. 管外径 3. 开凿深度 4. 弃渣运距 5. 基底摊座要求 6. 爆破石块直径要求	m	按设计图示以管道中心线长度计算	1. 石方开凿、爆破 2. 处理渗水、积水 3. 解小 4. 摊座 5. 清理、运输、回填 6. 安全防护、警卫

土石方运输与回填清单项目设置及工程量计算规则，应按表3-6的规定执行。

土石方回填（编码：010103）　　表3-6

项目编码	项目名称	项目特征	计量单位	工程量计算规则	工程内容
010103001	土（石）方回填	1. 土质要求 2. 密实度要求 3. 粒径要求 4. 夯填（碾压） 5. 松填 6. 运输距离	m^3	按设计图示尺寸以体积计算 1. 场地回填：回填面积乘以平均回填厚度 2. 室内回填：主墙间净面积乘以回填厚度 3. 基础回填：挖方体积减去设计室外地坪以下埋没的基础体积（包括基础垫层及其他构筑物）	1. 挖土（石）方 2. 装卸、运输 3. 回填 4. 分层碾压、夯实

过程3.3　土方工程

3.3.1　常用定额项目工程量计算

1. 平整场地

矩形建筑物如图3-3所示，其平整场地工程量为：

$$S=(\alpha+2+2)\times(b+2+2)$$

对一层可以划分为多个矩形的建筑物也可用下面的公式：

$$S=S_{底}+2L_{外}+16$$

式中　S——平整场地工程量（m^2）；

α——底面积外边线长（m）；

b——底面积外边线宽（m）；

$S_{底}$——建筑物底面积（m^2）；

$L_{外}$——外墙外边线长（m）。

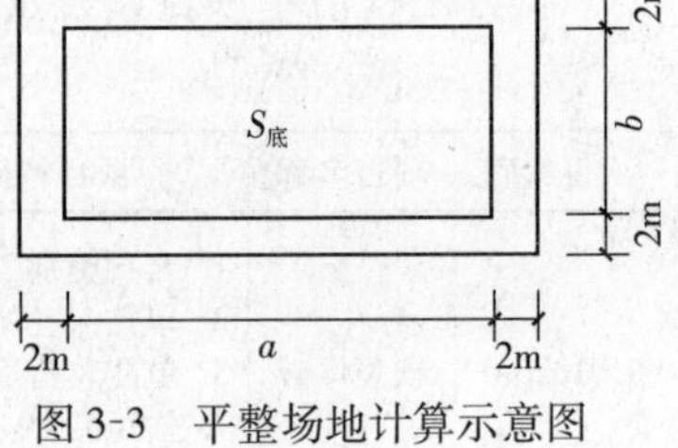

图 3-3　平整场地计算示意图

2. 挖沟槽

基槽断面一般有下列几种情况：

（1）不放坡不留工作面时（图 3-4），挖地槽（沟）的工程量为：

$$V=\alpha\cdot H\cdot L$$

（2）不放坡留工作面时（图 3-5），挖地槽（沟）的工程量为：

$$V=(\alpha+2c)\cdot H\cdot L$$

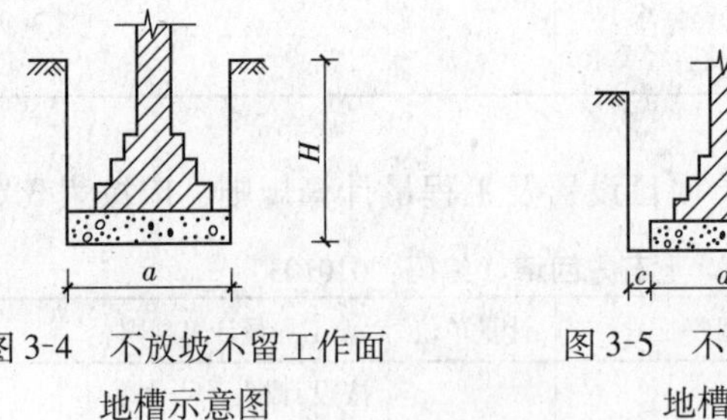

图 3-4　不放坡不留工作面地槽示意图

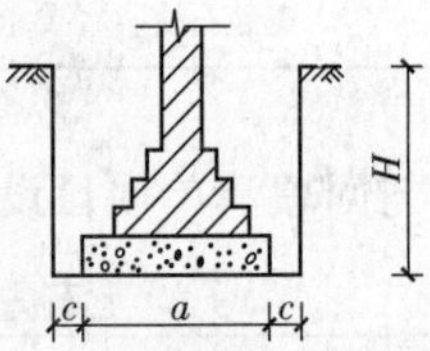

图 3-5　不放坡留工作面地槽示意图

（3）放坡且留工作面时（图 3-6），挖地槽（沟）的工程量为：

$$V=(\alpha+2c+K\cdot H)\cdot H\cdot L$$

（4）支挡土板且留工作面时（图 3-7），挖地槽（沟）的工程量为：

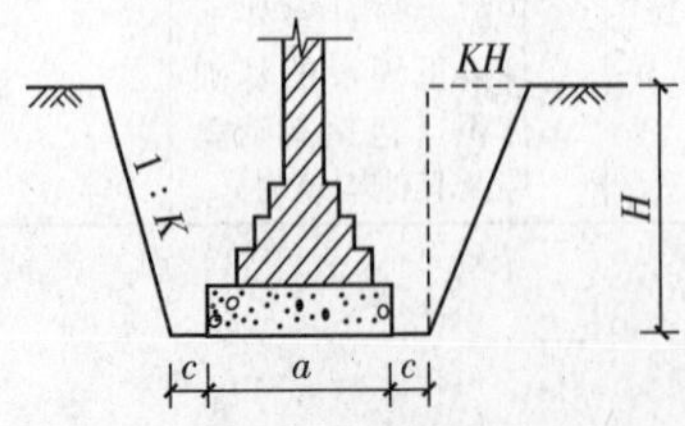

图 3-6　放坡留工作面地槽示意图

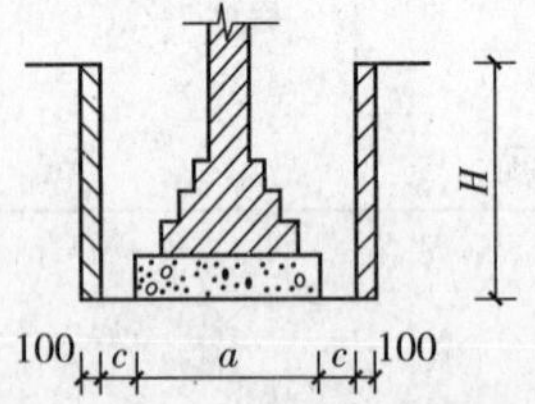

图 3-7　支挡土板地槽示意图

$$V=(\alpha+2c+2\times0.1)\cdot H\cdot L$$

式中　V——挖地槽（沟）工程量（m^3）；

L——基槽长度，外墙基槽取中心线 $L_{中}$、内墙基槽取净长线 $L_{净}$（m）；

α——基础垫层宽（m）；

c——工作面宽度（m）；

H——基底至自然地面标高的距离（开挖深度）（m）；

K——放坡系数。

3. 挖地坑

（1）矩形不放坡且不留工作面地坑土方量为：

$$V=\alpha \cdot b \cdot H$$

（2）矩形放坡且留工作面地坑（图3-8）土方量为：

$$V=(\alpha+2c+K \cdot H) \times (b+2c+K \cdot H)\ H+1/3K^2 \cdot H^3$$

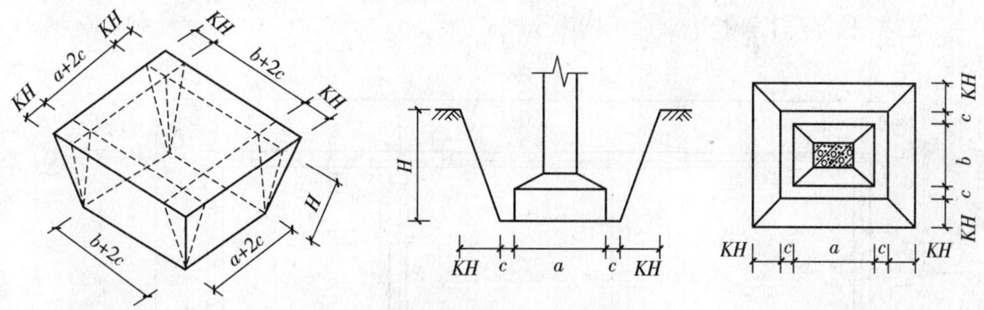

图3-8　矩形放坡地坑示意图

（3）圆形不放坡且不留工作面地坑土方量为：

$$V=\pi \cdot r^2 \cdot H$$

（4）圆形放坡且留工作面地坑（图3-9）土方量为：

$$V=1/3 \cdot \pi \cdot H \cdot (r^2+R^2+r \cdot R)$$

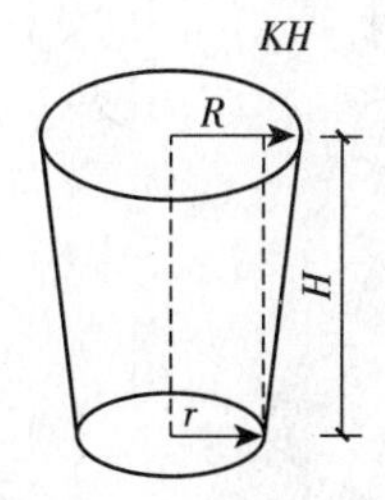

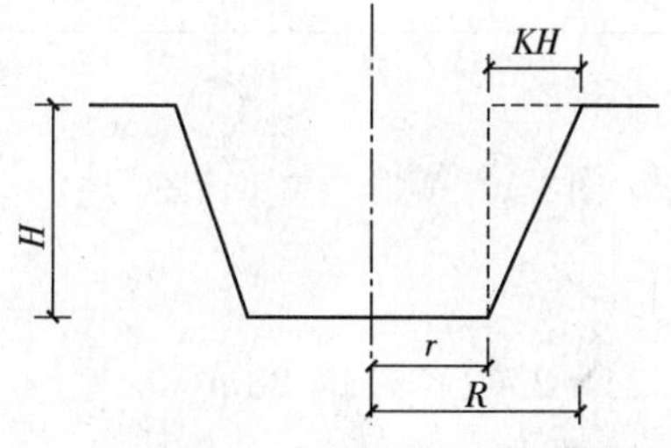

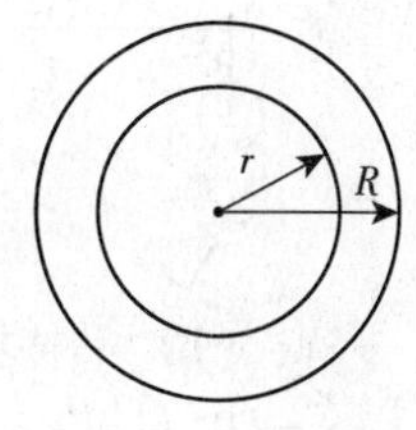

图3-9　圆形放坡地坑示意图

式中　V——挖地坑工程量（m^3）；

α——基础垫层长（m）；

b——基础垫层宽（m）；

c——工作面宽度（m）；

H——基底至自然地面标高的距离（开挖深度）（m）；

K——放坡系数；

r——坑底半径（m）；

R——坑上口半径（m）。

4. 基底钎探

$$S = L \times B$$

式中 S——基底钎探工程量；

L——基底长；

B——基底宽。

【例3.1】 某接待室的平面图见图3-10、立面图见图3-11，其有关说明及基础图见图3-1，根据施工组织设计要求，基础施工时每边需工作面宽度 c 为300mm，放坡系数 K 为0.5，试计算该工程平整场地、挖土、基底钎探项目工程量？已知：一、二类土，人工开挖。

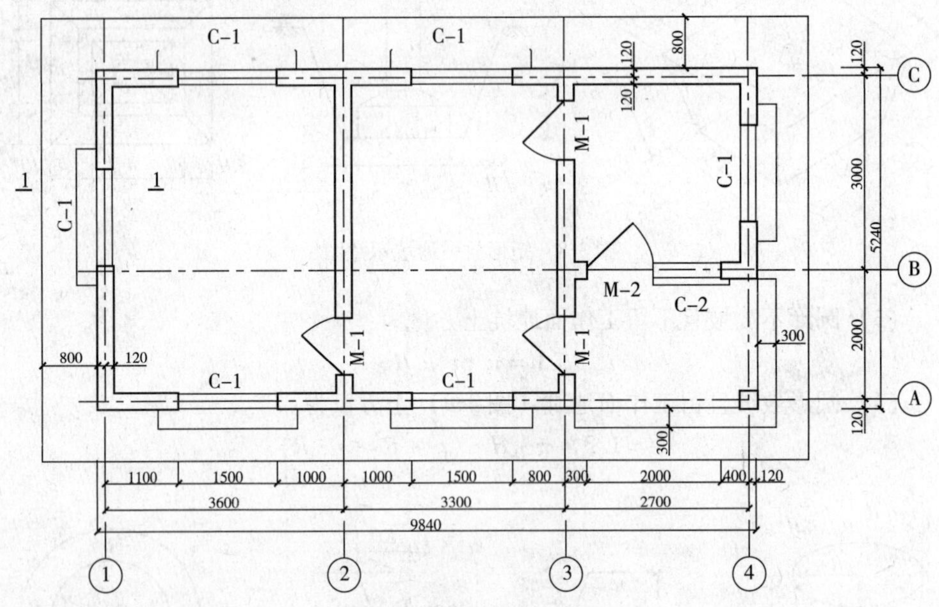

图3-10 某接待室平面图

解：（1）平整场地

$S = (9.84 + 2 + 2) \times (5.24 + 2 + 2) = 127.88\text{m}^2$

（2）人工挖沟槽（一、二类土）

基础底宽0.8m，开挖深度1.5－0.3＝1.2m。

$V = L\ (\alpha + 2c + K \cdot H)\ \cdot H$

1-1　$l_{净} = 5 - 0.4 \times 2 - 0.3 \times 2 = 3.60\text{m}$

$V_{1-1} = 3.6 \times\ (0.8 + 2 \times 0.3 + 0.5 \times 1.2)\ \times 1.2 = 8.64\text{m}^3$

2-2　$L_{中} =\ (9.6 + 5)\ \times 2 = 29.20\text{m}$

$L_{净} =\ (3 - 0.4 \times 2 - 0.3 \times 2)\ = 1.60\text{m}$

$L = 29.2 + 1.6 = 30.80\text{m}$

$V_{2-2} = 30.8 \times\ (0.8 + 2 \times 0.3 + 0.5 \times 1.2)\ \times 1.2 = 73.92\text{m}^3$

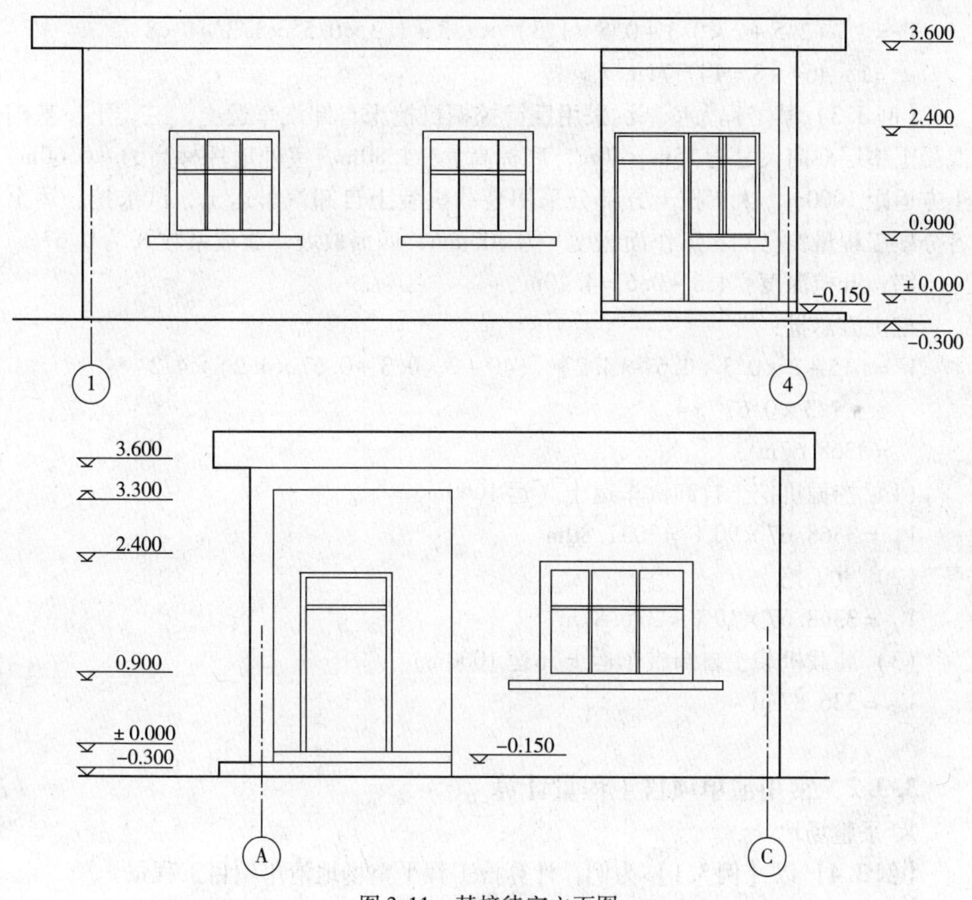

图 3-11　某接待室立面图

$V = V_{1-1} + V_{2-2} = 8.64 + 73.92 = 82.56\text{m}^3$

（3）人工挖地坑（一、二类土）

基底面积 0.8m×0.8m 小于 20m^2，开挖深度 1.5－0.3＝1.2m。

3-3　$V = (\alpha + 2c + K \cdot H)(b + 2c + K \cdot H) \cdot H + 1/3K^2 \cdot H^3$

$= (0.8 + 2 \times 0.3 + 0.5 \times 1.2)^2 \times 1.2 + 1/3 \times 0.5^2 \times 1.2^3$

$= 4.94\text{m}^3$

（4）基底钎探

$S = L \times B$

$S = (3.6 + 30.8) \times 0.8 + 0.8 \times 0.8$

$= 28.16\text{m}^2$

【例 3.2】某框架结构采用钢筋混凝土柱下独立基础，共 8 根，基础垫层底面尺寸为 2500mm×2500mm。根据施工组织设计要求，基础施工时每边需工作面宽度 c 为 300mm，四面放坡，放坡系数 K 为 0.5，已知开挖深度为 1.3m，试计算挖土工程量？

解：人工挖地坑

$V=[(2.5+2\times0.3+0.5\times1.3)^2\times1.3+1/3\times0.5^2\times1.3^3]\times8$

$=18.464\times8=147.71\text{m}^3$

【例 3.3】某工程大型基坑采用反铲挖掘机挖土自卸汽车运土，三类土，基础混凝土垫层双向尺寸为 15m×40m，底标高为 -4.80m，室外地坪标高为 -0.60m，土方运距 1000m，人工挖土方部分采用装载机装土自卸汽车运土，试求挖、运土各分项工程量？已知：工作面宽度 c 为 300mm，四面放坡，放坡系数 K 为 0.67。

解：开挖深度：4.8 - 0.6 = 4.20m

挖土方总量：

$V=(15+2\times0.3+0.67\times4.2)\times(40+2\times0.3+0.67\times4.2)\times4.2$

$+1/3\times0.67^2\times4.2^3$

$=3368.67\text{m}^3$

（1）挖掘机挖土自卸汽车运土（运 1000m）

$V_{机}=3368.67\times90\%=3031.80\text{m}^3$

（2）人工挖土方

$V_{人}=3368.67\times10\%=336.87\text{m}^3$

（3）装载机装土自卸汽车运土（运 1000m）

$V_{运}=336.87\text{m}^3$

3.3.2 常用清单项目工程量计算

1. 平整场地

【例 3.4】以【例 3.1】为例，计算该工程平整场地清单项目工程量。

解：平整场地

$S=9.84\times5.24=51.56\text{m}^2$

清单项目特征及工程量见表 3-7。

分部分项工程量清单表　　　　表 3-7

序号	项目编码	项目名称	项目特征描述	计量单位	工程量
1	010101001001	平整场地	一、二类土，土方就地挖填找平	m^2	51.56

2. 挖基础土方

挖基础土方工程量计算时，应区分土壤类别；基础类型；垫层底宽、底面积；挖土深度；弃土运距分别进行计算。

【例 3.5】根据 3.1.2 某接待室施工图设计说明及基础平面、剖面图，计算该工程挖基础土方的清单项目工程量？一、二类土、人工挖土、弃土堆放在槽坑边。

解：① 挖基础土方（墙基）

1-1　$L_{净}=5-0.4\times2=4.20\text{m}$

$F_{1-1}=0.8\times(1.5-0.3)=0.8\times1.2=0.96\text{m}^2$

$V_{1-1}=LF_1=4.2\times0.96=4.03\text{m}^3$

2-2　$L_{中}=29.20m$（同例 3.1）

$L_{净}=(3-0.4\times2)=2.20m$

$L=29.2+2.2=31.40m$

$F_{2-2}=0.8\times1.2=0.96m^2$

$V_{2-2}=LF_2=31.4\times0.96=30.14m^3$

$V=V_{1-1}+V_{2-2}=4.03+30.14=34.17m^3$

② 挖基础土方（柱基）

3-3　$V=0.8\times0.8\times(1.5-0.3)=0.77m^3$

清单项目特征及工程量见表 3-8。

分部分项工程量清单表　　**表 3-8**

序号	项目编码	项目名称	项目特征描述	计量单位	工程量
1	010101003001	挖基础土方	一、二类土，条形基础，垫层底宽 0.8m，挖土深度 1.2m，土方槽边堆放	m^3	34.17
2	010101003002	挖基础土方	一、二类土，独立基础，垫层底面积 $0.64m^2$，挖土深度 1.2m，土方坑边堆放	m^3	0.77

过程 3.4　石方工程

3.4.1　定额项目及工程量计算

石方工程分预裂爆破、石方开挖、管沟石方三部分，工程预算时应区分施工方法（人工、机械）、基底尺寸（沟槽、基坑、平基）、岩石类别等进行列项、计算。

预裂爆破岩石按设计图示尺寸以体积计算，沟槽、基坑允许的超挖量并入岩石挖方量之内。计算超挖量时，沟槽、基坑增加的深度、每边增加的宽度均为：次坚石 200mm，普坚石 150mm。

人工开挖石方按设计图示尺寸以体积计算。

人工开挖管沟石方按设计图示的管沟中心线长度乘以截面面积的体积计算。

摊座是指对爆破后的基底进行人工凿平、整理，达到设计要求的标高、平整度，并清除石碴的工作。摊座工程量按设计图示尺寸以面积计算。

3.4.2　清单项目工程量计算

石方工程清单项目有预裂爆破、石方开挖、管沟石方。编制工程量清单时，应根据施工图纸内容，按表 3-5 中项目名称、项目特征、工程内容、计量单位、工程量计算规则等进行列项、计算。

过程 3.5　土石方回填

土石方回填常用项目是土方回填。土方回填包括场地回填、室内回填、基础回填，工程量计算时应区分夯填、松填、运土距离分别进行计算。

3.5.1　定额项目工程量计算

1. 回填土

回填土常用项目有室内回填土、基础回填土见图 3-12。

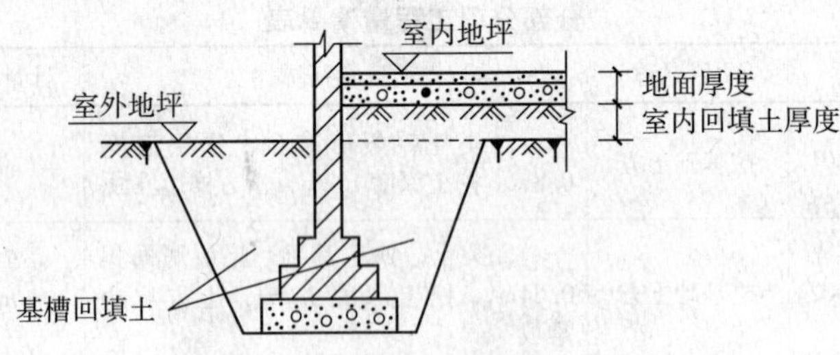

图 3-12　基槽（坑）回填土示意图

（1）室内回填土。

工程量 = 主墙间净面积 × 回填厚度

式中，回填厚度 = 室内外高差 - 地面做法厚度

若各房间的地面做法不同，其地面厚度也不同，则回填厚度也不同，所以工程量计算时主墙间净面积应根据回填厚度的不同分别进行计算、汇总。

（2）基础回填土。

工程量 = 挖基础土方体积 - 设计室外地坪以下埋设的基础垫层、基础等体积

2. 原土打夯

工程量 = 基础底面槽（坑）长 × 宽

原土打夯主要适用于槽底、坑底等设计要求打夯的项目，在施工图纸上以"素土夯实"表示。回填土、垫层的分层夯实已包含在相应定额内，不得按原土打夯重复计算。而散水、坡道、台阶、平台等部位垫层下部要求夯实，需另列项计算。

【例 3.6】根据图 3-1、图 3-10 及有关说明，计算某接待室的室内、基础回填土（夯填）分项工程量？已知：-0.30m 以下基础垫层体积 $5.82m^3$、墙下条形基础体积 $12.06m^3$、柱基体积 $0.09m^3$。

解：回填土（夯填）

水磨石地面厚度为 110mm（80 + 18 + 12），则回填厚度为 0.19m（0.3 - 0.11）。

$$V_{室内} = [(3.6-0.24)\times(5-0.24)+(3.3-0.24)\times(5-0.24)+(2.7-0.24)\times(3-0.24)+(2.7\times2-0.24\times0.24)]\times0.19$$
$$=[3.36\times4.76+3.06\times4.76+2.46\times2.76+5.34]\times0.19=8.11m^3$$

$V_{基础} = (82.56 + 4.94)$(见例 3.1)$- (5.82 + 12.06 + 0.09)$

$= 87.5 - 17.97 = 69.53\text{m}^3$

$V = V_{室内} + V_{基础} = 8.11 + 69.53 = 77.64\text{m}^3$

3.5.2 清单项目工程量计算

【例 3.7】 根据【例 3.6】有关条件，计算某接待室的室内回填土、基础回填土（夯填）清单项目工程量？已知：回填土在基槽、坑边堆放。

解：土方回填

$V_{室内} = 8.11\text{m}^3$（同例 3.6）

$V_{基础} = (34.18 + 0.77)$（见例 3.5）$- (5.82 + 12.06 + 0.09)$

$= 34.95 - 17.97 = 16.98\text{m}^3$

$V = 25.09\text{m}^3$

清单项目特征及工程量见表 3-9。

分部分项工程量清单表 **表 3-9**

序号	项目编码	项目名称	项目特征描述	计量单位	工程量
1	010103001001	土（石）方回填	人工夯填，槽、坑边取土	m^3	25.09

巩固与提高：

1. 土（石）方工程常用的清单项目有哪些？并说出各分项工程的工程量计算规则。

2. 计算 3.1.3 中 ××× 研究中心办公楼挖基础土方清单项目工程量。已知：一、二类土，机械挖土，弃土 1km。

3. 某工程基础平面、剖面图见图 3-13，内外墙基础剖面均为 1—1 剖面，平面图中所注尺寸为中心线长度，试分别计算该基础土方开挖的定额项目、清单项目

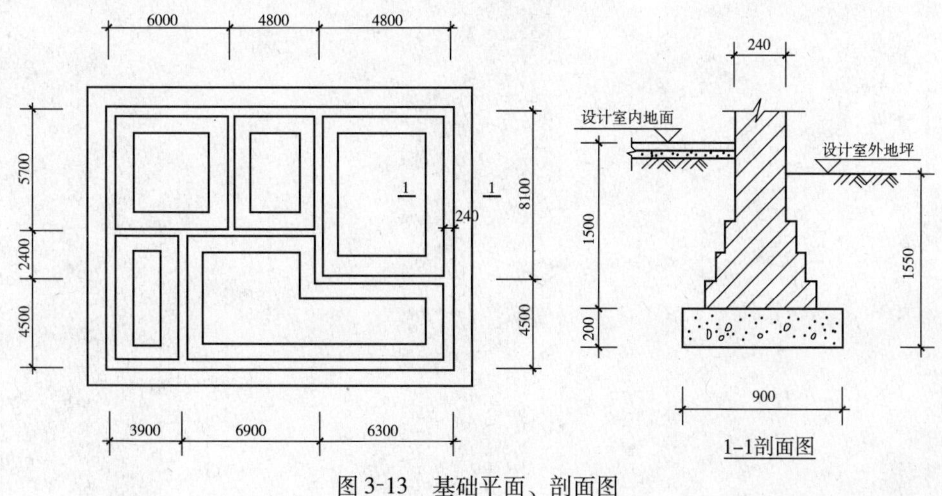

图 3-13 基础平面、剖面图

工程量。已知：一、二类土，人工开挖、工作面宽度 c 为 300mm，放坡系数 K 为0.5。

4. 根据【例3.2】中条件，计算其柱下人工挖基础土方清单项目工程量。

5. 计算×××办公楼挖基础土方清单项目工程量（见1.3.4研讨与练习）。已知：三类土，机械挖土。

任务 4

桩与地基基础工程量计算

桩与地基基础工程包括混凝土桩、其他桩、地基与边坡处理三部分内容。通过学习，达到会依据桩基础平面图、大样图及工程量计算规则计算桩基础项目的工程量的目的。

过程 4.1　识读桩基础图

4.1.1　基础知识

桩基础是一种常用的深基础形式，当地基的软弱土层较厚，上部荷载较大（如高层建筑等），采用浅基础不能满足强度和变形限制要求时，往往采用桩基础。

桩基础通常由多根单桩组成，顶部由承台（或承台梁）联成一体，构成桩基础，用于支撑上部建筑物。桩也可以用来挡土护坡，还可以用作加固地基、挤密土壤（如砂桩、灰土桩）等。

桩按使用材料不同有：砂桩、灰土桩、木桩、钢板桩、混凝土桩、钢筋混凝土桩等。根据不同需要可以做成圆形、方形、空心、板桩等形式。

桩按施工方法不同有：预制桩、灌注桩等。预制桩根据沉入土中的方法有锤击法、静力压桩法，灌注桩按施工方法不同有钻孔灌注桩、沉管灌注桩等等。

4.1.2　识读桩基图

桩基础图一般由文字说明、桩基平面图、大样图等组成。读图过程中，要注意桩基平面图和大样图，以及图纸和说明相互对照阅读。

1. 桩基础图

某工业区宿舍楼有关结构说明：

（1）本工程为现浇钢筋混凝土框架结构，烧结粉煤灰砖砌体填充墙。

（2）本工程基础采用人工挖孔混凝土灌注桩，桩及桩承台、基础梁、柱混凝土强度等级均为 C20。

（3）挖孔桩护壁混凝土采用 C20，应分段浇筑。桩承台下垫层厚 100mm，每边扩出 100mm，承台应与地下室地板、地梁整体浇筑。

桩基础部分施工图（图 4-1、图 4-2），挖孔桩各部分尺寸见表 4-1。

挖孔桩各部分尺寸（mm） 表 4-1

D	D_0	H	A	H_1	h	b	C
1000	1700	10000	1700	850	700	350	75

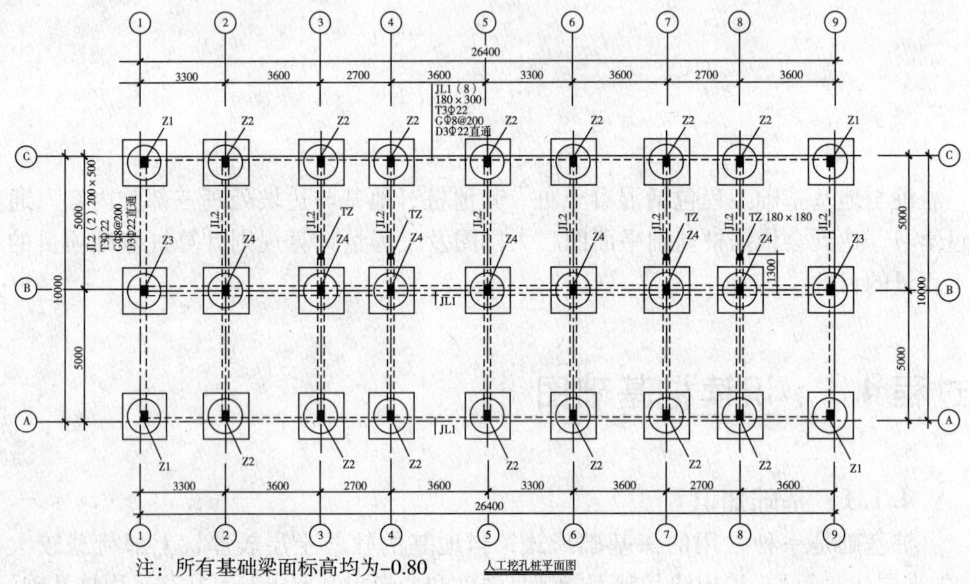

图 4-1 人工挖孔桩平面图

2. 识读内容

（1）结构说明。阅读说明部分，主要是了解基础的类型，基础材料的种类、规格等内容。例如根据某工业区宿舍楼说明可知：本工程为现浇钢筋混凝土框架结构，基础采用的是人工挖孔混凝土灌注桩，桩、桩承台、基础梁等混凝土强度等级均为 C20。

（2）桩基平面图。桩基平面图主要标注轴线编号及尺寸；主要承重构件与轴线的位置关系；承重构件的编号等内容。例如，图 4-1 基础平面图标明了轴线号①→⑨、Ⓐ→Ⓒ，及其相应的轴线尺寸；标明了桩承台、桩基、框架柱的边线；框架柱、基础梁的位置、编号，如 Z1 ~ Z4、JL1、JL2；基础梁的配筋、截面、跨数、梁面标高；梯间柱子的位置、代号、截面，如 TZ；标明了轴线与框架柱的位

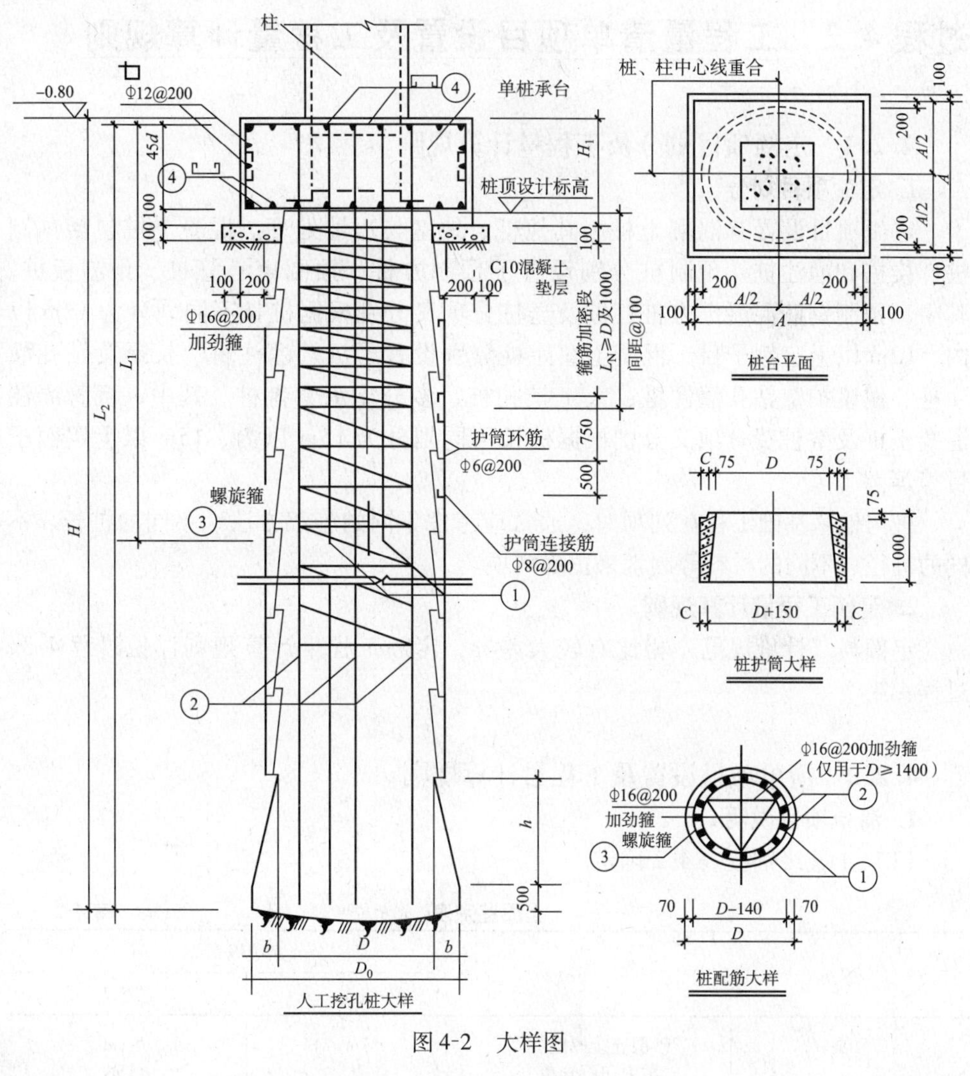

图 4-2　大样图

置关系，如①、⑨、Ⓐ、Ⓒ轴线与框架柱外边线平齐，其余轴线居中；框架柱下采用单根桩、独立桩承台。

（3）大样图。大样图常用较大的比例尺详细地表明桩、桩承台、柱之间的位置关系，以及桩、桩承台的尺寸、标高、配筋等内容。例如图 4-2，由桩台平面图可知：桩、柱及桩承台中心线重合，承台下每边扩出 100mm，C10 混凝土垫层，承台每边至少比桩顶面扩出 200mm，承台平面尺寸为 1700mm × 1700mm。由人工挖孔桩大样图可看出该桩基为挖孔扩底混凝土灌注桩，图中标明了承台顶标高 -0.80m，再结合表 4-1 中有关数据可计算出桩顶设计标高为 -0.80 - （0.85 - 0.1） = -1.55m、扩底底标高为 -0.80 - 10.00 = -10.80m、扩底顶标高为 -10.80 + （0.5 + 0.7） = -9.60m。由桩配筋大样、桩护筒大样及表 4-1 可以知道桩径为 1000mm、扩底部分直径为 1700mm、桩护筒直径为 1300mm，以及桩的配筋情况。根据以上内容我们不难计算出桩长、桩承台的高度及挖孔的深度，为分项工程量计算提供了基础数据。

过程 4.2　工程量清单项目设置及工程量计算规则

4.2.1　定额项目划分及工程量计算规则

1. 定额项目划分

定额项目设置有混凝土桩、其他桩、地基与边坡处理。混凝土桩包括预制桩、接桩和灌注桩。预制桩分别设置了预制方桩、预制离心管桩、预制板桩。其中，预制钢筋混凝土方桩打桩及送桩分项又分别根据桩长不同划分为 12m 以内、12m 以上定额子目。混凝土灌注桩分别设置了沉管灌注桩、长螺旋钻孔灌注桩、泥浆护壁钻孔灌注桩、人工挖孔桩、多分支承力盘桩。其中，沉管灌注混凝土桩及空桩费分项又分别根据桩长不同划分为 15m 以内、15m 以上定额子目等等。

桩与地基基础工程在列项时，通常应考虑不同的施工方法、不同的桩长、不同的桩径、不同的材料等因素来正确列项。

2. 定额工程量计算规则

定额与《计价规范》相比有较大差异，定额工程量计算规则详见过程 4.3、过程 4.4。

4.2.2　清单项目设置及工程量计算规则

1. 清单项目说明

（1）土壤级别按表 4-2 确定。

土质鉴别表　　表 4-2

内容		土壤级别	
		一级土	二级土
砂夹层	砂层连续厚度 砂层中卵石含量	< 1m —	> 1m < 15%
物理性能	压缩系数 孔隙比	> 0.02 > 0.7	< 0.02 < 0.7
力学性能	静力触探值 动力触探系数	< 15 < 12	> 50 > 12
每米纯沉桩时间平均值		< 2min	> 2min
说明		桩经外力作用较易沉入的土，土壤中夹有较薄的砂层	桩经外力作用较难沉入的土，土壤中夹有不超过 3m 的连续厚度砂层

（2）混凝土灌注桩的钢筋笼、地下连续墙的钢筋网制作、安装，应按混凝土及钢筋混凝土工程中相关项目编码列项。

2. 规则规定

混凝土桩清单项目设置及工程量计算规则，应按表 4-3 的规定执行。

混凝土桩（编码：010201） **表 4-3**

项目编码	项目名称	项目特征	计量单位	工程量计算规则	工程内容
010201001	预制钢筋混凝土桩	1. 土壤级别 2. 单桩长度、根数 3. 桩截面 4. 板桩面积 5. 管桩填充材料种类 6. 桩倾斜度 7. 混凝土强度等级 8. 防护材料种类	m/根	按设计图示尺寸以桩长（包括桩尖）或根数计算	1. 桩制作、运输 2. 打桩、试验桩、斜桩 3. 送桩 4. 管桩填充材料、刷防护材料 5. 清理、运输
010201002	接桩	1. 桩截面 2. 接头长度 3. 接桩材料	个/m	按设计图示规定以接头数量（板桩按接头长度）计算	1. 桩制作、运输 2. 接桩、材料运输
010201003	混凝土灌注桩	1. 土壤级别 2. 单桩长度、根数 2. 桩截面 3. 成孔方法 4. 混凝土强度等级	m/根	按设计图示尺寸以桩长（包括桩尖）或根数计算	1. 成孔、固壁 2. 混凝土制作、运输、灌注、振捣、养护 3. 泥浆池及沟槽砌筑、拆除 4. 泥浆制作、运输 5. 清理、运输

其他桩清单项目设置及工程量计算规则，应按表 4-4 的规定执行。

其他桩（编码：010202） **表 4-4**

项目编码	项目名称	项目特征	计量单位	工程量计算规则	工程内容
010202001	砂石灌注桩	1. 土壤级别 2. 桩长 3. 桩截面 4. 成孔方法 5. 砂石级配	m	按设计图示尺寸以桩长（包括桩尖）计算	1. 成孔 2. 砂石运输 3. 填充 4. 振实
010202002	灰土挤密桩	1. 土壤级别 2. 桩长 3. 桩截面 4. 成孔方法 5. 灰土级配			1. 成孔 2. 灰土拌合、运输 3. 填充 4. 夯实
010202003	旋喷桩	1. 桩长 2. 桩截面 3. 水泥强度等级			1. 成孔 2. 水泥浆制作、运输 3. 水泥浆旋喷
010202004	喷粉桩	1. 桩长 2. 桩截面 3. 粉体种类 4. 水泥强度等级 5. 石灰粉要求			1. 成孔 2. 粉体运输 3. 喷粉固化

地基与边坡处理清单项目设置及工程量计算规则，应按表 4-5 的规定执行。

地基与边坡处理（编码：010203） **表 4-5**

项目编码	项目名称	项目特征	计量单位	工程量计算规则	工程内容
010203001	地下连续墙	1. 墙体厚度 2. 成槽深度 3. 混凝土强度等级	m^3	按设计图示墙中心线长乘以厚度乘以槽深以体积计算	1. 挖土成槽、余土运输 2. 导墙制作、安装 3. 锁口管吊拔 4. 浇注混凝土连续墙 5. 材料运输
010203002	振冲灌注碎石	1. 振冲深度 2. 成孔直径 3. 碎石级配		按设计图示孔深乘以孔截面积以体积计算	1. 成孔 2. 碎石运输 3. 灌注、振实
010203003	地基强夯	1. 夯击能量 2. 夯击遍数 3. 地基承载力要求 4. 夯填材料种类	m^2	按设计图示尺寸以面积计算	1. 铺夯填材料 2. 强夯 3. 夯填材料运输
010203004	锚杆支护	1. 锚孔直径 2. 锚孔平均深度 3. 锚固方法、浆液种类 4. 支护厚度、材料种类 5. 混凝土强度等 6. 砂浆强度等级		按设计图示尺寸以支护面积计算	1. 钻孔 2. 浆液制作、运输、压浆 3. 张拉锚固 4. 混凝土制作、运输、喷射、养护 5. 砂浆制作、运输、喷射、养护
010203005	土钉支护	1. 支护厚度、材料种类 2. 混凝土强度等级 3. 砂浆强度等级		按设计图示尺寸以支护面积计算	1. 钉土钉 2. 挂网 3. 混凝土制作、运输、喷射、养护 4. 砂浆制作、运输、喷射、养护

过程 4.3 混凝土桩

4.3.1 定额项目设置及工程量计算

1. 预制钢筋混凝土桩

预制钢筋混凝土桩基础工程是先在地面预制钢筋混凝土桩，然后通过施加外力将其打入或压入土中至设计位置。在编制工程预算时，预制钢筋混凝土桩一般应列项计算打桩（或压桩）、送桩、接桩等。

（1）打桩（或压桩）。

计算工程量时应区分方桩、板桩、离心管桩；方桩桩长、离心管桩直径、板桩的单桩体积等分别列项。

打（或压）预制钢筋混凝土方桩、板桩的单桩体积，按设计图示尺寸桩长（包括桩尖，不扣除桩尖虚体积）乘以设计桩截面面积以体积计算；管桩按设计图示尺寸以桩长计算；如管桩的空心部分按设计要求灌注混凝土或其他填充料时，应以管桩空心部分计算体积，另列项计算离心管桩灌注混凝土。

打（或压）桩工作内容包括购置成品桩、运输、打（压）桩等。

（2）送桩。

预制钢筋混凝土桩设计时，桩顶均低于自然地坪，而打桩机的打桩架底高于自然地坪，这时桩锤是无法直接将桩打至设计位置的，必须借助一根工具桩（又称送桩筒）接到桩的上端，将桩打至设计位置，然后再将工具桩拔出，这一过程称为送桩，如图4-3所示。

工程量计算时应区分不同桩的类型分别列项计算。送预制钢筋混凝土方桩、板桩按送桩长度（即打桩架底至桩顶面高度或自桩顶面至自然地坪面另加0.5m）乘以桩截面面积以体积计算；送预制钢筋混凝土离心管桩按送桩长度计算。

（3）接桩。

当单根桩长度较大时，受打桩架高度及运输条件的限制，设计时将其分成若干节（段）预制。打桩时先把第一节桩打至地面附近，然后将第二节与第一节连接起来，再继续向下打，以此类推，直至将最后一节打至地面附近。这种连接过程称为接桩。

工程设计中发生接桩时，除静力压桩和离心管桩不另计接桩外，其他桩应区分焊接、硫磺胶泥接均按设计图示规定以接头数量（个）计算。

【例4.1】某工程需预制钢筋混凝土方桩80根，柴油打桩机打桩，桩截面尺寸为400mm×400mm，设计桩全长12.0m，由4根3m长桩用焊接方式接桩。桩底标高－13.20m，桩顶标高－1.20m，自然地坪标高±0.00，如图4-4所示，试计算打桩、送桩、接桩各分项工程量？

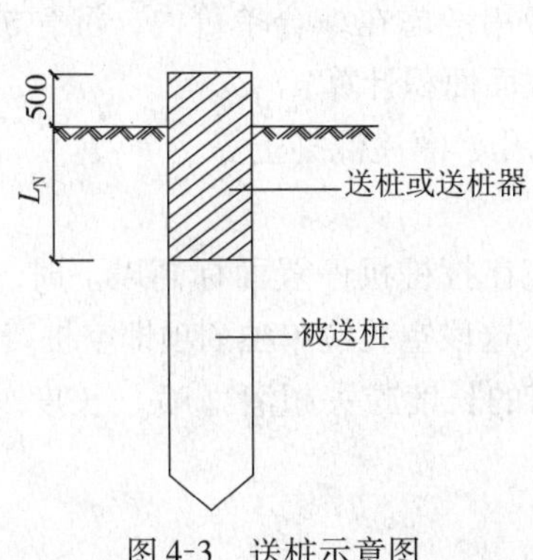

图4-3　送桩示意图

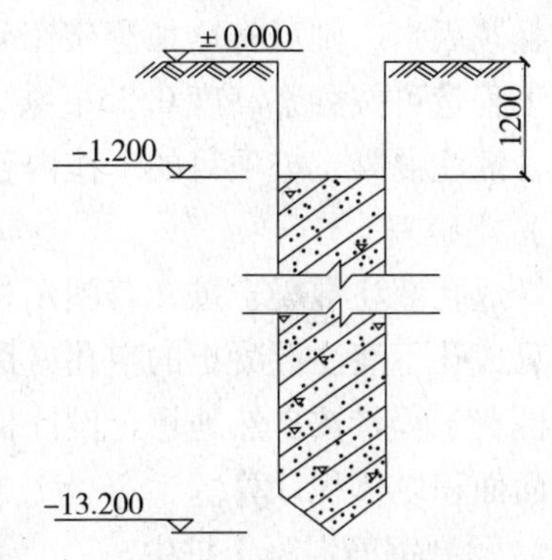

图4-4　预制钢筋混凝土方桩送桩示意图

解：①打预制钢筋混凝土方桩

$V=0.4\times0.4\times12.00\times80=153.60\text{m}^3$

②送桩

$V=0.4\times0.4\times(1.2+0.5)\times80=21.76\text{m}^3$

③接桩

$n=(4-1)\times80=240$ 个

任务4　桩与地基基础工程量计算

2. 沉管灌注混凝土桩

沉管成孔灌注混凝土桩是先将钢管打入土中，然后在钢管内置放钢筋笼，浇灌混凝土，逐步拔出钢管，边浇、边拔、边振实的一种施工方法，如图4-5所示。另外为防止钢管在沉管过程中进土，需在钢管下端用桩尖将口封堵，桩尖有预制混凝土桩尖和钢制活瓣桩尖两种。钢制活瓣桩尖与钢管铰接在一起，可重复使用，而混凝土桩尖则永远留在了桩端，不能重复使用，需一桩一个，施工中使用哪种桩尖，应由施工组织设计确定。

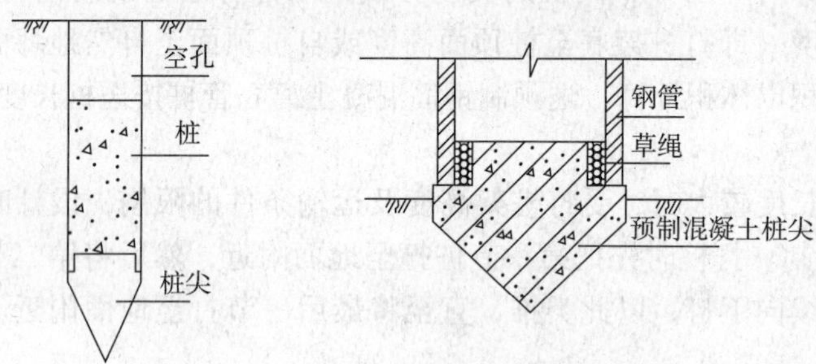

图4-5　沉管灌注混凝土桩示意图

沉管成孔灌注混凝土桩，应分别按沉管灌注混凝土桩、空桩费、预制钢筋混凝土桩尖等列项计算，钢筋笼应按混凝土及钢筋混凝土工程相应项目执行。

（1）沉管灌注混凝土桩。

工程量计算时应区分单根桩长、混凝土强度等级等按设计图示尺寸桩长（包括桩尖，不扣除桩尖虚体积）乘以设计截面面积以体积计算。沉管灌注混凝土桩若考虑翻浆因素，则可将增加翻浆工程量的费用考虑在综合单价内，沉管桩单桩的翻浆工程量可按翻浆高度0.25m乘以设计截面面积计算。

沉管灌注混凝土桩项目的工作内容包括成孔、灌注混凝土等。

（2）空桩费。

沉管成孔灌注混凝土桩，若图示桩顶标高在打桩机停置面标高以下时，这一段属于只成孔不灌注混凝土的空孔（图4-5），这段空孔应单独列项即空桩费。

空桩费工程量按自然地坪至设计桩顶标高的长度减去超灌（喷）长度乘以桩设计截面面积以体积计算。

（3）预制钢筋混凝土桩尖。

预制钢筋混凝土桩尖见图4-5。其工程量按设计图示尺寸以体积计算。

3. 长螺旋钻机钻孔灌注桩

长螺旋钻机钻孔灌注桩又称干作业钻孔灌注桩，当桩底位于地下水位以上，且土质较好时，直接用带长螺旋钻杆的钻孔机在地基下钻孔后，将钢筋笼置放于孔中，再浇筑混凝土的一种施工方法。

编制工程预算时，一般应列项计算钻孔灌注混凝土桩、空桩费、土方超运距增加费等，钢筋笼应按混凝土及钢筋混凝土工程相应项目执行。其中，钻孔灌注混凝土桩项目的工程量按设计图示尺寸桩长乘以设计截面面积计算，空桩费项目的工程量计算方法同沉管灌注桩。土方超运距增加费项目是指土方运距大于150m时应考虑的增加费，可按土（石）方工程相应项目执行。长螺旋钻机钻孔灌注桩若考虑翻浆因素，则可将增加翻浆工程量的费用考虑在综合单价内，钻孔桩单桩的翻浆工程量可按翻浆高度0.8m乘以设计截面面积计算。

钻孔灌注混凝土桩项目的工作内容包括钻孔、灌注混凝土、将土运至现场150m内指定地点。

4. 泥浆护壁钻孔灌注桩

泥浆护壁钻孔灌注桩是用钻（冲）孔机在地基下钻孔，在钻孔的同时，向孔内注入一定密度的泥浆，利用泥浆将孔内渣土带出，并保持孔内有一定的水压以稳定孔壁（简称泥浆护壁）成孔后清孔，然后将钢筋笼置放于孔中，用导管法灌注水下混凝土的一种施工方法。

工程预算时一般应列项计算泥浆护壁钻孔混凝土桩、入岩增加费、空桩费、泥浆运输等内容，钢筋笼应按混凝土及钢筋混凝土工程相应项目执行。其中泥浆护壁钻孔混凝土桩、空桩费项目的工程量计算方法同长螺旋钻机钻孔灌注桩。若发生入岩计算时，入岩增加费项目的工程量按设计桩截面面积乘以入岩深度以体积计算。泥浆运输工程量按钻孔体积计算。泥浆护壁钻孔灌注桩若考虑翻浆因素，其方法同长螺旋钻机钻孔灌注桩。

泥浆护壁钻孔混凝土桩项目的工作内容包括钻孔出渣、加泥浆和泥浆制作、灌注混凝土。泥浆运输的工作内容包括建拆泥浆池、沟。

【例4.2】 某工程采用泥浆护壁钻孔灌注混凝土桩，如图4-6所示，共20根，设计桩径$D=1200$mm，桩长$L=35$m，入中风化岩8m，桩顶标高−11.50m，自然地坪标高±0.00，泥浆运输距离3km，混凝土为C20。试计算该桩的各分项工程量？

解：①泥浆护壁钻孔混凝土桩

$V=(1.2/2)^2\times3.14\times35\times20=791.28\text{m}^3$

②入岩增加费

$V=(1.2/2)^2\times3.14\times8\times20=180.86\text{m}^3$

③空桩费

$V=(1.2/2)^2\times3.14\times(11.5-0.05-0.3)\times20$

$=252.08\text{m}^3$

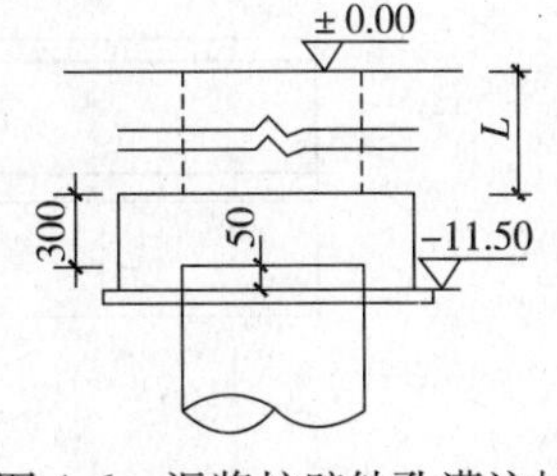

图4-6　泥浆护壁钻孔灌注桩

④泥浆运输

$V=(35+11.5)\times(1.2/2)^2\times3.14\times20=1051.27\text{m}^3$

5. 人工挖孔桩

由于承包商无施工机械或由于桩径较大而施工机械难以完成，则可以采用人工挖土成孔、将钢筋笼放于孔中、浇灌混凝土的方法来施工，这种施工方法称为人工挖孔混凝土灌注桩，即人工挖孔桩。

人工挖孔桩预算时一般应列项计算人工挖孔混凝土桩、空桩费、土方超运距增加费等内容，钢筋笼应按混凝土及钢筋混凝土工程相应项目执行。工程量计算方法同长螺旋钻机钻孔桩。

人工挖孔混凝土桩项目的工作内容包括挖土、提土、运土于50m内、安放钢筋笼、灌注护壁和芯混凝土。土方超运距增加费项目是指土方运距大于50m时应考虑的增加费。

4.3.2 清单项目工程量计算

1. 预制钢筋混凝土桩

工程量计算时，应区分土壤级别；单桩长度、根数；桩截面；混凝土强度等级等分别计算。

【例4.3】某单位工程采用预制钢筋混凝土方桩基础（图4-7），共160根，二级土，用柴油打桩机打桩，试计算该桩清单项目工程量。

解：预制钢筋混凝土桩

$n=160$ 根

清单项目特征及工程量见表4-6。

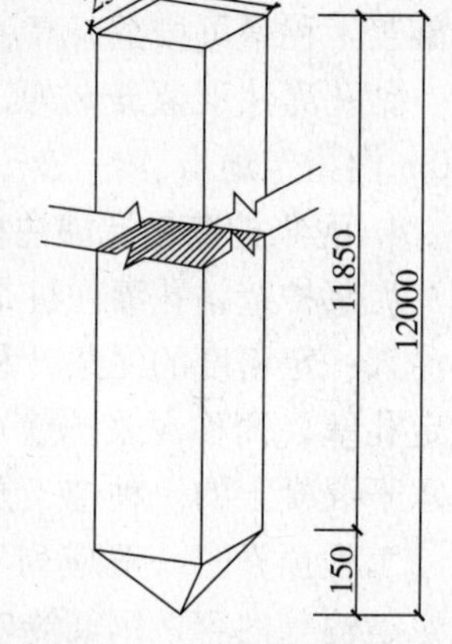

图4-7　预制钢筋混凝土方桩

分部分项工程量清单表　　表4-6

序号	项目编码	项目名称	项目特征描述	计量单位	工程量
1	010201001001	预制钢筋混凝土桩	二级土，单桩长度12m，桩截面尺寸250mm×250mm	根	160

【例4.4】如图4-8所示，预制钢筋混凝土离心管桩共28根，二级土，柴油打桩机打桩，试计算该桩清单项目工程量？

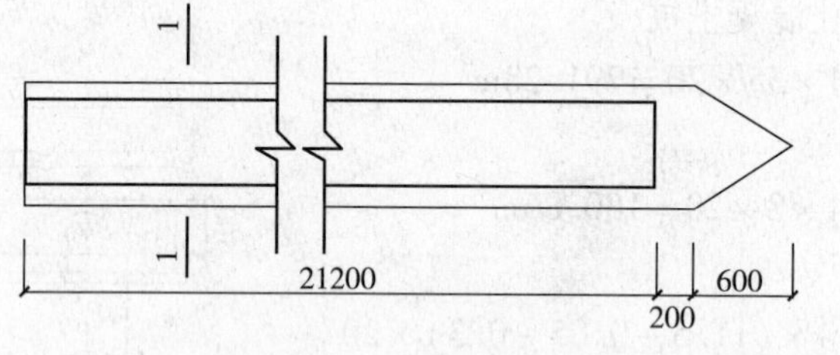

图4-8　预制钢筋混凝土离心管桩

解：预制钢筋混凝土桩

$n=28$ 根

清单项目特征及工程量见表4-7。

分部分项工程量清单表　　表4-7

序号	项目编码	项目名称	项目特征描述	计量单位	工程量
1	010201001001	预制钢筋混凝土桩	二级土，单桩长度22m，桩外径600mm、内径400mm	根	28

【**例 4.5**】如图 4-9 所示，预制钢筋混凝土板桩共 26 根，二级土，柴油打桩机打桩，试计算该桩清单项目工程量？

解：预制钢筋混凝土桩

$n = 26$ 根

清单项目特征及工程量见表 4-8。

分部分项工程量清单表 **表 4-8**

序号	项目编码	项目名称	项目特征描述	计量单位	工程量
1	010201001001	预制钢筋混凝土桩	二级土，单桩长度 5.5m，桩截面尺寸 500mm×150mm	根	26

2. 接桩

接桩工程量计算时应区分桩截面、接桩材料等分别进行计算。

【**例 4.6**】某工程采用预制钢筋混凝土方桩，共 20 根，截面为 400mm×400mm，桩长 32m，由 4 根 8m 桩接成（见图 4-10），二级土，硫磺胶泥接桩，试计算预制钢筋混凝土桩、接桩清单项目工程量？

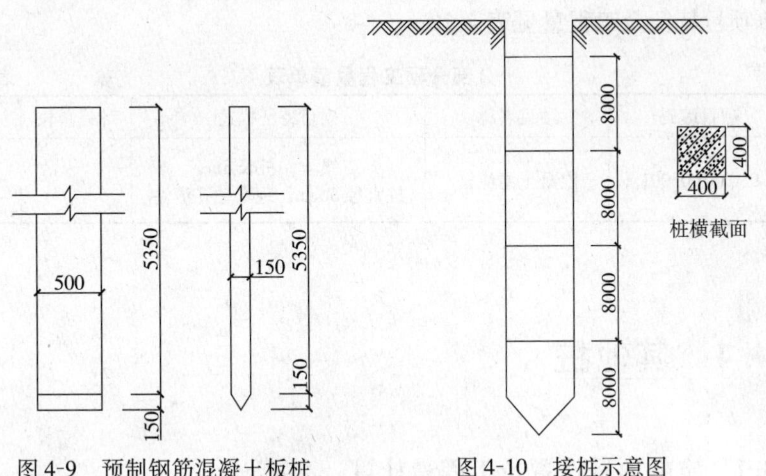

图 4-9　预制钢筋混凝土板桩　　图 4-10　接桩示意图

解：①预制钢筋混凝土桩

$n = 20$ 根

②接桩

$n = (4-1) \times 20 = 60$ 个

清单项目特征及工程量见表 4-9。

分部分项工程量清单表 **表 4-9**

序号	项目编码	项目名称	项目特征描述	计量单位	工程量
1	010201001001	预制钢筋混凝土桩	二级土，单桩长度 32m，桩截面尺寸 400mm×400mm	根	20
2	010201002001	接桩	桩截面尺寸 400mm×400mm，硫磺胶泥接桩	个	60

3. 混凝土灌注桩

混凝土灌注桩是先在地基下成孔，而后灌注混凝土。按成孔方法不同，可分为沉管灌注桩、长螺旋钻机钻孔灌注桩、泥浆护壁钻孔桩、人工挖孔桩等。

混凝土灌注桩工程量计算时应区分土壤级别；单桩长度、根数；桩截面；成孔方法；混凝土强度等级分别进行计算。

【**例 4.7**】现场钻孔灌注混凝土桩，如图 4-11 所示，共 30 根，二级土，设计桩长 3m，直径 30cm，求灌注混凝土桩清单项目工程量？

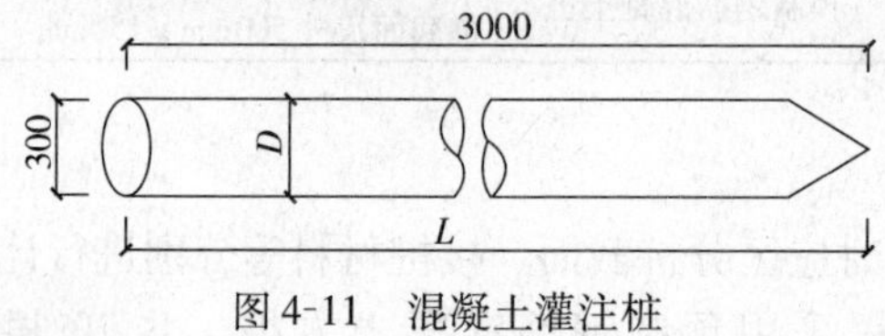

图 4-11 混凝土灌注桩

解：混凝土灌注桩

$n=30$ 根

清单项目特征及工程量见表 4-10。

分部分项工程量清单表 **表 4-10**

序号	项目编码	项目名称	项目特征描述	计量单位	工程量
1	010201003001	混凝土灌注桩	二级土，桩长 3m， 桩直径 30cm，现场钻孔灌注	根	30

过程 4.4 其他桩

4.4.1 定额项目设置及工程量计算

其他桩部分定额项目有灌注砂桩（人工挖孔、沉管成孔）、灌注碎石桩（沉管成孔）、灰土挤密桩、高压旋喷桩及其空桩费、喷粉桩及其空桩费、深层搅拌桩及其空桩费、中心压管式 CFG 桩。

编制工程预算时，应区分桩的类型、材料、成孔方法、桩长、桩径等进行列项、计算工程量。

沉管灌注砂（碎石）桩、人工挖孔灌注砂桩、中心压管式 CFG 桩（长螺旋钻孔、管内泵压混凝土灌注）、空桩费项目的工程量计算方法同 4.3.1 混凝土灌注桩；喷粉桩、深层搅拌桩、灰土挤密桩项目工程量按设计图示长度乘以设计截面面积以体积计算；高压旋喷桩项目工程量按设计图示长度计算。

【**例 4.8**】某工程处理湿陷性黄土地基，采用冲击沉管挤密灌注 3∶7 灰土短桩，如图 4-12 所示，共 985 根，试计算灰土挤密桩项目的工程量？

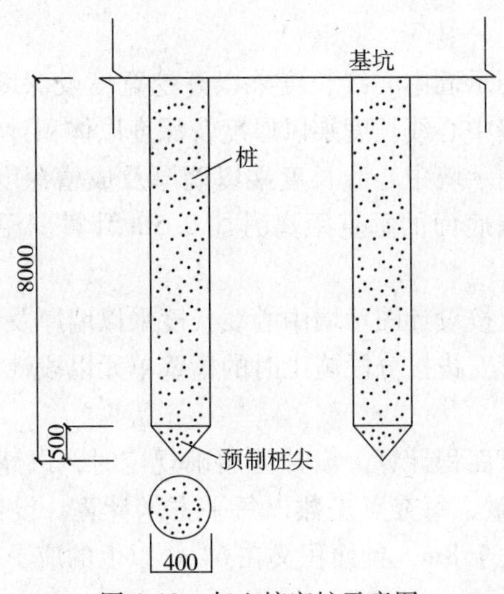

图 4-12　灰土挤密桩示意图

解：灰土挤密桩

$V=(8-0.5)\times 0.2^2\times 3.14\times 985$

$=927.87\text{m}^3$

注：预制钢筋混凝土桩尖应另列项计算。

4.4.2　清单项目工程量计算

其他桩分部的清单项目有砂石灌注桩、灰土挤密桩、旋喷桩、喷粉桩。

【例 4.9】试计算【例 4.8】所示灰土挤密桩清单项目工程量？已知为二级土。

解：灰土挤密桩

$L=8\times 985=7880\text{m}$

清单项目特征及工程量见表 4-11。

分部分项工程量清单表　　　　**表 4-11**

序号	项目编码	项目名称	项目特征描述	计量单位	工程量
1	010202002001	灰土挤密桩	二级土，桩长 8m，桩外径 400mm，沉管成孔，3:7 灰土	m	7880.00

过程 4.5　地基与边坡处理

4.5.1　定额工程量计算

地基与边坡处理定额设置地下连续墙、地基强夯、锚杆支护、土钉支护、喷射混凝土护坡、打拔钢板护坡桩等项目。

定额工程量计算规则：

1. 地下连续墙

导墙开挖按设计图示墙中心线长度乘以开挖宽度及深度以体积计算。导墙混凝土浇灌按设计图示墙中心线长度乘以厚度及深度以体积计算。

机械成槽按设计图示墙中心线长度乘以墙厚及成槽深度以体积计算。成槽深度按自然地坪至连续墙底面的垂直距离另加0.5m计算。泥浆外运按成槽工程量计算。

连续墙混凝土浇灌按设计图示墙中心线长度乘以墙厚及墙深以体积计算。

清底置换、接头管安拔按分段施工时的槽壁单元以段计算。

2. 地基强夯

按设计图示尺寸以面积计算。设计无明确规定时，以建筑物基础外边线外延5m计算。区分夯击能量，每夯点击数以每平方米计算。设计要求不布夯的空地，其间距不论纵横，如大于8m，且面积又在$64m^2$以上的应予扣除，不足$64m^2$的不予扣除。

3. 喷射混凝土护坡

按设计图示喷射的坡面面积计算。锚杆和土钉支护按设计图示尺寸的长度计算。锚杆的制作、安装按照设计要求的杆径和长度以质量计算。

4.5.2 清单项目工程量计算

计算地基与边坡处理工程量时，应根据设计图纸的内容，按表4-5中的项目名称、计量单位、工程量计算规则等列项、计算工程量。

巩固与提高：

1. 在编制混凝土桩工程预算时，《计价规范》与定额相比，在项目设置及工程量计算规则上有何不同?

2. 根据过程4.1中某工业区宿舍楼桩基平面图、大样图、挖孔桩各部分尺寸，计算其混凝土灌注桩的清单项目工程量?

3. 某工程有30根钢筋混凝土柱，每根柱下设有4根350mm×350mm预制混凝土桩，桩长30m，由3根10m的方桩用焊接方式接桩，其上设4000mm×6000mm×700mm的承台，桩顶距自然地坪-5m，土质为一级，采用柴油打桩机打桩，计算桩基础分项工程量。已知桩、承台均采用C20混凝土。

4. 某工程有沉管灌注钢筋混凝土桩，共60根，设计桩长10m，直径400mm，混凝土强度等级C20，钢筋笼图示钢筋净用量为0.23t，计算桩基础分项工程量。

5. 某工程有钻孔灌注混凝土桩90根，设计桩长25m，直径600mm，设计要求入中风化岩0.5m，桩顶标高-2.50m，施工场地标高-0.50m，二级土，泥浆运输距离为3km，混凝土为C20。求灌注混凝土桩分项工程量。

任务 5

砌筑工程量计算

砌筑工程主要指砖石砌体，如砖基础、实心砖墙、实心砖柱、砌块墙、砖台阶、砖烟囱、石基础、石墙等。通过学习，达到会依据建筑、结构施工图及工程量计算规则计算砌筑工程项目的工程量的目的。

过程 5.1　识读砌筑工程施工图

5.1.1　基础知识

1. 砌筑工程分类

砌筑工程按材料不同有砌砖、砌石、砌其他砌块等；按部位不同有砌基础、砌墙体、砌柱、砌烟囱水塔、砌检查井、砌地沟、零星砌体等；按砌体形式不同有实心砌体、空斗墙、空花墙、填充墙等。

2. 砌筑材料

砌筑材料包括砌筑用砖、砌块、（填充）胶结材料。

砌筑用砖：种类较多，按制作材料不同，分为黏土砖和非黏土砖；按砖的结构划分，有普通砖（实心砖）、多孔砖（孔洞率不小于15%）和空心砖（孔洞率不小于35%）。

砌筑用砌块：按形状不同有实心砌块和空心砌块；按制作原材料不同有加气混凝土砌块、混凝土小型砌块、粉煤灰砌块、泡沫混凝土砌块等。

砌筑用砂浆：常用的有石灰砂浆、水泥砂浆、混合砂浆、沥青砂浆等。

5.1.2 识读砌筑工程施工图

正确识读砌筑工程部分施工图是计算砖基础、实心砖墙等项目工程量的基础，下面重点介绍墙身剖面图的识读。

1. 基本内容

墙身剖面图是建筑详图，常用较大的比例尺详细地表明墙身从防潮层至屋顶各主要节点的构造做法，主要内容有：

（1）表明砖墙的轴线编号，砖墙的厚度及其与轴线的关系。

（2）表明各层梁、板等构件的位置及其与墙身的关系。

（3）表明室内各层地面、吊顶、屋顶等的标高及其构造做法。

（4）表明门窗洞口的高度、上下皮标高、立口的位置。

（5）表明立面装修的要求。包括砖墙各部位的凹凸线脚、窗口、门头、挑檐、檐口、勒脚、散水等的尺寸、材料和做法，或用索引号引出做法详图。

（6）表明墙身的防水、防潮做法。

2. 注意问题

（1）设计室内标高或防潮层以下的砖墙以结构基础图为施工依据，看墙身剖面图时必须与基础图配合，并注意设计室内标高处，上下的搭接关系及防潮层的做法。

（2）墙身剖面图中所注明的屋面、地面、散水、勒脚等的做法、尺寸应和材料做法对照。

（3）要注意建筑标高和结构标高的关系。建筑标高一般是指地面或楼面装修完成后上表面的标高，结构标高主要指结构构件的下皮或上皮标高。在建筑墙身剖面图中注明的是建筑标高。

（4）识读墙身剖面图时必须结合平面图、立面图、梁和板的结构施工图，只有把相关图结合起来看，才能搞清墙身中门、窗、梁、板的布置情况，才能正确地确定墙身高度。

3. 实例识读

某接待室的平面图、立面图、基础平面及剖面分别见图 3-10、图 3-11、图 3-1，其墙身剖面图见图 5-1，屋顶结构布置图见图 5-2。

根据墙身剖面图，并结合其他相关施工图，可以读出以下内容：

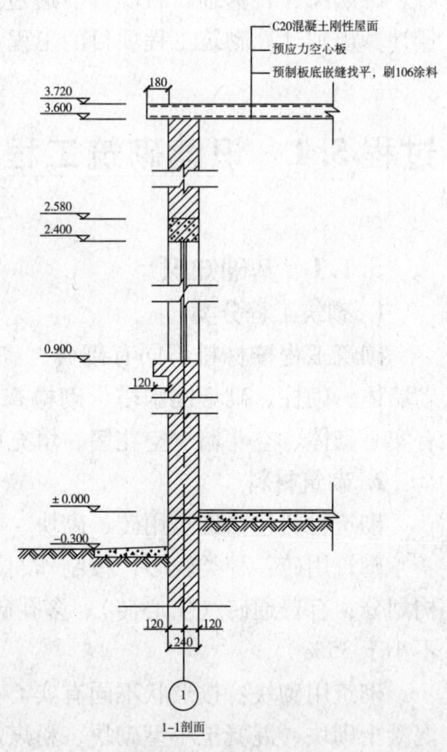

图 5-1　墙身剖面图

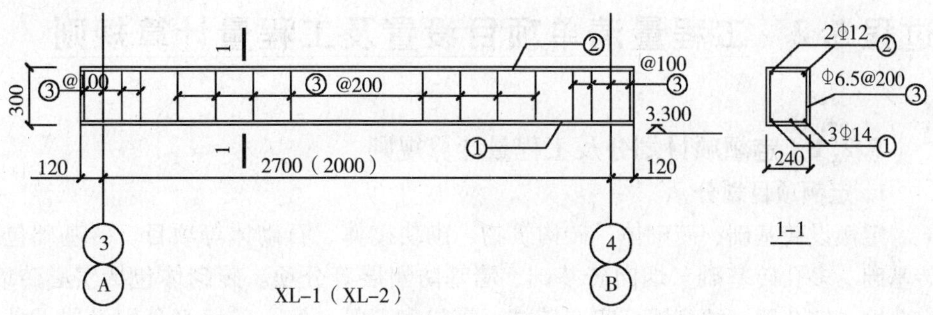

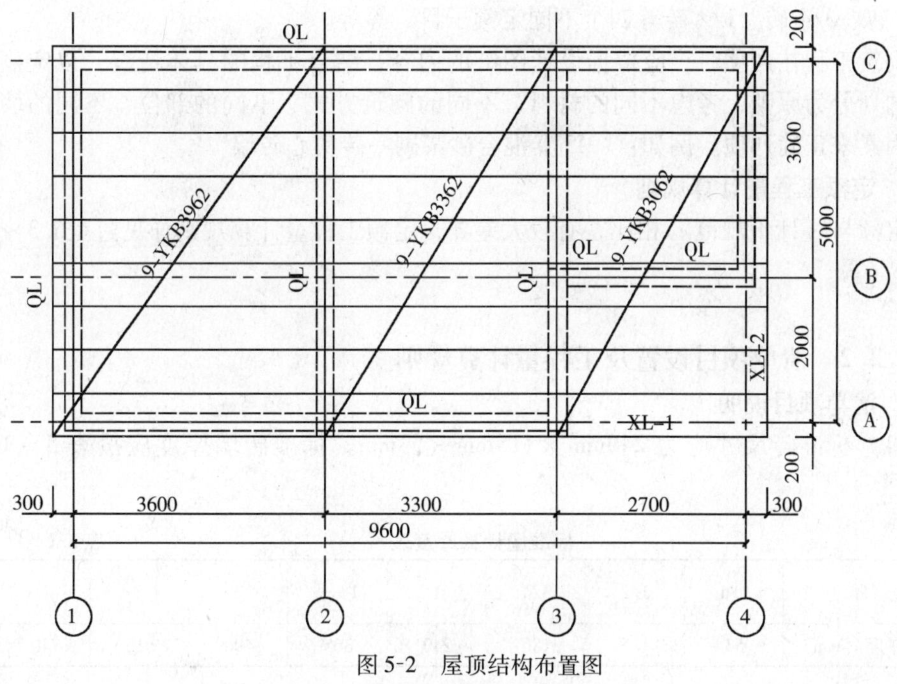

图 5-2　屋顶结构布置图

（1）墙身剖面 1—1 是①轴线上的外墙，砖墙厚 240mm，轴线居中。

（2）屋面板在①、④轴线所在墙体外挑出 180mm（300 - 120 = 180），Ⓐ、Ⓒ轴线所在墙体外挑出 80mm（200 - 120 = 80）。所有门窗过梁均为圈梁兼过梁，所有内外墙上均布置有圈梁，且圈梁底、顶标高分别为 2.400m、2.580m，屋面板底、顶标高分别为 3.600m、3.720m，XL - 1、XL - 2 均嵌入外墙 240mm，且 XL 顶标高为 3.300 + 0.300 = 3.600m，位于屋面板底。

（3）设计室内外地坪标高分别为 ±0.000、-0.300m，注明了屋面做法及顶棚装饰。

（4）窗洞的上、下皮标高分别为 2.400m、0.900m，且窗下设有窗台线。

过程 5.2　工程量清单项目设置及工程量计算规则

5.2.1　定额项目划分及工程量计算规则

1. 定额项目划分

定额设砖基础、砖砌体、砖构筑物、砌块砌体、石砌体等项目。砖基础包括砖基础、多孔砖基础、烟囱砖基础、墙基防潮层等分项。砖砌体包括实心砖墙、空斗墙、空花墙、填充墙、实心砖柱、零星砌砖等。实心砖墙又分别设置了黏土标准砖、蒸养灰砂砖和墙面勾缝分项。黏土标准砖又划分为砖墙、砖围墙、钢筋砖过梁、砖平拱、贴砖、砖砌台阶、零星砌砖等不同分项，砖墙又细分为1砖以上、1砖、3/4砖、1/2砖等四个不同定额子目，等等。

砌筑工程在列项时，应根据设计图纸的内容，结合工程的具体情况，以定额子目的划分为原则，考虑不同的材料、不同的砌筑方式、不同的部位、不同的墙厚等因素来正确列项。例如："M5.0混合砂浆砌一砖实心砖墙"。

2. 定额工程量计算规则

定额与《计价规范》相比，有较大差异，定额工程量计算规则详见过程5.3～过程5.6。

5.2.2　清单项目设置及工程量计算规则

1. 清单项目说明

（1）标准砖尺寸应为240mm×115mm×53mm。标准砖墙厚度应按表5－1计算。

标准墙计算厚度表　　　　**表5-1**

砖数（厚度）	1/4	1/2	3/4	1	$1\frac{1}{2}$	2	$1\frac{1}{2}$	3
计算厚度（mm）	53	115	180	240	365	490	615	740

（2）砖基础与砖墙（柱）划分应以设计室内地坪为界（有地下室的按地下室室内设计地坪为界），以下为基础，以上为墙（柱）身。基础与墙身使用不同材料，位于设计室内地坪±300mm以内时以不同材料为界，超过±300mm，应以设计室内地坪为界。砖围墙应以设计室外地坪为界，以下为基础，以上为墙身。

（3）框架外表面的镶贴砖部分，应单独按零星砌砖项目编码列项。

（4）附墙烟囱、通风道、垃圾道，应按设计图示尺寸以体积（扣除孔洞所占体积）计算，并入所依附的墙体体积内。当设计规定孔洞内需抹灰时，应按装饰装修工程相关项目编码列项。

（5）空斗墙的窗间墙、窗台下、楼板下等的实砌部分，应按零星砌砖项目编码列项。

（6）台阶、台阶挡墙、梯带、锅台、炉灶、蹲台、池槽、池槽腿、花台、花池、楼梯栏板、阳台栏板、地垄墙、屋面隔热板下的砖墩、0.3m^2 以内孔洞填塞等，应按零星砌砖项目编码列项。砖砌锅台与炉灶可按外形尺寸以个计算，砖砌台阶可按水平投影面积以平方米计算，小便槽、地垄墙可按长度计算，其他工程量按立方米计算。

（7）砖烟囱应按设计室外地坪为界，以下为基础，以上为筒身。砖烟道与炉体的划分应按第一道闸门为界。砖烟囱体积可按下式分段计算：$V=\sum H\times C\times\pi D$。式中：$V$ 表示筒身体积，H 表示每段筒身垂直高度，C 表示每段筒壁厚度，D 表示每段筒壁平均直径。

（8）水塔基础与塔身划分应以砖砌体的扩大部分顶面为界，以上为塔身，以下为基础。

（9）石基础、石勒脚、石墙身的划分：基础与勒脚应以设计室外地坪为界，勒脚与墙身应以设计室内地坪为界。石围墙内外地坪标高不同时，应以较低地坪标高为界，以下为基础；内外标高之差为挡土墙时，挡土墙以上为墙身。石梯带工程量应计算在石台阶工程量内。石梯膀应按石挡土墙项目编码列项。

（10）砌体内加筋的制作、安装，应按混凝土及钢筋混凝土工程相关项目编码列项。

2. 项目设置及工程量计算规则

砌筑工程清单项目有砖基础，砖砌体，砖构筑物，砌块砌体，石砌体，砖散水、地坪、地沟等6节25个项目。各项目编码、名称、特征、工程量计算规则及工作内容，见表5-6、表5-8、表5-11、表5-14～表5-16。

过程 5.3　砖基础

5.3.1　定额项目及工程量计算

1. 砖墙基础

砖墙基础工程量按设计图示尺寸以体积计算。包括附墙垛基础宽出部分体积，扣除地梁（圈梁）、构造柱所占体积，不扣除砖基础大放脚T形接头处的重叠部分（见图5-3）及嵌入基础内的钢筋、铁件、管道、基础砂浆防潮层和单个面积在0.3m^2 以内的孔洞所占体积，靠墙暖气沟的挑檐不增加。

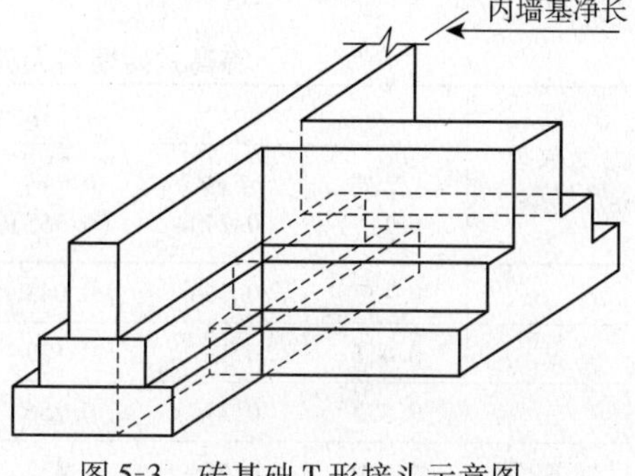

图5-3　砖基础T形接头示意图

砖基础的大放脚分为等高式和不等高式（见图5-4）两种形式。

基础工程量计算公式：

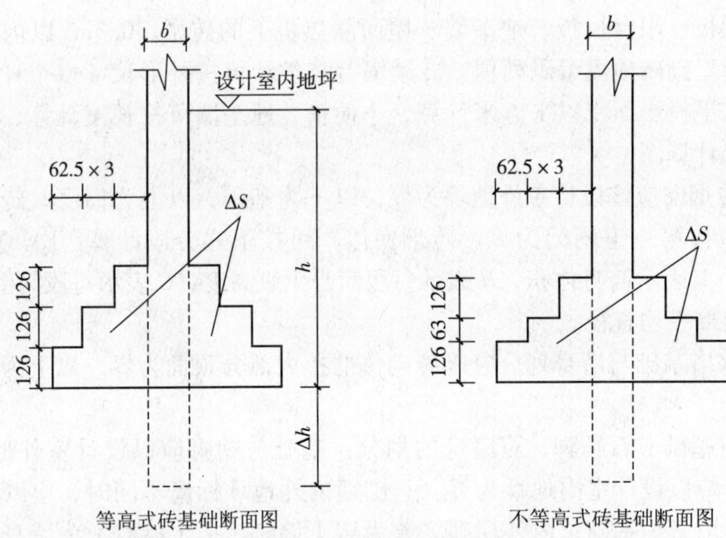

图 5-4　砖基础断面图

$$砖墙基础工程量=基础长度\times基础断面面积-应扣除部分体积+应增加部分体积$$

式中　基础长度：外墙基础按外墙中心线长度计算；内墙基础按内墙净长线长度计算。

基础断面面积 = 基础墙厚 $b\times$（基础高度 h + 大放脚折算高度 Δh）

或　　　　　= 基础墙厚 $b\times$ 基础高度 h + 大放脚折算面积 ΔS

基础墙厚为基础主墙身的厚度，按图示尺寸，且应符合表 5－1 的规定。基础高度指基础与墙身的分界线至基底的高度。大放脚折算高度是将大放脚折加的断面面积按其相应墙厚折算成的高度，计算公式为：

$$大放脚折算高度（\Delta h）=\frac{大放脚折算面积（\Delta S）}{基础墙厚}$$

等高式和不等高式砖基础大放脚的折算高度和折算面积如表 5-2、表 5-3 所示，供计算基础体积时查用。

等高式砖墙基大放脚折为墙高和断面面积　　表 5-2

大放脚层数	折算为高度（m）						折算为断面积（m^2）
	1/2 砖（0.115）	1 砖（0.240）	1.5 砖（0.365）	2 砖（0.490）	2.5 砖（0.615）	3 砖（0.740）	
一	0.137	0.066	0.043	0.032	0.026	0.021	0.01575
二	0.411	0.197	0.129	0.096	0.077	0.064	0.04725
三	0.822	0.394	0.256	0.193	0.154	0.128	0.09450
四	1.369	0.656	0.432	0.321	0.256	0.213	0.15750
五	2.054	0.984	0.647	0.432	0.384	0.319	0.23630
六	2.876	1.378	0.906	0.675	0.538	0.447	0.33080

不等高式砖墙基大放脚折为墙高和断面面积　　　　表 5-3

大放脚层数	折算为高度（m）						折算为断面积（m^2）
	1/2 砖（0.115）	1 砖（0.240）	1.5 砖（0.365）	2 砖（0.490）	2.5 砖（0.615）	3 砖（0.740）	
一（一低）	0.069	0.033	0.022	0.016	0.013	0.011	0.00788
二（一高一低）	0.342	0.164	0.108	0.080	0.064	0.053	0.03938
三（二高一低）	0.685	0.328	0.216	0.161	0.128	0.106	0.07875
四（二高二低）	1.096	0.525	0.345	0.257	0.205	0.170	0.12600
五（三高二低）	1.643	0.788	0.518	0.386	0.307	0.255	0.18900
六（三高三低）	2.260	1.083	0.712	0.530	0.423	0.351	0.25990

注：1. 表 5-2、表 5-3 层数中"高"是 2 皮砖，"低"是 1 皮砖，每层放出为 1/4 砖。

2. 若表中查不到者，应按标准尺寸计算大放脚断面面积。1/4 砖长 = 1/4 ×（240 + 10）= 62.5mm，一皮砖高 = 53 + 10 = 63mm，二皮砖高 = 53 × 2 + 10 × 2 = 126mm。

2. 砖柱基础

砖柱基础工程量由基础部分柱体积和柱基大放脚体积组成（图 5-5）。一般方砖柱基础大放脚是沿砖柱四边且阶梯形放出，其放出标准同砖墙基大放脚，工程量可按下式计算：

$$\text{工程量} = \text{柱断面积} \times \text{基础高度} + \text{大放脚体积}$$
$$= \alpha \times b \times h + \Delta V_{放}$$

式中　α——方砖柱截面的长（m）；

b——方砖柱截面的宽（m）；

h——方砖柱基础高度。自方砖柱基础大放脚底面至基础顶面的高度（m）；

$\Delta V_{放}$——大放脚体积（m^3）。

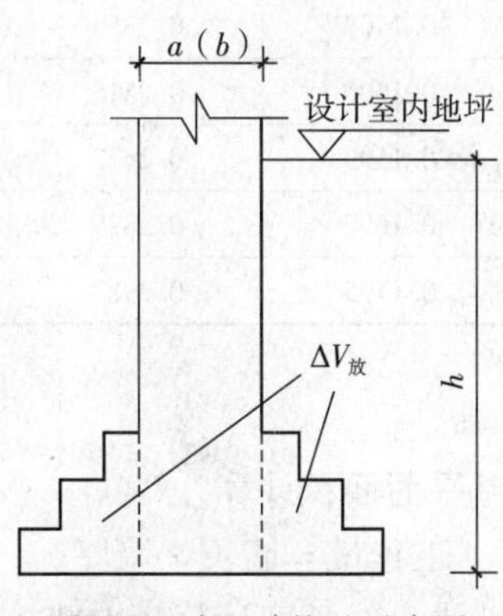

图 5-5　独立砖柱基示意图

等高式和不等高式砖柱基础大放脚体积如表 5-4、表 5-5 所示。若表中查不到者，应按标准尺寸计算大放脚体积。

等高式砖柱基础大放脚折为体积（m^3）　　表 5-4

矩形砖柱两边之和（砖数）	大放脚层数（等高）				
	2	3	4	5	6
3	0. 0443	0. 0965	0. 1740	0. 2807	0. 4206
3. 5	0. 0502	0. 1084	0. 1937	0. 3103	0. 4619
4	0. 0562	0. 1203	0. 2134	0. 3398	0. 5033
4. 5	0. 0621	0. 1320	0. 2331	0. 3693	0. 5446
5	0. 0681	0. 1438	0. 2528	0. 3989	0. 5860
5. 5	0. 0739	0. 1556	0. 2725	0. 4284	0. 6273
6	0. 0798	0. 1674	0. 2922	0. 4579	0. 6687
6. 5	0. 0856	0. 1792	0. 3119	0. 4875	0. 7150
7	0. 0916	0. 1911	0. 3315	0. 5170	0. 7513
7. 5	0. 0975	0. 2029	0. 3512	0. 5465	0. 7927
8	0. 1034	0. 2147	0. 3709	0. 5761	0. 8340

不等高式砖柱基础大放脚折为体积（m^3）　　表 5-5

矩形砖柱两边之和（砖数）	大放脚层数（不等高）				
	2	3	4	5	6
3	0. 0376	0. 0811	0. 1412	0. 2266	0. 3345
3. 5	0. 0446	0. 0909	0. 1569	0. 2502	0. 3669
4	0. 0475	0. 1008	0. 1727	0. 2738	0. 3994
4. 5	0. 0524	0. 1107	0. 1885	0. 2975	0. 4319
5	0. 0573	0. 1205	0. 2042	0. 3210	0. 4644
5. 5	0. 0622	0. 1303	0. 2199	0. 3450	0. 4968
6	0. 0671	0. 1402	0. 2357	0. 3683	0. 5293
6. 5	0. 0721	0. 1500	0. 2515	0. 3919	0. 5619
7	0. 0770	0. 1599	0. 2672	0. 4123	0. 5943
7. 5	0. 0820	0. 1697	0. 2829	0. 4392	0. 6267
8	0. 0868	0. 1795	0. 2987	0. 4628	0. 6592

3. 墙基防潮层

墙基防潮层工程量按墙基平面面积计算。

工程量 = 墙长 × 墙厚

式中，墙长计算时外墙按外墙中心线长度计算；内墙按内墙净长线长度计算。

【例 5.1】根据任务 3、任务 5 中某接待室施工图设计说明及施工图，计算砖基础、墙基防潮层的分项工程量？

解：①M5 水泥砂浆砌砖基础

砖墙基工程量 = 基础长度 × 基础断面面积

1－1 $L_{净} = 5 - 0.24 = 4.76\text{m}$

$S_{1-1} = 0.24 \times (1.5 - 0.2) + 0.04725 = 0.3593\text{m}^2$

$V_{1-1} = LF = 4.76 \times 0.3593 = 1.71\text{m}^3$

2－2 $L_{中} = 29.2\text{m}$（同挖沟槽，见例 3.1）

$L_{净} = 3 - 0.24 = 2.76\text{m}$

$L = L_{中} + L_{净} = 31.96\text{m}$

$S_{2-2} = 0.24 \times (1.5 - 0.2) + 0.09450 = 0.4065\text{m}^2$

$V_{2-2} = L \cdot S = 31.96 \times 0.4065 = 12.99\text{m}^3$

砖柱基工程量 = 柱断面积 × 基础高度 + 大放脚体积

方砖柱两边之和砖数为 2 砖，表 5-4 中查不到，按标准尺寸计算大放脚体积。

3－3 $V_{3-3} = 0.24^2 \times (1.5 - 0.2) + (0.24 + 4 \times 0.0625)^2 \times 0.126$

$+ (0.24 + 2 \times 0.0625)^2 \times 0.126 - 0.24^2 \times 0.126 \times 2$

$= 0.07488 + 0.0326 = 0.11\text{m}^3$

$V = V_{1-1} + V_{2-2} + V_{3-3} = 1.71 + 12.99 + 0.11 = 14.81\text{m}^3$

②1∶2 水泥砂浆墙基防潮层

$$工程量 = 墙长 \times 墙厚$$

$$S = (4.76 + 31.96) \times 0.24 = 8.81\text{m}^2$$

5.3.2 清单项目设置及工程量计算

1. 规则规定

清单项目设置及工程量计算规则，应按表 5-6 的规定执行。

砖基础（编码：010301） **表 5-6**

项目编码	项目名称	项目特征	计量单位	工程量计算规则	工程内容
010301001	砖基础	1. 砖品种、规格、强度等级 2. 基础类型 3. 基础深度 4. 砂浆强度等级	m^3	按设计图示尺寸以体积计算。包括附墙垛基础宽出部分体积，扣除地梁（圈梁）、构造柱所占体积，不扣除基础大放脚 T 形接头处的重叠部分及嵌入基础内的钢筋、铁件、管道、基础砂浆防潮层和单个面积 0.3m^2 以内的孔洞所占体积，靠墙暖气沟的挑檐不增加 基础长度：外墙按中心线，内墙按净长线计算	1. 砂浆制作、运输 2. 砌砖 3. 防潮层铺设 4. 材料运输

2. 实例计算

【例 5.2】根据任务 3、任务 5 中某接待室施工图设计说明及施工图，计算砖基础的清单项目工程量？

解：①砖基础（墙基）

$V=V_{1-1}+V_{2-2}=1.71+12.99=14.70\text{m}^3$（见例5.1）

②砖基础（柱基）

$V=V_{3-3}=0.11\text{m}^3$（见例5.1）

清单项目特征及工程量见表5-7。

分部分项工程量清单表 **表5-7**

序号	项目编码	项目名称	项目特征描述	计量单位	工程量
1	010301001001	砖基础	M5水泥砂浆砌墙下条形基础，深度1.3m，MU10煤矸石烧结砖240mm×115mm×53mm	m^3	14.70
2	010301001002	砖基础	M5水泥砂浆砌独立基础，深度1.3m，MU10煤矸石烧结砖240mm×115mm×53mm	m^3	0.11

5.3.3 研讨与练习

某工程基础采用砖基础，其平面、剖面图见图5-6。采用MU10煤矸石烧结砖240mm×115mm×53mm，M5水泥砂浆砌筑；自然地面标高-0.30m，室内地坪标高±0.00；混凝土基础垫层体积为9.59m^3。

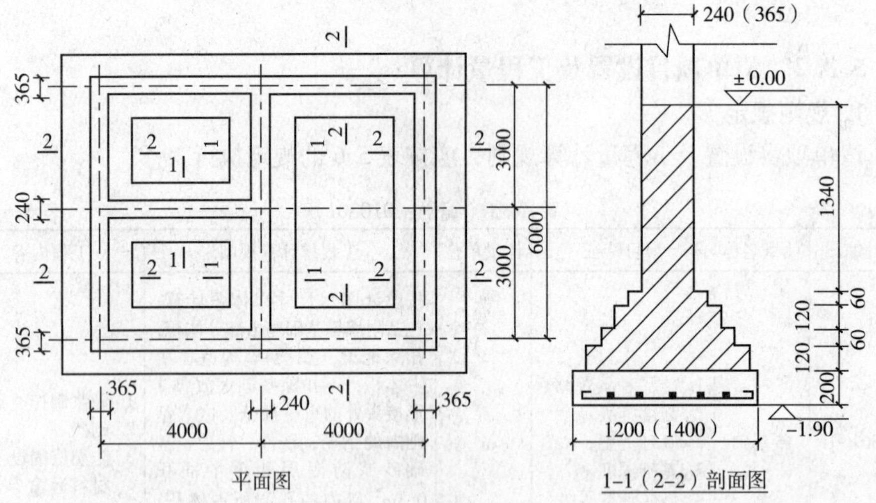

图5-6 某基础示意图

讨论问题：

（1）±0.000以下工程常列哪些项目（定额、清单）？

（2）挖基础土方工程量如何计算（二类土、土槽边堆放）？

（3）砖墙基础工程量如何计算？

（4）基础土方回填（夯填、槽边取土）工程量如何计算？

过程 5.4　砖砌体

砖砌体部分项目有实心砖墙、空斗墙、空花墙、填充墙、实心砖柱、零星砌砖等。

5.4.1　定额项目设置及工程量计算

砖砌体部分项目有黏土标准砖墙、围墙、零星砌砖；蒸养灰砂砖墙；砖墙面勾缝；空斗砖墙；空花砖墙；填充墙；砖柱等。

1. 实心砖墙

工程量 = 墙长 × 墙高 × 墙厚 − 应扣除部分体积 + 应增加部分体积

外墙长按中心线（$L_{中}$），内墙长按净长线（$L_{净}$）计算。关键是墙高的确定，外墙高度计算见图 5-7 ~ 图 5-10，内墙有钢筋混凝土楼板隔层者算至板底。除墙高外，基本同清单工程量计算规则。

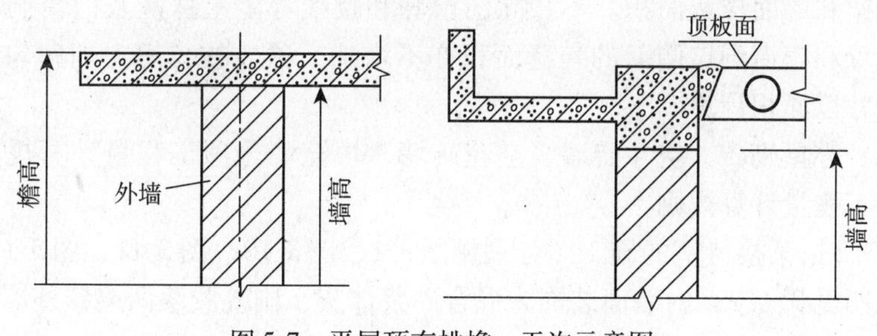

图 5-7　平屋顶有挑檐、天沟示意图

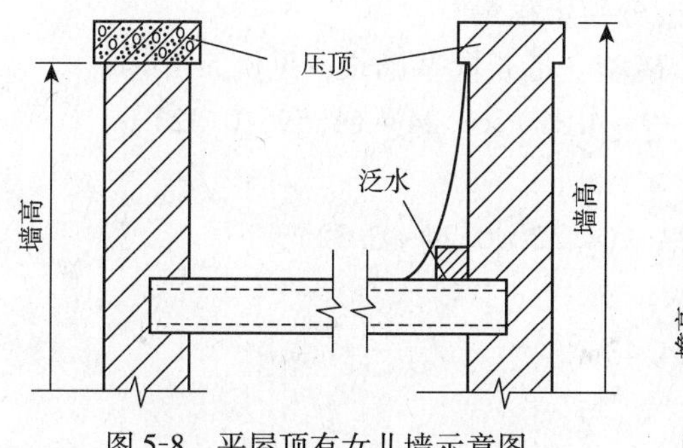

图 5-8　平屋顶有女儿墙示意图

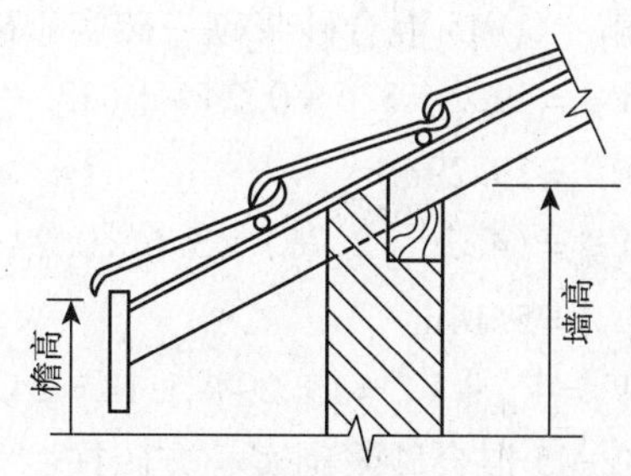

图 5-9　坡屋顶无檐口顶棚示意图

在计算实砌砖墙工程量时，应区分砖的品种、墙体厚度、砂浆的种类及强度等级等不同分别列项计算。

2. 实心砖柱

实心砖柱工程量应按设计图示尺寸以体积计算。同清单规则。

砖柱工程量 = 柱截面面积 × 柱高 × 根数

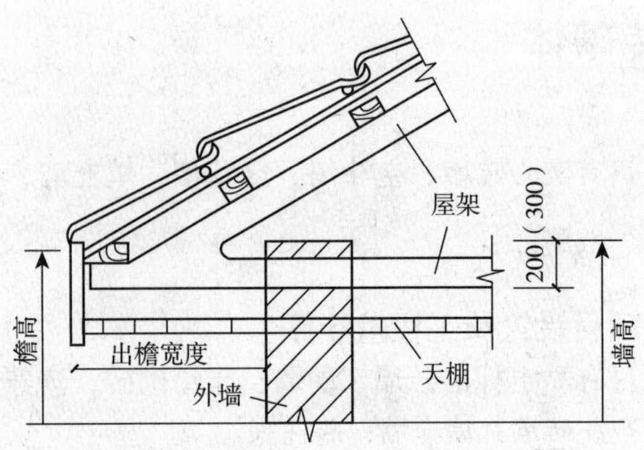

图5-10 坡屋顶有屋架、顶棚(无顶棚)示意图

在计算实砌砖柱工程量时，应区分砖的品种、柱截面形状、砂浆的种类及强度等级等不同分别列项计算。

3. 砖墙面勾缝

砖墙面勾缝工程量区分加浆、原浆，按墙面设计尺寸以垂直投影面积计算，应扣除墙裙和墙面抹灰面积。不扣除门窗套和腰线等零星抹灰及门窗洞口所占的面积，但垛和门窗洞口侧面的勾缝面积亦不增加。独立柱、房上烟囱勾缝，按图示外形尺寸以面积计算。

围墙、零星砌砖、空斗砖墙、空花砖墙、填充墙分项工程量计算规则同相应清单项目工程量计算规则。

【例5.3】某接待室的施工图分别见图3-1、图3-10、图3-11、图5-1、图5-2，其设计说明见3.1.2，内墙面装饰为混合砂浆抹灰、刷乳胶漆两遍，外墙面、梁柱面装饰为水刷石，门窗洞口面积为23.79m^2（其中内墙上4.32m^2）、圈梁体积为1.59m^3（其中内墙上0.32m^3），XL－1、XL－2伸入外墙的梁头体积为0.02m^3，试计算该工程实心砖墙、实心砖柱的分项工程量？

解：①M5混合砂浆砌一砖实心砖墙（墙长同基础长，见例5.1）

$V_{外}=29.2\times3.6\times0.24-[(23.79-4.32)\times0.24+(1.59-0.32)]$

$=19.29m^3$

$V_{内}=(4.76+2.76)\times3.6\times0.24-(4.32\times0.24+0.32)$

$=5.14m^3$

$V=V_{外}+V_{内}=19.29+5.14=24.43m^3$

②M5混合砂浆砌实心方砖柱

$V=0.24\times0.24\times3.3\times1=0.19m^3$

5.4.2 清单项目设置及工程量计算

1. 规则规定

砖砌体清单项目设置及工程量计算规则，应按表5-8的规定执行。

砖砌体（编码：010302） 表 5-8

项目编码	项目名称	项目特征	计量单位	工程量计算规则	工程内容
010302001	实心砖墙	1. 砖品种、规格、强度等级 2. 墙体类型 3. 墙体厚度 4. 墙体高度 5. 勾缝要求 6. 砂浆强度等级、配合比	m^3	按设计图示尺寸以体积计算。扣除门窗洞口、过人洞、空圈、嵌入墙内的钢筋混凝土柱、梁、圈梁、挑梁、过梁及凹进墙内的壁龛、管槽、暖气槽、消火栓箱所占体积。不扣除梁头、板头、檩头、垫木、木楞头、沿缘木、木砖、门窗走头、砖墙内加固钢筋、木筋、铁件、钢管及单个面积 $0.3m^2$ 以内的孔洞所占体积。凸出墙面的腰线、挑檐、压顶、窗台线、虎头砖、门窗套的体积亦不增加。凸出墙面的砖垛并入墙体体积内计算 1. 墙长度：外墙按中心线，内墙按净长计算 2. 墙高度： (1) 外墙：斜（坡）屋面无檐口顶棚者算至屋面板底；有屋架且室内外均有顶棚者算至屋架下弦底另加 200mm；无顶棚者算至屋架下弦底另加 300mm，出檐宽度超过 600mm 时按实砌高度计算；平屋面算至钢筋混凝土板底 (2) 内墙：位于屋架下弦者，算至屋架下弦底；无屋架者算至顶棚底另加 100mm；有钢筋混凝土楼板隔层者算至楼板顶；有框架梁时算至梁底 (3) 女儿墙：从屋面板上表面算至女儿墙顶面（如有混凝土压顶时算至压顶下表面） (4) 内、外山墙：按其平均高度计算 3. 围墙：高度算至压顶上表面（如有混凝土压顶时算至压顶下表面），围墙柱并入围墙体积内	1. 砂浆制作、运输 2. 砌砖 3. 勾缝 4. 砖压顶砌筑 5. 材料运输
010302002	空斗墙	1. 砖品种、规格、强度等级 2. 墙体类型 3. 墙体厚度 4. 勾缝要求 5. 砂浆强度等级、配合比		按设计图示尺寸以空斗墙外形体积计算，墙角、内外墙交接处、门窗洞日立边、窗台砖、屋檐处的实砌部分体积并入空斗墙体积内	1. 砂浆制作、运输 2. 砌砖 3. 装填充料 4. 勾缝 5. 材料运输
010302003	空花墙	1. 砖品种、规格、强度等级 2. 墙体类型 3. 墙体厚度 4. 勾缝要求 5. 砂浆强度等级		按设计图示尺寸以空花部分外形体积计算，不扣除空洞部分体积	

续表

项目编码	项目名称	项目特征	计量单位	工程量计算规则	工程内容
010302004	填充墙	1. 砖品种、规格、强度等级 2. 墙体厚度 3. 填充材料种类 4. 勾缝要求 5. 砂浆强度等级	m^3	按设计图示尺寸以填充墙外形体积计算	1. 砂浆制作、运输 2. 砌砖 3. 装填充料 4. 勾缝 5. 材料运输
010302005	实心砖柱	1. 砖品种、规格、强度等级 2. 柱类型 3. 柱截面 4. 柱高 5. 勾缝要求 6. 砂浆强度等级、配合比		按设计图示尺寸以体积计算。扣除混凝土及钢筋混凝土梁垫、梁头、板头所占体积	
010302006	零星砌砖	1. 零星砌砖名称、部位 2. 勾缝要求 3. 砂浆强度等级、配合比	m^3（m^2、m、个）		1. 砂浆制作、运输 2. 砌砖 3. 勾缝 4. 材料运输

2. 实例计算

实心砖墙（柱）工程量计算时，应区分砖品种、规格、强度等级；墙体（柱）类型；墙体厚度；柱截面；墙体（柱）高度；勾缝要求；砂浆强度等级、配合比分别进行计算。

【例 5.4】 试计算【例 5.3】某接待室实心砖墙、实心砖柱的清单项目工程量？

解：①实心砖墙

外墙　$V_{外} = 19.29m^3$（同例 5.3）

内墙　$V_{内} = (4.76 + 2.76) \times 3.72 \times 0.24 - (4.32 \times 0.24 + 0.32)$

$= 5.36m^3$

$V = 24.65m^3$

②实心砖柱

$V_{柱} = 0.19m^3$

清单项目特征及工程量见表 5-9。

分部分项工程量清单表　　**表 5-9**

序号	项目编码	项目名称	项目特征描述	计量单位	工程量
1	010302001001	实心砖墙	M5 混合砂浆砌实心墙，MU10 煤矸石烧结砖 240mm × 115mm × 53mm，墙体厚度 240mm	m^3	24.65
2	010302005001	实心砖柱	M5 混合砂浆砌实心砖柱，MU10 煤矸石烧结砖 240mm × 115mm × 53mm，方砖柱截面 240mm × 240mm，柱高 3.3m	m^3	0.19

零星砌砖工程量计算时，应区分零星砌砖名称、部位等分别计 m^3（m^2、m、个）。

【例 5.5】某接待室的平面图、立面图分别见图 3-10 、图 3-11，其台阶采用 M5 水泥砂浆砌砖台阶，试计算砌砖台阶的清单项目工程量？

解：零星砌砖

砖台阶　$S=(2.7+2)\times(0.3+0.3)-0.24\times0.24$

$=2.76m^2$

清单项目特征及工程量见表 5-10。

分部分项工程量清单表　　表 5-10

序号	项目编码	项目名称	项目特征描述	计量单位	工程量
1	010302006001	零星砌砖	砖台阶，M5 水泥砂浆	m^2	2.76

5.4.3 研讨与练习

某砖混结构警卫室平面图、剖面图分别见图 5-11、图 5-12；屋面结构为 120mm 厚现浇钢筋混凝土板，板面结构标高 4.500m，②、③轴处有现浇钢筋混凝土矩形梁，梁截面尺寸 250mm × 660mm（660mm 中包括板厚 120mm）；女儿墙设有混凝土压顶，其厚 60mm；± 0.000 以上采用 MU10 煤矸石烧结砖

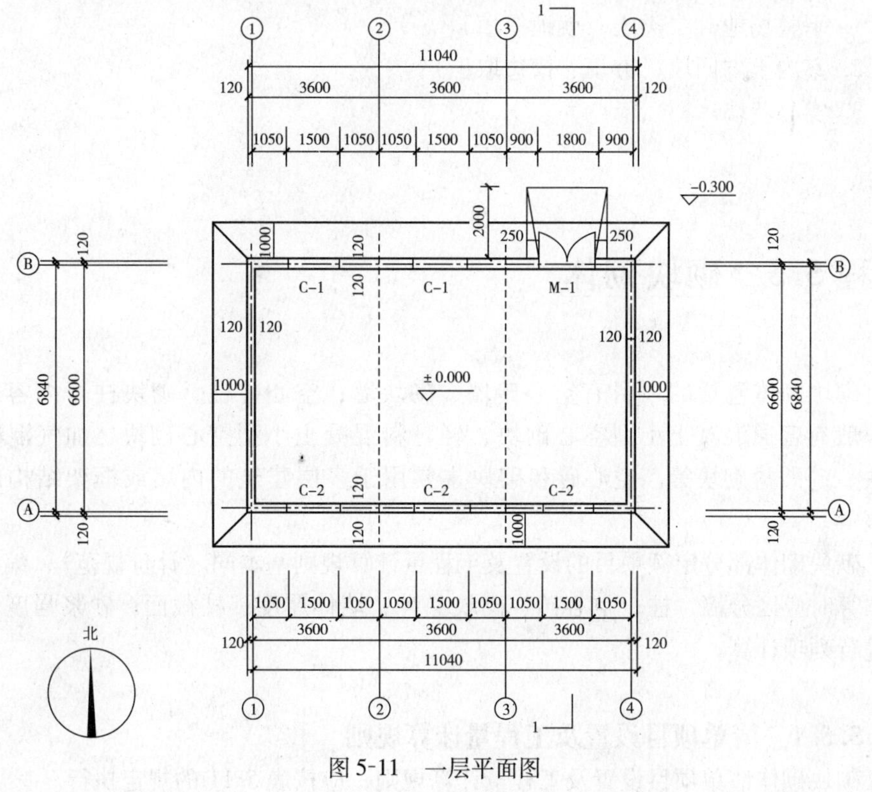

图 5-11　一层平面图

240mm×115mm×53mm、M5 混合砂浆砌筑；嵌入墙身的构造柱、圈梁和过梁体积合计为 5.01m^3；门窗洞口尺寸：C－1 为 1500mm×1800mm，C－2 为 1500mm×600mm，M－1 为 1800mm×2700mm；地面用 80mm 厚混凝土垫层，20mm 厚水泥砂浆面层；内墙面混合砂浆抹灰、白色乳胶漆刷白两遍，外墙面贴块料面层。

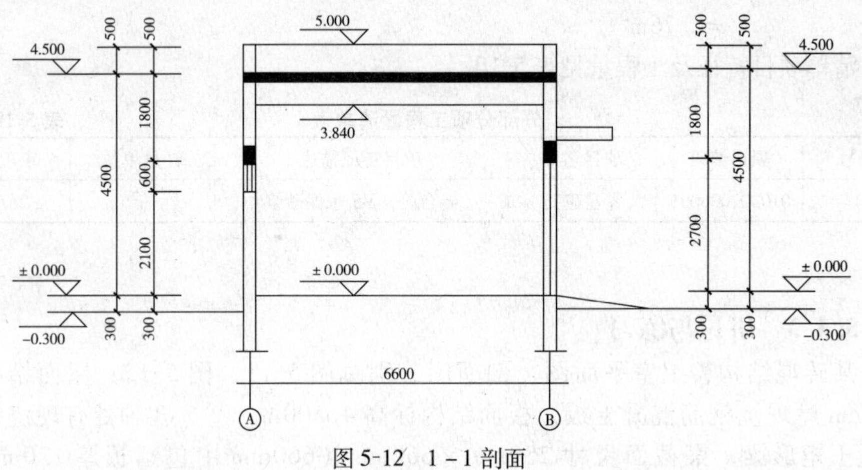

图 5-12 1－1 剖面

如何计算下列项目定额工程量和清单工程量：

1. 平整场地（二类土、就地挖填）；
2. 室内土方回填（夯填、槽边取土）；
3. 实心砖墙。

过程 5.5 砌块砌体

砌块砌体包括的项目有空心砖墙、砌块墙；空心砖柱、砌块柱等内容。砌块一般有普通混凝土小型空心砌块、轻骨料混凝土小型空心砌块、加气混凝土砌块、硅酸盐砌块等。空心砖和砌块主要用于多层建筑的内墙或框架结构的填充墙等。

砌块砌体部分定额项目的设置及工程量计算规则基本同《计价规范》，编制工程预算时应区分墙、柱；空心砖、砌块品种；墙体厚度；柱截面；砂浆强度等级等进行列项计算。

5.5.1 清单项目设置及工程量计算规则

砌块砌体清单项目设置及工程量计算规则，应按表 5-11 的规定执行。

砌块砌体（编码：010304）　　　　　　　　　　　　　　**表 5-11**

项目编码	项目名称	项目特征	计量单位	工程量计算规则	工程内容
010304001	空心砖墙、砌块墙	1. 墙体类型 2. 墙体厚度 3. 空心砖、砌块品种、规格、强度等级 4. 勾缝要求 5. 砂浆强度等级、配合比	m^3	按设计图示尺寸以体积计算。扣除门窗洞口、过人洞、空圈、嵌入墙内的钢筋混凝土柱、梁、圈梁、挑梁、过梁及凹进墙内的壁龛、管槽、暖气槽、消火栓箱所占体积，不扣除梁头、板头、檩头、垫木、木楞头、沿缘木、木砖、门窗走头、砖墙内加固钢筋、木筋、铁件、钢管及单个面积 $0.3m^2$ 以内的孔洞所占体积，凸出墙面的腰线、挑檐、压顶、窗台线、虎头砖、门窗套的体积不增加，凸出墙面的砖垛并入墙体体积内 1. 墙长度：外墙按中心线，内墙按净长计算 2. 墙高度： （1）外墙：斜（坡）屋面无檐口顶棚者算至屋面板底；有屋架且室内外均有顶棚者算至屋架下弦底另加 200mm；无顶棚者算至屋架下弦底另加 300mm，出檐宽度超过 600mm 时按实砌高度计算；平屋面算至钢筋混凝土板底 （2）内墙：位于屋架下弦者，算至屋架下弦底；无屋架者算至顶棚底另加 100mm；有钢筋混凝土楼板隔层者算至楼板顶；有框架梁时算至梁底 （3）女儿墙：从屋面板上表面算至女儿墙顶面（如有压顶时算至压顶下表面） （4）内、外山墙：按其平均高度计算 3. 围墙：高度算至压顶上表面（如有混凝土压顶时算至压顶下表面），围墙往并入围墙体积内	1. 砂浆制作、运输 2. 砌砖、砌块 3. 勾缝 4. 材料运输
010304002	空心砖柱、砌块柱	1. 柱高度 2. 柱截面 3. 空心砖、砌块品种、规格、强度等级 4. 勾缝要求 5. 砂浆强度等级、配合比		按设计图示尺寸以体积计算。扣除混凝土及钢筋混凝土梁垫、梁头、板头所占体积	

5.5.2 实例计算

【例 5.6】 某框架结构工程平面及剖面图如图 5-13 所示，框架梁及 L－1 高均含现浇混凝土板厚 120mm，下层窗 C－1 和门洞口上单设混凝土过梁，其体积 $1.55m^3$，框架结构间砌体采用多孔砖 240mm×115mm×90mm、M5 混合砂浆砌筑，墙厚 370mm，轴线居墙中。计算框架结构间砌体工程量？

解：①M5 混合砂浆砌多孔砖墙

V＝（框架间净长×框架间净高－门窗面积）×墙厚－砌体内混凝土体积

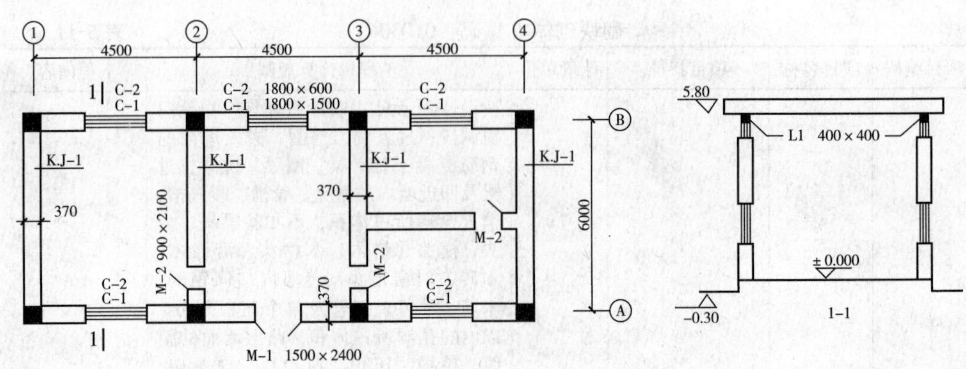

图5-13　某框架结构平、剖面示意图

$$V_{外}=[(4.5\times3+0.365-0.4\times4)\times2\times(5.8+0.12-0.4)+(6+0.365-0.4\times2)\times2\times(5.8+0.12-0.6)-1.5\times2.4-1.8\times1.5\times5-1.8\times0.6\times5]\times0.365$$

$$=(194.62-22.5)\times0.365$$

$$=62.82\text{m}^3$$

$$V_{内}=[(6+0.365-0.4\times2)\times2\times(5.8+0.12-0.6)+(4.5-0.365)\times(5.8+0.12-0.4)-0.9\times2.1\times3]\times0.365$$

$$=(82.04-5.67)\times0.365$$

$$=27.88\text{m}^3$$

$$V=62.82+27.88-1.55=89.15\text{m}^3$$

②清单项目特征及工程量见表5-12。

分部分项工程量清单表　　　　表5-12

序号	项目编码	项目名称	项目特征描述	计量单位	工程量
1	010304001001	空心砖墙、砌块墙	M5混合砂浆砌多孔砖墙，多孔砖240mm×115mm×90mm，墙体厚365mm	m^3	89.15

过程5.6　其他砌体工程

砌体工程除砖基础、砖砌体、砌块砌体之外，还有砖构筑物、石砌体等内容。本过程主要通过实例介绍砖烟囱、砖烟道、石基础的工程量计算方法。

5.6.1　定额项目设置及工程量计算

1. 砖烟囱

砖烟囱设置了烟囱筒身、烟囱内衬、砖烟囱楔形整砖加工等项目。工程预算时应区分筒身高度、内衬材料、楔形砖品种等进行列项计算。

烟囱筒身工程量计算方法同清单项目。烟囱内衬工程量按设计图示尺寸以体积计算，扣除孔洞所占体积。楔形整砖加工工程量应以千块为单位计数量。

2. 砖水塔

砖水塔设置了塔身、水槽壁项目。塔身工程量计算方法同清单项目。砖水箱内外壁，不分壁厚，均按设计图示尺寸以体积计算，执行水槽壁定额子目。

3. 其他项目

砖窨井、检查井、砖水池、化粪池砌体项目工程量均按设计图示尺寸以体积计算。

砖地沟项目工程量均按设计图示尺寸以体积计算。

砖烟道、石基础、石挡土墙、石护坡、石台阶项目工程量计算规则同清单项目。

石材加工应区分打荒、錾凿、剁斧分别列项计算。打荒是指将粗具六面体的方整石打去其不规则部分，稍加修整，使其成为形状规则的六面体毛料石。打荒工程量按设计要求加工后的成材体积以立方米为单位计算。錾凿是指对打荒后的毛料石进行进一步的錾凿加工，使其成为表面凹入深度不大于20mm的粗料石。錾凿工程量按设计要求加工后的成材体积以立方米为单位计算。剁斧是指将錾凿后的粗料石，按石料规格尺寸，弹线剁斧平整，使其成为表面凹入深度达到表5-13规定深度的细料石。剁斧工程量按剁斧面积以平方米为单位计算。

剁斧加工表面凹入深度表 表5-13

剁斧遍数	加工表面凹入深度
一遍	不大于10mm
二遍	不大于2mm
三遍	不大于1mm

5.6.2 清单项目设置及工程量计算规则

1. 砖构筑物

清单项目的设置及工程量计算规则，应按表5-14的规定执行。

砖构筑物（编码：010303） 表5-14

项目编码	项目名称	项目特征	计量单位	工程量计算规则	工程内容
010303001	砖烟囱、水塔	1. 筒身高度 2. 砖品种、规格、强度等级 3. 耐火砖品种、规格 4. 耐火泥品种 5. 隔热材料种类 6. 勾缝要求 7. 砂浆强度等级、配合比	m^3	按设计图示筒壁平均中心线周长乘以厚度乘以高度以体积计算。扣除各种孔洞、钢筋混凝土圈梁、过梁等的体积	1. 砂浆制作、运输 2. 砌砖 3. 涂隔热层 4. 装填充料 5. 砌内衬 6. 勾缝 7. 材料运输

任务5 砌筑工程量计算

续表

项目编码	项目名称	项目特征	计量单位	工程量计算规则	工程内容
010303002	砖烟道	1. 烟道截面形状、长度 2. 砖品种、规格、强度等级 3. 耐火砖品种规格 4. 耐火泥品种 5. 勾缝要求 6. 砂浆强度等级、配合比	m^3	按图示尺寸以体积计算	1. 砂浆制作、运输 2. 砌砖 3. 涂隔热层 4. 装填充料 5. 砌内衬 6. 勾缝 7. 材料运输
010303003	砖窨井、检查井	1. 井截面 2. 垫层材料种类、厚度 3. 底板厚度 4. 勾缝要求 5. 混凝土强度等级 6. 砂浆强度等级、配合比 7. 防潮层材料种类	座	按设计图示数量计算	1. 土方挖运 2. 砂浆制作、运输 3. 铺设垫层 4. 底板混凝土制作、运输、浇筑、振捣、养护 5. 砌砖 6. 勾缝 7. 井池底、壁抹灰 8. 抹防潮层 9. 回填 10. 材料运输
010303004	砖水池、化粪池	1. 池截面 2. 垫层材料种类、厚度 3. 底板厚度 4. 勾缝要求 5. 混凝土强度等级 6. 砂浆强度等级、配合比			

2. 石砌体

清单项目的设置及工程量计算规则，应按表 5-15 的规定执行。

石砌体（编码：010305） **表 5-15**

项目编码	项目名称	项目特征	计量单位	工程量计算规则	工程内容
010305001	石基础	1. 石料种类、规格 2. 基础深度 3. 基础类型 4. 砂浆强度等级、配合比	m^3	按设计图示尺寸以体积计算。包括附墙垛基础宽出部分体积，不扣除基础砂浆防潮层及单个面积 0.3m^2 以内的孔洞所占体积，靠墙暖气沟的挑檐不增加体积。基础长度：外墙按中心线，内墙按净长计算	1. 砂浆制作、运输 2. 砌石 3. 防潮层铺设 4. 材料运输
010305002	石勒脚	1. 石料种类、规格 2. 石表面加工要求 3. 勾缝要求 4. 砂浆强度等级、配合比		按设计图示尺寸以体积计算。扣除单个 0.3m^2 以外的孔洞所占的体积	1. 砂浆制作、运输 2. 砌石 3. 石表面加工 4. 勾缝 5. 材料运输

续表

<table>
<tr><th>项目编码</th><th>项目名称</th><th>项目特征</th><th>计量单位</th><th>工程量计算规则</th><th>工程内容</th></tr>
<tr><td>010305003</td><td>石墙</td><td>1. 石料种类、规格
2. 墙厚
3. 石表面加工要求
4. 勾缝要求
5. 砂浆强度等级、配合比</td><td rowspan="3">m^3</td><td>按设计图示尺寸以体积计算。扣除门窗洞口、过人洞、空圈、嵌入墙内的钢筋混凝土柱、梁、圈梁、挑梁、过梁及凹进墙内的壁龛、管槽、暖气槽、消火栓箱所占体积，不扣除梁头、板头、檩头、垫木、木楞头、沿缘木、木砖、门窗走头、砖墙内加固钢筋、木筋、铁件、钢管及单个面积 $0.3m^2$ 以内的孔洞所占体积，凸出墙面的腰线、挑檐、压顶、窗台线、虎头砖、门窗套不增加体积，凸出墙面的砖垛并入墙体体积内
1. 墙长度：外墙按中心线，内墙按净长计算
2. 墙高度：
(1) 外墙：斜（坡）屋面无檐口顶棚者算至屋面板底；有屋架且室内外均有顶棚者算至屋架下弦底另加 200mm；无顶棚者算至屋架下弦底另加 300mm，出檐宽度超过 600mm 时按实砌高度计算；平屋面算至钢筋混凝土板底
(2) 内墙：位于屋架下弦者，算至屋架下弦底；无屋架者算至顶棚底另加 100mm；有钢筋混凝土楼板隔层者算至楼板顶；有框架梁时算至梁底
(3) 女儿墙：从屋面板上表面算至女儿墙顶面（如有压顶时算至压顶下表面）
(4) 内、外山墙：按其平均高度计算
3. 围墙：高度算至压顶上表面（如有混凝土压顶时算至压顶下表面），围墙柱、砖压顶并入围墙体积内</td><td>1. 砂浆制作、运输
2. 砌石
3. 石表面加工
4. 勾缝
5. 材料运输</td></tr>
<tr><td>010305004</td><td>石挡土墙</td><td>1. 石料种类、规格
2. 墙厚
3. 石表面加工要求
4. 勾缝要求
5. 砂浆强度等级、配合</td><td rowspan="2">按设计图示尺寸以体积计算</td><td>1. 砂浆制作、运输
2. 砌石
3. 压顶抹灰
4. 勾缝
5. 材料运输</td></tr>
<tr><td>010305005</td><td>石柱</td><td rowspan="2">1. 石料种类、规格
2. 柱截面
3. 石表面加工要求
4. 勾缝要求
5. 砂浆强度等级、配合比</td><td rowspan="2">1. 砂浆制作、运输
2. 砌石
3. 石表面加工
4. 勾缝
5. 材料运输</td></tr>
<tr><td>010305006</td><td>石栏杆</td><td>m</td><td>按设计图示尺寸以长度计算</td></tr>
</table>

续表

项目编码	项目名称	项目特征	计量单位	工程量计算规则	工程内容
010305007	石护坡	1. 垫层材料种类、厚度 2. 石料种类、规格 3. 护坡厚度、高度 4. 石表面加工要求 5. 勾缝要求 6. 砂浆强度等级、配合比	m^3	按设计图示尺寸以体积计算	1. 铺设垫层 2. 石料加工 3. 砂浆制作、运输 4. 砌石 5. 石表面加工 6. 勾缝 7. 材料运输
010305008	石台阶				
010305009	石坡道		m^2	按设计图示尺寸以水平投影面积计算	
010305010	石地沟、石明沟	1. 沟截面尺寸 2. 垫层种类、厚度 3. 石料种类、规格 4. 石表面加工要求 5. 勾缝要求 6. 砂浆强度等级、配合比	m	按设计图示以中心线长度计算	1. 土石挖运 2. 砂浆制作、运输 3. 铺设垫层 4. 砌石 5. 石表面加工 6. 勾缝 7. 回填 8. 材料运输

3. 砖散水、地坪、地沟

清单项目的设置及工程量计算规则，应按表5-16的规定执行。

砖散水、地坪、地沟（编码：010306） **表5-16**

项目编码	项目名称	项目特征	计量单位	工程量计算规则	工程内容
010306001	砖散水、地坪	1. 垫层材料种类、厚度 2. 散水、地坪厚度 3. 面层种类、厚度 4. 砂浆强度等级、配合比	m^2	按设计图示尺寸以面积计算	1. 地基找平、夯实 2. 铺设垫层 3. 砌砖散水、地坪 4. 抹砂浆面层
010306002	砖地沟、明沟	1. 沟截面尺寸 2. 垫层材料种类、厚度 3. 混凝土强度等级 4. 砂浆强度等级、配合比	m	按设计图示以中心线长度计算	1. 挖运土石 2. 铺设垫层 3. 底板混凝土制作、运输、浇筑、振捣、养护 4. 砌砖 5. 勾缝、抹灰 6. 材料运输

5.6.3 实例计算

1. 砖烟囱

砖烟囱工程量计算时应区分筒身高度；砖品种、规格、强度等级；耐火砖品种、规格；隔热材料种类；勾缝要求；砂浆强度等级等分别进行计算。

砖烟囱体积要根据不同的筒壁厚度分段计算。圆形烟囱筒身见图 5-14，其体积计算公式为：

$$V = \sum[H \times C \times \pi(2R + 2r)/2]$$

或

$$V = \sum[H \times C \times \pi(R + r)]$$

式中 V——筒身体积；

R——每段筒壁下端中心半径；

r——每段筒壁上端中心半径；

H——每段筒身垂直高度；

C——每段筒壁厚度。

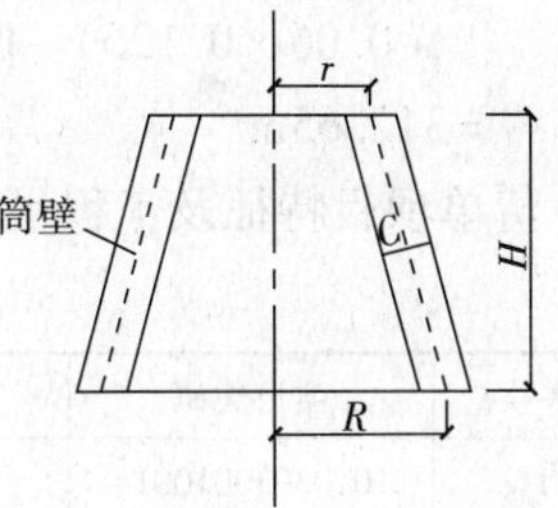

图 5-14　烟囱筒壁计算示意图

【例 5.7】 计算图 5-15 中 ±0.000 以上砖烟囱筒身清单项目工程量？已知：入烟口、出灰口体积为 3.67m³，筒身内钢筋混凝土圈梁体积为 0.34m³。

解：砖烟囱

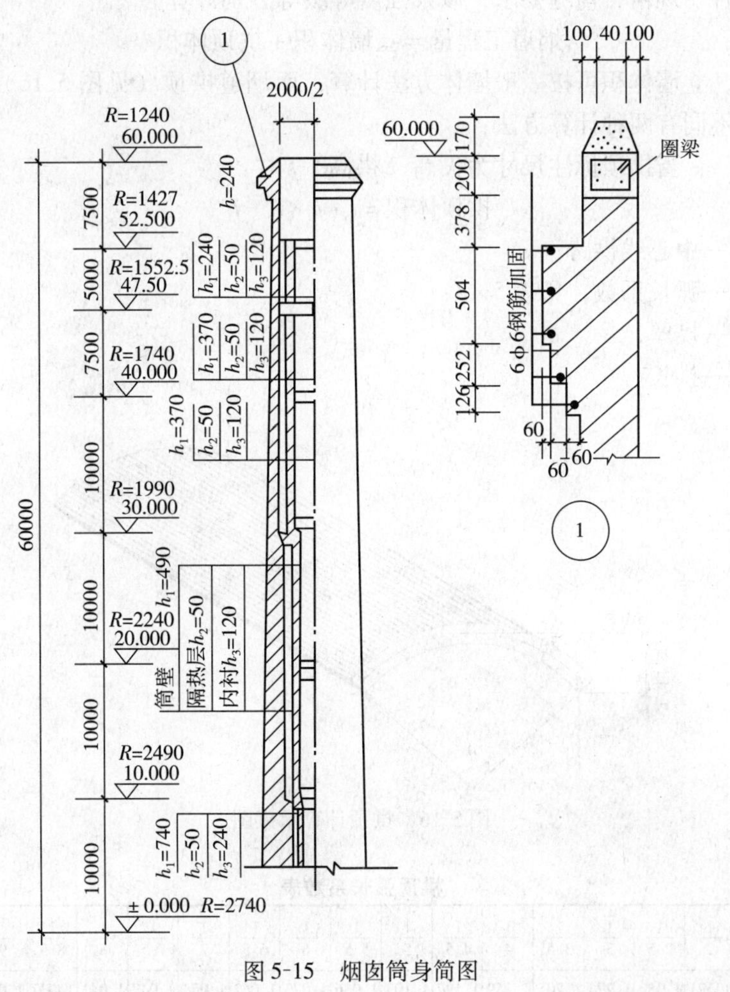

图 5-15　烟囱筒身简图

任务5　砌筑工程量计算

$$V=\sum[H\times C\times\pi(R+r)]+\text{增加部分}-\text{扣除部分}$$
$$=10\times0.74\times3.14\times(2.37+2.12)+20\times0.49\times3.14\times(2.245+1.745)$$
$$+17.5\times0.37\times3.14\times(1.805+1.3675)+12.5\times0.24\times3.14$$
$$\times(1.4325+1.12)+2\times1.24\times3.14\times(0.18\times0.504+0.12\times0.252$$
$$+0.06\times0.126)-0.34-3.67$$
$$=312.65\text{m}^3$$

清单项目特征及工程量见表 5-17。

分部分项工程量清单表 **表 5-17**

序号	项目编码	项目名称	项目特征描述	计量单位	工程量
1	010303001001	砖烟囱	砖筒身，高 60m	m^3	312.65

2. 砖烟道

砖烟道工程量计算时应区分烟道截面形状、长度；砖品种、规格、强度等级；耐火砖品种、规格；勾缝要求；砂浆强度等级等分别计算。

$$\text{烟道工程量}=\text{立墙体积}+\text{拱顶体积}$$

其中，立墙体积可按一般墙体方法计算，而烟道拱顶（见图 5-16）据设计图标注尺寸不同有两种计算方法：

方法一：当拱顶标注尺寸为矢高（拱高）f时，

$$\text{拱顶体积}=l\cdot k\cdot d\cdot L$$

式中 l——中心线拱跨；

k——弧长系数，见表 5-18；

d——拱厚；

L——拱长。

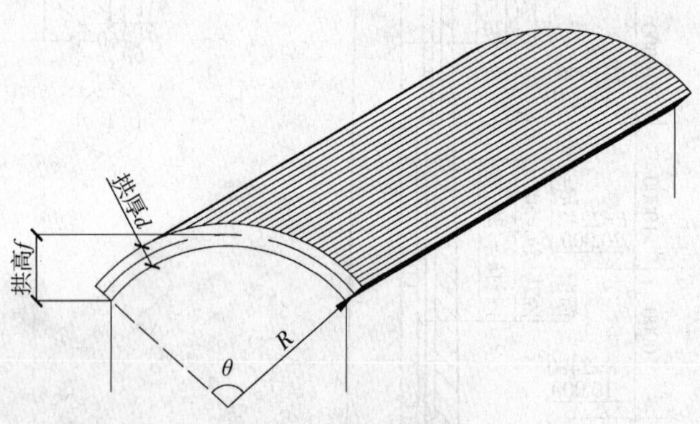

图 5-16　拱顶计算示意图

拱顶弧长系数表 **表 5-18**

矢跨比 $\frac{f}{l}$	$\frac{1}{2}$	$\frac{1}{2.5}$	$\frac{1}{3}$	$\frac{1}{3.5}$	$\frac{1}{4}$	$\frac{1}{4.5}$	$\frac{1}{5}$	$\frac{1}{5.5}$	$\frac{1}{6}$	$\frac{1}{6.5}$	$\frac{1}{7}$	$\frac{1}{7.5}$	$\frac{1}{8}$	$\frac{1}{8.5}$	$\frac{1}{9}$	$\frac{1}{9.5}$	$\frac{1}{10}$
弧长系数 K	1.571	1.383	1.274	1.205	1.159	1.127	1.103	1.086	1.073	1.062	1.054	1.047	1.041	1.037	1.033	1.027	1.026

方法二：当拱顶标注尺寸为圆弧半径 R 和中心角 θ 时，

$$拱顶体积=(\pi\theta/180°)\times R\cdot d\cdot L$$

【例 5.8】 计算图 5-17 烟道的清单项目工程量（烟道的长度为 20m）。

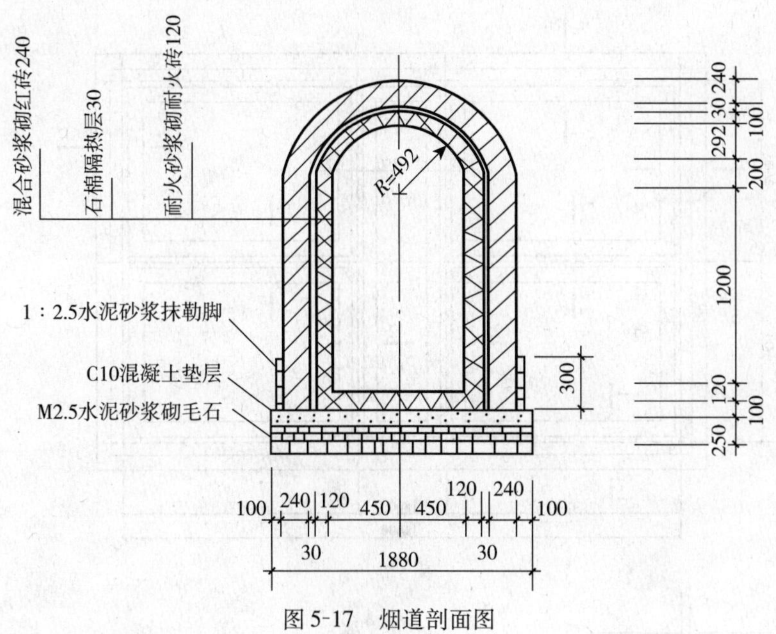

图 5-17　烟道剖面图

解：①混合砂浆砌砖烟道壁

$l=1.44$，$f=0.562$，$l/f=1.44/0.562=2.56$；用插入法可求得 $k=1.368$。$d=0.24$，$L=20$。

$V=$立墙体积+拱顶体积

$=2\times1.52\times0.24\times20+1.44\times1.368\times0.24\times20=24.05\text{m}^3$

②石棉隔热层

$l=1.17$，$f=0.427$，$l/f=2.74$；用插入法可求得 $k=1.326$。$d=0.03$，$L=20$。

$V=2\times1.52\times0.03\times20+1.17\times1.326\times0.03\times20=2.75\text{m}^3$

③耐火砂浆砌耐火砖

$l=1.02$，$f=0.352$，$l/f=2.90$；用插入法可求得 $k=1.293$。$d=0.12$，$L=20$。

$V=(2\times1.52+0.9)\times0.12\times20+1.02\times1.293\times0.12\times20$

$=12.62\text{m}^3$

清单项目特征及工程量见表 5-19。

分部分项工程量清单表　　　　**表 5-19**

序号	项目编码	项目名称	项目特征描述	计量单位	工程量
1	010303002001	砖烟道	混合砂浆，拱形砖烟道，20m	m^3	24.05
2	010303002002	砖烟道	石棉隔热层，拱形烟道，20m	m^3	2.75
3	010303002003	砖烟道	耐火砖，耐火砂浆，拱形烟道，20m	m^3	12.62

3. 石基础

【例 5.9】 某工程按设计规定墙基采用 M5 水泥砂浆砌毛石基础（见图 5-18），试求石基础的清单项目工程量？

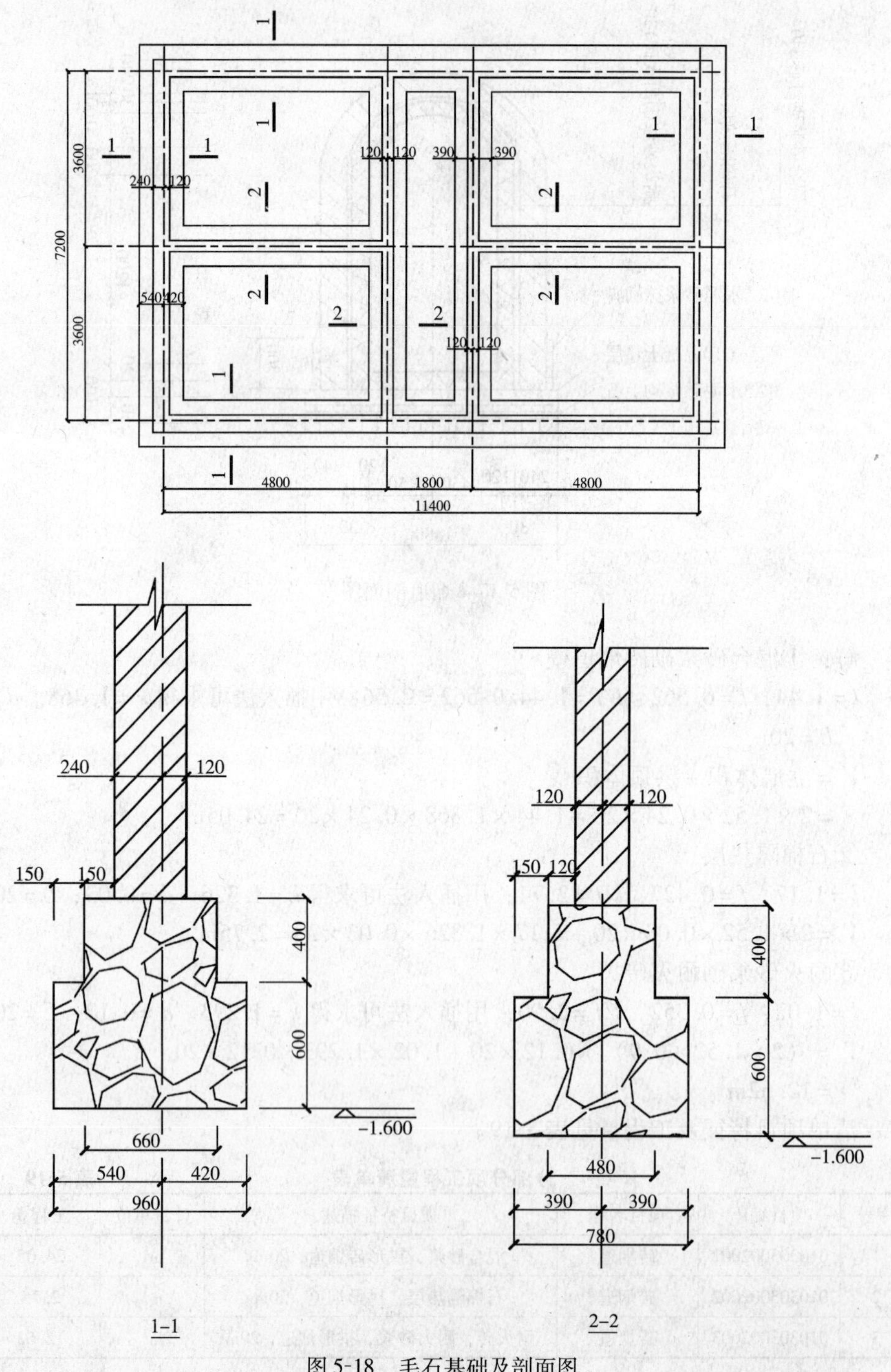

图 5-18　毛石基础及剖面图

解：石基础

外墙基标注厚度为360mm，应按标准尺寸取365mm。外墙基为偏轴线（即轴线不居中），则应利用轴线尺寸求出中心线长。内墙基长应按净长线分层（上、下层）计算。

1-1 $L_{中}=(11.4+0.24\times2-0.365+7.2+0.24\times2-0.365)\times2$

$=37.66m$

$V_{1-1}=LF=37.66\times(0.66\times0.4+0.96\times0.6)=31.63m^3$

2-2 上层 $L_{净}=[7.2-(0.12+0.15)\times2]\times2+[4.8-(0.12+0.15)-(0.12+0.12)]\times2=21.90m$

$V_{上}=21.9\times0.48\times0.4=4.205m^3$

下层 $L_{净}=(7.2-0.42\times2)\times2+(4.8-0.42-0.39)\times2$

$=20.70m$

$V_{下}=20.7\times0.78\times0.6=9.688m^3$

$V_{2-2}=V_{上}+V_{下}=13.89m^3$

$V=31.63+13.89=45.52m^3$

清单项目特征及工程量见表5-20。

分部分项工程量清单表 **表5-20**

序号	项目编码	项目名称	项目特征描述	计量单位	工程量
1	010305001001	石基础	毛石基础，基础深1.0m，墙下条形基础，M5水泥砂浆	m^3	45.52

巩固与提高：

1. 砌筑工程常用的清单项目有哪些？说出各分项工程的工程量计算规则。

2. 砖基础工程《计价规范》与定额相比在项目设置及工程量计算规则上有何不同？

3. 某单层砖混结构，其平面、立面图见图5-19，门窗尺寸见表5-21。已知：设计室内地坪标高为±0.00，±0.00以上采用MU10煤矸石烧结砖240mm×115mm×53mm、M5混合砂浆砌筑；墙厚240mm，轴线居中；屋面采用120mm厚的现浇钢筋混凝土板，嵌入墙身的混凝土梁体积合计为0.86m^3（不包括现浇板头）。试计算该工程实心砖墙的清单项目工程量。

门窗表 **表5-21**

门窗名称		
M-1	1000mm×2000mm	单扇无亮胶合板门（刮腻子磨光，刷底油一遍、调合漆两遍）
M-2	1200mm×2000mm	
C-1	1500mm×1500mm	80系列塑钢窗
C-2	1800mm×1500mm	
C-3	3000mm×1500mm	

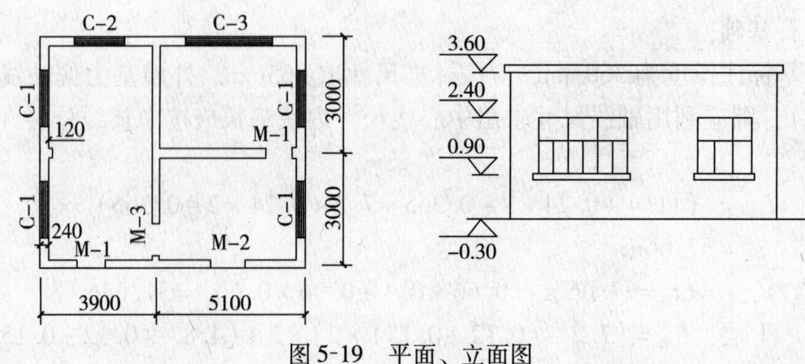

图 5-19 平面、立面图

4. 计算某办公楼框架结构间砌体工程量（见 1.3.4 研讨与练习）。

任务 6

混凝土及钢筋混凝土工程量计算

本分部包括现浇混凝土构件、预制混凝土构件和钢筋工程三大部分内容，是建筑工程量计算的重要内容之一。通过学习，使学生能依据建筑结构平面图、剖面图、详图及标准图集，依据工程量计算规则，列项计算混凝土及钢筋混凝土工程分项工程量。

过程 6.1　识读建筑结构图及相关标准图集

6.1.1　基础知识

钢筋混凝土工程是由钢筋工程和混凝土工程两部分组成。其施工顺序：首先进行模板制作安装；其次是钢筋加工成型绑扎；最后是混凝土拌制、浇灌、振捣、养护、拆模。这些工程都必须根据设计图纸、施工说明和国家统一规定的施工验收规范、操作规程、质量评定标准的要求进行施工，并且随时做好工序交接和隐蔽工程检查验收工作。

混凝土及钢筋混凝土构件，按其制作地点，可分为现场浇制、现场预制和构件加工厂预制三种；按其施工方法，可分为一般混凝土及钢筋混凝土构件、预应力钢筋混凝土构件两种。其中，预应力钢筋混凝土构件又可分为先张法预应力构件和后张法预应力构件。

1. 混凝土工程

混凝土按其用途不同分为结构混凝土、防水混凝土、装饰混凝土、道路混凝土、耐热混凝土、耐酸混凝土等。常用混凝土强度等级有 C10、C15、C20、C30、

C40、C50、C60 等。根据搅拌方式有现场搅拌混凝土和采用商品混凝土，在浇筑过程中，可采用泵送和非泵送等方式。

2. 钢筋工程

（1）普通钢筋。

普通钢筋指用于钢筋混凝土结构中的钢筋和预应力混凝土结构中的非预应力钢筋。用于钢筋混凝土结构的热轧钢筋分为 HPB235、HRB335、HRB400 和 RRB400 四个级别。《混凝土结构设计规范》GB 50010—2002 规定，普通钢筋宜采用 HRB400 级和 HRB335 级钢筋。

HPB235 级钢筋：光圆钢筋，公称直径范围为 8 ~ 20mm，推荐直径为 8mm、10mm、12mm、16mm、20mm。实际工程中只用作板、基础和荷载不大的梁、柱的受力主筋、箍筋以及其他构造钢筋。

HRB335 级钢筋：月牙纹钢筋，公称直径范围为 6 ~ 50mm，推荐直径为 6mm、8mm、10mm、12mm、16mm、20mm、25mm、32mm、40mm 和 50mm，是混凝土结构的辅助钢筋，实际工程中也主要用作结构构件中的受力主筋。

HRB400 级钢筋：月牙纹钢筋，公称直径范围和推荐直径同 HRB335 钢筋。是混凝土结构的主要钢筋，实际工程中主要用作结构构件中的受力主筋。

RRB400 级钢筋：月牙纹钢筋，公称直径范围为 8 ~ 40mm，推荐直径为 8mm、10mm、12mm、16mm、20mm、25mm、32mm 和 40mm。强度虽高，但疲劳性能、冷弯性能以及可焊性均较差，其应用受到一定限制。

（2）预应力钢筋。

预应力钢筋应优先采用钢绞线和钢丝，也可采用热处理钢筋。

钢绞线：由多根高强钢丝交织在一起而形成的，有 3 股和 7 股两种，多用于后张预应力大型构件。

预应力钢丝：主要是消除应力钢丝，其外形有光面、螺旋肋、三面刻痕三种。

热处理钢筋：包括 $40Si_2Mn$，$48Si_2Mn$ 及 $45Si_2Cr$ 几种牌号，它们都以盘条形式供应，无需焊接、冷拉，施工方便。

6.1.2 识读建筑结构图及相关标准图集

1. 相关标准图集

常用的国家标准图集有混凝土结构施工图平法图集，如：03G101 - 1《混凝土结构施工图平面整体表示方法制图规则和构造详图（现浇混凝土框架、剪力墙、框架—剪力墙、框支剪力墙结构）》，其主要内容为现浇混凝土柱、墙、梁三种构造节点详图；06G901 - 1《混凝土结构施工钢筋排布规则和构造详图（现浇混凝土框架、剪力墙、框架 - 剪力墙）》，它是 03G101 - 1 图集的细化和延伸，具体指导施工图钢筋排布构造深化设计，配合 03G101 - 1 图集解决施工中的钢筋翻样计算和现场安装绑扎；03G101 - 2《混凝土结构施工图平面整体表示方法制图规则和构造详图（现浇混凝土板式楼梯）》，其主要内容为九种常用的现浇混凝土板式楼梯平法制图规则和构造节点详图；04G101 - 4《混凝土结构施工图平面整体表示方法制图规则和构造详图（现浇混凝土楼面与屋面板）》，其主要内容为有梁楼盖板和无梁楼盖板的平法制图规则和构造节点详图；06G101－6《混凝土结构施工图平面整体表示方法制图规则和构造详图（独立基础、条形基础、桩基承台）》，其主要内容为现浇混凝土独立基础、条形基础、桩基承台以及与该三类基础关联的基础连梁、地下框架梁的平法制图规则和构造节点详图。

地方工程建设标准图集，如：河南省《02系列结构标准设计图集》（DBJT 19－01－2002），其主要内容为砌体结构构造详图，预应力混凝土构件，预制构件，以及混凝土桩等。

2. 识图要点

从传统结构设计方法的设计图样，到平法设计方法的设计图样，传统结构施工图中的平面图及断面图上的构件平面位置、截面尺寸及配筋信息，演变为平法施工图的平面图；传统结构施工图中剖面上的钢筋构造，演变国家标准构造，即G101平法图集。

钢筋混凝土结构中，结构施工图表达钢筋和混凝土两种材料的具体配置。设计文件主要由两部分组成，一是设计图样，二是文字说明。

识读过程中，看结构设计说明，了解所选用结构材料的品种、规格、强度等级、受力钢筋保护层厚度、钢筋的锚固长度、搭接长度及接长方法，所采用的通用做法的标准图图集。通过基础平面图了解轴线的位置、编号，有时应对照建筑平面图进行核对，看剖切位置、剖切符号及详图，通过详图了解基础各细部尺寸、底标高、垫层厚度、基础配筋、柱的插筋等内容。看结构平面布置图，了解柱网布置即轴线尺寸、框架编号、框架梁的尺寸、梁的编号和尺寸、楼板的厚度和配筋等内容。看结构构件详图，了解梁、板、柱、楼梯、阳台等构件的编号，尺寸、标高、配筋情况。读图过程中，要将建筑图和结构图，以及图纸和说明相互对照，看结构设计说明要求的标准图集，还应熟悉结构设计规范与施工规范等要求，以便正确理解设计内容，为准确计算工程量做好准备。

3. 研讨与练习

某工程建筑结构施工图纸（如图6-1～图6-5所示）及设计说明如下：

（1）土壤类别为三类土，墙体厚度除标明外均为240mm厚砖墙。

（2）混凝土强度等级：垫层C10（40），预应力空心板C30（16），其他均为C25。构造柱尺寸为240mm×240mm，生根于条形基础上表面，柱顶标高7.27m。

（3）砖基础为M10水泥砂浆砌筑，砖墙为M7.5水泥砂浆砌筑。轴线居中。无地下水。

（4）二层楼面结构标高3.37m，屋顶结构标高6.67m。

（5）预制构件运输5km，混凝土均为现场搅拌。

识读图中下列内容：

（1）图中混凝土构件有哪些？分别用什么符号表示？

（2）混凝土构件数量、长度、高度、断面尺寸如何读取？

（3）不同混凝土构件中，钢筋工程应识读哪些内容？

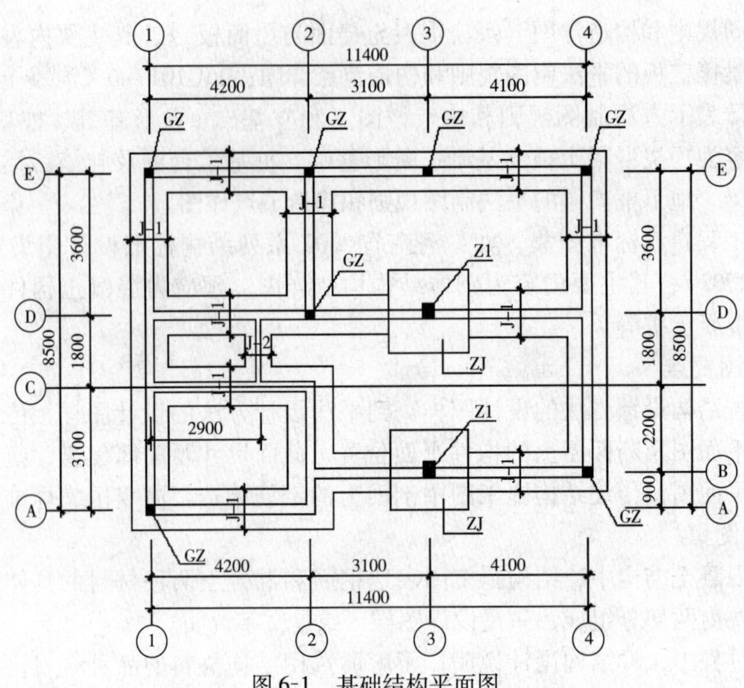

图 6-1 基础结构平面图

图 6-2 基础剖面图

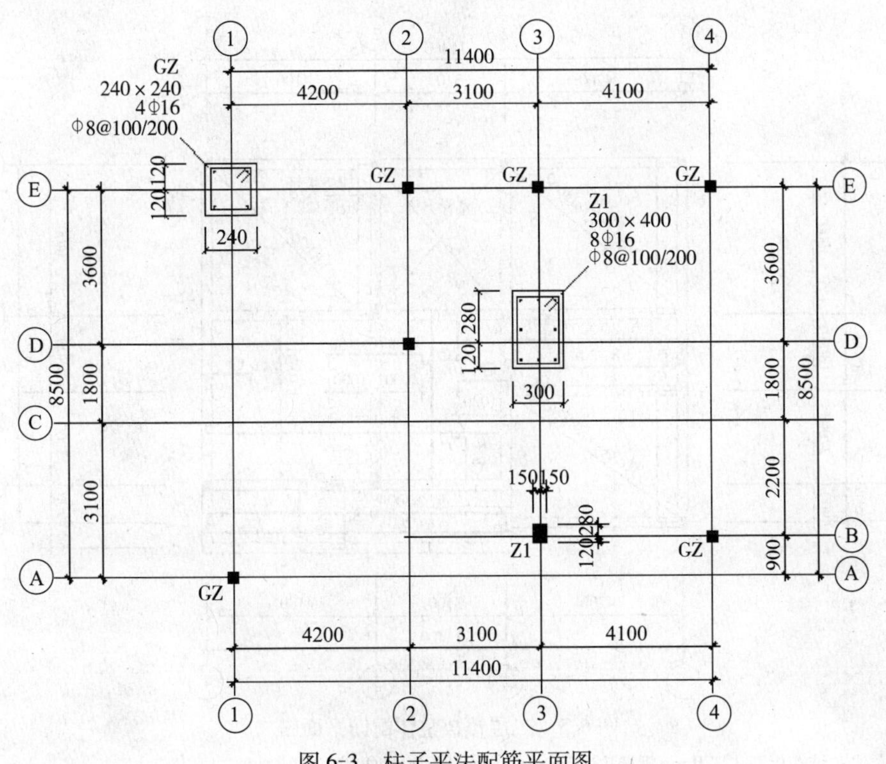

图 6-3　柱子平法配筋平面图

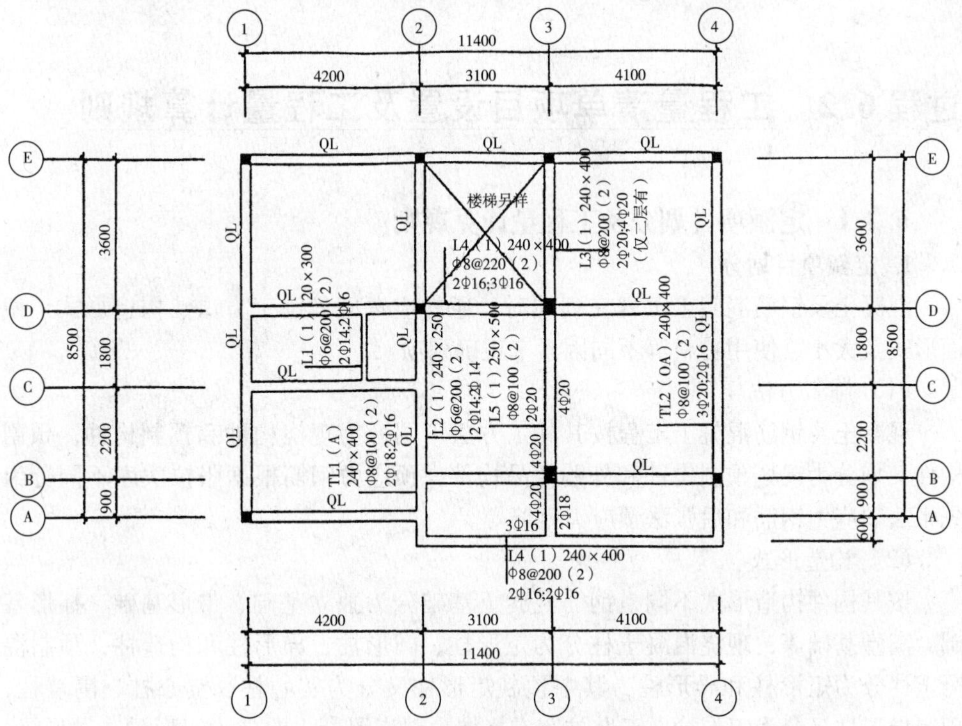

图 6-4　二层梁整体配筋平面图

注：结构标高 3.370m，圈梁截面尺寸 240mm×240mm，圈梁顶标高为 3.000m。

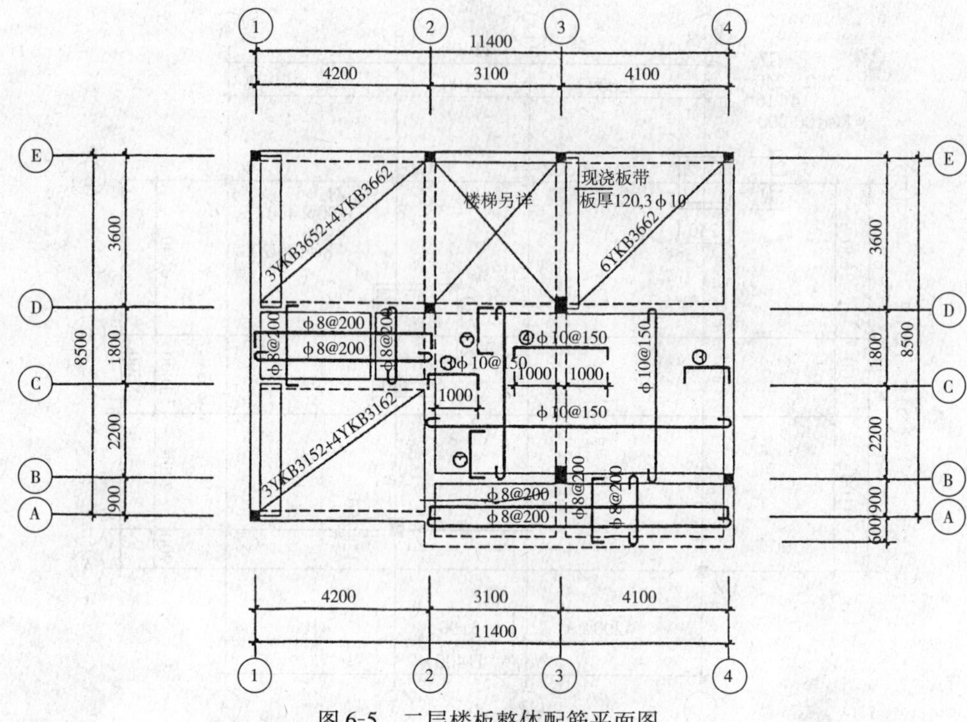

图 6-5　二层楼板整体配筋平面图

注：结构标高 3.370m，板厚 130mm，未注明钢筋为 $\phi6@300$。

过程 6.2　工程量清单项目设置及工程量计算规则

6.2.1　定额项目划分及工程量计算规则

1. 定额项目划分

混凝土及钢筋混凝土工程在列项时，通常应考虑其施工方法、构造形式、截面形式及大小、使用材料等不同因素来正确列项。

（1）施工方法

混凝土及钢筋混凝土工程按其施工方法不同分为现浇构件和预制构件，预制构件又划分为现场预制构件和外购商品构件，预应力钢筋根据张拉次序不同分为先张法预应力钢筋和后张法预应力钢筋等。

（2）构造形式

按其构件构造形式不同，钢筋混凝土基础分为独立基础、带形基础、杯形基础、满堂基础等；现浇混凝土柱分为矩形柱、圆形柱、异形柱和构造柱；预制混凝土柱分为矩形柱和异形柱，其中预制矩形柱又分为实心柱、空心柱、围墙柱，预制异形柱又分为工形柱、双肢柱和空格柱；现浇混凝土梁分为矩形梁、异形梁；预制混凝土屋架分为拱形屋架、锯齿形屋架、组合屋架、薄腹屋架、门式刚架等。

(3) 构件截面大小

如现浇混凝土矩形柱按断面周长分为 1.2m 以内、1.8m 以内及 1.8m 以上；有梁板、平板及现浇板缝又根据板厚不同划分为 10cm 以内和 10cm 以外定额子目；现浇混凝土墙按墙厚分为 100mm 以内、200mm 以内、300mm 以内及 300mm 以上。

(4) 使用材料

如混凝土强度等级、碎石或砾石，其最大粒径的规范规定值；是商品混凝土还是泵送混凝土等。

(5) 钢筋

钢筋工程应按钢筋种类、品种、等级、规格以及接头方式等因素来正确列项。

2. 定额工程量的计算规则

混凝土及钢筋混凝土工程量，除另有规定者外，均按设计图示尺寸实体体积以立方米计算。不扣除构件内钢筋、预埋铁件及墙、板中 0.3m^2 以内的孔洞所占体积。详见过程 6.3 ~6.6。

6.2.2 清单项目设置及工程量的计算规则

混凝土及钢筋混凝土工程清单项目有现浇混凝土基础、混凝土柱、混凝土梁、现浇混凝土墙、混凝土板、混凝土楼梯、混凝土其他构件、后浇带、混凝土构筑物等 17 节 70 个项目。具体清单项目设置及工程量的计算规则见表 6-1、表 6-5、表 6-9、表 6-11、表 6-12、表 6-14、表 6-15、表 6-17 ~ 表 6-21、表 6-23 ~ 表 6-25、表 6-41、表 6-43。

过程 6.3 现浇混凝土构件

6.3.1 现浇混凝土基础

工程量清单项目设置及工程量计算规则，应按表 6-1 的规定执行。

现浇混凝土基础（编码：010401） **表 6-1**

项目编码	项目名称	项目特征	计量单位	工程量计算规则	工程内容
010401001	带形基础	1. 混凝土强度等级 2. 混凝土拌合料要求 3. 砂浆强度等级	m^3	按设计图示尺寸以体积计算。不扣除构件内钢筋、预埋铁件和伸入承台基础的桩头所占体积	1. 混凝土制作、运输、浇筑、振捣、养护 2. 地脚螺栓二次灌浆
010401002	独立基础				
010401003	满堂基础				
010401004	设备基础				
010401005	桩承台基础				
010401006	垫层				

1. 带形基础

带型基础又称条形基础，其外形呈长条状，断面形式一般有梯形、阶梯形和矩形等，常用于房屋上部荷载较大、地基承载能力较差的混合结构房屋墙下基础。钢筋混凝土带形基础定额分为有梁式带形基础和无梁式带形基础。如图6-6（a）、（b）、（c）所示可按无梁式带形基础计算，如图6-6（d）、（e）所示按有梁式带形基础计算。

有梁式带形基础的梁高与梁宽之比在4∶1以内的按有梁式带形基础计，超过4∶1时，梁套用墙定额子目，下部套用无梁式带形基础子目。

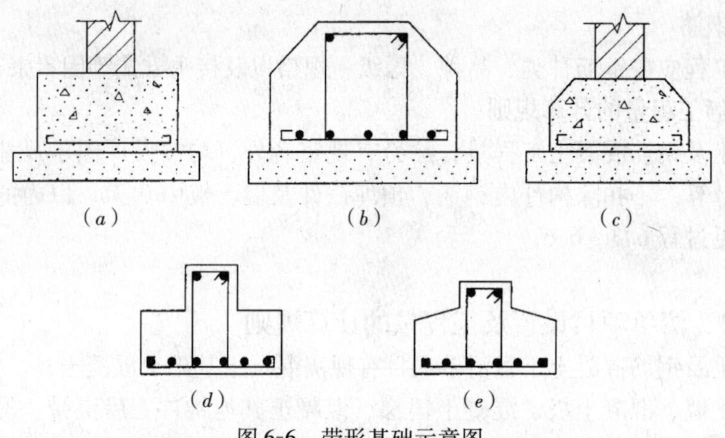

图6-6　带形基础示意图

带形基础工程量 = 基础长度 × 断面面积 + T形接头体积

式中　基础长度：外墙基础按带形基础中心线计算（m）；

内墙基础按内墙基础净长线计算（m）；

T形接头搭接部分的体积（见图6-7）可用下式计算：

有梁式：$V_T = L\times[b\times h + h_l(2b+B)/6]$

无梁式：$V_T = L\times h_l(2b+B)/6$

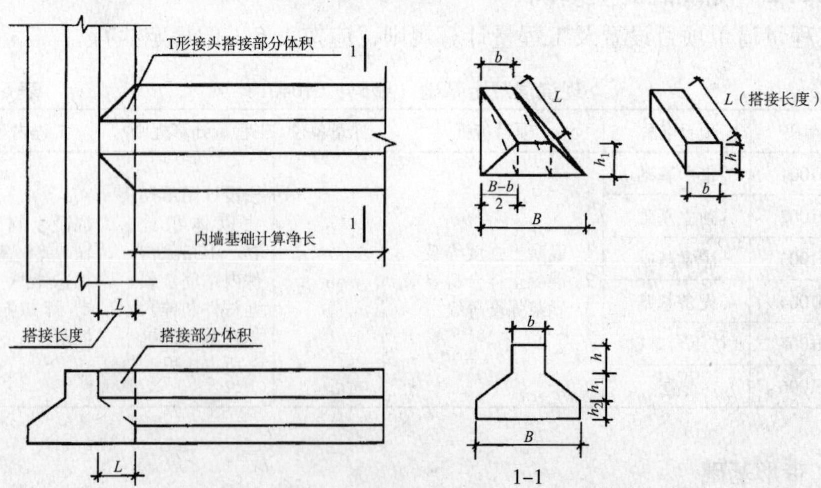

图6-7　带形基础T形接头平、剖、透视图

【例 6.1】计算如图 6-8 所示钢筋混凝土基础工程量，C20（40）现场搅拌混凝土。

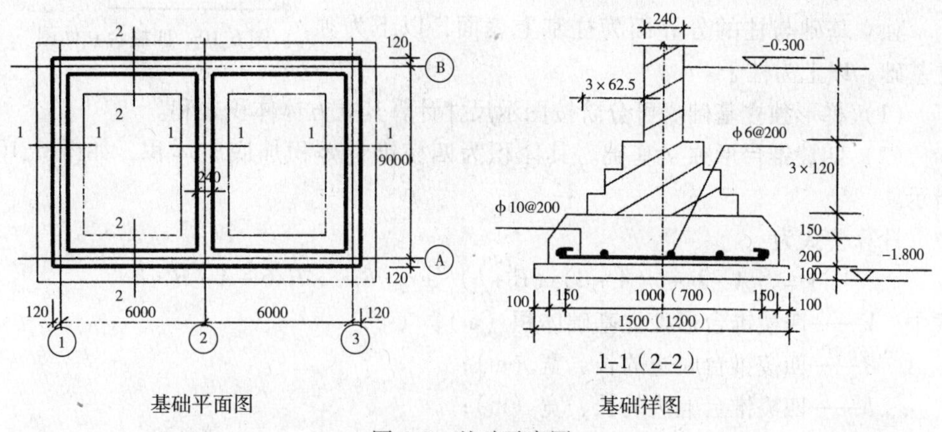

图 6-8　基础示意图

解：C20 混凝土带形基础

1-1 剖面

$L_{1-1}=9\times2+9-0.5\times2=26.00\text{m}$

$V_{\text{T形搭接}}=0.15\times0.15\times(2\times1+1.3)/6\times2=0.02\text{m}^3$

$V_{1-1}=[1.3\times0.2+(1+1.3)\times0.15/2]\times26+0.02=11.27\text{m}^3$

2-2 剖面

$L_{2-2}=12\times2=24\text{m}$

$V_{2-2}=[1.0\times0.2+(1+0.7)\times0.15/2]\times24=7.86\text{m}^3$

$V=V_{1-1}+V_{2-2}=11.27+7.86=19.13\text{m}^3$

清单项目特征及工程量计算结果见表 6-2。

分部分项工程量清单表　　　　**表 6-2**

序号	项目编码	项目名称	项目特征描述	计量单位	工程量
1	010401001001	带形基础	C20（40）混凝土、无梁式带形基础	m^3	19.13

2. 独立基础

独立基础是指现浇钢筋混凝土柱下的单独基础，如图 6-9 所示。其施工特点是

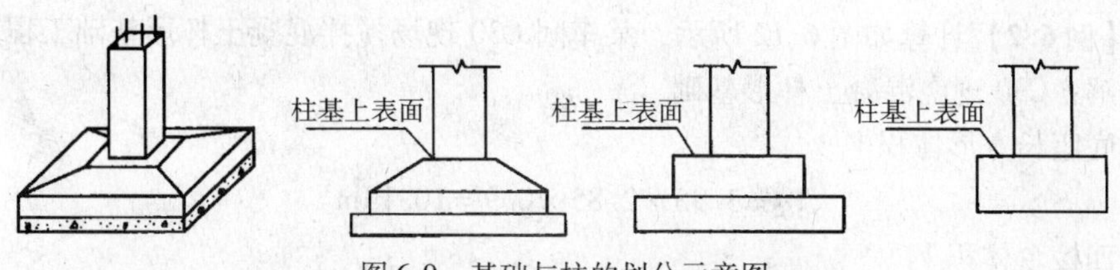

图 6-9　基础与柱的划分示意图

柱子与基础整浇为一体。独立基础是柱子基础的主要形式，按其形式可分为，阶梯形和四棱锥台形；按其使用材料可分为毛石混凝土，无筋混凝土和钢筋混凝土。

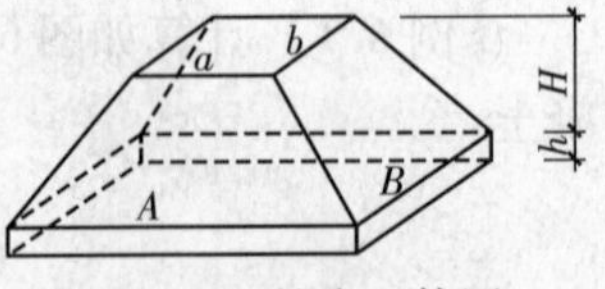

图 6-10　四棱台立体图

独立基础与柱的分界面为柱基上表面，以下为独立基础，以上为柱子。

（1）梯形独立基础。可分阶按图示尺寸计算其立方体体积之和。

（2）四棱锥台形独立基础。其体积为四棱锥台体积加底座体积，如图 6-10 所示。

计算公式为：

$$V=[A\cdot B+(A+a)(B+b)+a\cdot b]\times H/6+A\cdot B\cdot h$$

式中　V——四棱锥台形独立基础体积（m）；

A、B——四棱锥台底边的长、宽（m）；

a、b——四棱锥台上边的长、宽（m）；

H——四棱锥台的高度（m）；

h——四棱锥台底座的厚度（m）。

（3）杯形基础。它是指预制钢筋混凝土柱下的现浇单独基础，如图 6-11 所示。

工程量 = 外形体积 - 杯芯体积

1）阶梯形外形体积可分阶按图示尺寸计算（不考虑杯芯），杯芯体积按四棱锥台计算。

2）角锥形杯形基础工程量可按下式计算：

工程量 = 底座体积 + 四棱台体积 + 脖口体积 - 杯芯体积

底座、四棱台体积的计算，同独立基础，四棱台、脖口体积计算时，不考虑杯芯。

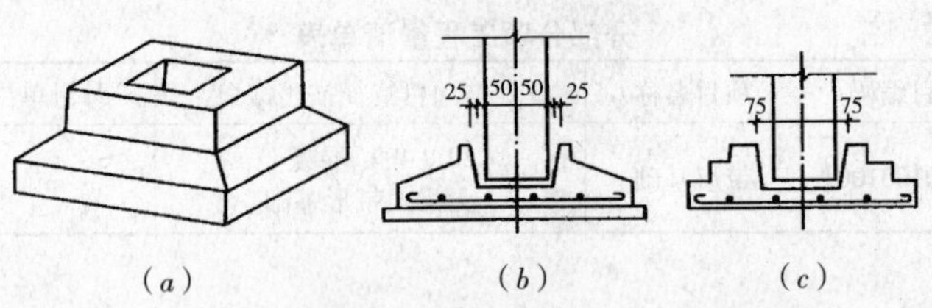

图 6-11　杯形基础示意图

（a）杯形基础透视图；（b）角锥形；（c）阶梯形

【例 6.2】计算如图 6-12 所示，某车间 C30 现场搅拌混凝土杯形基础工程量。

解：C30 现浇混凝土杯形基础

底座长方形体积 V_1

$$V_1=3.95\times2.85\times0.9=10.13\text{m}^3$$

四棱台体积 V_2

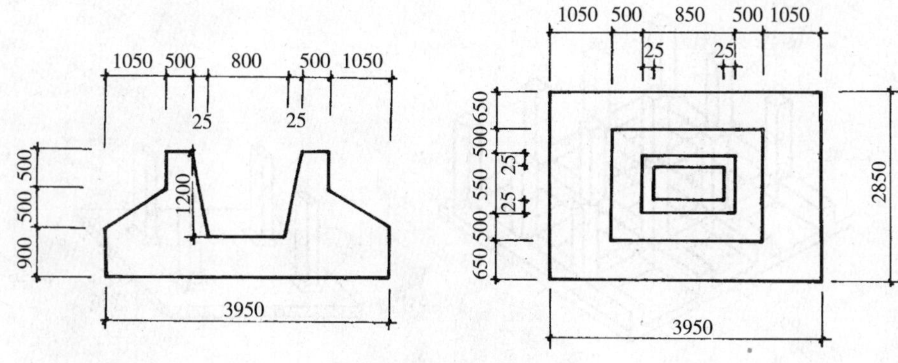

图 6-12　厂房基础示意图

$$V_2 = [3.95 \times 2.85 + (3.95 + 1.85) \times (2.85 + 1.55) + 1.85 \times 1.55] \times 0.5/6 = 3.30\text{m}^3$$

脖口长方形体积 V_3

$$V_3 = (0.5 \times 2 + 0.85) \times (0.5 \times 2 + 0.55) \times 0.5 = 1.43\text{m}^3$$

杯芯倒四棱台体积 V_4

$$V_4 = [0.85 \times 0.55 + (0.85 - 0.025 \times 2 + 0.85) \times (0.55 - 0.025 \times 2 + 0.55) + (0.85 - 0.025 \times 2) \times (0.55 - 0.025 \times 2)] \times 1.2/6 = 0.52\text{m}^3$$

单个杯形基础体积 V

$$V = V_1 + V_2 + V_3 - V_4 = 1.43 + 3.30 + 10.13 - 0.52 = 14.34\text{m}^3$$

清单项目特征及工程量计算结果见表 6-3。

分部分项工程量清单表　　**表 6-3**

序号	项目编码	项目名称	项目特征描述	计量单位	工程量
1	010401002001	独立基础	C30 现场搅拌混凝土、杯型基础	m^3	14.34

3. 满堂基础

当单独基础、带型基础不能满足设计需要时，在设计上将基础联成一个整体，称为满堂基础（又称筏形基础），这种基础适用于设有地下室或软弱地基及有特殊要求的建筑，满堂基础分有梁式及无梁式两种，如图 6-13 所示。

（1）有梁式满堂基础。带有凸出板面的梁（上翻梁或下翻梁）为有梁式满堂基础。

有梁式满堂基础混凝土工程量 = 基础底板面积 × 板厚 + 梁截面面积 × 梁长

（2）无梁式满堂基础。无突出板面的梁（包括有镶入板内的暗梁）的满堂基础，为无梁式满堂基础。无梁式满堂基础，形似倒置的无梁楼盖。

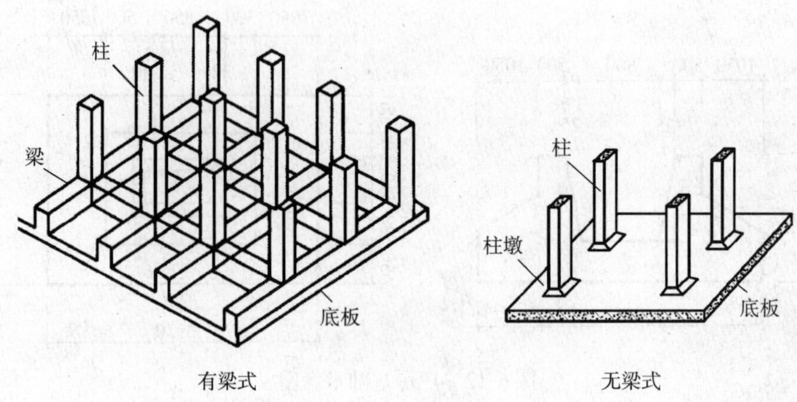

图 6-13　满堂基础示意图

无梁式满堂基础混凝土工程量 = 基础底板面积 × 板厚 + 柱墩体积

(3) 箱形满堂基础。箱形满堂基础是指由顶板、底板及纵横墙板（包括镶入钢筋混凝土墙板中的柱）连成整体的基础，如图 6-14 所示。箱形基础具有较好的整体刚度，多用于天然地基上 8 ~ 20 层或建筑物高度不超过 60m 的框架结构与现浇剪力墙结构的高层民用建筑基础。有抗震、人防及地下室要求的高层建筑也多采用箱形基础。

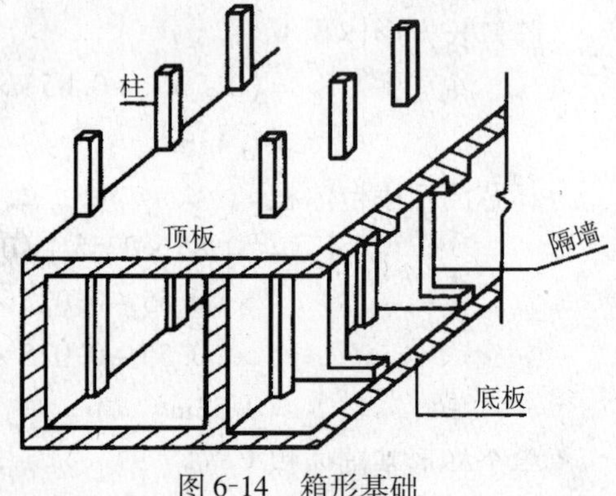

图 6-14　箱形基础

箱形基础混凝土工程量，按图示尺寸分别计算底板、连接墙体、柱、顶板的实体积，执行满堂基础、墙、柱、板的相应定额。

4. 设备基础

为安装锅炉、机械或设备等所做的基础称为设备基础。框架式设备基础工程量可按图示尺寸分别计算设备基础、柱、梁、墙、板的实体积，执行相应定额。

5. 桩承台基础

桩承台是在已打完的桩顶上，将桩顶部的混凝土剔凿掉，露出钢筋，浇灌混凝土使与桩顶连成一体的钢筋混凝土基础，如图 6-15 所示。根据结构设计的需要，桩承台分为独立桩承台和带形桩承台两种。

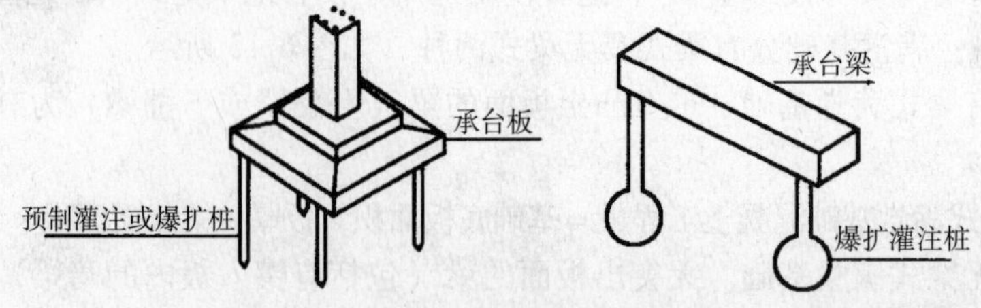

图 6-15　桩承台

6. 垫层

混凝土垫层是施工中常见的做法，一般采用 C10 或 C15 混凝土。基础垫层浇筑时可选用不支模板和支模板两种做法。

基础垫层工程量 = 垫层长 × 垫层断面面积

带形基础垫层长：外墙按外墙中心线计算（m）；内墙按内墙基础垫层净长线计算（m）。

【例 6.3】 某基础平面、剖面如图 6-1、图 6-2 所示，垫层为 C10 混凝土，基础为 C25 钢筋混凝土，试计算 J－1、ZJ 垫层、基础的工程量。

解：①C10 混凝土垫层

$$L_{J-1} = (11.4+8.5)\times2+11.4-0.6\times2+3.6-0.6\times2+4.2+2.2-0.6\times2-1.7\times2 = 54.2\text{m}$$

$$V_{J-1} = 1.20\times0.1\times54.2 = 6.5\text{m}^3$$

$$V_{ZJ} = (1.8+0.1\times2)\times(1.5+0.1\times2)\times0.1\times2 = 0.58\text{m}^3$$

$$V_{总} = 6.5+0.58 = 7.08\text{m}^3$$

②C25 钢筋混凝土带形基础

$$L_{J-1} = (11.4+8.5)\times2+11.4-0.5\times2+3.6-0.5\times2+4.2+2.2-0.5\times2-1.5\times2 = 55.2\text{m}$$

$$V_{T形搭接} = 1/2\times0.2\times0.2\times0.5/0.25\times1\times4 = 0.16\text{m}^3$$

$$V_{J-1} = 1.0\times0.4\times55.2+0.16 = 22.24\text{m}^3$$

③C25 钢筋混凝土独立基础

$$V_{ZJ} = \{[0.5\times0.6+(0.5+1.5)\times(0.6+1.8)+1.8\times1.5]\times0.25/6+1.8\times1.5\times0.2\}\times2 = 1.46\text{m}^3$$

清单项目特征及工程量计算结果见表 6-4。

分部分项工程量清单表 **表 6-4**

序号	项目编码	项目名称	项目特征描述	计量单位	工程量
1	010401001001	带形基础	C25 混凝土、无梁式带形基础	m^3	22.24
2	010401002001	独立基础	C25 混凝土独立基础	m^3	1.46
3	010401006001	垫层	C10 混凝土垫层	m^3	7.08

6.3.2 现浇混凝土柱

1. 规则规定

工程量清单项目设置及工程量计算规则，应按表 6-5 的规定执行。

现浇混凝土柱（编码：010402） 表 6-5

项目编码	项目名称	项目特征	计量单位	工程量计算规则	工程内容
010402001	矩形柱	1. 柱高度 2. 柱截面尺寸 3. 混凝土强度等级 4. 混凝土拌合料要求	m^3	按设计图示尺寸以体积计算。不扣除构件内钢筋、预埋铁件所占体积。 柱高： 1. 有梁板的柱高，应自柱基上表面（或楼板上表面）至上一层楼板上表面之间的高度计算 2. 无梁板的柱高，应自柱基上表面（或楼板上表面）至柱帽下表面之间的高度计算 3. 框架柱的柱高，应自柱基上表面至柱顶高度计算 4. 构造柱按全高计算，嵌接墙体部分并入柱身体积 5. 依附柱上的牛腿和升板的柱帽，并入柱身体积计算	混凝土制作、运输、浇筑、振捣、养护
010402002	异形柱				

2. 实例计算

异形柱是指柱面有凸凹或竖向线脚的柱、截面为工字形、十字形、T 形或正五边形至正七边形的柱。截面七边形以上的正多边形柱执行圆柱子目。

构造柱，是指设计要求先砌筑墙体、后浇筑混凝土的柱，而柱至少有一边以墙体为侧模板。

柱工程量 = 柱高 × 设计柱断面面积 + 牛腿所占体积

柱高的确定如图 6-16 所示。

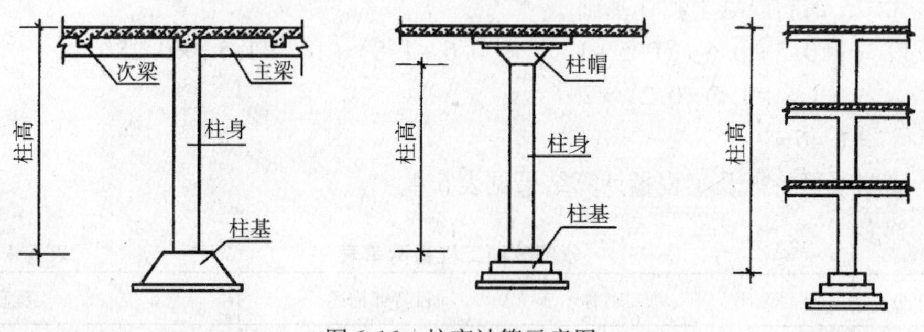

图 6-16 柱高计算示意图

【例 6.4】计算如图 6-17 所示钢筋混凝土矩形柱的工程量，混凝土为 C30 商品混凝土。

解：C30 混凝土矩形柱（4.8m 高）

$V = 0.4 \times 0.4 \times 4.8 = 0.77m^3$

C30 混凝土矩形柱（3.6m 高）

$V = 0.4 \times 0.4 \times 3.6 = 0.58m^3$

清单项目特征及工程量计算结果见表 6-6。

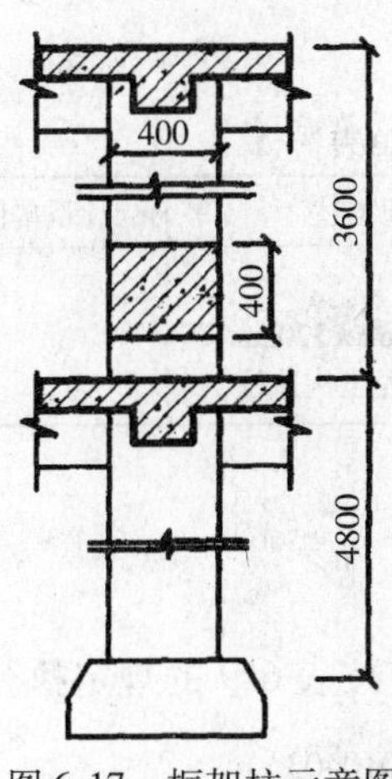

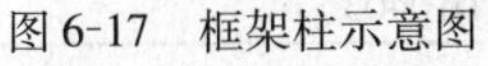

图 6-17　框架柱示意图

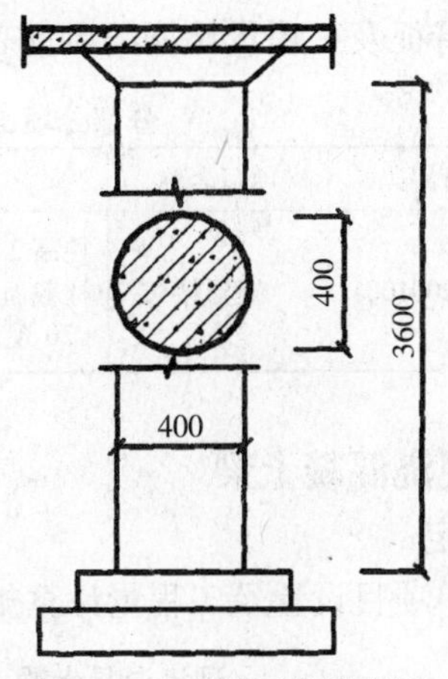

图 6-18　无梁圆柱示意图

分部分项工程量清单表　　　　**表 6-6**

序号	项目编码	项目名称	项目特征描述	计量单位	工程量
1	010402001001	矩形柱	柱高 4.8m 柱截面尺寸 400mm×400mm C30 商品混凝土矩形柱	m^3	0.77
2	010402001002	矩形柱	柱高 3.6m 柱截面尺寸 400mm×400mm C30 商品混凝土矩形柱	m^3	0.58

【**例 6.5**】计算如图 6-18 所示钢筋混凝土圆形柱的工程量，混凝土为 C30 商品混凝土。

解：C30 混凝土圆形柱

$V=\pi\times0.2^2\times3.6=0.45m^3$

清单项目特征及工程量计算结果见表 6-7。

分部分项工程量清单表　　　　**表 6-7**

序号	项目编码	项目名称	项目特征描述	计量单位	工程量
1	010402002001	异形柱	柱高 3.6m 圆形柱，直径 400mm C30 商品混凝土	m^3	0.45

【**例 6.6**】试计算图 6-19 所示混凝土构造柱体积。已知柱高为 2.9m，断面尺寸为 240mm×370mm，与砖墙咬接为 60mm，C20 现场搅拌混凝土。

解：C20 混凝土构造柱

$$V=2.9\times(0.24\times0.37+0.24\times0.06\times1/2+0.37\times0.06\times1/2\times2)=0.34m^3$$

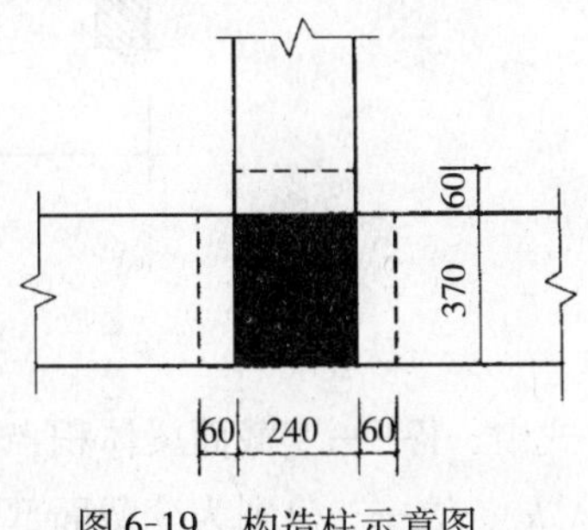

图 6-19　构造柱示意图

清单项目特征及工程量计算结果见表6-8。

分部分项工程量清单表　　表6-8

序号	项目编码	项目名称	项目特征描述	计量单位	工程量
1	010402001001	矩形柱	柱高2.9m 柱截面尺寸240mm×370mm C20现场搅拌混凝土构造柱	m^3	0.34

6.3.3　现浇混凝土梁

1. 规则规定

工程量清单项目设置及工程量计算规则，应按表6-9的规定执行。

现浇混凝土梁（编码：010403）　　表6-9

项目编码	项目名称	项目特征	计量单位	工程量计算规则	工程内容
010403001	基础梁	1. 梁底标高 2. 梁截面 3. 混凝土强度等级 4. 混凝土拌合料要求	m^3	按设计图示尺寸以体积计算。不扣除构件内钢筋、预埋铁件所占体积，伸入墙内的梁头、梁垫并入梁体积内 梁长： 1. 梁与柱连接时，梁长算至柱侧面 2. 主梁与次梁连接时，次梁长算至主梁侧面	混凝土制作、运输、浇筑、振捣、养护
010403002	矩形梁				
010403003	异形梁				
010403004	圈梁				
010403005	过梁				
010403006	弧形、拱形梁				

2. 实例计算

现浇混凝土梁工程量 = 梁长 × 梁断面面积 + 梁垫体积

（1）基础梁，是指直接以独立基础或柱为支点的梁。一般多用于不设条形基础时墙体的承托梁。

（2）异形梁，是指梁截面为T形、十字形、工形，梁上没有现浇板的梁。

（3）变截面梁（异形梁），如图6-20所示。与变截面梁连接部分应根据其结构特征按相应的矩形梁、过梁、圈梁分别编码列项，若相连的为T形、十字形、工字异形梁时，则工程量合并计算，执行异形梁项目。

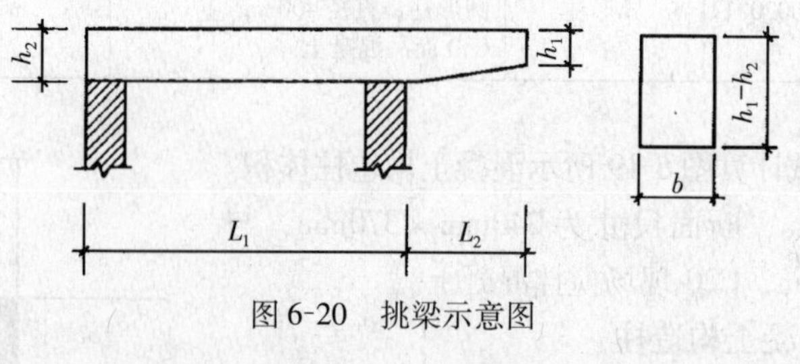

图6-20　挑梁示意图

$$V = 1/2L_2(h_1 + h_2)b$$

式中　V——变截面梁体积；

h_1、h_2——分别为变截面部分两头的高度；

L_2——变截面部分的长度；

b——变截面梁的宽度。

（4）圈梁，是指以墙体为底模板浇筑的梁。圈梁长：外墙圈梁长按外墙中心线长计算，内墙圈梁长按内墙净长线长度计算。

（5）过梁，是指在墙体砌筑过程中，门窗洞口上同步浇筑的梁。圈梁代过梁者，圈梁与过梁应分别计算，其过梁长度可按门窗洞口宽两端共加 50cm 计算。

（6）迭合梁，是指在预制梁上部预留一定高度，甩出钢筋，待楼板安装就位后加绑钢筋，再浇灌混凝土的梁。

【例 6.7】计算图 6-21 所示外墙上现浇混凝土圈梁、过梁工程量（墙上均设圈梁），混凝土为 C20 现场搅拌混凝土。

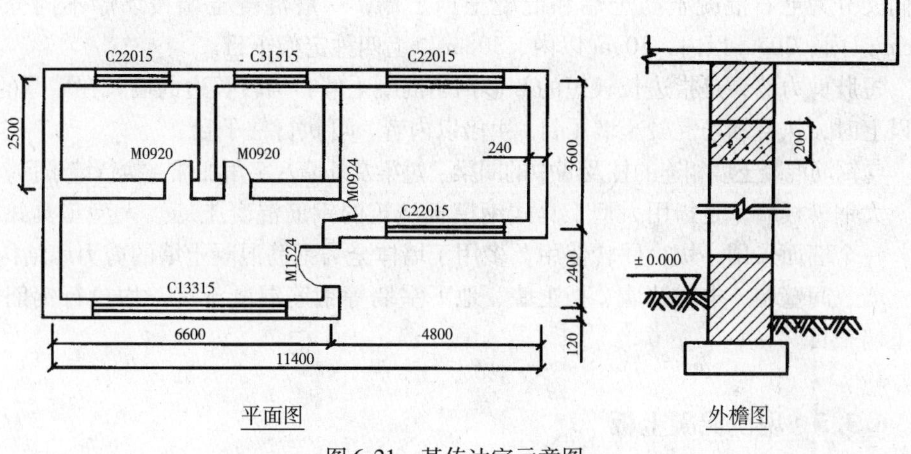

图 6-21　某传达室示意图

解：C20 混凝土过梁（门窗洞顶，圈梁代替过梁）

$V = 0.24 \times 0.2 \times [(3.3 + 0.5) + (2.0 + 0.5) \times 3 + (1.5 + 0.5) \times 2]$

$= 0.24 \times 0.2 \times 15.3$

$= 0.73\text{m}^3$

C20 混凝土圈梁：

$V = 0.24 \times 0.2 \times (11.4 + 6.0) \times 2 - 0.73$

$= 0.24 \times 0.2 \times 34.8 - 0.73$

$= 0.94\text{m}^3$

清单项目特征及工程量计算结果见表 6-10。

分部分项工程量清单表　　　　**表 6-10**

序号	项目编码	项目名称	项目特征描述	计量单位	工程量
1	010403004001	圈梁	梁截面尺寸 240mm×200mm C20 现场搅拌混凝土	m^3	0.94
2	010403005001	过梁	梁截面尺寸 240mm×200mm C20 现场搅拌混凝土	m^3	0.73

6.3.4 现浇混凝土墙

工程量清单项目设置及工程量计算规则，应按表6-11的规定执行。

现浇混凝土墙（编码：010404） **表6-11**

项目编码	项目名称	项目特征	计量单位	工程量计算规则	工程内容
010404001	直形墙	1. 墙类型 2. 墙厚度 3. 混凝土强度等级 4. 混凝土拌合料要求	m^3	按设计图示尺寸以体积计算。不扣除构件内钢筋、预埋铁件所占体积，扣除门窗洞口及单个面积0.3m^2以外的孔洞所占体积，墙垛及突出墙面部分并入墙体体积内计算	混凝土制作、运输、浇筑、振捣、养护
010404002	弧形墙				

现浇混凝土墙定额将墙划分为挡土墙和一般混凝土墙。其中挡土墙根据材料不同又分为毛石混凝土挡土墙和混凝土挡土墙，一般混凝土墙按墙厚不同分为10cm以内、20cm以内、30cm以内、30cm以上四种定额子目。

短肢剪力墙，是指边长较短的L形钢筋混凝土墙，当较长边的墙长在墙厚的4倍以上时，执行钢筋混凝土墙子目，4倍以内者，可执行柱子目。

与钢筋混凝土墙相连的柱及墙中的圈梁、过梁及外墙八字角加强，执行墙子目。

大钢模板墙，是指用大型工具式钢模板浇筑的钢筋混凝土墙。大型工具式模板，一个墙面采用一块，周转使用，多用于墙体全为钢筋混凝土墙的剪力墙结构。

墙、间壁墙、电梯井墙、挡土墙、地下室墙等钢筋混凝土墙，均执行钢筋混凝土墙子目。

6.3.5 现浇混凝土板

1. 规则规定

工程量清单项目设置及工程量计算规则，应按表6-12的规定执行。

现浇混凝土板（编码：010405） **表6-12**

项目编码	项目名称	项目特征	计量单位	工程量计算规则	工程内容
010405001	有梁板	1. 板底标高 2. 板厚度 3. 混凝土强度等级 4. 混凝土拌合料要求	m^3	按设计图示尺寸以体积计算。不扣除构件内钢筋、预埋铁件及单个面积0.3m^2以内的孔洞所占体积。有梁板（包括主、次梁与板）按梁、板体积之和计算，无梁板按板和柱帽体积之和计算，各类板伸入墙内的板头并入板体积内计算，薄壳板的肋、基梁并入薄壳体积内计算	混凝土制作、运输、浇筑、振捣、养护
010405002	无梁板				
010405003	平板				
010405004	拱板				
010405005	薄壳板				
010405006	栏板				
010405007	天沟、挑檐板	1. 混凝土强度等级 2. 混凝土拌合料要求		按设计图示尺寸以体积计算	
010405008	雨篷、阳台板			按设计图示尺寸以墙外部分体积计算。包括伸出墙外的牛腿和雨篷反挑檐的体积	
010405009	其他板			按设计图示尺寸以体积计算	

2. 实例计算

（1）有梁板，是指梁（包括主、次梁）与板整浇构成一体并至少有三边是以承重梁支承的板。

有梁板工程量 = 板体积 + 梁体积

（2）无梁板，是指不带梁而直接用柱头支承的板。

无梁板工程量 = 板体积 + 柱帽体积

（3）平板，是指无柱、梁，而直接由墙承重的板。

（4）筒壳，是指筒状薄壳屋盖。

（5）双曲薄壳，是指筒壳以外的曲线形薄壳屋盖。

（6）现浇板在房间开间上设置梁，且现浇板二边或三边由墙承重者，应视为平板，其工程量应分别按梁、板计算。由剪力墙支撑的板按平板计算。平板与圈梁相接时，板算至圈梁的侧面。

（7）雨篷与梁连接时算至梁的侧面，与墙连接时算至墙侧面；嵌入墙内部分按相应定额项目另行计算。

（8）天沟、檐沟、挑檐与屋面板或板连接时以外墙外皮为分界线；与梁或圈梁连接时，以梁或圈梁外皮为分界线分别以立方米计算工程量。

（9）其他板，主要指预制板间补空板，定额中按板厚100mm以内、100mm以外分别列项。

【例6.8】 某建筑物外墙结构外围长30m，宽10m，其挑檐挑出外墙宽600mm，C25商品混凝土，如图6-22所示，计算其挑檐混凝土工程量。

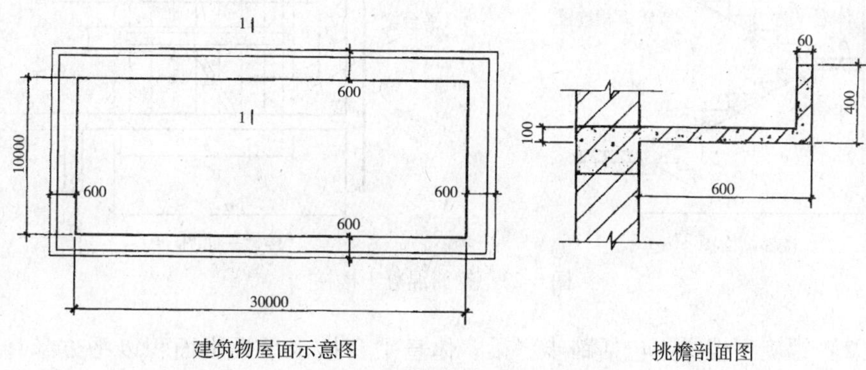

图6-22　挑檐计算示意图

解：C25混凝土挑檐板：

挑檐中心线长 L_1 =（30 + 0.3 × 2 + 10 + 0.3 × 2）× 2 = 82.40m

反檐中心线长 L_2 =（30 + 0.57 × 2 + 10 + 0.57 × 2）× 2 = 84.56m

挑檐混凝土工程量 $V = 0.6 \times 0.1 \times 82.4 + 0.06 \times 0.3 \times 84.56 = 6.47\text{m}^3$

清单项目特征及工程量计算结果见表6-13。

任务6 混凝土及钢筋混凝土工程量计算

分部分项工程量清单表　　表 6-13

序号	项目编码	项目名称	项目特征描述	计量单位	工程量
1	010405007001	天沟、挑檐板	C25 商品混凝土挑檐板	m^3	6.47

6.3.6 现浇混凝土楼梯

工程量清单项目设置及工程量计算规则，应按表 6-14 的规定执行。

现浇混凝土楼梯（编码：010406）　　表 6-14

项目编码	项目名称	项目特征	计量单位	工程量计算规则	工程内容
010406001	直形楼梯	1. 混凝土强度等级 2. 混凝土拌合料要求	m^2	按设计图示尺寸以水平投影面积计算。不扣除宽度小于 500mm 的楼梯井，伸入墙内部分不计算	混凝土制作、运输、浇筑、振捣、养护
010406002	弧形楼梯				

（1）直型楼梯如图 6-23 所示，工程量计算可用下式：

整体楼梯混凝土工程量 $=ab-cL$　　当 $c>500$mm 时

整体楼梯混凝土工程量 $=ab$　　当 $c\leqslant 500$mm 时

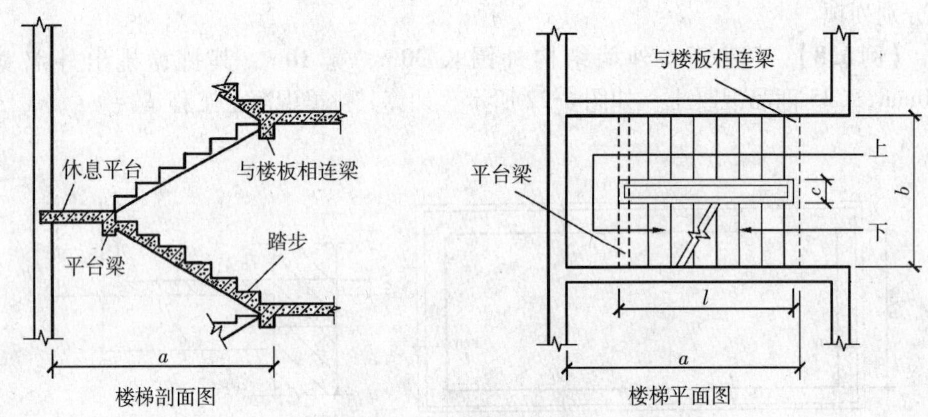

图 6-23　钢筋混凝土楼梯

（2）螺旋型楼梯：包括踏步、梁、休息平台按水平投影面积以平方米计算。其计算公式为：

$$S=\omega/360\times\pi\ (R^2-r^2)$$

式中　S——螺旋楼梯面积；

ω——螺旋楼梯旋转角度；

R——梯外边缘螺旋线旋转半径；

r——梯内边缘螺旋线旋转半径。

楼梯基础、栏杆、与地坪相连的混凝土（或砖）踏步和楼梯的支承柱，另行计算，执行相应的项目。

6.3.7 其他构件

1. 规则规定

工程量清单项目设置及工程量计算规则，应按表6-15的规定执行。

现浇混凝土其他构件（编码：010407）　　表6-15

项目编码	项目名称	项目特征	计量单位	工程量计算规则	工程内容
010407001	其他构件	1. 构件的类型 2. 构件规格 3. 混凝土强度等级 4. 混凝土拌合要求	m^3 （m^2、m）	按设计图示尺寸以体积计算。不扣除构件内钢筋、预埋铁件所占体积	混凝土制作、运输、浇筑、振捣、养护
010407002	散水、坡道	1. 垫层材料种类、厚度 2. 面层厚度 3. 混凝土强度等级 4. 混凝土拌合料要求 5. 填塞材料种类	m^2	按设计图示尺寸以面积计算。不扣除单个0.3m^2以内的孔洞所占面积	1. 地基夯实 2. 铺设垫层 3. 混凝土制作、运输、浇筑、振捣、养护 4. 变形缝填塞
010407003	电缆沟、地沟	1. 沟截面 2. 垫层材料种类、厚度 3. 混凝土强度等级 4. 混凝土拌合料要求 5. 防护材料种类	m	按设计图示以中心线长度计算	1. 挖运土石 2. 铺设垫层 3. 混凝土制作、运输、浇筑、振捣、养护 4. 刷防护材料

其中其他构件，包含混凝土门框、压顶、栏杆、扶手、池槽、零星构件等。

2. 实例计算

【例6.9】以任务5中5.4.3研讨与练习题为例，计算如图5-11、图5-12所示的压顶、散水、坡道的混凝土工程量。已知压顶采用C20现浇混凝土，散水做法为：素土夯实，向外坡4%；150mm厚3∶7灰土；60mm厚C15混凝土，面上加5mm厚1∶1水泥砂浆随打随抹光。坡道做法为：素土夯实；300mm厚3∶7灰土；60mm厚C15混凝土，面上加5mm厚1∶1水泥砂浆捣实，木抹搓平。

解：(1) 定额工程量计算

①C20混凝土压顶

$V_{压顶}=0.24\times0.06\times(10.8+6.6)\times2=0.24\times0.06\times34.8$

$=0.50m^3$

②原土打夯

$L_{散水}=(11.04+6.84)\times2+1\times4-(1.8+0.25\times2)=37.46m$

$S_{散水}=37.46\times1=37.46m^2$

$S_{坡道}=2.0\times(1.8+0.25\times2)=4.60m^2$

$S=S_{散水}+S_{坡道}=37.46+4.60=42.06m^2$

③3∶7灰土垫层

$V=V_{散水}+V_{坡道}=0.15\times37.46+0.30\times4.60$

$=5.62+1.38=7.00\text{m}^3$

④C15 混凝土散水

$V_{散水}=37.46\times0.06=2.25\text{m}^3$

⑤C15 混凝土坡道

$V_{坡道}=4.6\times0.06=0.28\text{m}^3$

（2）清单项目工程量计算

①C20 混凝土压顶

$V_{压顶}=0.50\text{m}^3$

②C15 混凝土散水

$S_{散水}=37.46\text{m}^2$

③C15 混凝土坡道

$S_{坡道}=4.60\text{m}^2$

清单项目特征及工程量计算结果见表 6-16。

分部分项工程量清单表 **表 6-16**

序号	项目编码	项目名称	项目特征描述	计量单位	工程量
1	010407001001	其他构件	压顶截面尺寸 240mm×60mm C20 现场搅拌混凝土	m^3	0.50
2	010407002001	散水	素土夯实，向外坡 4% 150mm 厚 3∶7 灰土 60mm 厚 C15 混凝土，面上加 5mm 厚 1∶1 水泥砂浆随打随抹光	m^2	37.46
3	010407002002	坡道	素土夯实 300mm 厚 3∶7 灰土 60mm 厚 C15 混凝土，面上加 5mm 厚 1∶1 水泥砂浆捣实，木抹搓平	m^2	4.60

6.3.8 后浇带

工程量清单项目设置及工程量计算规则，应按表 6-17 的规定执行。

后浇带（编码：010408） **表 6-17**

项目编码	项目名称	项目特征	计量单位	工程量计算规则	工程内容
010408001	后浇带	1. 部位 2. 混凝土强度等级 3. 混凝土拌合料要求	m^3	按设计图示尺寸以体积计算	混凝土制作、运输、浇筑、振捣、养护

后浇带是为在现浇钢筋混凝土结构施工过程中，克服由于温度、收缩不均而可能产生有害裂缝而设置的临时施工缝隙。该缝隙需要根据设计要求保留一段时间后再浇筑，将整个结构连成整体。

后浇带的位置距离，应考虑有效降低温差和收缩应力的条件下，通过计算来获得。在正常的施工条件下，规范规定：混凝土置于室内和土中为30m；在露天为20m。后浇带的保留时间应根据设计确定，若设计无要求时，一般至少保留28天以上。后浇带的宽度应考虑施工简便，避免应力集中，一般其宽度为700～1000mm。后浇带内的钢筋应完好保存。

后浇带在浇筑混凝土前，必须将整个混凝土表面按照施工缝的要求进行处理。填充后浇带混凝土可采用微膨胀或无收缩水泥，也可采用普通水泥加入相应的外加剂拌制，但必须要求填筑混凝土的强度等级比原结构强度提高一级，并保持至少15天的湿润养护。

过程6.4 预制混凝土构件

6.4.1 预制混凝土柱

工程量清单项目设置及工程量计算规则，应按表6-18的规定执行。

预制混凝土柱（编码：010409） 表6-18

项目编码	项目名称	项目特征	计量单位	工程量计算规则	工程内容
010409001	矩形柱	1. 柱类型 2. 单件体积 3. 安装高度 4. 混凝土强度等级 5. 砂浆强度等级	m^3 （根）	1. 按设计图示尺寸以体积计算。不扣除构件内钢筋、预埋铁件所占体积 2. 按设计图示尺寸以“数量”计算	1. 混凝土制作、运输、浇筑、振捣、养护 2. 构件制作、运输 3. 构件安装 4. 砂浆制作、运输 5. 接头灌缝、养护
010409002	异形柱				

矩形柱有实心柱、空心柱、围墙柱等；异形柱有双肢柱、工形柱、空格柱、空心柱等。

6.4.2 预制混凝土梁

工程量清单项目设置及工程量计算规则，应按表6-19的规定执行。

预制混凝土梁（编码：010410） 表6-19

项目编码	项目名称	项目特征	计量单位	工程量计算规则	工程内容
010410001	矩形梁	1. 单件体积 2. 安装高度 3. 混凝土强度等级 4. 砂浆强度等级	m^3 （根）	按设计图示尺寸以体积计算。不扣除构件内钢筋、预埋铁件所占体积	1. 混凝土制作、运输、浇筑、振捣、养护 2. 构件制作、运输 3. 构件安装 4. 砂浆制作、运输 5. 接头灌缝、养护
010410002	异形梁				
010410003	过梁				
010410004	拱形梁				
010410005	鱼腹式吊车梁				
010410006	风道梁				

6.4.3 预制混凝土屋架

工程量清单项目设置及工程量计算规则，应按表6-20的规定执行。

预制混凝土屋架（编码：010411）　　表6-20

项目编码	项目名称	项目特征	计量单位	工程量计算规则	工程内容
010411001	折线型屋架	1. 屋架的类型、跨度 2. 单件体积 3. 安装高度 4. 混凝土强度等级 5. 砂浆强度等级	m^3 （榀）	按设计图示尺寸以体积计算。不扣除构件内钢筋、预埋铁件所占体积	1. 混凝土制作、运输、浇筑、振捣、养护 2. 构件制作、运输 3. 构件安装 4. 砂浆制作、运输 5. 接头灌缝、养护
010411002	组合屋架				
010411003	薄腹屋架				
010411004	门式刚架屋架				
010411005	天窗架屋架				

6.4.4 预制混凝土板

工程量清单项目设置及工程量计算规则，应按表6-21的规定执行。

预制混凝土板（编码：010412）　　表6-21

项目编码	项目名称	项目特征	计量单位	工程量计算规则	工程内容
010412001	平板	1. 构件尺寸 2. 安装高度 3. 混凝土强度等级 4. 砂浆强度等级	m^3 （块）	按设计图示尺寸以体积计算。不扣除构件内钢筋、预埋铁件及单个尺寸300mm×300mm以内的孔洞所占体积，扣除空心板空洞体积	1. 混凝土制作、运输、浇筑、振捣、养护 2. 构件制作、运输 3. 构件安装 4. 升板提升 5. 砂浆制作、运输 6. 接头灌缝、养护
010412002	空心板				
010412003	槽形板				
010412004	网架板				
010412005	折线板				
010412006	带肋板				
010412007	大型板				
010412008	沟盖板、井盖板、井圈	1. 构件尺寸 2. 安装高度 3. 混凝土强度等级 4. 砂浆强度等级	m^3 （块、套）	按设计图示尺寸以体积计算。不扣除构件内钢筋、预埋铁件所占体积	1. 混凝土制作、运输、浇筑、振捣、养护 2. 构件制作、运输 3. 构件安装 3. 砂浆制作、运输 4. 接头灌缝、养护 5. 接头灌缝、养护

【例6.10】计算6.1研讨与练习中图6-5所示现浇混凝土板、预应力空心板的工程量。③/Ⓑ～Ⓓ轴之间为现浇混凝土梁L_1，断面为250mm×500mm，现浇混凝土板为C25（20）混凝土，预应力空心板为C30混凝土，单板体积：YKB3652为0.131m^3、YKB3662为0.156m^3、YKB3152为0.115m^3、YKB3162为0.135m^3。

解：C25（20）现浇混凝土平板（不含阳台板）

$V_1=(4.2+0.12)\times1.8\times0.13=1.01m^3$

$V_2=(3.1+4.1+0.12-0.25)\times(2.2+1.8+0.12)\times0.13=3.79m^3$

$V=V_1+V_2=1.01+3.79=4.80m^3$

C30混凝土预应力空心板

YKB3652：$n=3+3=6$块　　$V_1=0.131\times6=0.79m^3$

YKB3662：$n=4+4=8$ 块　　$V_2=0.156\times8=1.25\text{m}^3$

YKB3152：$n=3$ 块　　$V_3=0.115\times3=0.35\text{m}^3$

YKB3162：$n=4$ 块　　$V_4=0.135\times4=0.54\text{m}^3$

$V=V_1+V_2+V_3+V_4=0.79+1.25+0.35+0.54=2.93\text{m}^3$

清单项目特征及工程量计算结果见表6-22。

分部分项工程量清单表　　**表6-22**

序号	项目编码	项目名称	项目特征描述	计量单位	工程量
1	010405003001	平板	板底标高3.25m、板厚120mm、C25（20）混凝土	m^3	4.80
2	010412002001	空心板	YKB3652、YKB3662 YKB3152、YKB3162 C30混凝土	m^3	2.93

6.4.5　预制混凝土楼梯

工程量清单项目设置及工程量计算规则，应按表6-23的规定执行。

预制混凝土楼梯（编码：010413）　　**表6-23**

项目编码	项目名称	项目特征	计量单位	工程量计算规则	工程内容
010413001	楼梯	1. 楼梯类型 2. 单件体积 3. 混凝土强度等级 4. 砂浆强度等级	m^3	按设计图示尺寸以体积计算。不扣除构件内钢筋、预埋铁件所占体积，扣除空心踏步板空洞体积	1. 混凝土制作、运输、浇筑、振捣、养护 2. 构件制作、运输 3. 构件安装 4. 砂浆制作、运输 5. 接头灌缝、养护

6.4.6　其他预制构件

工程量清单项目设置及工程量计算规则，应按表6-24的规定执行。

其他预制构件（编码：010414）　　**表6-24**

<table>
<tr><th>项目编码</th><th>项目名称</th><th>项目特征</th><th>计量单位</th><th>工程量计算规则</th><th>工程内容</th></tr>
<tr><td>010414001</td><td>烟道、垃圾道、通风道</td><td>1. 构件类型
2. 单件体积
3. 安装高度
4. 混凝土强度等级
5. 砂浆强度等级</td><td rowspan="3">m³</td><td rowspan="3">按设计图示尺寸以体积计算。不扣除构件内钢筋、预埋铁件及单个尺寸300mm×300mm以内的孔洞所占体积，扣除烟道、垃圾道、通风道的孔洞所占体积</td><td rowspan="3">1. 混凝土制作、运输、浇筑、振捣、养护
2.（水磨石）构件制作、运输
3. 构件安装
4. 砂浆制作、运输
5. 接头灌缝、养护
6. 酸洗、打蜡</td></tr>
<tr><td>010414002</td><td>其他构件</td><td rowspan="2">1. 构件的类型
2. 单件体积
3. 水磨石面层厚度
4. 安装高度
5. 混凝土强度等级
6. 水泥石子浆配合比
7. 石子品种、规格、颜色
8. 酸洗、打蜡要求</td></tr>
<tr><td>010414003</td><td>水磨石构件</td></tr>
</table>

过程 6.5 钢筋工程及螺栓、铁件

6.5.1 规则规定

工程量清单项目设置及工程量计算规则，应按表 6-25 的规定执行。

钢筋工程（编码：010416） 表 6-25

项目编码	项目名称	项目特征	计量单位	工程量计算规则	工程内容
010416001	现浇混凝土钢筋	钢筋种类、规格	t	按设计图示钢筋（网）长度（面积）乘以单位理论质量计算	1. 钢筋（网笼）制作、运输 2. 钢筋（网、笼）安装
010416002	预制构件钢筋				
010416003	钢筋网片				
010416004	钢筋笼				
010416005	先张法预应力钢筋	1. 钢筋种类、规格 2. 锚具种类		按设计图示钢筋长度乘以单位理论质量计算	1. 钢筋制作、运输 2. 钢筋张拉
010416006	后张法预应力钢筋	1. 钢筋种类、规格 2. 钢丝束种类、规格 3. 钢绞线种类、规格 4. 锚具种类 5. 砂浆强度等级		按设计图示钢筋（丝束、绞线）长度乘以单位理论质量计算。 1. 低合金钢筋两端均采用螺杆锚具时，钢筋长度按孔道长度减 0.35m 计算，螺杆另行计算 2. 低合金钢筋一端采用镦头插片、另一端采用螺杆锚具时，钢筋长度按孔道长度计算，螺杆另行计算 3. 低合金钢筋一端采用镦头插片、另一端采用帮条锚具时，钢筋增加 0.15m 计算；两端均采用帮条锚具时，钢筋长度按孔道长度增加 0.3m 计算 4. 低合金钢筋采用后张混凝土自锚时，钢筋长度按孔道长度增加 0.35m 计算 5. 低合金钢筋（钢绞线）采用 JM、XM、QM 型锚具，孔道长度在 20m 以内时，钢筋长度增加 1m 计算；孔道长度 20m 以外时，钢筋（钢绞线）长度按、孔道长度增加 1.8m 计算 6. 碳素钢丝采用锥形锚具，孔道长度在 20m 以内时，钢丝束长度按孔道长度增加 1m 计算；孔道长在 20m 以上时，钢丝束长度按孔道长度增加 1.8m 计算 7. 碳素钢丝束采用镦头锚具时，钢丝束长度按孔道长度增加 0.35m 计算	1. 钢筋、钢丝束、钢绞线制作、运输 2. 钢筋、钢丝束、钢绞线安装 3. 预埋管孔道 4. 锚具安装 5. 砂浆制作、运输 6. 孔道压浆、养护
010416007	预应力钢丝				
010416008	预应力钢绞线				

6.5.2 钢筋工程量计算

1. 钢筋混凝土结构构件构造要求

（1）钢筋混凝土保护层。为了保护钢筋不受大气的侵蚀而生锈，在钢筋周围应留有混凝土保护层。保护层的厚度是指钢筋的外表面至混凝土外表面的距离。钢筋混凝土保护层最小厚度在应按表6-26规定执行。环境类别见表6-27。

纵向受力钢筋的混凝土保护层最小厚度　　表6-26

环境类别		板、墙、壳			梁			柱		
		≤C20	C25～C45	≥C50	≤C20	C25～C45	≥C50	≤C20	C25～C45	≥C50
一		20	15	15	30	25	25	30	30	30
二	A	—	20	20	—	30	30	—	30	30
	B	—	25	20	—	35	30	—	35	30
三		—	30	25	—	40	35	—	40	35

注：1. 基础中纵向受力钢筋的混凝土保护层厚度不应小于40mm；当无垫层时不应小于70mm；
2. 处于一类但预应力钢筋的保护层厚度不应小于15mm；处于二类环境且由工厂生产的预制构件，当表面采取有效保护措施时，保护层厚度可按表中一类环境数值取用；
3. 预制钢筋混凝土受弯构件，钢筋端头的保护层厚度不应小于10mm；预制的肋形板，其主肋的保护层厚度应按梁的数值取用；
4. 板、墙、壳中分布钢筋的保护层厚度不应小于表中相应数值减10mm，且不应小于10mm；梁柱中箍筋和构造钢筋的保护层厚度不应小于15mm；
5. 对有防水要求的建筑物及处于四、五类环境中的建筑物，其混凝土保护层厚度尚应符合国家现行有关标准的要求。

混凝土结构的环境类别表　　表6-27

环境类别		条件
一		室内正常环境
二	a	室内潮湿环境、非严寒和非寒冷地区的露天环境、与无侵蚀性的水或土壤直接接触的环境
	b	严寒和寒冷地区的露天环境、与无侵蚀性的水或土壤直接接触的环境
三		使用除冰盐的环境、严寒和寒冷地区冬季水位变动的环境、滨海室外环境
四		海水环境
五		受人为或自然的侵蚀性物质影响的环境

（2）钢筋锚固长度。混凝土中的钢筋在伸入支座或节点时，应与支座或节点内有足够的锚固能力，因而必须保证钢筋伸入支座或节点内有足够的长度，如图6-24所示。

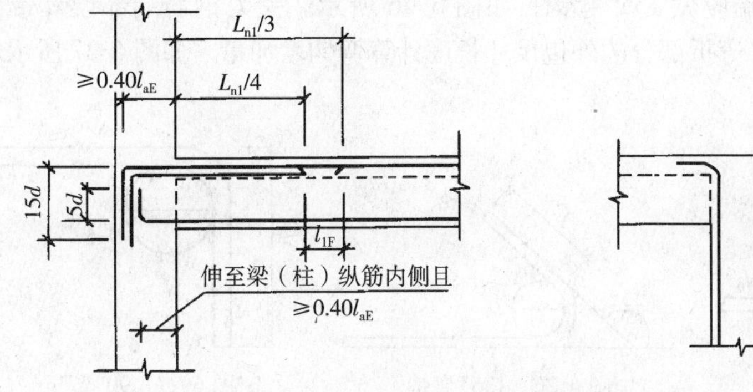

图6-24　钢筋锚固示意图

任务6　混凝土及钢筋混凝土工程量计算

绑扎骨架中的光面受力钢筋，除轴心受压构件外，均应在末端做弯钩，螺纹钢筋，焊接骨架和焊接网中的光面钢筋，其末端可不做弯钩。

纵向受压钢筋在跨中截断时，必须伸至按计算不需要该钢筋的截面外，伸出的锚固长度应不少于15d，但对绑扎骨架中末端无弯钩的光面钢筋，不应少于20d。

纵向受拉钢筋最小锚固长度见表6-28。

普通纵向受拉钢筋最小锚固长度 l_a（mm）　　表6-28

钢筋类型		混凝土强度等级									
		C20		C25		C30		C35		C40	
		d≤25	d>25	d≤25	d>25	d≤25	d>25	d≤25	d>25	d≤25	d>25
HPB235	普通钢筋	31d	31d	27d	27d	24d	24d	22d	22d	20d	20d
HRB335	普通钢筋	39d	42d	34d	37d	30d	33d	27d	30d	25d	27d
	环氧树脂涂层钢筋	48d	53d	42d	46d	37d	41d	34d	37d	31d	34d
HRB400 RRB400	普通钢筋	46d	51d	40d	44d	36d	39d	33d	36d	30d	33d
	环氧树脂涂层钢筋	58d	63d	50d	55d	45d	49d	41d	45d	37d	41d

注：1. HPB235钢筋，末端应做180°弯钩，弯后平直段长度不应小于3d，但做受压钢筋时可不做弯钩；
2. 当HRB335，HRB400和RRB400级钢筋的直径大于25mm时，其锚固长度应乘以修正系数1.1；
3. HRB335，HRB400和RRB400级的环氧树脂涂层钢筋，其锚固长度应乘以修正系数1.25；
4. 当钢筋在混凝土施工过程中易受扰动（如滑模施工）时，其锚固长度应乘以修正系数1.1；
5. 当HRB335、HRB400和RRB400级钢筋时，其锚固长度可乘以修正系数0.8；
6. 当HRB335、HRB400和RRB400级钢筋的锚固长度可取为锚固长度的0.7倍。采用机械锚固措施时，锚固长度范围内的箍筋不应少于3个，其直径不应小于纵向钢筋直径的0.25倍，其间距不应大于纵向钢筋直径的5倍。当纵向钢筋的混凝土保护层厚度不小于钢筋直径的5倍时，可不配置上述箍筋；
7. 当计算中充分利用纵向钢筋的抗压强度时，其锚固长度不应小于受拉锚固长度的0.7倍。

（3）钢筋接头长度。绑扎骨架与绑扎网中的受力钢筋，当接头采用搭接而不加焊时，其受拉钢筋的搭接长度 L_d 不应少于1.2l_a（l_a 为锚固长度，见表6-28），且不应少于300mm，受压钢筋的搭接长度不应少于0.85l_a 且不应少于200mm。

（4）钢筋弯钩增加量。受力HPB235钢筋末端做的180°弯钩，如图6-25所示。受力HRB335级、HRB400级、RRB400级钢筋末端一般不带弯钩。当设计规定采用135°锚固弯钩时，其末端应做135°弯钩，如图6-26所示。受力钢筋端部设计带有90°弯折时，应按其设计弯折部分的外包尺寸长度计算弯钩增加量，如图6-27所示。

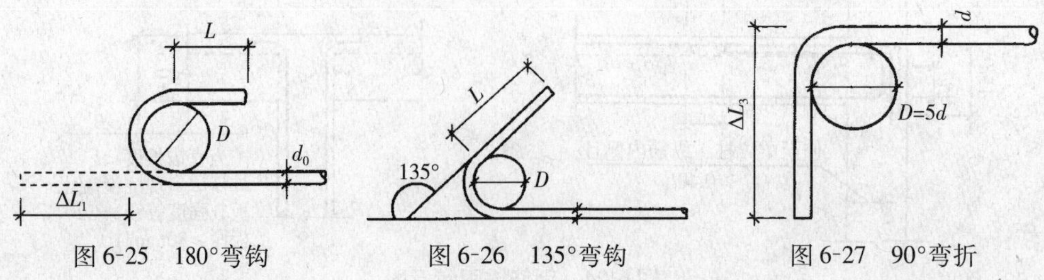

图6-25　180°弯钩　　图6-26　135°弯钩　　图6-27　90°弯折

受力钢筋端部弯钩增加量见表6-29。

钢筋每个弯钩增加的长度（mm）表 **表6-29**

弯钩 直径 d	受力钢筋端部弯钩		箍筋端部弯钩		
	180°弯钩 $L=3d$，$D=2.5d$ $\Delta L=6.25d$	135°弯钩 $L=5d$，$D=4d$ $\Delta L=7.89d$	90°弯钩 $L=5d$，$D=5d$ $\Delta L=6.21d$	135°弯钩 $L=10d$，$D=4d$ $\Delta L=11.9d$	180°弯钩 $L=5d$，$D=2.5d$ $\Delta L=8.25d$
6	50	50	50	71	50
6.5	50	51	50	77	54
8	50	63	50	95	66
10	63	79	62	119	83
12	75	95	75	142	99
14	88	110	87	167	116
16	100	126	99	190	132
18	113	158			
20	125	142			
22	138	174			
25	156	197			
28	175	221			
32	200	252			

注：考虑到加工的最小长度需要，不足50mm者，按50mm计算。

（5）箍筋端部弯钩增加量。箍筋除焊接封闭环式外，其末端均应做弯钩，弯钩形式应符合设计要求。设计无具体要求时，一般结构采用90°弯钩，抗震结构采用135°弯钩。箍筋端部弯钩增加量见表6-29。

（6）弯起钢筋增加量。弯起钢筋主要在梁和板中，其弯起角度 α 由设计确定，如图6-28所示。常用的弯起角度有30°、45°、60°三种。从预算角度讲，计算弯起钢筋图示长度时，只需计算出弯起段长度（s）与其水平投影长度（L）的差额（即弯起增加量 ΔL）。

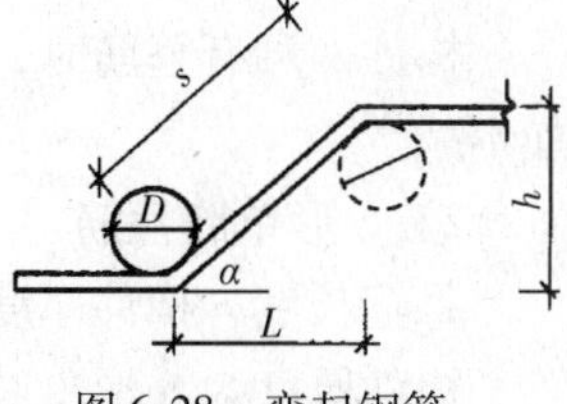

图6-28 弯起钢筋

当 $\alpha=30°$ 时，$\Delta L=0.268h$；

当 $\alpha=45°$ 时，$\Delta L=0.414h$；

当 $\alpha=60°$ 时，$\Delta L=0.577h$。

2. 钢筋图示净用量计算

钢筋图示净用量 = 设计图示钢筋长度 × 单位理论质量

钢筋单位理论质量可见表6-30。

（1）单根直钢筋长度计算公式：

钢筋长度 = 构件长度 − 2 × 端部保护层厚度 + 2 × 端部弯钩增加长度

（2）单根弯起钢筋长度计算公式：

钢筋长度 = 构件长度 − 2 × 端部保护层厚度 + 2 × 弯起增加长度

（3）箍筋长度计算公式：

1）方形或矩形箍筋

每箍长度 = 构件断面周长 − 8 × 混凝土保护层厚度 + 2 × 弯钩增加长度

钢筋单位理论质量表　　表 6-30

直径（mm）	截面面积（cm^2）	质量（kg/m）	直径（mm）	截面面积（cm^2）	质量（kg/m）	直径（mm）	截面面积（cm^2）	质量（kg/m）
5	0.1963	0.154	19	2.835	2.23	35	9.621	7.55
5.5	0.2376	0.187	20	3.142	2.47	36	10.18	7.99
6	0.2827	0.222	21	3.464	2.72	38	11.31	8.00
6.5	0.3318	0.260	22	3.801	2.98	40	12.57	9.87
7	0.3848	0.260	23	4.155	3.26	42	13.35	10.87
8	0.5027	0.395	24	4.524	3.55	45	15.90	12.48
9	0.6362	0.499	25	4.909	3.85	48	18.10	14.21
10	0.7854	0.617	26	5.309	4.17	50	19.64	15.42
11	0.9503	0.746	27	5.726	4.49	52	21.24	16.67
12	1.131	0.888	28	6.158	4.83	55	23.76	18.65
13	1.327	1.04	29	6.605	5.18	56	24.63	19.33
14	1.530	1.21	30	7.069	5.55	58	26.42	20.74
15	1.767	1.39	31	7.548	5.93	60	28.27	22.19
16	2.011	1.58	32	8.042	6.31	63	31.17	24.47
17	2.270	1.78	33	8.553	6.71	65	33.18	26.05
18	2.545	2.00	34	9.079	7.13	68	36.32	28.51

混凝土保护层厚度为主筋混凝土保护层厚度减箍筋直径。但当其小于 15mm 时，按 15mm 计取。

箍筋根数（N）可按下列公式计算：

$$N = L/C \pm 1$$

式中　L——箍筋设置段长度；

C——箍筋间距。

构件两端有箍筋时，取“+1”；构件两端无箍筋时，取“-1”；环形构件不加不减。

2）S 形单肢箍筋

每箍长度 = 构件厚度 -2 × 混凝土保护层厚度 +2 × 弯钩增加长度 + d

构件厚度为 S 形单肢箍布箍方向的厚度。

3）圆柱螺旋箍筋，如图 6-29 所示。

$$L = H/h\sqrt{h^2 + (D - 2b - d)^2 \times \pi^2}$$

式中　L——螺旋箍筋长度；

H——螺旋箍筋配置高度；

h——螺旋箍筋配置一个螺距的高度；

D——圆柱直径；

b——螺旋箍筋的混凝土保护层厚度；

d——箍筋直径。

3. 实例计算

【例 6.11】 如图 6-30 所示，求基础的混凝土工程量及钢筋用量。已知基础混凝土为 C30 商品混凝土，抗震等级为二级抗震。

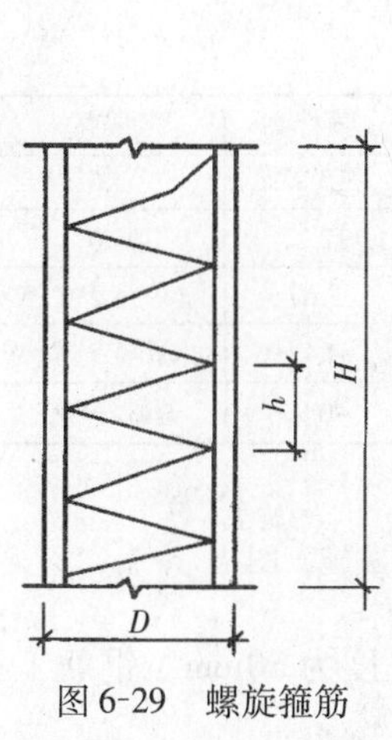

图 6-29　螺旋箍筋

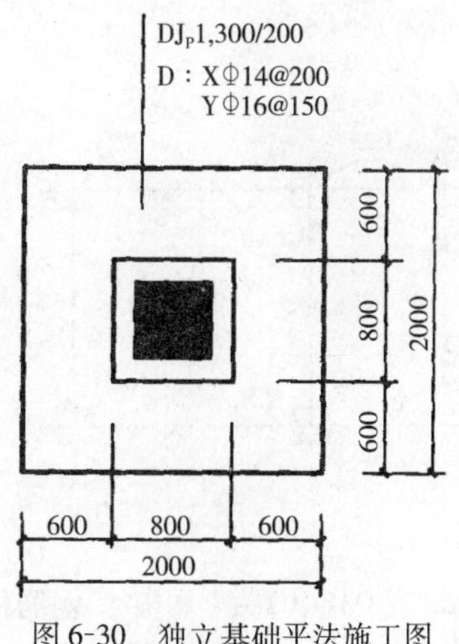

图 6-30　独立基础平法施工图

解：C30 混凝土独立基础

$$V=[2.0\times2.0+(0.8+2.0)\times(0.8+2.0)+0.8\times0.8]\times0.2/6+2\times2\times0.3=1.62\text{m}^3$$

现浇混凝土钢筋

查表 6-26 或 06G101－6 可知，钢筋保护层厚度为 40mm。钢筋工程量计算见下表 6-31。

工程量计算表　　**表 6-31**

筋号	级别	直	钢筋图形	计算公式	根	总根	单长	总长（m）	总重（kg）
构件名称：DJ－1［1］			构件数量：1		本构件钢筋重，67.948kg				
横向底筋 1	Φ	14	1920	2000－40－40	11	11	1.92	21.12	25.522
纵向底筋 1	Φ	16	1920	2000－40－40	14	14	1.92	26.88	42.426

清单项目特征及工程量计算结果见表 6-32。

分部分项工程量清单表　　**表 6-32**

序号	项目编码	项目名称	项目特征描述	计量单位	工程量
1	010401002001	独立基础	C30 商品混凝土独立基础	m^3	1.62
2	010416001001	现浇混凝土钢筋	Φ10 以外 HRB335 级钢筋	t	0.068

【例 6.12】 如图 6-31 所示，求 KZ1 一、二层的钢筋用量。已知柱混凝土为 C25 商品混凝土，抗震等级为二级抗震，钢筋接头方式为电渣压力焊连接。

解：现浇混凝土钢筋

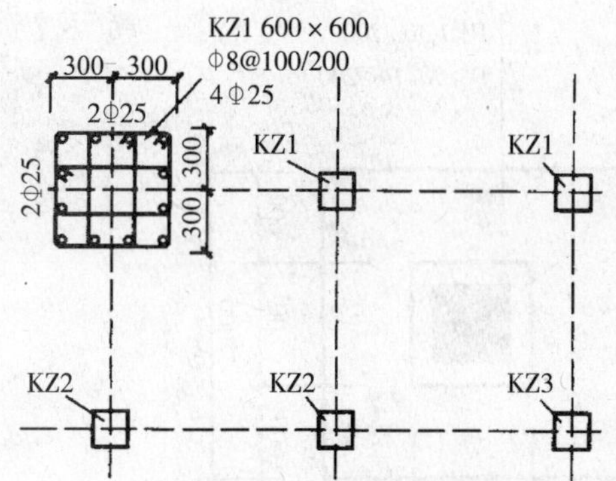

层号	顶标高	层高	顶梁高
4	15.87	3.6	700
3	12.27	3.6	700
2	8.67	4.2	700
1	4.47	4.5	700
基础	-0.97	基础厚800	-

图6-31　-0.97～15.87柱平法施工图

查表6-26或03G101-1可知，钢筋保护层厚度为30mm。钢筋工程量计算见下表6-33。

工程量计算表　　**表6-33**

筋号	级别	直径	钢筋图形	计算公式	根	总根	单长	总长(m)	总重(kg)
首层柱				构件数量：3	本构件钢筋重：323.834kg				
B边纵筋.1	Φ	25	5200	4500+max(4200/6,600,500)	4	12	5.2	62.4	240.451
H边纵筋.1	Φ	25	5200	4500+max(4200/6,600,500)	4	12	5.2	62.4	240.451
角筋.1	Φ	25	5200	4500+max(4200/6,600,500)	4	12	5.2	62.4	240.451
箍筋.1	ϕ	8	540 540	2×[(600-2×30)+(600-2×30)]+2×(11.9×d)+(8×d)	36	108	2.41	260.71	102.873
箍筋.2	ϕ	8	540 197	2×[(600-2×30-25)/3×1+25]+(600-2×30)+2×(11.9×d)	72	216	1.73	373.25	147.278
二层柱				构件数量：3	本构件钢筋重：256.756kg				
B边纵筋.1	Φ	25	4100	4200-max(4200/6,600,500)+max(3600/6,600,500)	4	12	4.1	49.2	189.586
H边纵筋.1	Φ	25	4100	4200-max(4200/6,600,500)+max(3600/6,600,500)	4	12	4.1	49.2	189.586
角筋.1	Φ	25	4100	4200-max(4200/6,600,500)+max(3600/6,600,500)	4	12	4.1	49.2	189.586
箍筋.1	ϕ	8	540 540	2×[(600-2×30)+(600-2×30)]+2×(11.9×d)+(8×d)	29	87	2.41	210.02	82.87
箍筋.2	ϕ	8	540 197	2×[(600-2×30-25)/3×1+25]+(600-2×30)+2×(11.9×d)	58	174	1.73	300.67	118.641

汇总：ϕ10以内HPB235级钢筋为451.662kg；ϕ10以外HRB335级钢筋为1290.11kg。

钢筋接头（12根Φ25通长筋）

$$n=12\times2\times3=72\text{个}$$

清单项目特征及工程量计算结果见表6-34。

分部分项工程量清单表　　　　表 6-34

序号	项目编码	项目名称	项目特征描述	计量单位	工程量
1	010416001001	现浇混凝土钢筋	ϕ10 以内 HPB235 级钢筋	t	0.452
2	010416001002	现浇混凝土钢筋	Φ10 以外 HRB335 级钢筋	t	1.290

【例 6.13】某钢筋混凝土连续梁如图 6-32 所示，混凝土强度等级为 C20，钢筋连接采用焊接连接，计算其钢筋用量。

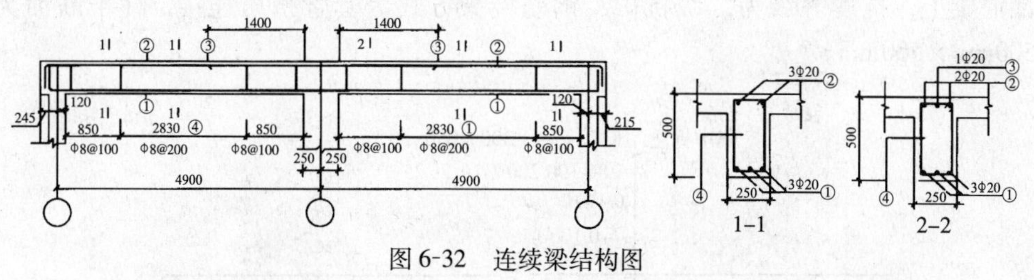

图 6-32　连续梁结构图

解：现浇混凝土钢筋

查表 6-26、6-28、6-29 可知，钢筋保护层厚度 30mm，钢筋锚固长度 $31d$，箍筋 135°弯钩增加长度为 $11.9d$。

钢筋长度计算：

①号筋Φ20

L_1 = [(4.9 × 2 − 0.12 × 2)(净长) + 31 × 0.02 × 2(端支座的锚固长度)] × 3(根数) = 32.4m

②号筋Φ20

L_2 = [(4.9 × 2 − 0.12 × 2) + 31 × 0.02 × 2(端支座的锚固长度)] × 2(根数) = 21.6m

③号筋Φ20

L_3 = (1.4 × 2 + 0.5) × 1 = 3.3m

④号筋 ϕ8

箍筋根数 = [(850 − 50)/100 + 1] × 4 + (2830/200 − 1) × 2 = 63 根

每根长 = 2 × (0.25 + 0.5) − 8 × (0.03 − 0.008) + 2 × 11.9 × 0.008 = 1.51m

合计　Φ20：32.4 + 21.6 + 3.3 = 57.30m

　　　ϕ8：1.51 × 63 = 95.13m

钢筋质量计算：

查表 6-30 可知，Φ20 每米质量 2.47kg，ϕ8 每米质量 0.395kg。

Φ20：57.30 × 2.47 = 141.53 (kg) = 0.142t

ϕ8：95.13 × 0.395 = 37.58 (kg) = 0.038t

清单项目特征及工程量计算结果见表6-35。

分部分项工程量清单表　　　　表6-35

序号	项目编码	项目名称	项目特征描述	计量单位	工程量
1	010416001001	现浇混凝土钢筋	ϕ10 以内 HPB235 级钢筋	t	0.038
2	010416001002	现浇混凝土钢筋	ϕ10 以外 HRB335 级钢筋	t	0.142

【例6.14】如图6-33所示，求KL2的钢筋用量。已知KL2的混凝土为C20商品混凝土，抗震等级为二级抗震，钢筋接头方式为套管挤压连接，柱子断面为500mm×500mm。

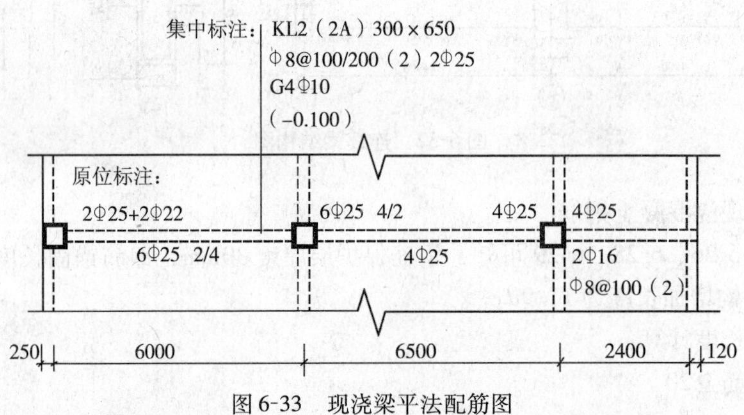

图6-33　现浇梁平法配筋图

解：现浇混凝土钢筋

查表6-26、6-28、6-29及03G101-1可知，钢筋保护层厚度为30mm，HPB235级钢筋锚固长度36d，HRB335级钢筋锚固长度44d，箍筋135°弯钩增加长度为11.9d。工程量计算见表6-36。

工程量计算表　　　　表6-36

筋号	级别	直径	钢筋图形	计算公式	根数	总根	单长（m）	总长（m）	总重（kg）
构件名称：KL2［1］				构件数量：1		本构件钢筋重：670.295kg			
1. 上通长筋1	Φ	25	375 15210 300	500－30＋15×d＋14770＋300－30	2	2	15.89	31.77	122.422
1. 右支座筋1	Φ	25	4500	6000/3＋500＋6000/3	2	2	4.5	9	34.68
1. 右支座筋2	Φ	25	3500	6000/4＋500＋6000/4	2	2	3.5	7	26.974
1. 左支座筋1	Φ	22	330 2303	500－30＋15×d＋5500/3	2	2	2.63	5.27	15.714
1. 下部钢筋1	Φ	25	375 7070	500－30＋15×d＋5500＋44×d	4	4	7.45	29.78	114.754
1. 下部钢筋2	Φ	25	375 7070	500－30＋15×d＋5500＋44×d	2	2	7.45	14.89	57.377
1. 侧面构造筋1	ϕ	10	14890	15×d＋14770－30＋12.5×d＋150	4	4	15.17	60.66	37.399

续表

筋号	级别	直径	钢筋图形	计算公式	根数	总根	单长（m）	总长（m）	总重（kg）
构件名称：KL2［1］				构件数量：1	本构件钢筋重：670.295kg				
1. 箍筋 1	φ	8	590 240	2×[(300−2×30)+(650−2×30)]+2×(11.9×d)+(8×d)	39	39	1.91	74.65	29.454
1. 拉筋 1	φ	6	240	(300−2×30)+2×(75+1.9×d)+(2×d)	30	30	0.43	12.75	3.321
2. 下部钢筋 1	Φ	25	8200	44×d+6000+44×d	4	4	8.2	32.8	126.391
2. 箍筋 1	φ	8	590 240	2×[(300−2×30)+(650−2×30)]+2×(11.9×d)+(8×d)	42	42	1.91	80.39	31.72
2. 拉筋 1	φ	6	240	(300−2×30)+2×(75+1.9×d)+(2×d)	32	32	0.43	13.6	3.543
3. 跨中筋 1	Φ	25	300 4740	6000/3+500+2270+300−30	2	2	5.04	10.08	38.842
3. 下部钢筋 1	Φ	16	2432	12×d+2270−30	2	2	2.43	4.86	7.677
3. 箍筋 1	φ	8	590 240	2×[(300−2×30)+(650−2×30)]+2×(11.9×d)+(8×d)	23	23	1.91	44.02	17.37
3. 拉筋 1	φ	6	240	(300−2×30)+2×(75+1.9×d)+(2×d)	24	24	0.43	10.2	2.657

汇总：φ10 以内 HPB235 级钢筋　　W=125.464kg=0.125t

φ10 以外 HRB335 级钢筋　　W=544.83kg=0.545t

钢筋接头（2 根Φ25 通长筋）

n=（15890/9000−1）（小数值向上进位取整）×2（根）=2 个

清单项目特征及工程量计算结果见表 6-37。

分部分项工程量清单表　　表 6-37

序号	项目编码	项目名称	项目特征描述	计量单位	工程量
1	010416001001	现浇混凝土钢筋	φ10 以内 HPB235 级钢筋	t	0.125
2	010416001002	现浇混凝土钢筋	φ10 以外 HRB335 级钢筋	t	0.545

【例 6.15】计算如图 6-34 所示钢筋用量。已知：板厚 100mm，混凝土为 C25 商品混凝土，分布筋为 φ6@200。

解：现浇混凝土钢筋

查表 6-26、6-29 可知，钢筋保护层厚度为 15mm，弯钩增加长度为 6.25d。查表 6-30 可知，φ6.5 每米质量 0.26kg，φ8 每米质量 0.395kg，Φ12 每米质量 0.888kg。

①底部受力筋

Φ12 =(2.7−0.015×2+2×6.25×0.008)

×[(2.4−0.015×2)÷0.15+1]×0.395

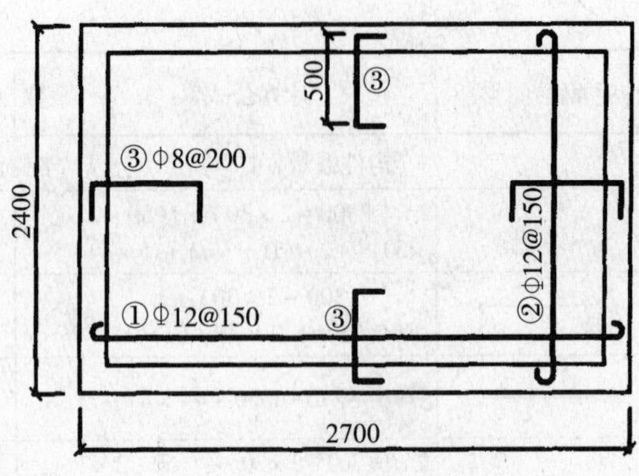

图 6-34　平板配筋示意图

$=2.77\times17\times0.888$

$=41.82$kg

②底部受力筋

Φ12 $=2.47\times19\times0.888=41.67$kg

③上部负筋

ϕ8 $=[0.5+(0.1-0.015)\times2]\times[(2.7-0.015\times2+2.4-0.015\times2)\times2\div0.2+4]\times0.395=14.21$kg

④分布筋

ϕ6.5 $=[(2.7-0.015\times2-0.5\times2+0.15\times2)\times6+(2.4-0.015\times2-0.5\times2+0.15\times2)\times6]\times0.26=5.68$kg

汇总：ϕ10 以内 HPB235 级钢筋　　$W=19.89$kg $=0.020$t

ϕ10 以外 HPB235 级钢筋　　$W=83.49$kg $=0.083$t

清单项目特征及工程量计算结果见表 6-38。

分部分项工程量清单表　　表 6-38

序号	项目编码	项目名称	项目特征描述	计量单位	工程量
1	010416001001	现浇混凝土钢筋	ϕ10 以内 HPB235 级钢筋	t	0.020
2	010416001002	现浇混凝土钢筋	ϕ10 以外 HRB335 级钢筋	t	0.083

【例 6.16】如图 6-35 所示，求板构件中的所有钢筋。已知板的混凝土为 C30

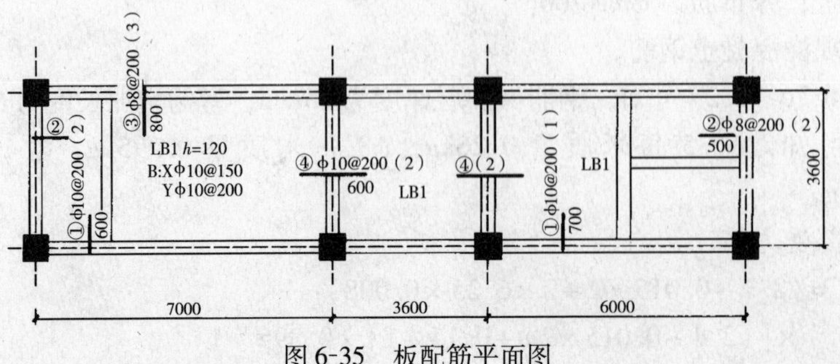

图 6-35　板配筋平面图

商品混凝土，抗震等级为二级抗震。（图中各轴线居中，柱子断面为600mm×600mm，梁宽300mm，未注明分布钢筋为ϕ6@250）

解：现浇混凝土钢筋

查表6-26及04G101-1可知，钢筋保护层厚度为15mm，HPB235级钢筋锚固长度27d。工程量计算见下表6-39。

工程量计算表　　表6-39

筋号	级别	直径	钢筋图形	计算公式	根数	总根	单长(m)	总长(m)	总重(kg)
构件名称：B-1［1］				构件数量：1	本构件钢筋重：179.12kg				
ϕ10@200[1].1	ϕ	10	3600	3300+max(300/2.5×d)+max(300/2.5×d)+12.5×d	34	34	3.73	126.65	78.085
ϕ10@150[1].1	ϕ	10	7000	6700+max(300/2.5×d)+max(300/2.5×d)+12.5×d	23	23	7.13	163.88	101.035
构件名称：LB-1［2］				构件数量：1	本构件钢筋重：91.864kg				
ϕ10@200[2].1	ϕ	10	3600	3300+max(300/2.5×d)+max(300/2.5×d)+12.5×d	17	17	3.73	63.33	39.042
ϕ10@150[5].1	ϕ	10	3600	3300+max(300/2.5×d)+max(300/2.5×d)+12.5×d	23	23	3.73	85.68	52.822
构件名称：LB-1［3］				构件数量：1	本构件钢筋重：153.457kg				
ϕ10@200[3].1	ϕ	10	3600	3300+max(300/2.5×d)+max(300/2.5×d)+12.5×d	29	29	3.73	108.03	66.602
ϕ10@150[6].1	ϕ	10	6000	5700+max(300/2.5×d)+max(300/2.5×d)+12.5×d	23	23	6.13	140.88	86.855
构件名称：1号负筋				构件数量：1	本构件钢筋重：42.385kg				
1-[1].1	ϕ	10	90 570	300+90+27×d+6.25×d	34	34	0.72	24.58	15.156
1-[1].1	ϕ	6	6350	6050+150+150	1	1	6.35	6.35	1.654
1-[2].1	ϕ	10	90 570	300+90+27×d+6.25×d	17	17	0.72	12.29	7.578
1-[2].1	ϕ	6	2700	2400+150+150	1	1	2.7	2.7	0.703
1-[3].1	ϕ	10	90 670	400+90+27×d+6.25×d	29	29	0.82	23.87	14.715
1-[3].1	ϕ	6	4950	4650+150+150	2	2	4.95	9.9	2.579
构件名称：2号负筋				构件数量：1	本构件钢筋重：12.904kg				
2-[4].1	ϕ	8	90 416	200+90+27×d+6.25×d	17	17	0.56	9.45	3.73
2-[4].1	ϕ	6	2800	2500+150+150	1	1	2.8	2.8	0.729
2-[5].1	ϕ	8	90 816	600+90+27×d+6.25×d	17	17	0.96	16.25	6.413
2-[5].1	ϕ	6	2600	2300+150+150	3	3	2.6	7.8	2.032
构件名称：3号负筋				构件数量：1	本构件钢筋重：36.749kg				
3-[6].1	ϕ	8	90 716	500+90+27×d+6.25×d	34	34	0.86	29.1	11.484
3-[6].1	ϕ	6	6350	6050+150+150	2	2	6.35	12.7	3.308
3-[7].1	ϕ	8	90 716	500+90+27×d+6.25×d	17	17	0.86	14.55	5.742
3-[7].1	ϕ	6	2700	2400+150+150	2	2	2.7	5.4	1.407

续表

筋号	级别	直径	钢筋图形	计算公式	根数	总根	单长（m）	总长（m）	总重（kg）
3－[8].1	ϕ	8	90 816	600＋90＋27×d＋6.25×d	29	29	0.96	27.72	10.939
3－[8].1	ϕ	6	4950	4650＋150＋150	3	3	4.95	14.85	3.868
构件名称：4号负筋				构件数量：1		本构件钢筋重：34.659kg			
4－[9].1	ϕ	10	90 1200 90	600＋600＋90＋90	17	17	1.38	23.46	14.464
4－[9].1	ϕ	6	2800	2500＋150＋150	4	4	2.8	11.2	2.917
4－[10].1	ϕ	10	90 1200 90	600＋600＋90＋90	17	17	1.38	23.46	14.464
4－[10].1	ϕ	6	2600	2300＋150＋150	2	2	2.6	5.2	1.355
4－[10].2	ϕ	6	2800	2500＋150＋150	2	2	2.8	5.6	1.459

汇总：ϕ10以内HPB235级钢筋总重为551.137kg，约为0.551t。

清单项目特征及工程量计算结果见表6-40。

分部分项工程量清单表 **表6-40**

序号	项目编码	项目名称	项目特征描述	计量单位	工程量
1	010416001001	现浇混凝土钢筋	ϕ10以内HPB235级钢筋	t	0.551

6.5.3 螺栓、铁件

工程量清单项目设置及工程量计算规则，应按表6-41的规定执行。

螺栓、铁件（编码：010417） **表6-41**

项目编码	项目名称	项目特征	计量单位	工程量计算规则	工程内容
010417001	螺栓	1. 钢材种类、规格 2. 螺栓长度 3. 铁件尺寸	t	按设计图示尺寸以质量计算	1. 螺栓（铁件）制作、运输 2. 螺栓（铁件）安装
010417002	预埋铁件				

【例6.17】某工程有如图6-36所示，预埋铁件350个，12mm厚钢板理论质量为7850kg/m³，试计算其工程量。

解：预埋铁件

钢板的重量＝钢板体积×钢板理论重量

T_1＝0.15×0.15×0.012×7850

＝2.12kg

锚脚重量＝圆钢长×每米重量

T_2＝4×（0.2＋0.075）×0.888

＝7.37kg

T＝350×（2.12＋7.37）＝3322kg＝3.322t

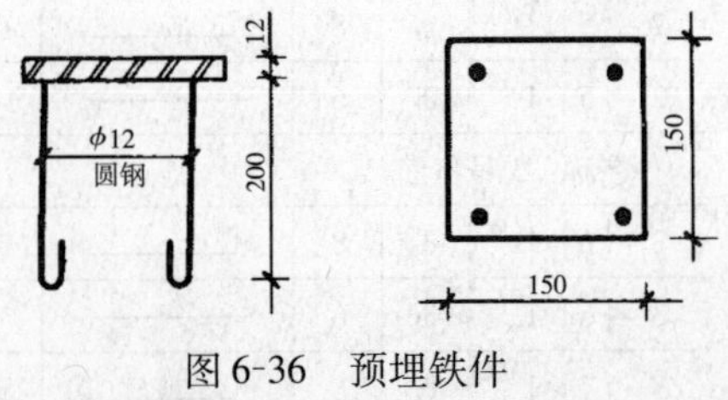

图6-36 预埋铁件

清单工程量如下表6-42所示。

分部分项工程量清单表　　表6-42

序号	项目编码	项目名称	项目特征描述	计量单位	工程量
1	010417002001	预埋铁件	铁件尺寸150mm×150mm×12mm	t	3.322

6.5.4　相关问题处理

其他相关问题应按下列规定处理：

（1）有肋带形基础、无肋带形基础应分别编码（第五级编码）列项，并注明肋高。

（2）箱式满堂基础，可按表6-1、表6-5、表6-9、表6-11、表6-12中满堂基础、柱、梁、墙、板分别编码列项；也可利用表6-1的第五级编码分别列项。

（3）框架式设备基础，可按表6-1、表6-5、表6-9、表6-11、表6-12中设备基础、柱、梁、墙、板分别编码列项；也可利用表6-1的第五级编码分别列项。

（4）构造柱应按表6-5中矩形柱项目编码列项。

（5）现浇挑檐、天沟板、雨篷、阳台与板（包括屋面板、楼板）连接时，以外墙外边线为分界线；与圈梁（包括其他梁）连接时，以梁外边线为分界线。外边线以外为挑檐、天沟、雨篷或阳台。

（6）整体楼梯（包括直形楼梯、弧形楼梯）水平投影面积包括休息平台、平台梁、斜梁和楼梯的连接梁。当整体楼梯与现浇楼板无梯梁连接时，以楼梯的最后一个踏步边缘加300mm为界。

（7）现浇混凝土小型池槽、压顶、扶手、垫块、台阶、门框等，应按表6-15中其他构件项目编码列项。其中扶手、压顶（包括伸入墙内的长度）应按延长米计算，台阶应按水平投影面积计算。

（8）三角形屋架应按表6-20中折线型屋架项目编码列项。

（9）不带肋的预制遮阳板、雨篷板、挑檐板、栏板等，应按表6-21中平板项目编码列项。

（10）预制F形板、双T形板、单肋板和带反挑檐的雨篷板、挑檐板、遮阳板等，应按表6-21中带肋板项目编码列项。

（11）预制大型墙板、大型楼板、大型屋面板等，应按表6-21中大型板项目编码列项。

（12）预制钢筋混凝土楼梯，可按斜梁、踏步分别编码（第五级编码）列项。

（13）预制钢筋混凝土小型池槽、压顶、扶手、垫块、隔热板、花格等，应按表6-24中其他构件项目编码列项。

（14）贮水（油）池的池底、池壁、池盖可分别编码（第五级编码）列项。有壁基梁的，应以壁基梁底为界，以上为池壁、以下为池底；无壁基梁的，锥形坡底应算至其上口，池壁下部的八字靴脚应并入池底体积内。无梁池盖的柱高应从池底上表面算至池盖下表面，柱帽和柱座应并在柱体积内。肋形池盖应包括主、次梁体积；球形池盖应以池壁顶面为界，边侧梁应并入球形池盖体积内。

(15) 贮仓立壁和贮仓漏斗可分别编码（第五级编码）列项，应以相互交点水平线为界，壁上圈梁应并入漏斗体积内。

(16) 滑模筒仓按表6-25中贮仓项目编码列项。

(17) 水塔基础、塔身、水箱可分别编码（第五级编码）列项。筒式塔身应以筒座上表面或基础底板上表面为界；柱式（框架式）塔身应以柱脚与基础底板或梁顶为界，与基础板连接的梁应并入基础体积内。塔身与水箱应以箱底相连接的圈梁下表面为界，以上为水箱，以下为塔身。依附于塔身的过梁、雨篷、挑檐等，应并入塔身体积内；柱式塔身应不分柱、梁合并计算。依附于水箱壁的柱、梁，应并入水箱壁体积内。

(18) 现浇构件中固定位置的支撑钢筋、双层钢筋用的“马凳”、伸出构件的锚固钢筋、预制构件的吊钩等，应并入钢筋工程量内。

6.5.5 研讨与练习

某钢筋混凝土框架结构建筑物，一层平面图及柱、梁、板平面图如图6-37～图6-40所示。层高4.2m，外墙：部分为300mm厚填充墙，采用硅酸盐砌块，M5.0水泥砂浆砌筑；部分为250mm厚钢筋混凝土墙；挡土墙为水泥砂浆砌筑毛

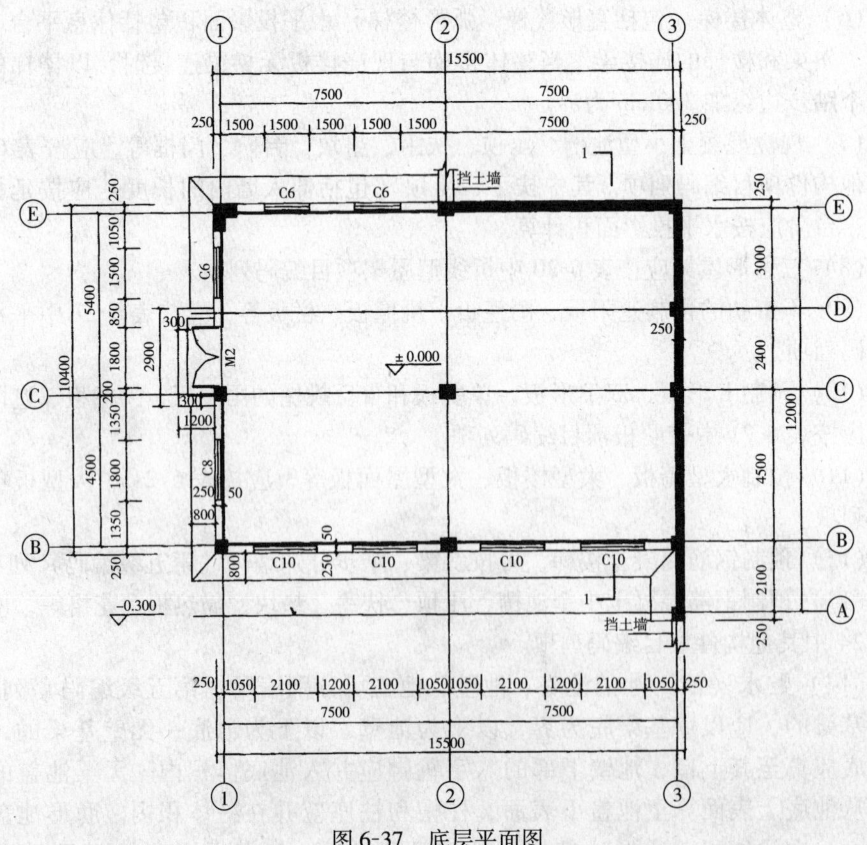

图6-37 底层平面图

石挡土墙。M－2 为 1800mm×3300mm 的铝合金平开门；C－6 为 1500mm×2400mm 的铝合金推拉窗；C－8 为 1800mm×2400mm 的铝合金推拉窗；C－10 为 2100mm×2400mm 的铝合金推拉窗；门窗详见图集 L03J602；窗台高 900mm。门窗洞口上设钢筋混凝土过梁，截面为 300mm×180mm。已知本工程抗震设防烈度为7度，抗震等级为三级（框架结构），梁、板、柱的混凝土均采用 C30。

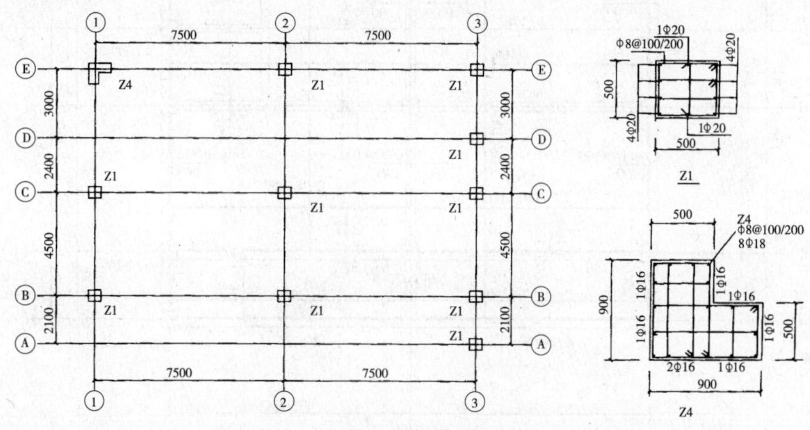

图 6-38　柱配筋平面图 基础顶～4.15m

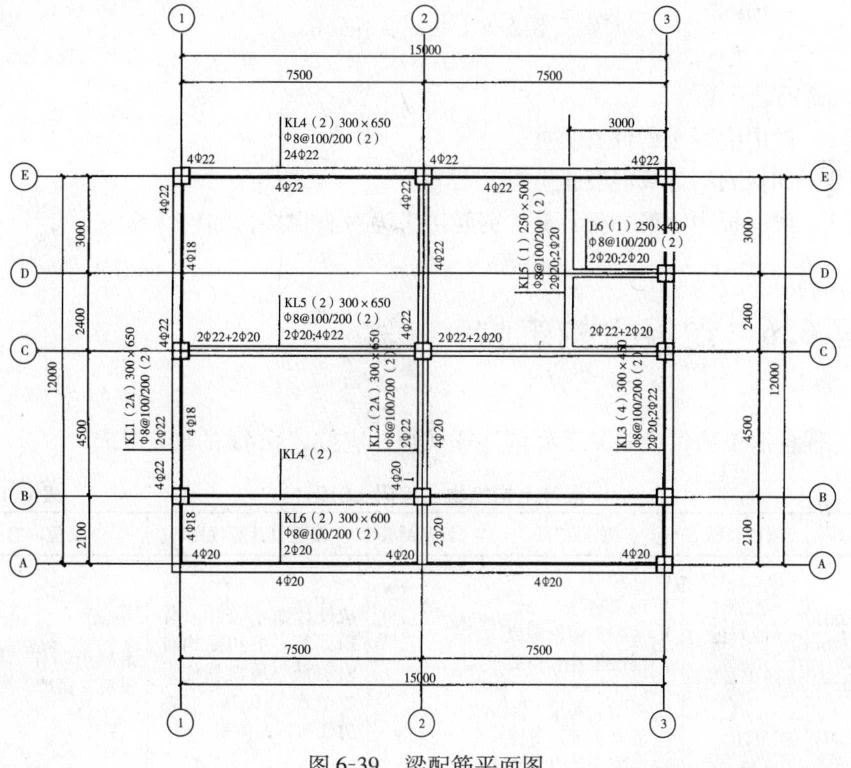

图 6-39　梁配筋平面图

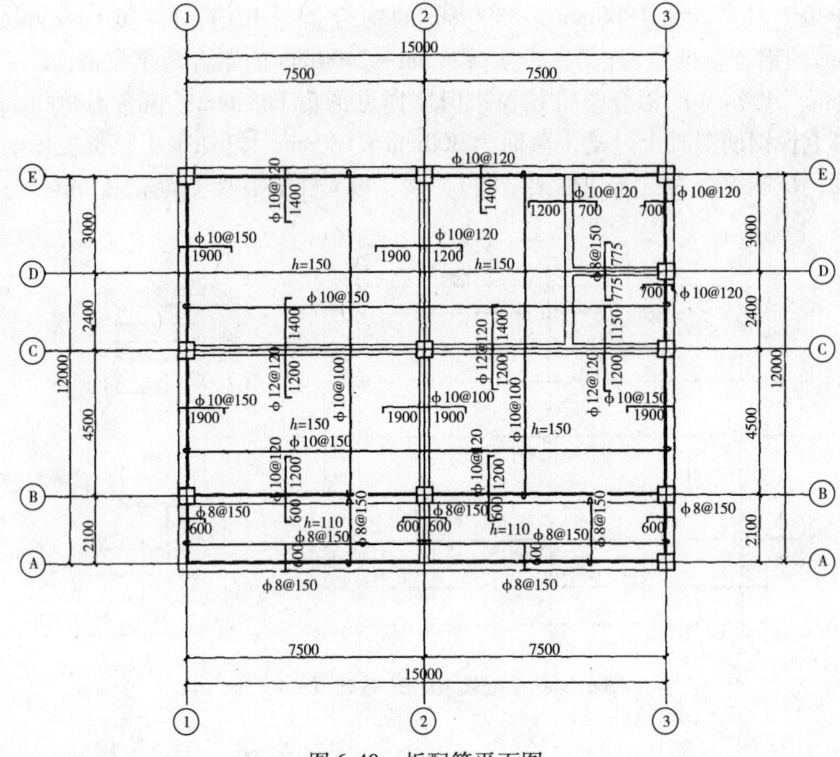

图 6-40　板配筋平面图

讨论问题：

（1）图中混凝土构件有哪些？

（2）如何列项计算混凝土分项工程量？

（3）梁、板中钢筋如何计算？钢筋接头为对头焊接，如何计算？

过程 6.6　混凝土构筑物

工程量清单项目设置及工程量计算规则，应按表 6-43 的规定执行。

混凝土构筑物（编码：010415）　　　　**表 6-43**

项目编码	项目名称	项目特征	计量单位	工程量计算规则	工程内容
010415001	贮水（油）池	1. 池类型 2. 池规格 3. 混凝土强度等级 4. 混凝土拌合料要求	m^3	按设计图示尺寸以体积计算。不扣除构件内钢筋、预埋铁件及单个面积 $0.3m^2$ 以内的孔洞所占体积	混凝土制作、运输、浇筑、振捣、养护
010415002	贮仓	1. 类型、高度 2. 混凝土强度等级 3. 混凝土拌合料要求			

续表

项目编码	项目名称	项目特征	计量单位	工程量计算规则	工程内容
010415003	水塔	1. 类型 2. 支筒高度、水箱容积 3. 倒圆锥形罐壳厚度、直径 4. 混凝土强度等级 5. 混凝土拌合料要求 6. 砂浆强度等级	m^3	按设计图示尺寸以体积计算。不扣除构件内钢筋、预埋铁件及单个面积 $0.3m^2$ 以内的孔洞所占体积	1. 混凝土制作、运输、浇筑、振捣、养护 2. 预制倒圆锥形罐壳、组装、提升、就位 3. 砂浆制作、运输 4. 接头灌缝、养护
010415004	烟囱	1. 高度 2. 混凝土强度等级 3. 混凝土拌合料要求混凝土制作、运输、浇筑、振捣、养护			混凝土制作、运输、浇筑、振捣、养护

巩固与提高：

1. 计算如图 6-41 所示基础、连梁混凝土及钢筋工程量。

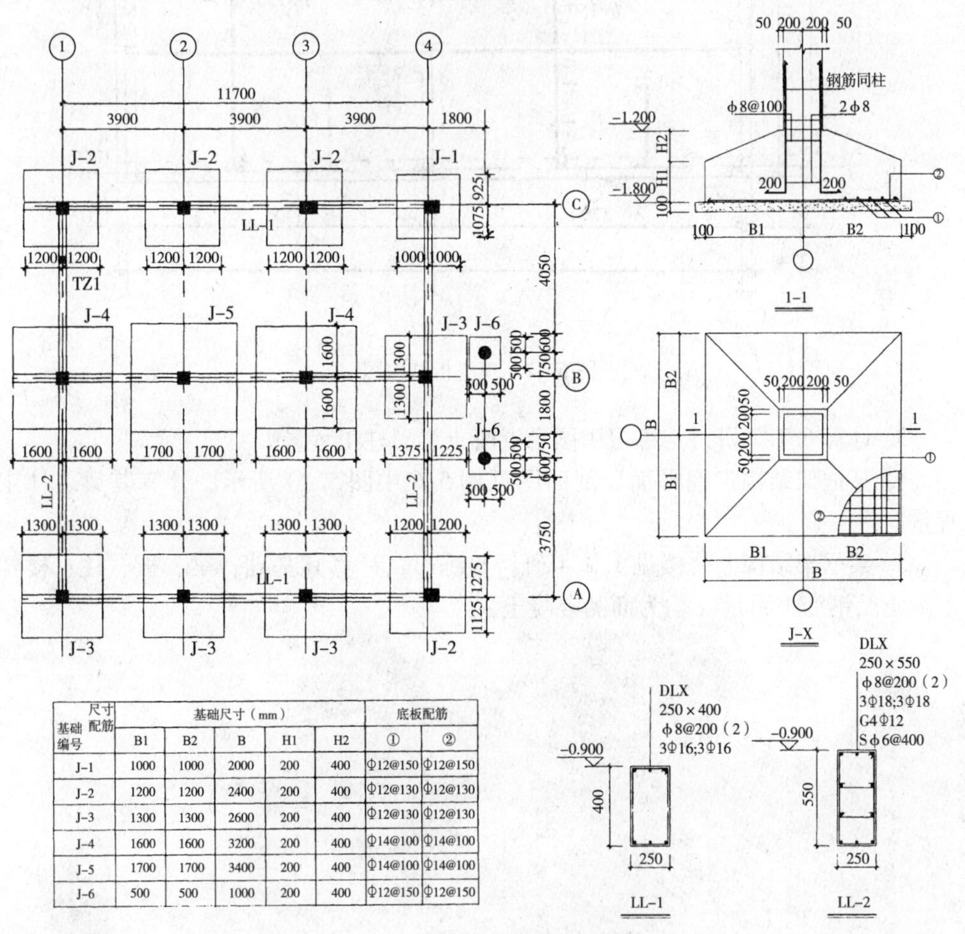

基础编号 \ 尺寸配筋	基础尺寸（mm）					底板配筋	
	B1	B2	B	H1	H2	①	②
J-1	1000	1000	2000	200	400	Φ12@150	Φ12@150
J-2	1200	1200	2400	200	400	Φ12@130	Φ12@130
J-3	1300	1300	2600	200	400	Φ12@130	Φ12@130
J-4	1600	1600	3200	200	400	Φ14@100	Φ14@100
J-5	1700	1700	3400	200	400	Φ14@100	Φ14@100
J-6	500	500	1000	200	400	Φ12@150	Φ12@150

图 6-41　基础平面布置及剖面图

2. 如图6-42所示，GZ1、GZ2断面均为240mm×240mm，圈梁与现浇板整浇，顶面与板顶平，断面为240mm×240mm，混凝土强度等级为C20。计算钢筋、混凝土工程量。

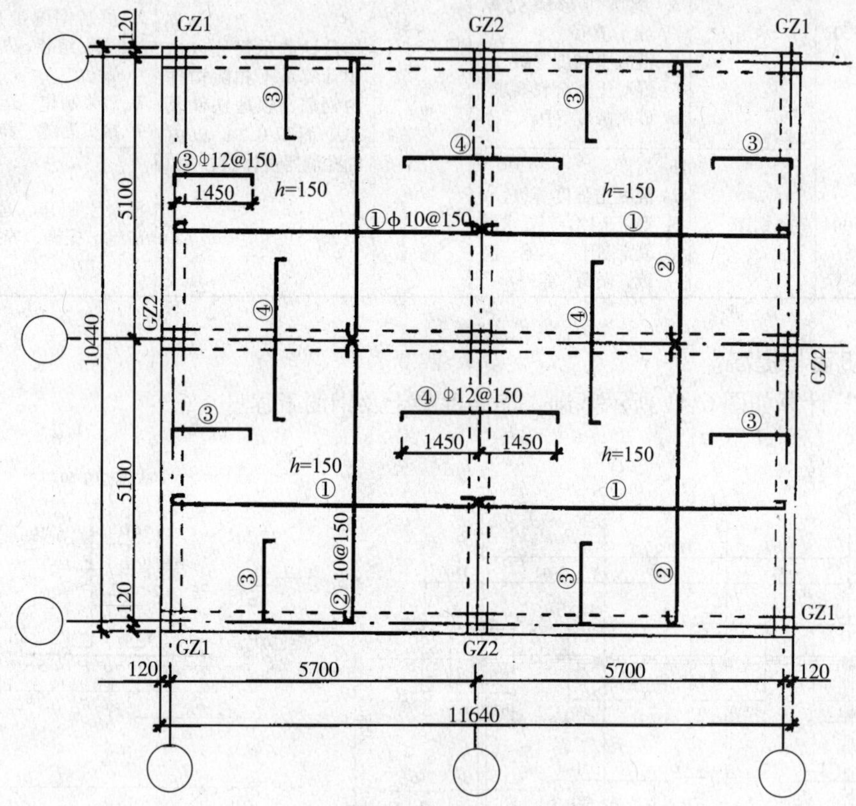

图6-42　现浇板结构图

3. 计算6.1.2研讨与练习中图示混凝土梁、柱工程量。

4. 某框架结构工程平面、剖面图见例5.6中图5-13所示，计算其梁、柱工程量。

5. 某框架结构办公楼见1.3.4研讨与练习，计算其基础、梁、板、柱、楼梯混凝土及钢筋工程量（均为商品混凝土）。

任务 7

厂库房大门、特种门、木结构工程量计算

厂库房大门、特种门、木结构工程包括厂库房大门、特种门；木屋架；木构件。通过学习，达到能依据工程量计算规则计算常用项目的工程量的目的。

过程 7.1　工程量清单项目设置及工程量计算规则

7.1.1　定额项目划分及工程量计算规则

定额项目有厂库房大门、特种门，木屋架、钢木屋架，木柱、木梁、木楼梯、屋面木基层等项目。

厂库房大门、特种门、木结构工程在列项时，应根据设计图纸的内容，以定额子目的划分为原则，考虑门种类、材料、功能、构造形式，木构件的断面形状、大小，屋架跨度等不同因素来正确列项。

定额工程量计算规则基本同《计价规范》，详见过程 7.2 ~ 过程 7.4。

7.1.2　清单项目设置及工程量计算规则

1. 清单项目说明

（1）冷藏门、冷冻间门、保温门、变电室门、隔声门、防射线门、人防门、金库门等，应按特种门项目编码列项。

（2）屋架的跨度应以上、下弦中心线两交点之间的距离计算。

（3）带气楼的屋架和马尾、折角以及正交部分的半屋架，应按相关屋架项目编码列项。

（4）木楼梯的栏杆（栏板）、扶手，应按装饰装修工程相关项目编码列项。

2. 规则规定

厂库房大门、特种门清单项目设置及工程量计算规则，应按表 7-1 的规定执行。

厂库房大门、特种门（编码：010501）　　表 7-1

项目编码	项目名称	项目特征	计量单位	工程量计算规则	工程内容
010501001	木板大门	1. 开启方式 2. 有框、无框 3. 含门扇数 4. 材料品种、规格 5. 五金种类、规格 6. 防护材料种类 7. 油漆品种、刷漆遍数	樘/m^2	按设计图示数量或设计图示洞口尺寸以面积计算	1. 门（骨架）制作、运输 2. 门、五金配件安装 3. 刷防护材料、油漆
010501002	钢木大门				
010501003	全钢板大门				
010501004	特种门				
010501005	围墙铁丝门				

木屋架清单项目设置及工程量计算规则，应按表 7-2 的规定执行。

木屋架（编码：010502）　　表 7-2

项目编码	项目名称	项目特征	计量单位	工程量计算规则	工程内容
010502001	木屋架	1. 跨度 2. 安装高度 3. 材料品种、规格 4. 刨光要求 5. 防护材料种类 6. 油漆品种、刷漆遍数	榀	按设计图示数量计算	1. 制作、运输 2. 安装 3. 刷防护材料、油漆
010502002	钢木屋架				

木构件清单项目设置及工程量计算规则，应按表 7-3 的规定执行。

木构件（编码：010503）　　表 7-3

项目编码	项目名称	项目特征	计量单位	工程量计算规则	工程内容
010503001	木柱	1. 构件高度、长度 2. 构件截面 3. 木材种类 4. 刨光要求 5. 防护材料种类 6. 油漆品种、刷漆遍数	m^3	按设计图示尺寸以体积计算	1. 制作 2. 运输 3. 安装 4. 刷防护材料、油漆
010503002	木梁				
010503003	木楼梯	1. 木材种类 2. 刨光要求 3. 防护材料种类 4. 油漆品种、刷漆遍数	m^2	按设计图示尺寸以水平投影面积计算。不扣除宽度小于 300mm 的楼梯井，伸入墙内部分不计算	
010503004	其他木构件	1. 构件名称 2. 构件截面 3. 木材种类 4. 刨光要求 5. 防护材料种类 6. 油漆品种、刷漆遍数	m^3 （m）	按设计图示尺寸以体积或、长度计算	

过程 7.2 厂库房大门、特种门

厂库房大门一般为无框大门，按使用材料的不同有木板大门、钢木大门等；按开启方式不同有平开大门、推拉大门等。其中，钢木大门是用角钢或槽钢做骨架，镶以木版而成的大门，且根据其制作构造可分为一般型、防风沙型、防严寒型。

特种门种类很多，但常用的有冷藏门、变电室门、保温隔声门等，其构造做法各不相同。冷藏门是制冷过程中的专用门，是由钢骨架、聚苯乙烯泡沫塑料板、镀锌钢板的保护层和橡胶密封条等组成的门扇。变电室门是指工业厂房配电所专用的木门，主要由木骨架、角钢和铁扁担组成。保温隔声门包括门框和门扇，是以木料作骨架，填充矿渣棉，铺镶胶合板，安钉橡胶密封条。

7.2.1 定额项目工程量计算

厂库房大门、特种门，工程预算时应区分门的类型、开启方式等进行列项计算。

全钢板大门制作安装按设计图示尺寸以质量吨计算。不扣除孔眼、切边、切肢的质量，焊条、铆钉、螺栓等亦不另增加质量，不规则或多边形钢板以其外接矩形面积乘以厚度乘以单位理论质量计算。成品人防门安装按设计图示数量以樘为单位计算。其余门制作安装项目工程量均按设计图示尺寸以框外围面积计算，无框者按扇外围面积计算。厂库房大门、特种门需刷油漆时，应按装饰装修工程相应项目另列项计算。

7.2.2 清单项目工程量计算

厂库房大门、特种门，编制工程预算时，应根据表7-1中清单项目名称、项目特征、工程内容、计量单位、工程量计算规则进行列项、计算。

【例 7.1】二面板防风沙型推拉钢木大门如图 7-1 所示，图示尺寸为洞口尺寸。钢骨架刷防锈漆一遍、面漆两遍，木版刷底漆一遍、面漆两遍，试求该钢木大门的清单工程量？

解：钢木大门

$S=3.3\times3.0=9.90\text{m}^2$

清单项目特征及工程量见表 7-4。

分部分项工程量清单表　　表 7-4

序号	项目编码	项目名称	项目特征描述	计量单位	工程量
1	010501002001	钢木大门	推拉，尺寸 3000mm×3300mm，钢骨架刷防锈漆一遍、面漆两遍，木版刷底漆一遍、面漆两遍	m^2	9.90

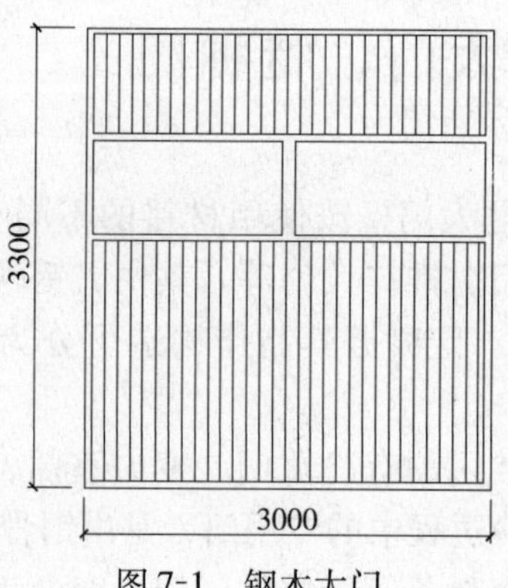

图 7-1　钢木大门

【例 7.2】某单扇平开冷藏库门，图示洞口尺寸为 1200mm×2100mm，保温层厚 150mm，求该门的清单工程量？

解：特种门

$S=1.2\times2.1=2.52\text{m}^2$

清单项目特征及工程量见表 7-5。

分部分项工程量清单表　　　　**表 7-5**

序号	项目编码	项目名称	项目特征描述	计量单位	工程量
1	010501004001	特种门	冷藏库门，平开，单扇，尺寸 1200mm × 2100mm，保温层厚 150mm	m^2	2.52

过程 7.3　木屋架

依据定额预算时，应区分屋架的类型、跨度等进行列项计算。木屋架、钢木屋架制作安装工程量按设计图示尺寸以竣工木料体积计算，含金属面刷防锈漆一遍，其他刷油应按装饰装修工程相应项目另列项计算。

木屋架部分清单项目有木屋架、钢木屋架。编制工程预算时，应根据表 7-2 中清单项目名称、项目特征、工程内容、计量单位、工程量计算规则进行列项、计算。

过程 7.4　木构件

定额木构件部分项目的设置基本同《计价规范》。木柱、木梁项目工程量均按设计图示尺寸以竣工木料体积计算。木楼梯项目工程量计算方法同清单项目。其他木构件中，檩木按设计图示尺寸以竣工木料体积计算；封檐板按设计图示檐口外围长度计算，博风板按设计图示斜长度计算，每个大刀头增加长度500mm；屋面板等按屋面设计图示的斜面积计算，不扣除屋面烟囱及斜沟部分所占面积。木构件需刷油漆时，应按装饰装修工程相应项目另列项计算。

木构件部分清单项目有木柱、木梁、木楼梯等。编制工程预算时，应根据表7-3中清单项目名称、项目特征、工程内容、计量单位、工程量计算规则进行列项、计算。

巩固与提高：

1. 厂库房大门、特种门、木结构工程常用的清单项目有哪些？说出各分项工程的工程量计算规则。

2. 厂库房大门、特种门工程预算时，《计价规范》与定额相比在项目设置及工程量计算规则上有何不同？

任务 8

金属结构工程量计算

金属结构工程包括：金属结构工程制作、运输、安装、刷油漆等。通过本部分的学习，使学生了解金属结构工程清单项目设置及工程量计算规则，会计算简单的金属结构工程分项工程量。

过程 8.1　识读钢结构图

8.1.1　基础知识

钢结构是用钢板和型钢作基本构件，采用焊接、铆接或螺栓连接等方法，按照一定的构造要求连接起来，承受规定荷载的结构物。

1. 钢材类型表示法

(1) 圆钢：圆钢断面呈圆形，一般用直径“d”表示，符号为“ϕd”，如“ϕ10”表示 HPB235 级光圆钢筋，直径为 10mm。“Φ22”表示 HRB335 级螺纹钢筋，直径为 22mm。

(2) 方钢：方钢断面呈正方形，一般用边长“a”表示，其符号为“□a”，例如“□16”表示边 16mm 的方钢。

(3) 角钢：①等肢角钢：等肢角钢的断面形状呈“L”字形，角钢的两肢相等，一般用∟$b \times d$ 来表示。如：∟50×4，则表示等肢角钢的肢宽为 $b = 50$mm，肢板厚 $d = 4$mm。②不等肢角钢：不等肢角钢的断面形状亦呈“L”形，但角钢的两肢宽度不相等，一般用∟$B \times b \times d$ 来表示。如∟56×36×4，则表示不等肢角钢长肢 $B = 56$mm，短肢 $b = 36$mm，厚度 $d = 4$mm。

（4）槽钢：槽钢的断面形状呈“［”形，一般用型号来表示，如$[_{25a}$表示25号槽钢，槽钢的号数为槽钢高度的1/10，25号槽钢的高度为250mm。同一型号的槽钢其宽和厚度均有差别，如$[_{25a}$表示肢宽为78mm，高为250mm，腹板厚为7mm。$[_{25c}$表示肢宽为82mm，高为250mm，腹板厚为11mm。

（5）工字钢：工字钢的断面形状呈工字形，一般用型号来表示。如I_{32a}表示为32号工字钢，工字钢的号数常为高度的1/10，I_{32}表示其高度为32mm，由于工字钢的宽度和厚度均有差别，分别用a、b、c来表示。如I_{32a}中a表示32号工字钢宽为130mm，厚度为9.5mm，b表示工字钢宽为132mm，厚度为11.5mm，c表示工字钢宽为134mm，厚度为13.5mm。

（6）钢板：钢板的表示方法，一般用厚度来表示，如符号“$—a\times b\times d$”其中“—”为钢板代号，a、b、d为板长、宽、厚，例如“—360×280×6”的钢板长度为360mm、为宽度280mm、厚度为6mm。

（7）扁钢：扁钢为长条形式钢板，一般宽度均有统一标准，它的表示方法为“$—a\times d$”，其中“—”表示钢板，a、d分别表示钢板的宽度和厚度。例如—60×5表示宽度为60mm，厚度为5mm。

（8）钢管：钢管的一般表示方法用“$\phi D\times t\times l$”来表示，例如$\phi 102\times 4\times 700$，表示外径为102mm，厚度为4mm，长度为700mm。

2. 钢材理论质量计算方法

各种规格钢材每米质量均可以从型钢表中查得，或由下列公式计算。

（1）方钢：$G=0.00785\times$边长平方

（2）角钢：等边：$G=0.00785\times$厚×(2×边宽－厚)

不等边：$G=0.00785\times$厚×(长边宽＋短边宽－厚)

（3）工字钢：a型：$G=0.00785\times$腹厚×[高度＋3.34(宽度－腹厚)]

b型：$G=0.00785\times$腹厚×[高度＋2.65(宽度－腹厚)]

c型：$G=0.00785\times$腹厚×[高度＋2.44(宽度－腹厚)]

（4）槽钢：a型：$G=0.00785\times$腹厚×[高度＋3.26(宽度－腹厚)]

b型：$G=0.00785\times$腹厚×[高度＋2.85(宽度－腹厚)]

c型：$G=0.00785\times$腹厚×[高度＋2.44(宽度－腹厚)]

（5）扁钢：$G=0.00785\times$宽×厚

（6）钢板：$G=7.85\times$厚

（7）圆钢：线材、钢丝$G=0.00617\times$直径平方

（8）钢管：$G=0.02466\times$壁厚×(外径－壁厚)

以上公式：G为单位质量（kg/m或kg/m^2），其他计算单位均为mm。

8.1.2 识图要点

识图时应先看建筑说明，了解金属结构各部位构造做法，所引用的标准图集及各构件的材料要求。看平面图中各金属构件的数量、长度及分布位置等，以便与剖面图、详图等对照着读，看详图及所引用的标准图中所注明的材料种类、规

格、尺寸、厚度等，为正确计算其工程量做好准备。

过程 8.2 工程量清单项目设置及工程量计算规则

8.2.1 定额说明、项目划分及工程量计算规则

1. 定额有关说明

（1）构件制作：

1）定额适用于现场加工制作，亦适用于企业附属加工厂制作的构件。

2）所有构件制作均按焊接编制的。

3）构件制作，包括分段制作和整体预装配的工人材料及机械台班用量，整体预装配用的螺栓及锚固杆件用的螺栓，已包括在定额内。

4）定额除注明者外，均包括现场（或加工厂）内的材料运输、加工、组装及成品堆放、装车出厂等全部工序。

5）构件制作项目中，均以包括涂刷一遍防锈漆工料。

6）金属构件油漆按装饰装修工程 B. 5 油漆、涂料、裱糊工程分部另列项目计算。

（2）构件安装：

1）构件安装是按单机作业考虑的。

2）构件安装是按机械起吊点中心回转半径 15m 以内的距离计算的。如构件就位距离超出 15m，其超过部分可增加构件就位运输费用，该费用可按相应构件运输 0. 8km 计算。但已计取构件运输的构件，均应一次到位，不能再计算就位运输费。

3）每一个工作循环中，均包括机械的必要位移。

4）本分部安装机械是综合取定的，除有特殊注明者外，无论机械种类、台班数量、台班价格均不得调整。

5）子目工作内容不包括其中机械、运输机械行驶道路的修整、铺垫工作的人工、材料和机械。

6）钢屋架单榀重量在 1t 以下者，执行轻钢屋架子目。

（3）构件运输：

1）适用于构件堆放场地或构件加工厂至施工现场的运输。

2）构件分类按构件的类型和外形尺寸划分。金属结构构件分为三类，见表 8-1。

金属结构构件分类表 **表 8-1**

类　别	项　目
1	钢柱、屋架、托架梁、防风桁架
2	吊车梁、制动梁、型钢檩条、钢支撑、上下档、钢拉杆、栏杆、盖板、垃圾出灰口、倒灰门、箅子、爬梯、零星构件、平台、操作台、走道休息台、扶梯、钢吊车梯台、烟囱紧固箍
3	墙架、挡风架、天窗架、组合檩条、轻型屋架、滚动支架、悬挂支架、管道支架

2. 定额项目划分

分项工程的列项通常应根据设计图纸的内容，结合工程的具体情况，以定额子目的划分为原则，按照定额子目的设置情况、子目所包括的工作内容及定额中有关规则、说明、规定进行。

金属结构构件包括钢柱、钢屋架、钢托架、钢吊车梁、钢支撑、钢檩条、钢平台等定额项目。编制预算时，应按照以上原则及定额子目设置情况等进行列项。金属结构工程一般常列如下项目：

（1）构件制作、安装。在编制预算时，分项工程的列项特征应尽可能在项目名称中描述清楚，以便于工程量计算及定额套用。例如“钢屋架，单榀质量 1t 以下”。

（2）构件运输或就位运输。在编制预算时，金属结构构件若为构件加工厂制作时，可按构件加工厂至施工现场的距离及构件类别，列项计算金属构件场外运输费用。当金属结构构件在施工现场制作时，只有当金属构件的就位距离超出 15m 时，才能列项计算金属构件现场就位运输费用。就位距离未超过 15m 的现场制作金属构件及构件加工厂制作的金属构件，均不得计取场内就位运输费。

（3）构件刷油漆。金属构件油漆详见任务 16。

3. 定额工程量计算规则

定额工程量计算规则基本同《计价规范》规定。

金属结构制作、安装和运输工程量均按设计图示尺寸以质量计算。不扣除孔眼、切边、切肢的质量，焊条、铆钉、螺栓等不另增加质量（图 8-1），不规则或多边形钢板（图 8-2）以其外接矩形面积乘以厚度乘以单位理论质量计算。即：

$$\text{工程量} = \sum\left[\text{构件面积（或长度）} \times \text{单位理论质量}\right]$$

$$\text{油漆工程量} = \text{制作工程量} \times K$$

式中　K——油漆工程量调整系数，详见任务 16。

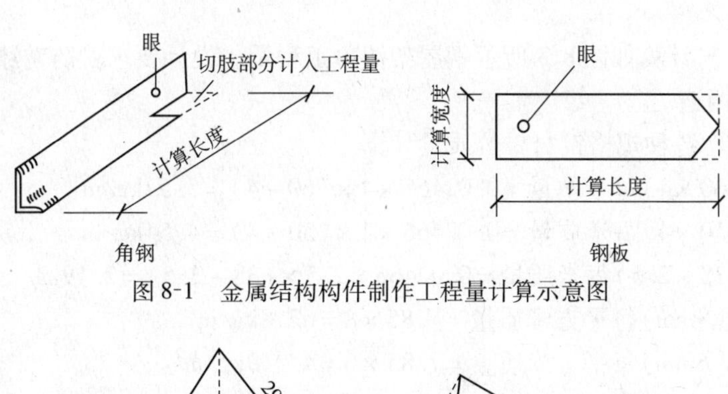

图 8-1　金属结构构件制作工程量计算示意图

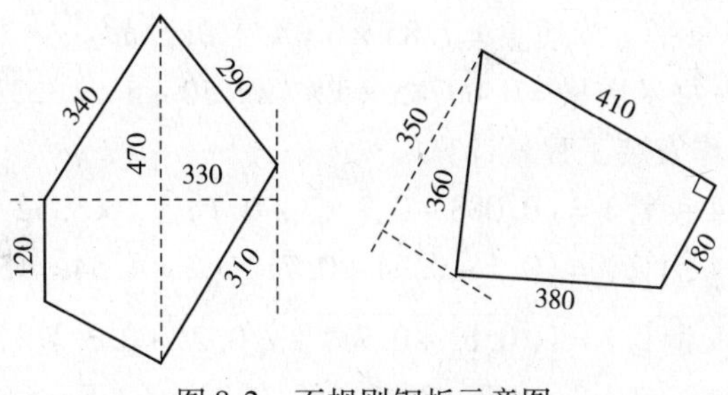

图 8-2　不规则钢板示意图

任务8　金属结构工程量计算

8.2.2 清单项目设置及工程量计算规则

金属结构工程的清单项目分为：钢屋架、钢网架，钢托架、钢桁架，钢柱，钢梁，压型钢板楼板、墙板，钢构件，金属网等7节24个项目。

清单项目设置及工程量计算规则，详见表8-2、表8-4、表8-5、表8-7～表8-9、表8-11。

过程8.3 钢屋架、钢网架、钢托架、钢桁架

8.3.1 钢屋架、钢网架

工程量清单项目设置及工程量计算规则，应按表8-2的规定执行。

钢屋架、钢网架（编码：010601） 表8-2

项目编码	项目名称	项目特征	计量单位	工程量计算规则	工程内容
010601001	钢屋架	1. 钢材品种、规格 2. 单榀屋架的重量 3. 屋架跨度、安装高度 4. 探伤要求 5. 油漆品种、刷漆遍数	t （榀）	按设计图示尺寸以质量计算。不扣除孔眼、切边、切肢的质量，焊条、铆钉、螺栓等不另增加质量，不规则或多边形钢板以其外接矩形面积乘以厚度乘以单位理论质量计算	1. 制作 2. 运输 3. 拼装 4. 安装 5. 探伤 6. 刷油漆
010601002	钢网架	1. 钢材品种、规格 2. 网架节点形式、连接方式 3. 网架跨度、安装高度 4. 探伤要求 5. 油漆品种、刷漆遍数			

【例8.1】计算如图8-3所示钢屋架清单工程量。设计要求：防锈漆打底两遍，再刷防火漆两遍。

解：（1）各种规格钢材单位质量计算

钢管($\phi60\times4$)每米质量 $=0.02466\times4\times(60-4)=5.52\text{kg/m}$

钢管($\phi50\times4$)每米质量 $=0.02466\times4\times(50-4)=4.54\text{kg/m}$

钢管($\phi38\times2.5$)每米质量 $=0.02466\times2.5\times(38-2.5)=2.19\text{kg/m}$

钢板(厚8mm)每平方米质量 $=7.85\times8=62.8\text{kg/m}^2$

钢板(厚6mm)每平方米质量 $=7.85\times6=47.10\text{kg/m}^2$

角钢(∟50×5)每米质量 $=0.00785\times5\times(2\times50-5)=3.73\text{kg/m}$

（2）钢屋架制作安装工程量计算

上弦杆($\phi60\times4$钢管) $=(0.088+0.7\times3+0.1)\times2\times5.52=25.30\text{kg}$

下弦杆($\phi50\times4$钢管) $=(0.1+0.94+0.71)\times2\times4.54=15.89\text{kg}$

斜杆($\phi38\times2.5$钢管) $=(\sqrt{0.6^2+0.71^2}+\sqrt{0.2^2+0.3^2})\times2\times2.19=6.15\text{kg}$

连接板(厚8mm) $=(0.1\times0.3\times2+0.15\times0.2)\times62.8=5.65\text{kg}$

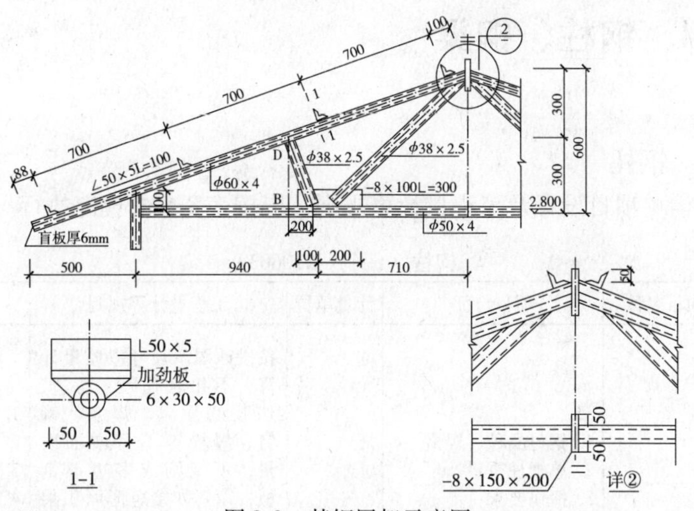

图 8-3　某钢屋架示意图

盲板(厚 6mm) = 0.062 × 2 × 47.10 = 0.34kg

角钢(└ 50 × 5) = 0.1 × 8 × 3.73 = 2.98kg

加劲板(厚 6mm) = 0.03 × 0.05 × 2 × 8 × 47.10 = 1.13kg

钢屋架工程量 = 25.30 + 15.89 + 6.15 + 5.65 + 0.34 + 2.98 + 1.13
= 57.44kg = 0.057t

清单项目特征及工程量计算结果见表 8-3。

分部分项工程量清单表　　**表 8-3**

序号	项目编码	项目名称	项目特征描述	计量单位	工程量
1	010601001001	钢屋架	单榀重 0.06t，防锈漆打底两遍、刷防火漆两遍	t	0.057

8.3.2　钢托架、钢桁架

工程量清单项目设置及工程量计算规则，应按表 8-4 的规定执行。

钢托架、钢桁架（编码：010602）　　**表 8-4**

项目编码	项目名称	项目特征	计量单位	工程量计算规则	工程内容
010602001	钢托架	1. 钢材品种、规格 2. 单榀重量 3. 安装高度 4. 探伤要求 5. 油漆品种、刷漆遍数	t	按设计图示尺寸以质量计算。不扣除孔眼、切边、切肢的质量，焊条、铆钉、螺栓等不另增加质量，不规则或多边形钢板，以其外接矩形面积乘以厚度乘以单位理论质量计算	1. 制作 2. 运输 3. 拼装 4. 安装 5. 探伤 6. 刷油漆
010602002	钢桁架				

过程 8.4　钢柱、钢梁

8.4.1　钢柱

工程量清单项目设置及工程量计算规则，应按表 8-5 的规定执行。

钢柱（编码：010603）　　表 8-5

<table>
<tr><th>项目编码</th><th>项目名称</th><th>项目特征</th><th>计量单位</th><th>工程量计算规则</th><th>工程内容</th></tr>
<tr><td>010603001</td><td>实腹柱</td><td rowspan="2">1. 钢材品种、规格
2. 单根柱重量
3. 探伤要求
4. 油漆品种、刷漆遍数</td><td rowspan="3">t</td><td rowspan="2">按设计图示尺寸以质量计算。不扣除孔眼、切边、切肢的质量，焊条、铆钉、螺栓等不另增加质量，不规则或多边形钢板，以其外接矩形面积乘以厚度乘以单位理论质量计算，依附在钢柱上的牛腿及悬臂梁等并入钢柱工程量内</td><td rowspan="2">1. 制作
2. 运输
3. 拼装
4. 安装
5. 探伤
6. 刷油漆</td></tr>
<tr><td>010603002</td><td>空腹柱</td></tr>
<tr><td>010603003</td><td>钢管柱</td><td>1. 钢材品种、规格
2. 单根柱重量
3. 探伤要求
4. 油漆种类、刷漆遍数</td><td>按设计图示尺寸以质量计算。不扣除孔眼、切边、切肢的质量，焊条、铆钉、螺栓等不另增加质量，不规则或多边形钢板，以其外接矩形面积乘以厚度乘以单位理论质量计算，钢管柱上的节点板、加强环、内衬管、牛腿等并入钢管柱工程量内</td><td>1. 制作
2. 运输
3. 安装
4. 探伤
5. 刷油漆</td></tr>
</table>

【例 8.2】计算如图 8-4 所示钢柱清单工程量。设计要求：防锈漆打底两遍，再刷防火漆两遍。

解：钢柱工程量

柱顶板(厚 10mm) $=0.2\times0.2\times78.5=3.14$kg

柱腹板(厚 10mm) $=(4.43+0.2+0.15)\times0.3\times78.5=112.57$kg

柱翼板(厚 15mm) $=(4.43+0.2+0.15)\times0.3\times2\times117.75=337.71$kg

开孔板(厚 25mm) $=0.1\times0.1\times4\times196.25=7.85$kg

①号板(厚 25mm) $=0.245\times0.35\times2\times196.25=33.66$kg

②号板(厚 25mm) $=0.5\times0.35\times2\times196.25=68.69$kg

③号板(厚 25mm) $=0.15\times0.35\times2\times196.25=20.61$kg

④号板(厚 25mm) $=0.5\times0.65\times196.25=63.78$kg

合计 $=3.14+112.57+337.71+7.85+33.66+68.69+20.61+63.78=648$kg

$=0.648$t

清单项目特征及工程量计算结果见表 8-6。

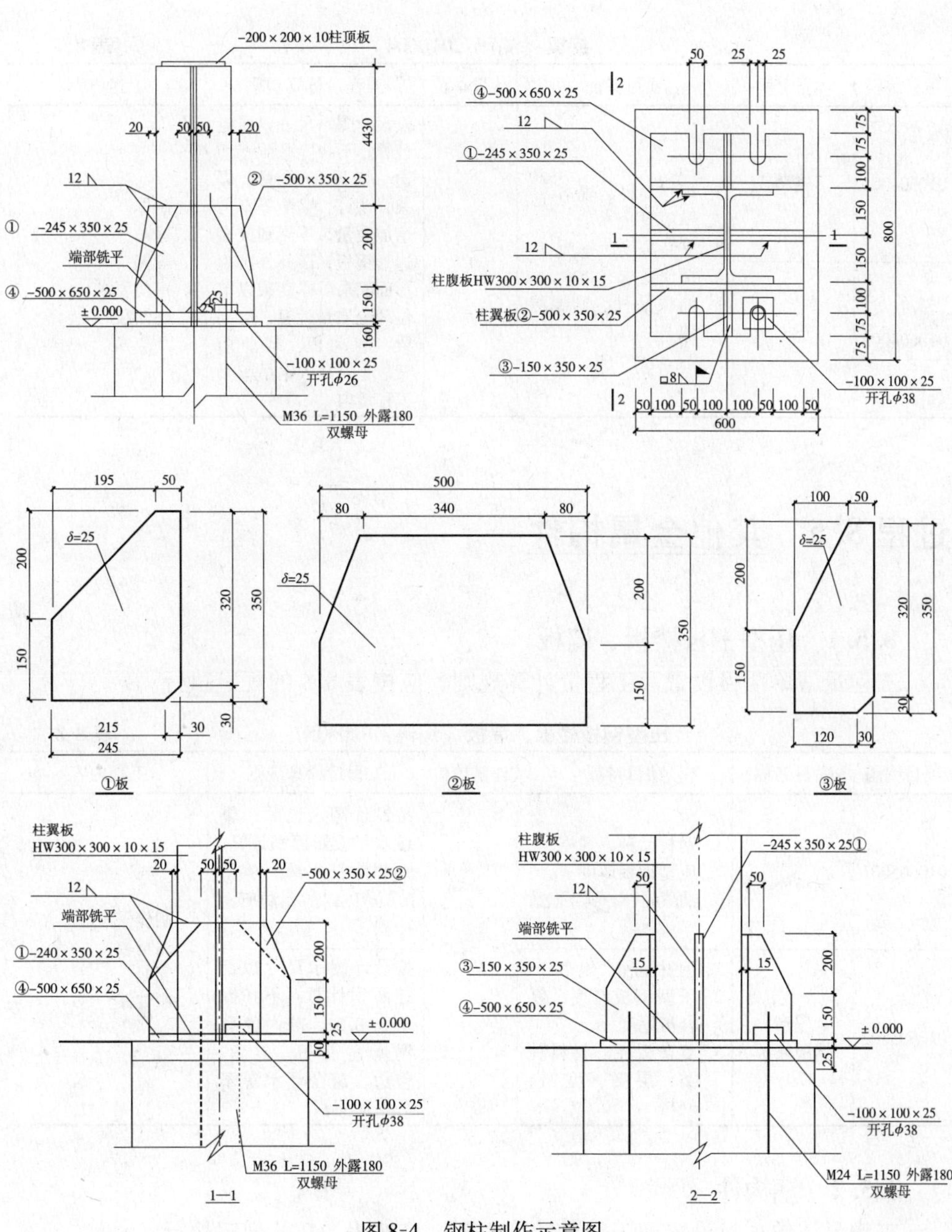

图 8-4　钢柱制作示意图

分部分项工程量清单表　　　　表 8-6

序号	项目编码	项目名称	项目特征描述	计量单位	工程量
1	010603001001	实腹柱	单根重 0.648t，防锈漆打底两遍、刷防火漆两遍	t	0.648

8.4.2　钢梁

工程量清单项目设置及工程量计算规则，应按表 8-7 的规定执行。

钢梁（编码：010604）　　表 8-7

项目编码	项目名称	项目特征	计量单位	工程量计算规则	工程内容
010604001	钢梁	1. 钢材品种、规格 2. 单根重量 3. 安装高度 4. 探伤要求 5. 油漆品种、刷漆遍数	t	按设计图示尺寸以质量计算。不扣除孔眼、切边、切肢的质量，焊条、铆钉、螺栓等不另增加质量，不规则或多边形钢板，以其外接矩形面积乘以厚度乘以单位理论质量计算，制动梁、制动板、制动桁架、车挡并入钢吊车梁工程量内	1. 制作 2. 运输 3. 安装 4. 探伤要求 5. 刷油漆
010604002	钢吊车梁				

过程 8.5　其他金属构件

8.5.1　压型钢板楼板、墙板

工程量清单项目设置及工程量计算规则，应按表 8-8 的规定执行。

压型钢板楼板、墙板（编码：010605）　　表 8-8

项目编码	项目名称	项目特征	计量单位	工程量计算规则	工程内容
010605001	压型钢板楼板	1. 钢材品种、规格 2. 压型钢板厚度 3. 油漆品种、刷漆遍数	m^2	按设计图示尺寸以铺设水平投影面积计算。不扣除柱、垛及单个 $0.3m^2$ 以内的孔洞所占面积	1. 制作 2. 运输 3. 安装 4. 刷油漆
010605002	压型钢板墙板	1. 钢材品种、规格 2. 压型钢板厚度、复合板厚度 3. 复合板夹心材料种类、层数、型号、规格		按设计图示尺寸以铺挂面积计算。不扣除单个 $0.3m^2$ 以内的孔洞所占面积，包角、包边、窗台泛水等不另增加面积	

8.5.2　钢构件

工程量清单项目设置及工程量计算规则，应按表 8-9 的规定执行。

钢构件（编码：010606）　　表 8-9

项目编码	项目名称	项目特征	计量单位	工程量计算规则	工程内容
010606001	钢支撑	1. 钢材品种、规格 2. 单式、复式 3. 支撑高度 4. 探伤要求 5. 油漆品种、刷漆遍数	t	按设计图示尺寸以质量计算。不扣除孔眼、切边、切肢的质量，焊条、铆钉、螺栓等不另增加质量，不规则或多边形钢板以其外接矩形面积乘以厚度乘以单位理论质量计算	1. 制作 2. 运输 3. 安装 4. 探伤 5. 刷油漆

续表

<table>
<tr><th>项目编码</th><th>项目名称</th><th>项目特征</th><th>计量单位</th><th>工程量计算规则</th><th>工程内容</th></tr>
<tr><td>010606002</td><td>钢檩条</td><td>1. 钢材品种、规格
2. 型钢式、格构式
3. 单根重量
4. 安装高度
5. 油漆品种、刷漆遍数</td><td rowspan="11">t</td><td rowspan="8">按设计图示尺寸以质量计算。不扣除孔眼、切边、切肢的质量，焊条、铆钉、螺栓等不另增加质量，不规则或多边形钢板以其外接矩形面积乘以厚度乘以单位理论质量计算</td><td rowspan="11">1. 制作
2. 运输
3. 安装
4. 探伤
5. 刷油漆</td></tr>
<tr><td>010606003</td><td>钢天窗架</td><td>1. 钢材品种、规格
2. 单榀重量
3. 安装高度
4. 探伤要求
5. 油漆品种、刷漆遍数</td></tr>
<tr><td>010606004</td><td>钢挡风架</td><td rowspan="2">1. 钢材品种、规格
2. 单榀重量
3. 探伤要求
4. 油漆品种、刷漆遍数</td></tr>
<tr><td>010606005</td><td>钢墙架</td></tr>
<tr><td>010606006</td><td>钢平台</td><td rowspan="2">1. 钢材品种、规格
2. 油漆品种、刷漆遍数</td></tr>
<tr><td>010606007</td><td>钢走道</td></tr>
<tr><td>010606008</td><td>钢梯</td><td>1. 钢材品种、规格
2. 钢梯形式
3. 油漆品种、刷漆遍数</td></tr>
<tr><td>010606009</td><td>钢栏杆</td><td>1. 钢材品种、规格
2. 油漆品种、刷漆遍数</td></tr>
<tr><td>010606010</td><td>钢漏斗</td><td>1. 钢材品种、规格
2. 方形、圆形
3. 安装高度
4. 探伤要求
5. 油漆品种、刷漆遍数</td><td>按设计图示尺寸以重量计算。不扣除扎眼、切边、切肢的质量，焊条、铆钉、螺栓等不另增加质量，不规则或多边形钢板以其外接矩形面积乘以厚度乘以单位理论质量计算，依附漏斗的型钢并入漏斗工程量内</td></tr>
<tr><td>010606011</td><td>钢支架</td><td>1. 钢材品种、规格
2. 单件重量
3. 油漆品种、刷漆遍数</td><td rowspan="2">按设计图示尺寸以质量计算。不扣除孔眼、切边、切肢的质量，焊条、铆钉、螺栓等不另增加质量，不规则或多边形钢板以其外接矩形面积乘以厚度乘以单位理论质量计算</td></tr>
<tr><td>010606012</td><td>零星钢构件</td><td>1. 钢材品种、规格
2. 构件名称
3. 油漆品种、刷漆遍数</td></tr>
</table>

【例 8.3】某工业厂房柱支撑如图 8-5 所示，设计要求：防锈漆打底两遍，再刷防火漆两遍，试计算其清单工程量。

解：柱支撑工程量计算

角钢（∟90×60×8）：　$[3.875\times4+(3.935+3.965)\times2]\times9.031=282.67\text{kg}$

钢板（$d=8$）：

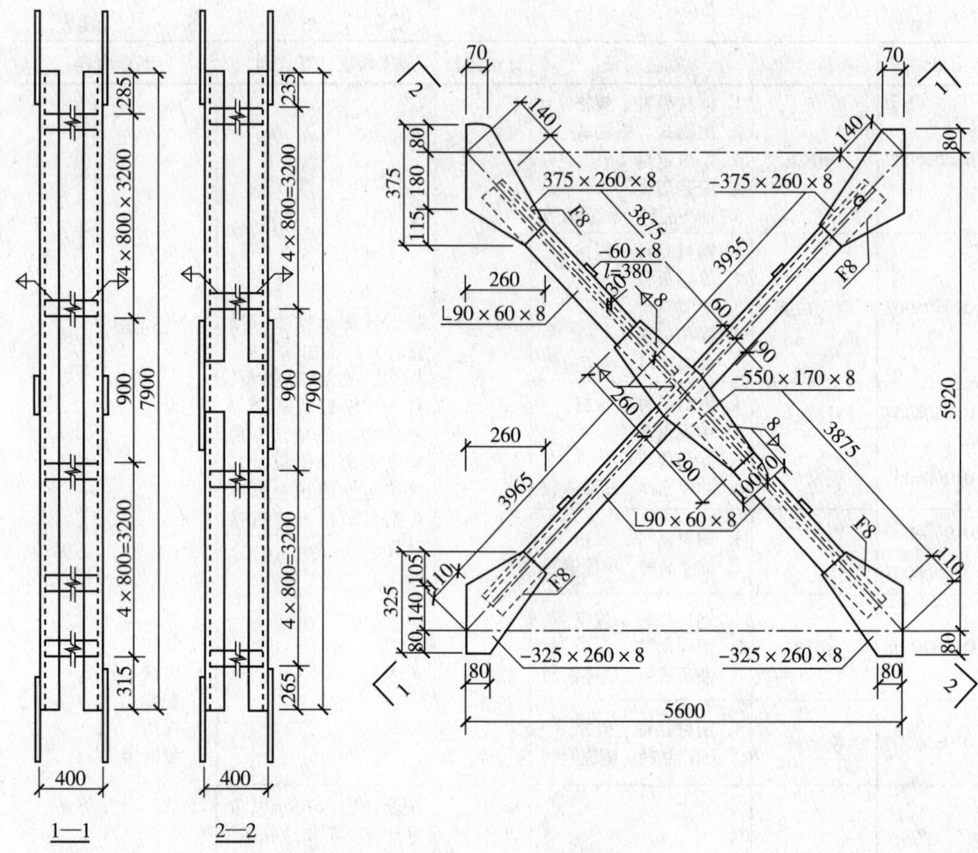

图 8-5 工业厂房柱支撑示意图

钢板 $-550\times170\times8$ $\quad 0.55\times0.17\times2=0.187\text{m}^2$

钢板 $-325\times260\times8$ $\quad 0.325\times0.26\times4=0.338\text{m}^2$

钢板 $-375\times260\times8$ $\quad 0.375\times0.26\times4=0.39\text{m}^2$

钢板 $-60\times8(l=380)$ $\quad 0.380\times0.06\times20=0.456\text{m}^2$

小计 $=(0.187+0.338+0.39+0.456)\times62.8=86.10\text{kg}$

每副柱支撑工程量 $=282.67+86.10=368.77(\text{kg})=0.369\text{t}$

清单项目特征及工程量计算结果见表 8-10。

分部分项工程量清单表 **表 8-10**

序号	项目编码	项目名称	项目特征描述	计量单位	工程量
1	010606001001	钢支撑	单副重 0.369t、角钢、钢板，防锈漆打底两遍，再刷防火漆两遍	t	0.369

8.5.3 金属网

工程量清单项目设置及工程量计算规则，应按表 8-11 的规定执行。

金属网（编码：010607）　　表 8-11

项目编码	项目名称	项目特征	计量单位	工程量计算规则	工程内容
010607001	金属网	1. 材料品种、规格 2. 边框及立柱型钢品种、规格 3. 油漆品种、刷漆遍数	m^2	按设计图示尺寸以面积计算	1. 制作 2. 运输 3. 安装 4. 刷油漆

8.5.4 其他相关问题

其他相关问题应按下列规定处理：

（1）型钢混凝土柱、梁浇筑混凝土和压型钢板楼板上浇筑钢筋混凝土，混凝土和钢筋应按 A.4 中相关项目编码列项。

（2）钢墙架项目包括墙架柱、墙架梁和连接杆件。

（3）加工铁件等小型构件，应按表 8-9 中零星钢构件项目编码列项。

巩固与提高：

1. 钢屋架、钢网架工程量如何计算？
2. 压型钢板楼板工程量如何计算？
3. 钢梁清单项目工程内容有哪些？
4. 钢柱清单项目特征需描述哪些内容？
5. 计算如图 8-6 所示钢支撑工程量。

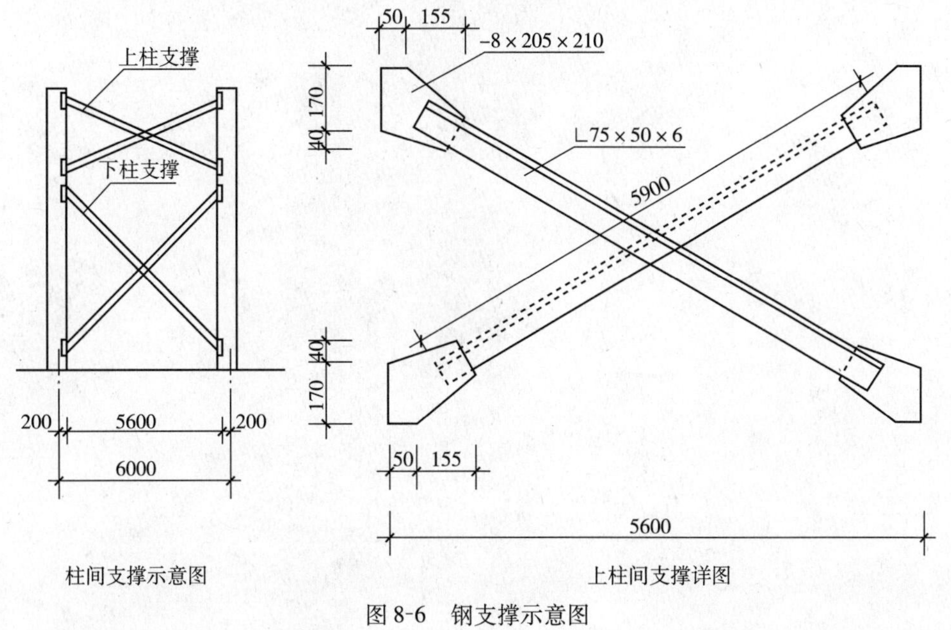

图 8-6　钢支撑示意图

6. 计算如图 8-7 所示钢直梯工程量。

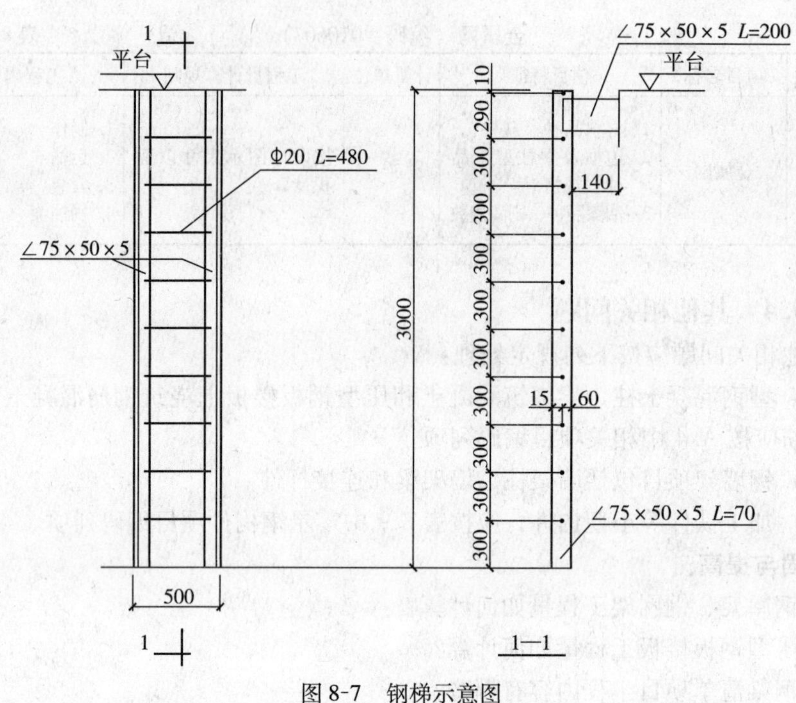

1
平台
Φ20 L=480
∠75×50×5
500
1
∠75×50×5 L=200
平台
10
290
300
300
300
300
300
300
300
300
300
3000
140
15
60
∠75×50×5 L=70
1—1

图 8-7　钢梯示意图

任务 9

屋面及防水工程量计算

屋面及防水工程包括瓦、型材屋面，屋面防水，墙、地面防水、防潮等。通过本部分的学习，使学生能根据建筑屋面施工图及构造做法，按清单项目设置及工程量计算规则，熟练计算屋面及防水工程分项工程量。

过程 9.1　识读屋面平面图及构造做法

9.1.1　基础知识

屋面是房屋最上部起覆盖作用的外围构件，用来抵抗风霜、雨、雹的侵袭并减少日晒、寒冷等自然条件对室内的影响。屋面的功能首要是防水和排水，在寒冷地区还要求保温，在炎热地区还要求隔热。屋顶主要由屋面层、承重结构层、保温（隔热）层和顶棚四部分组成。

屋面按屋顶的形式可分为平屋顶、坡屋顶和曲面屋顶三大类。平屋顶指屋面排水坡度不大于10%的屋顶，常用的坡度为2% ~3%。坡屋顶指屋面排水坡度在10%以上的屋顶。曲面屋顶是由各种薄壁壳体或悬索结构、网架结构等作为屋顶承重结构的屋顶。这类屋顶结构的内力分布均匀、合理，节约材料，适用于大跨度、大空间和造型特殊的建筑屋顶。按屋面所用材料不同，有刚性防水屋面和柔性防水屋面。按使用功能不同分为上人屋面和不上人屋面。按是否具有保温性能分为保温屋面和不保温屋面。

屋面工程包括屋面防水层、屋面找平层、屋面保温层、屋面找坡层、屋面排水设施等内容。

9.1.2　识图要点

识读屋面平面图应按照“总体了解、顺序识读、前后对照、重点细读”的读图方法，准确了解建筑物屋面的形状、类型、功能、细部构造做法等，为工程量计算奠定基础。具体方法：

（1）看建筑总说明的屋面构造做法，所引用的标准图集。

（2）看屋顶平面图。它表明了屋顶的形状，屋面排水方向及坡度，分水线、女儿墙、烟囱、通风道、屋面检查口、雨水口的位置。

（3）细看图中定位轴线编号及间距尺寸，墙柱、檐口与轴线的关系。

（4）查看平面图上各剖面的剖切符号、部位及编号，以便与剖面图对照着读；查看平面图中的索引符号，详图的位置及选用的图集。

（5）屋顶标高变化较多，要与立面、剖面图对照着读。

（6）看屋面构造做法，注意各层做法的上下顺序、厚度和使用材料。

（7）查看索引剖面图中不能表示清楚的地方，如檐口、泛水等处都注有详图索引应查明出处。

9.1.3　研讨与练习

某办公楼屋顶平面图如图 9-1 所示，设计室外地坪为 -0.300m，墙厚均为 240mm。05YJ1 屋 13（B2-65-F2）为涂料或粒料保护层屋面（不上人），用料做法见表 9-1。

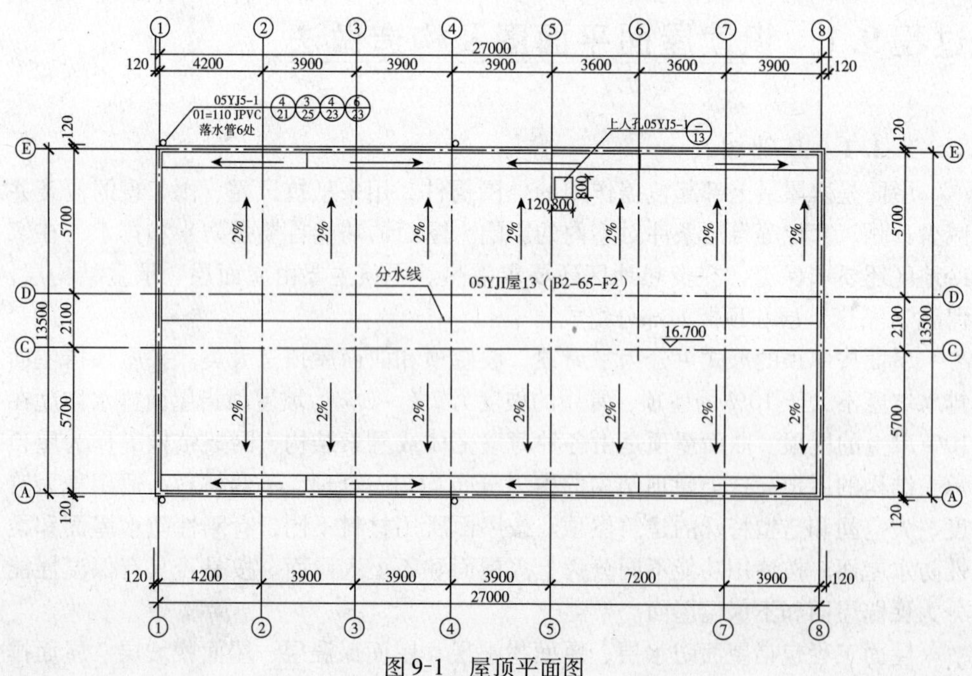

图 9-1　屋顶平面图

涂料或粒料保护层屋面（不上人） 表9-1

项目	用料做法
05YJ1 屋13 （B2－65－F2）	1. 保护层：涂料或粒料 2. 防水层：F2—高聚物改性沥青防水卷材（$\delta \geq 3.0mm$），基层处理剂（冷贴点铺） 3. 找平层：20mm1∶3 水泥砂浆，砂浆中掺聚丙烯或锦纶－6 纤维 0.75～0.90kg/m^3 4. 保温层：B2—65mm 厚聚苯乙烯泡沫塑料板 5. 找坡层：20mm（最薄处）1∶8 水泥膨胀珍珠岩找 2% 坡 6. 结构层：钢筋混凝土屋面板

从图中读出以下内容：

（1）定位轴线编号及间距尺寸，墙、檐口与轴线的关系；

（2）屋顶的类型、形状、功能、屋顶标高及屋面构造做法；

（3）屋面排水方向及坡度，分水线、女儿墙、屋面检查口、雨水口的位置；

（4）屋面排水管的数量、管径、材质及采用的标准图集。

过程 9.2 工程量清单项目设置及工程量计算规则

在识读建筑施工图及构造做法以后，还要熟悉工程量清单项目设置及工程量计算规则，才能正确列项计算工程量。要正确列项必须先熟悉定额分部说明中的有关规定。

9.2.1 定额说明、项目划分及工程量计算规则

1. 定额有关说明

（1）本部分未包括屋面木基层（檩条、椽子的制作安装、基层铺设、安顺水条和挂瓦条等）、屋面保温层，该内容分别在 A.5 和 A.8 分部内。

（2）各类防水卷材的附加层、接缝、收头、冷底子油、基层处理剂等工料均已计入相应子目内，不另计算。

（3）卷材屋面中除干铺聚氯乙烯防水卷材、防水柔毡、SBC120 复合卷材外，均包含冷底子油一道。

（4）屋面防水如设计要求单独刷冷底子油或增加道数时，可执行本分部地面涂膜防水中的相应子目。

（5）屋面上做块料防护面层时，执行装饰装修工程 B.1 分部中的相应子目。

（6）氯丁冷胶“二布三涂”项目，其“三涂”是指涂料构成防水层数，并非指涂刷遍数；每一层“涂层”刷两遍至数遍不等。

（7）本分部中沥青、玛蹄脂均指石油沥青、石油沥青玛蹄脂。

（8）防水层表面刷丙烯酸涂料，执行 B.5 分部中的子目。

2. 定额项目划分

屋面工程应根据设计图纸的内容，结合工程的具体情况，以定额子目的划分

为原则，按照定额子目的设置情况、子目所包括的工作内容等进行列项。

例如，建筑工程中的平屋面可根据屋面设计的构造层次进行列项，一般有什么层次列什么项目。通常列如下项目：

(1) 水泥砂浆找平层（在硬基层上）；

(2) 隔气层（一毡二油）；

(3) 找坡层（水泥膨胀珍珠岩等，执行 A. 8 分部中的相应子目）；

(4) 保温层（加气混凝土块、聚苯乙烯泡沫板等，执行 A. 8 分部中的相应子目）；

(5) 水泥砂浆找平层（在填充料上）；

(6) 防水层（柔性防水、刚性防水）；

(7) 隔离层（干铺无纺聚酯纤维布、聚乙烯薄膜等）；

(8) 块料保护层（地砖、预制混凝土板等，执行装饰装修工程 B. 1 分部中的相应子目）；

(9) 水落管（镀锌薄钢板、铸铁、PVC、UPVC）；

(10) 水斗（镀锌薄钢板、铸铁、PVC、UPVC）；

(11) 水口（镀锌薄钢板、铸铁、PVC、UPVC）。

3. 定额工程量计算规则

(1) 屋面卷材防水、涂膜防水工程量按设计图示尺寸的水平投影面积计算（坡屋面应乘以坡度系数）。不扣除房上烟囱、风帽底座、风道、屋面小气窗和斜沟所占的面积；屋面的女儿墙、伸缩缝和天窗等处的弯起部分，按图示尺寸计算并入屋面工程量内。如图纸无规定时，伸缩缝、女儿墙的弯起部分可按 250mm 计算，天窗弯起部分可按 500mm 计算（见图 9-2 所示）。

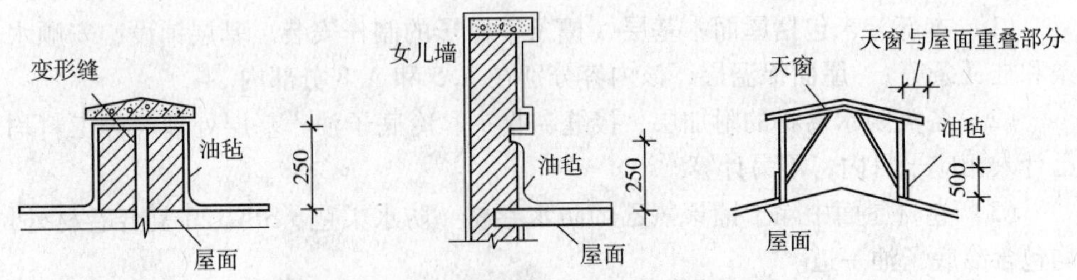

图 9-2　屋面卷材防水弯起部分示意图（mm）

(2) 卷材屋面的附加层、接缝、收头、找平层的嵌缝、冷底子油已计入定额内，不另计算。

(3) 涂膜屋面的油膏嵌缝、玻璃布盖缝、屋面分格缝，按设计图示尺寸以长度计算。

(4) 屋面排水管分别按不同材质、不同直径按图示尺寸以长度计算，雨水口、水斗、弯头、短管以个计算（见图 9-3 所示）。

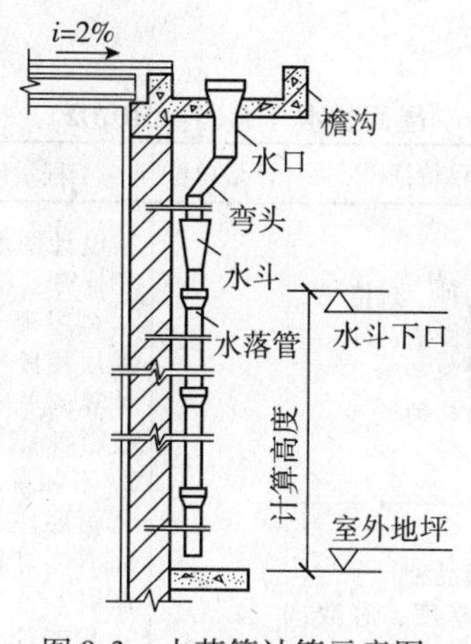

图 9-3　水落管计算示意图

9.2.2　清单项目设置及工程量计算规则

1. 瓦、型材屋面

各项目编码、名称、特征、计量单位、工程量计算规则及包含的工程内容详见表 9-2 的规定。

瓦、型材屋面（编码：010701）　　表 9-2

项目编码	项目名称	项目特征	计量单位	工程量计算规则	工程内容
010701001	瓦屋面	1. 瓦品种、规格、品牌、颜色 2. 防水材料种类 3. 基层材料种类 4. 楔条种类、截面 5. 防护材料种类	m²	按设计图示尺寸以斜面积计算。不扣除房上烟囱、风帽底座、风道、小气窗、斜沟等所占面积，小气窗的出檐部分不增加面积	1. 檩条、椽子安装 2. 基层铺设 3. 铺防水层 4. 安顺水条和挂瓦条 5. 安瓦 6. 刷防护材料
010701002	型材屋面	1. 型材品种、规格、品牌、颜色 2. 骨架材料品种、规格 3. 接缝、嵌缝材料种类			1. 骨架制作、运输、安装 2. 屋面型材安装 3. 接缝、嵌缝
010701003	膜结构屋面	1. 膜布品种、规格、颜色 2. 支柱（网架）钢材品种、规格 3. 钢丝绳品种、规格 4. 油漆品种、刷漆遍数		按设计图示尺寸以需要覆盖的水平面积计算	1. 膜布热压胶接 2. 支柱（网架）制作、安装 3. 膜布安装 4. 穿钢丝绳、锚头锚固 5. 刷油漆

2. 屋面防水

各项目编码、名称、特征、计量单位、工程量计算规则及包含的工程内容详见表 9-3 的规定。

屋面防水（编码：010702）　　　　表 9-3

项目编码	项目名称	项目特征	计量单位	工程量计算规则	工程内容
010702001	屋面卷材防水	1. 卷材品种、规格 2. 防水层做法 3. 嵌缝材料种类 4. 防护材料种类	m^2	按设计图示尺寸以面积计算 1. 斜屋顶（不包括平屋顶找坡）按斜面积计算，平屋顶按水平投影面积计算 2. 不扣除房上烟囱、风帽底座、风道、屋面小气窗和斜沟所占面积 3. 屋面的女儿墙、伸缩缝和天窗等处的弯起部分，并入屋面工程量内	1. 基层处理 2. 抹找平层 3. 刷底油 4. 铺油毡卷材、接缝、嵌缝 5. 铺保护层
010702002	屋面涂膜防水	1. 防水膜品种 2. 涂膜厚度、遍数、增强材料种类 3. 嵌缝材料种类 4. 防护材料种类			1. 基层处理 2. 抹找平层 3. 涂防水膜 4. 铺保护层
010702003	屋面刚性防水	1. 防水层厚度 2. 嵌缝材料种类 3. 混凝土强度等级		按设计图示尺寸以面积计算。不扣除房上烟囱、风帽底座、风道等所占面积	1. 基层处理 2. 混凝土制作、运输、铺筑、养护
010702004	屋面排水管	1. 排水管品种、规格、品牌、颜色 2. 接缝、嵌缝材料种类 3. 油漆品种、刷漆遍数	m	按设计图示尺寸以长度计算。如设计未标注尺寸，以檐口至设计室外散水上表面垂直距离计算	1. 排水管及配件安装、固定 2. 雨水斗、雨水箅子安装 3. 接缝、嵌缝
010702005	屋面天沟、檐沟	1. 材料品种 2. 砂浆配合比 3. 宽度、坡度 4. 接缝、嵌缝材料种类 5. 防护材料种类	m^2	按设计图示尺寸以面积计算。薄钢板和卷材天沟按展开面积计算	1. 砂浆制作、运输 2. 砂浆找坡、养护 3. 天沟材料铺设 4. 天沟配件安装 5. 接缝、嵌缝 6. 刷防护材料

3. 墙、地面防水、防潮

各项目编码、名称、特征、计量单位、工程量计算规则及包含的工程内容详见表 9-4 的规定。

4. 其他相关问题

其他相关问题应按下列规定处理：

（1）小青瓦、水泥平瓦、琉璃瓦等，应按 A. 7. 1 中瓦屋面项目编码列项。

（2）压型钢板、阳光板、玻璃钢等，应按 A. 7. 1 中型材屋面编码列项。

各部分的清单项目必须根据设计图纸注明：材料名称、品种、规格，设计要求做法（包括厚度、层数、遍数），特殊施工工艺要求，并结合每个项目包含的工程内容，区分材质、做法、部位等分别编码列项计算工程量。

墙、地面防水、防潮（编码：010703） 表 9-4

项目编码	项目名称	项目特征	计量单位	工程量计算规则	工程内容
010703001	卷材防水	1. 卷材、涂膜品种 2. 涂膜厚度、遍数、增强材料种类 3. 防水部位 4. 防水做法 5. 接缝、嵌缝材料种类 6. 防护材料种类	m^2	按设计图示尺寸以面积计算 1. 地面防水：按主墙间净空面积计算，扣除凸出地面的构筑物、设备基础等所占面积，不扣除间壁墙及单个 $0.3m^2$ 以内的柱、垛、烟囱和孔洞所占面积 2. 墙基防水：外墙按中心线，内墙按净长乘以宽度计算	1. 基层处理 2. 抹找平层 3. 刷胶粘剂 4. 铺防水卷材 5. 铺保护层 6. 接缝、嵌缝
010703002	涂膜防水				1. 基层处理 2. 抹找平层 3. 刷基层处理剂 4. 铺涂膜防水层 5. 铺保护层
010703003	砂浆防水（潮）	1. 防水（潮）部位 2. 防水（潮）厚度、层数 3. 砂浆配合比 4. 外加剂材料种类			1. 基层处理 2. 挂钢丝网片 3. 设置分格缝 4. 砂浆制作、运输、摊铺、养护
010703004	变形缝	1. 变形缝部位 2. 嵌缝材料种类 3. 止水带材料种类 4. 盖板材料 5. 防护材料种类	m	按设计图示以长度计算	1. 清缝 2. 填塞防水材料 3. 止水带安装 4. 盖板制作 5. 刷防护材料

过程 9.3 瓦、型材屋面

9.3.1 坡屋面的种类和坡度表示方法

1. 坡屋面的种类

（1）坡屋面可做成单坡屋面、双坡屋面或四坡屋面等多种形式。

（2）根据使用材料不同，坡屋面可分为瓦屋面和型材屋面。

瓦屋面按照使用材料不同分为水泥瓦屋面、黏土瓦屋面、小青瓦屋面、彩色水泥瓦屋面、陶瓷波形装饰瓦屋面、筒板瓦屋面、小波石棉瓦屋面、大波石棉瓦屋面、小波玻璃钢瓦屋面、琉璃瓦屋面和 PVC 彩色波形板屋面。

型材屋面按照使用材料不同分为金属压型板屋面和轻质隔热彩钢夹芯板屋面等。

2. 坡度表示方法

屋面坡度（即屋面的倾斜程度）有三种表示方法：第一种是用屋顶的高度与屋顶的跨度之比（简称高跨比）表示；第二种是用屋顶的高度与屋顶的半跨之比（简称坡度）表示；第三种是用屋面的斜面与水平面的夹角（θ）表示，如图 9-4 所示。

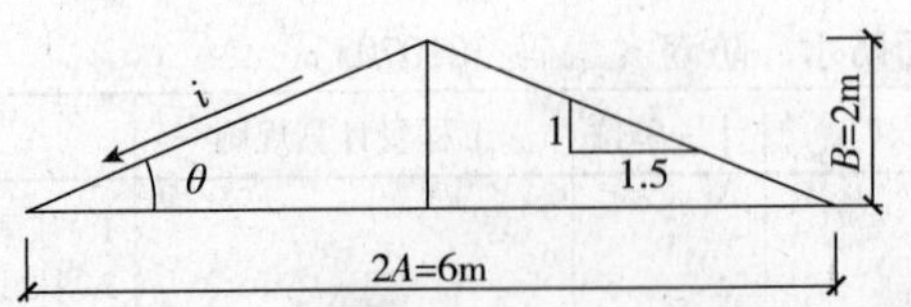

图 9-4　屋面坡度表示方法

9.3.2　瓦、型材屋面工程量计算方法

瓦、型材屋面工程量按设计图示尺寸以斜面积计算，屋面斜面积（见图9-5）可按屋面水平投影面积乘以坡度系数（见表9-5）计算。即：

屋面斜面积＝屋面水平投影面积×屋面坡度系数 C

四坡屋面一个斜脊长度＝$A\times D$（当 $A=S$ 时）

两坡屋面沿山墙泛水长度＝$A\times C$

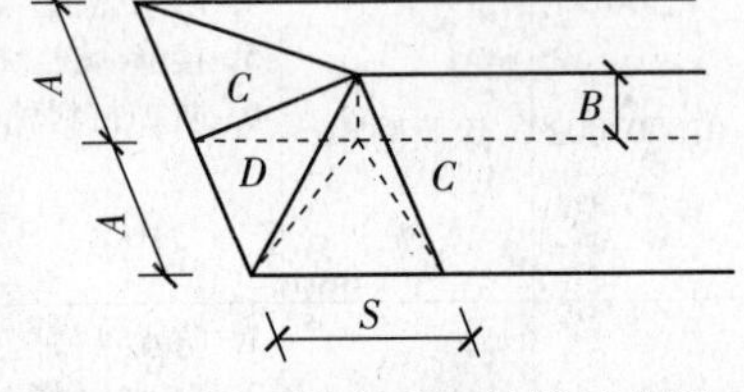

图 9-5　屋面坡度系数计算示意图

屋面坡度系数分为屋面延尺系数 C 和屋面隅延尺系数 D，分别用于计算屋面斜面积和斜脊长度。

屋面坡度系数表　　**表 9-5**

坡度			延尺系数 C (A＝1)	隅延尺系数 D (A＝1)
B (A＝1)	B/2A	角度		
1.000	1/2	45°	1.4142	1.7320
0.750	—	36°52′	1.2500	1.6088
0.700	—	35°	1.2207	1.5780
0.660	1/3	33°40′	1.2015	1.5632
0.650	—	33°01′	1.1927	1.5564
0.600	—	30°58′	1.1662	1.5362
0.577	—	30°	1.1545	1.5274
0.550	—	28°49′	1.1413	1.5174
0.500	1/4	26°34′	1.1180	1.5000
0.450	—	24°14′	1.0966	1.4841
0.400	1/5	21°48′	1.0770	1.4697
0.350	—	19°47′	1.0595	1.4569
0.300	—	16°42′	1.0440	1.4457
0.250	1/8	14°02′	1.0308	1.4361
0.200	1/10	11°19′	1.0198	1.4283
0.150	—	8°32′	1.0112	1.4221
0.125	1/16	7°8′	1.0078	1.4197
0.100	1/20	5°42′	1.0050	1.4177
0.083	1/24	4°45′	1.0035	1.4166
0.066	1/30	3°49′	1.0022	1.4157

【例 9.1】某四坡水屋面为砂浆卧瓦，无柔性防水层屋面，平面及檐口节点构造如图 9-6 所示，设计屋面坡度 $B=0.5$，试计算四坡水平瓦屋面工程量。

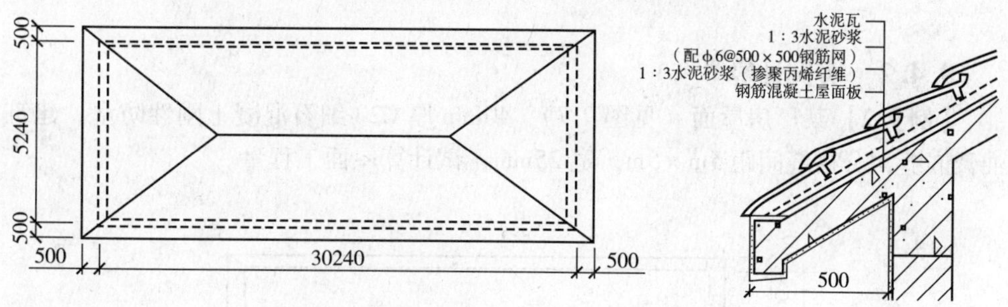

图 9-6　四坡水屋面及檐口节点构造示意图

解：查表 9-5 得知：屋面坡度系数 $C=1.118$。

（1）定额工程量计算

水泥瓦屋面

$S=(30.24+0.5\times2)\times(5.24+0.5\times2)\times1.118$

$=194.94\times1.118=217.94\text{m}^2$

15mm 厚 1∶3 水泥砂浆找平层（掺聚丙烯纤维）

$S=217.94\text{m}^2$

（2）清单工程量计算

瓦屋面　　$S=217.94\text{m}^2$

清单项目特征及工程量计算结果见表 9-6。

分部分项工程量清单表　　**表 9-6**

序号	项目编码	项目名称	项目特征描述	计量单位	工程量
1	010701001001	瓦屋面	水泥瓦、20mm（最薄处）1∶3 水泥砂浆卧瓦层（配 φ6@500×500 钢筋网）、15mm 厚 1∶3 水泥砂浆找平层（掺聚丙烯纤维）	m^2	217.94

过程 9.4　屋面防水

9.4.1　定额项目划分

卷材屋面是指在屋面的结构层上用卷材（如油毡、玻璃布等）和沥青、油膏等粘结材料铺贴而成的屋面。卷材屋面项目有石油沥青卷材、高聚物改性沥青卷材、氯化聚乙烯、聚氯乙烯卷材、SBC120、三元乙丙卷材、防水柔毡、其他等。

涂膜屋面是板缝采用嵌缝材料防水，板面采用涂料防水或板面自防水并涂刷附加层的一种屋面。屋面涂膜防水项目有聚氨酯涂料、氯丁橡胶沥青涂料、SBS

改性沥青涂料、塑料油膏及其他等。

屋面刚性防水项目有防水砂浆、素水泥浆、细石混凝土等。

屋面排水管项目有镀锌薄钢板管，铸铁管，PVC、UPVC 管等排水管材。

9.4.2 实例计算

【例 9.2】某厂房屋面（见图 9-7），40mm 厚 C20 细石混凝土刚性防水，建筑油膏嵌缝，分格缝间距 5m×5m，宽 25mm，试计算屋面工程量。

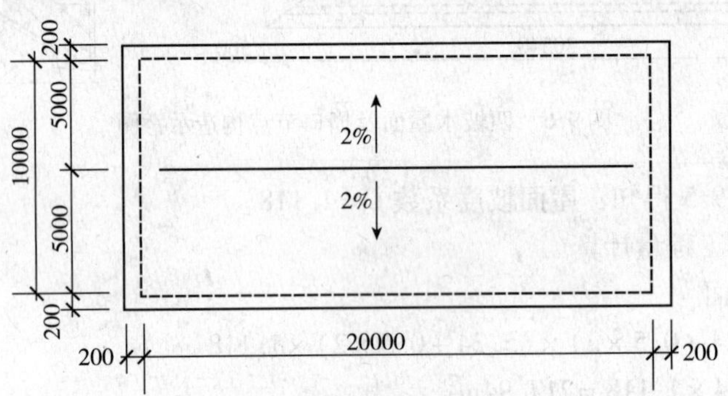

图 9-7 屋顶平面示意图

解：（1）屋面定额工程量计算

40mm 厚 C20 细石混凝土防水屋面

$S=(20+0.4)\times(10+0.4)=212.16\text{m}^2$

屋面分格缝（建筑油膏嵌缝）

$S=3\times10.4+1\times20.4=51.60\text{m}$

（2）清单工程量计算

屋面刚性防水 $S=212.16\text{m}^2$

清单项目特征及工程量计算结果见表 9-7。

分部分项工程量清单表 **表 9-7**

序号	项目编码	项目名称	项目特征描述	计量单位	工程量
1	010702003001	屋面刚性防水	C20 细石混凝土，厚 40mm、建筑油膏嵌缝	m^2	212.16

【例 9.3】某办公楼屋顶平面图及构造做法见 9.1.3 研讨与练习，水斗下口标高为 16m，计算其防水工程各项工程量。

解：（1）定额工程量计算（屋面保温层工程量计算见任务 10）

①1∶3 水泥砂浆（掺聚丙纶）找平层

$S=(27.00-0.24)\times(13.50-0.24)=26.76\times13.26=354.84\text{m}^2$

②3mm 高聚物改性沥青防水卷材（女儿墙弯起 250mm）

$S=354.20+(26.76+13.26)\times2\times0.25=354.84+20.01=374.85\text{m}^2$

③ϕ110UPVC 落水管

$L = (16.00 + 0.3) \times 6 = 97.80\text{m}$

④UPVC 水斗

$n = 6$ 个

⑤UPVC 落水口

$n = 6$ 个

⑥UPVC 弯头

$n = 6$ 个

（2）清单工程量计算

①屋面卷材防水

$S = 374.85\text{m}^2$

②屋面排水管

$L = (16.70 + 0.3) \times 6 = 102.00\text{m}$

清单项目特征及工程量计算结果见表 9-8。

分部分项工程量清单 **表 9-8**

序号	项目编码	项目名称	项目特征描述	计量单位	工程量
1	010702002001	屋面卷材防水	20mm 厚 1∶2 水泥砂浆（掺聚丙纶）找平；刷基层处理剂；3mm 厚高聚物改性沥青防水卷材（冷贴点铺）	m^2	374.85
2	010702004001	屋面排水管	UPVC 塑料水落管 ϕ110，水斗、弯头、水口	m	102.00

9.4.3 研讨与练习

某砖混结构住宅楼，共 3 层，设计室外地坪为 -0.300m，墙厚均为 240mm，轴线居中，屋面工程各部位用料做法见表 9-9。

表 9-9

项目	用料做法	施工范围
铺块材上人屋面	1. 保护层：8～10mm 厚地砖铺平拍实，缝宽 5～8mm，1∶1 水泥砂浆填缝 2. 结合层：25mm 厚 1∶4 干硬性水泥砂浆，面上撒素水泥 3. 隔离层：满铺 0.15mm 厚聚乙烯薄膜一层 4. 防水层：4mm 厚高聚物改性沥青防水卷材（冷贴满铺） 5. 找平层：20mm 厚 1∶3 水泥砂浆，砂浆中掺聚丙烯或锦纶 -6 纤维 0.75～0.90kg/m^3 6. 找坡层：20mm 厚（最薄处）1∶8 水泥膨胀珍珠岩找 2% 坡 7. 结构层：钢筋混凝土屋面板	室外平台

续表

项目	用料做法	施工范围
涂料或粒料保护层不上人屋面	1. 保护层：涂料或粒料 2. 防水层：4mm 厚高聚物改性沥青防水卷材（冷贴条铺） 3. 找平层：20mm 厚 1∶3 水泥砂浆，砂浆中掺聚丙烯或锦纶 -6 纤维 0.75 ~ 0.90kg/m^3 4. 保温层：180mm 厚沥青膨胀珍珠岩板 5. 找坡层：20mm 厚（最薄处）1∶8 水泥膨胀珍珠岩找 2% 坡 6. 结构层：钢筋混凝土屋面板	三层屋顶
屋面排水管	φ100mmUPVC 塑料水落管、弯头、水斗、水口	女儿墙外排水

三层平面图如图 9-8 所示，屋顶排水图如图 9-9 所示。

根据资料结合当地定额，讨论以下问题：

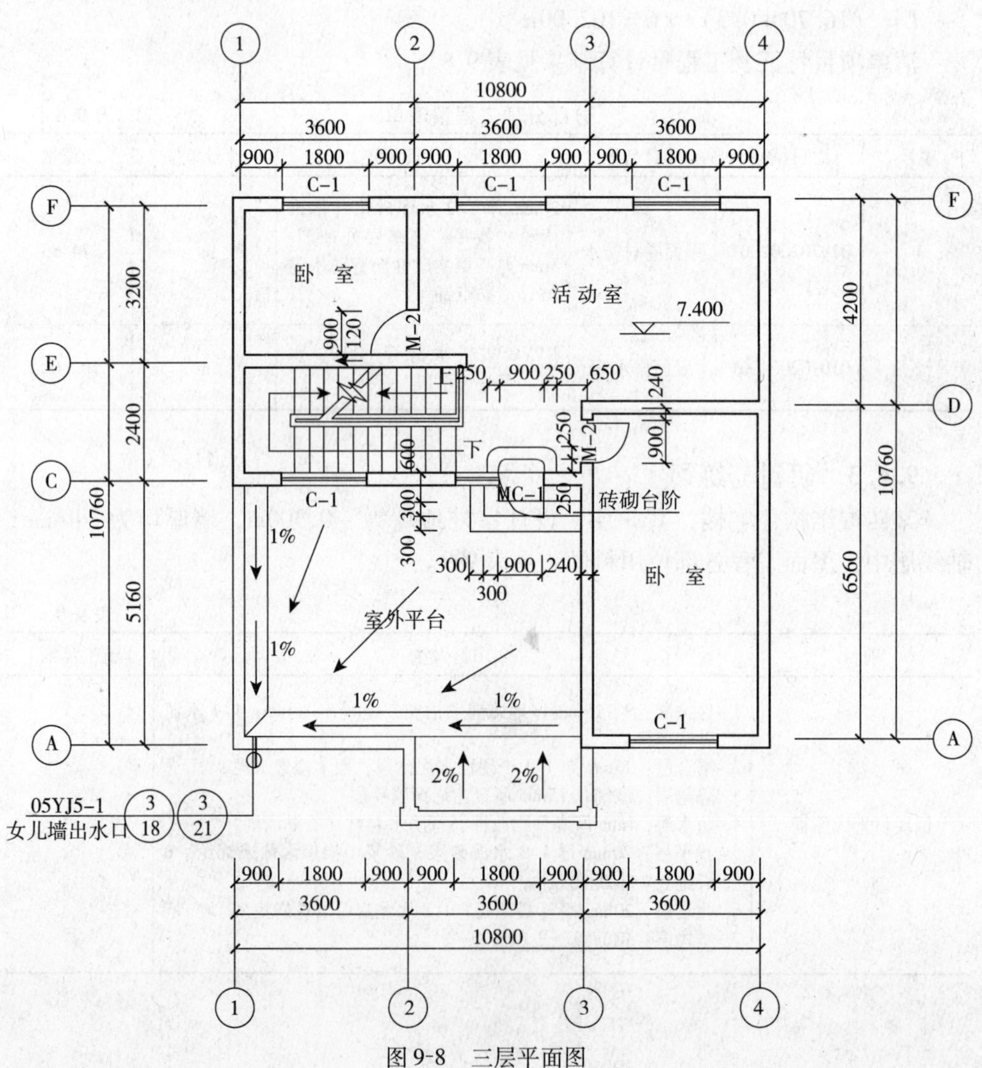

图 9-8　三层平面图

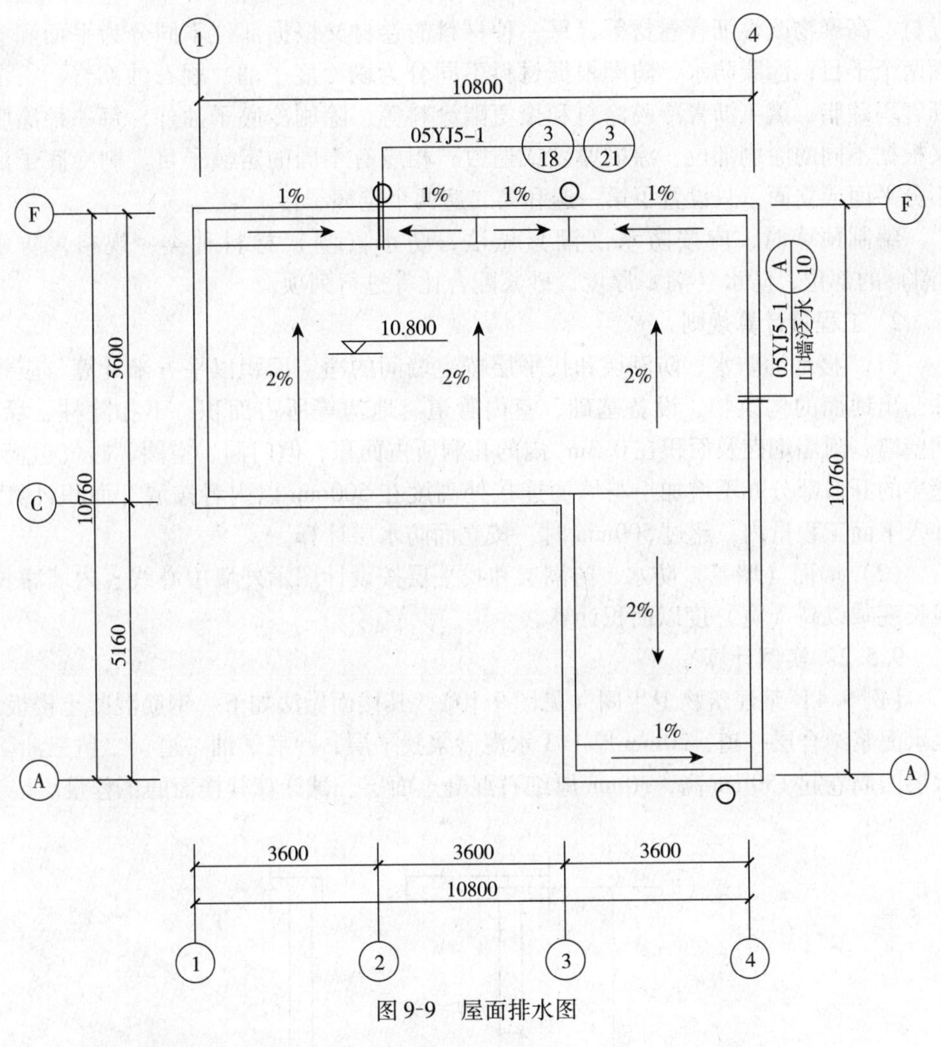

图 9-9　屋面排水图

1. 上人屋面应如何列项？工程量如何计算？
2. 不上人屋面应如何列项？工程量如何计算？
3. 屋面水落管有几根？如何列项计算工程量？
4. 比较屋面防水工程定额列项与清单列项有何不同？

过程 9.5　墙、地面防水、防潮

9.5.1　定额项目划分及工程量计算规则

1. 定额项目划分

防水、防潮项目适用于基础、楼地面、墙面等部位的防水、防潮。墙、地面防水、防潮包括卷材防水、涂膜防水、砂浆防水、变形缝、止水带等。其中卷材防水、防潮根据材料不同分为石油沥青卷材、三元乙丙、SBC 卷材、氯化聚乙烯卷材、高聚物改性沥青卷材等，每一种材料的卷材又根据部位不同分为平面和立面两个子目；涂膜防水、防潮根据材料不同分为刷冷底子油、刷石油沥青、石油沥青玛蹄脂、氯丁沥青冷胶涂料和聚氨酯涂料等，除刷冷底子油外，每一种涂膜又根据不同的涂刷部位、涂刷厚度或遍数，相应有不同的定额子目。刷冷底子油不分平面或立面，只设置了第一遍和第二遍两个定额子目。

编制预算时，应按防水（潮）做法，防水（潮）材料种类、规格，防水（潮）的部位、防水（潮）厚度、砂浆配合比等进行列项。

2. 工程量计算规则

（1）楼地面防水、防潮层和找平层按主墙间的净空面积以平方米计算。应扣除凸出地面的构筑物、设备基础、室内管道、地沟等所占面积，不扣除柱、垛、间壁墙、附墙烟囱及面积在 0.3m^2 内的孔洞所占面积，但门洞、空圈、暖气包槽、壁龛的开口部分亦不增加。与墙面连接处高度在 500mm 以内者按展开面积计算，并入平面工程量内；超过 500mm 时，按立面防水层计算。

（2）墙面（墙基）防水、防潮层和找平层按设计图示外墙中心线、内墙净长线长度乘以高（宽）度以面积计算。

9.5.2 实例计算

【例 9.4】某建筑物卫生间（见图 9-10），其楼面做法如下：钢筋混凝土楼板，素水泥浆结合层一道，20mm 厚 1∶3 水泥砂浆找平层，冷底子油一道，二毡三油防水层四周卷起 150mm 高，30mm 厚细石混凝土面层。试计算其楼面的工程量。

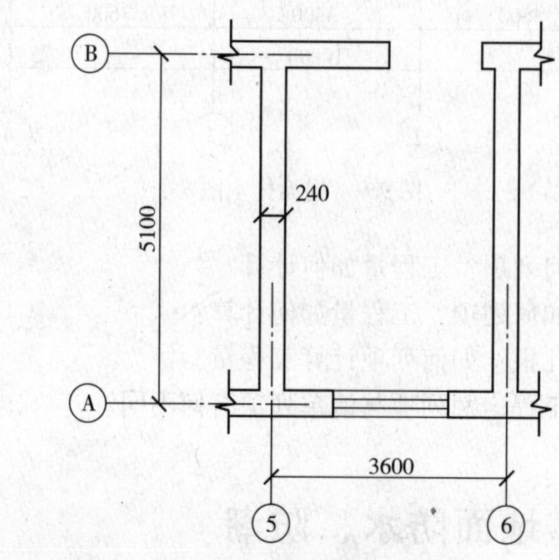

图 9-10 二毡三油地面防水

解：（1）定额工程量计算

①20mm 厚 1∶3 水泥砂浆找平层

$S=(3.6-0.24)\times(5.1-0.24)=16.33\text{m}^2$

②二毡三油地面防水

$S=(3.6-0.24)\times(5.1-0.24)+(3.36+4.86)\times2\times0.15=16.33+2.47=18.80\text{m}^2$

③30mm 厚细石混凝土面层

$S = 16.33m^2$

（2）清单工程量计算

地面卷材防水

$S = 16.33m^2$

清单项目特征及工程量计算结果见表 9-10。

分部分项工程量清单表 **表 9-10**

序号	项目编码	项目名称	项目特征描述	计量单位	工程量
1	010703001001	地面卷材防水	素水泥浆结合层一道，20mm 厚 1∶3 水泥砂浆找平层，冷底子油一道，二毡三油防水层四周卷起 150mm 高，30mm 厚细石混凝土面层	m^2	16.33

【例 9.5】某外墙变形缝做法见图 9-11 所示。墙高 18m，共设两道。求变形缝有关分项工程量。

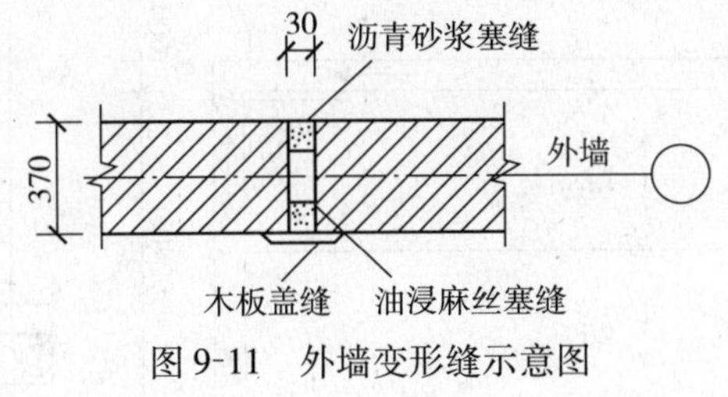

图 9-11 外墙变形缝示意图

解：沥青砂浆变形缝

$L = 18 \times 2 = 36m$

油浸麻丝变形缝

$L = 18 \times 2 = 36m$

木盖板变形缝

$L = 18 \times 2 = 36m$

清单项目特征及工程量计算结果见表 9-11。

分部分项工程量清单表 **表 9-11**

序号	项目编码	项目名称	项目特征描述	计量单位	工程量
1	010703004001	变形缝	外墙外侧沥青砂浆变形缝	m	36.00
2	010703004002	变形缝	外墙内侧油浸麻丝变形缝	m	36.00
3	010703004003	变形缝	外墙内侧木盖板	m	36.00

巩固与提高：

1. 某二坡水瓦屋面平面及节点构造图，如图 9-12 所示，设计屋面坡度 $B =$

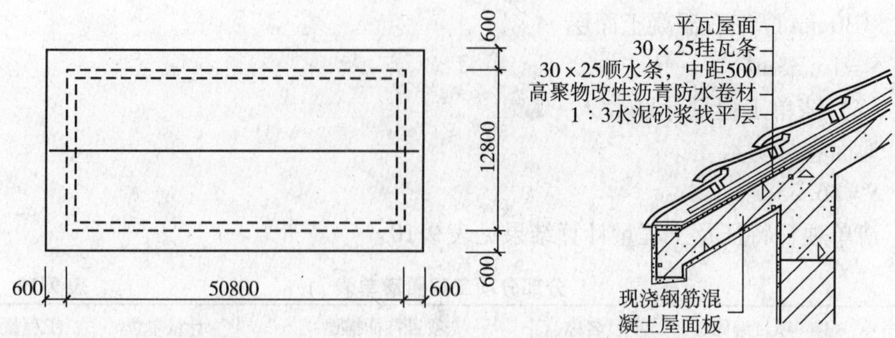

图 9-12 屋面平面及檐口节点构造做法示意图

0.5，试计算二坡水平瓦屋面工程量。

2. 某接待室屋顶平面及剖面图见任务 5 图 5-1、图 5-2。屋面构造做法：预制空心屋面板上铺 30mm 厚 1∶3 水泥砂浆找平层，40mm 厚 C20 混凝土刚性屋面，20mm 厚 1∶2 水泥砂浆防水层（加 6% 防水粉）。试计算刚性防水屋面工程量。

3. 计算如图 9-13 所示某工程屋面防水工程量。

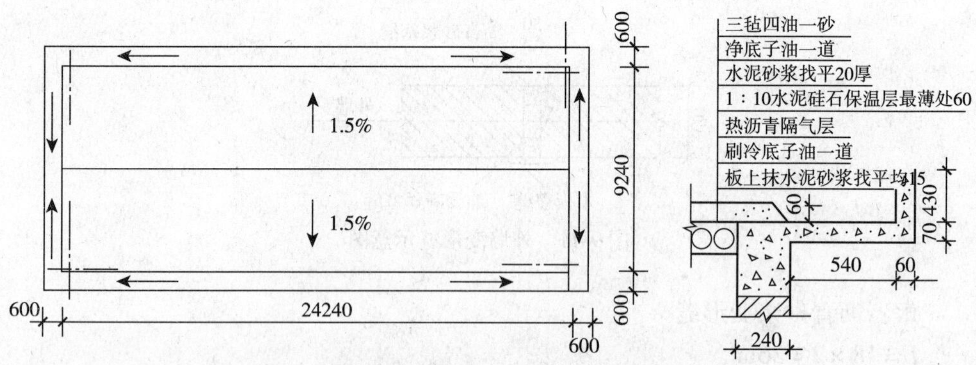

图 9-13 屋面平面图及节点构造做法示意图

4. 计算某办公楼屋面及防水工程量（见 1.3.4 研讨与练习）。05YJ1 工程做法见表 9-12。

05YJ1 构造做法 **表 9-12**

编号名称	用料做法
屋 1 倒置式屋面不上人	保护层：C20 细石混凝土，内配 ϕ4@150×150 钢筋网片 隔离层：干铺无纺聚酯纤维布一层 保温层：40mm 挤塑聚苯乙烯泡沫塑料板 防水层：高聚物改性沥青防水卷材（$\delta \geq 3.0$）两层，基层处理剂 找平层：1∶3 水泥砂浆，砂浆中掺聚丙烯 找坡层：1∶8 水泥膨胀珍珠岩找 2% 坡（最薄处 20mm） 结构层：钢筋混凝土屋面板

续表

编号名称	用料做法
地 53 陶瓷地砖防水地面	8 ~ 10mm 厚地砖铺实拍平，水泥浆擦缝或 1∶1 水泥砂浆填缝 20mm 厚 1∶4 干硬性水泥砂浆 1. 5mm 厚聚氨酯防水涂料，面上撒黄砂，四周沿墙上翻 150mm 高 刷基层处理剂一遍 15mm 厚 1∶2 水泥砂浆找平 50mm 厚 C15 细石混凝土找坡不小于 0. 5%，最薄处不小于 30mm 厚 80mm 厚 C15 混凝土 素土夯实
楼 28 陶瓷地砖防水楼面	8 ~ 10mm 厚地砖铺实拍平，水泥浆擦缝 25mm 厚 1∶4 干硬性水泥砂浆 1. 5mm 厚聚氨酯防水涂料，面撒黄砂，四周沿墙上翻 150mm 高 刷基层处理剂一遍 15mm 厚 1∶2 水泥砂浆找平 50mm 厚 Cl5 细石混凝土找坡不小于 0. 5%，最薄处不小于 30mm 厚 钢筋混凝土楼板

5. 某建筑物底层平面图，见 6. 5. 4 研讨与练习中图 6 – 37 所示。地面采用无机铝盐防水砂浆地面。用料做法：10mm 厚无机铝盐防水砂浆抹面压光；10mm 厚无机铝盐防水砂浆木抹搓出麻面；刷 2mm 厚无机铝盐防水剂素浆一遍；80mm 厚 C15 混凝土；素土夯实。计算地面防水工程量。

任务10

防腐、隔热、保温工程量计算

防腐、隔热、保温工程包括防腐面层，其他防腐、隔热、保温等。通过本部分的学习，使学生能根据建筑施工图及构造做法，按清单项目设置及工程量计算规则，熟练计算防腐、隔热、保温分项工程量。

过程10.1 识读建筑施工图及构造做法

10.1.1 基础知识

1. 防腐工程

防腐有刷油防腐和耐酸防腐两种。刷油防腐是一种经济有效的防腐措施，除了防腐作用外，还能起到装饰和标志作用。耐酸防腐是运用人工或机械将具有耐腐蚀性能的材料（如水玻璃耐酸混凝土、耐酸沥青混凝土、耐酸沥青砂浆、硫磺混凝土、环氧砂浆、耐酸沥青胶泥卷材、瓷砖、瓷板、花岗石及耐酸防腐涂料等等），浇灌或粘贴或涂刷或铺砌在应防腐蚀的工程的物体表面上，以达到防腐蚀的效果。

2. 保温隔热工程

保温隔热分为泡沫混凝土块、沥青珍珠岩块、水泥蛭石、软木板、聚氯乙烯塑料板、加气混凝土块、陶粒混凝土、沥青玻璃棉、沥青矿渣棉等等。它的作用是为了减弱室外气温对室内的影响，或为了保持因供暖、降温措施而形成的室内气温。

10.1.2　识图要点

（1）看图纸说明中防腐、隔热、保温的部位、使用材料、构造做法以及所引用的标准图集。

（2）施工平面图、立面图、剖面图以及详图对照来看，了解建筑物总长度、总宽度、房间开间、进深尺寸、墙柱与轴线关系；建筑物高度、各部位标高及变化情况，核对各部分所注明的尺寸。

（3）查看平面图上各剖面的剖切符号、部位及编号，以便与剖面图对照着读；查看平面图中的索引符号，详图的位置及选用的图集。

（4）看详图时应由上而下或由下而上逐个节点阅读，了解各部位的详细做法、构造尺寸，并与总说明中的材料做法表核对。

（5）看防腐、隔热、保温构造做法。注意各层做法的上下顺序、厚度和使用材料。

过程 10.2　工程量清单项目设置及工程量计算规则

10.2.1　定额说明、定额项目划分及工程量计算规则

1. 定额有关说明

（1）耐酸防腐：

1）整体面层、隔离层适用于平面、立面的防腐耐酸工程。

2）块料面层以平面砌为准，砌立面者按平面砌相应项目，人工乘以系数1.38，踢脚板人工乘以系数1.56，其他不变。

3）各种砂浆、胶泥、混凝土材料的种类、配合比及各种整体面层的厚度，如设计要求与本分部不同时，可以换算；但各种块料面层的结合层砂浆或胶泥厚度不变。

4）耐酸胶泥、砂浆、混凝土材料的粉料，除水玻璃按石英粉比铸石粉比例为1:（0.9~1）外，其他均按石英粉计算。实际采用粉料不同时，可以换算。

5）花岗石板以六面剁斧的板材为准。若底面为毛面者，水玻璃砂浆增加0.38m^3；耐酸沥青砂浆增加0.44m^3。

6）本分部的各种面层除聚氯乙烯塑料外，均不包括踢脚板。整体面层踢脚板按整体面层相应项目执行。

7）防腐涂料面层的水泥砂浆基层执行A.7分部中的找平层子目。

（2）保温、隔热：

1）隔热、保温，包括屋面、顶棚、墙、柱和楼地面隔热保温。适用于中温、低温及恒温的工业厂（库）房隔热工程，以及一般保温工程。

2）附墙铺贴板材时。基层上应先涂沥青一道，其工料消耗已包括在定额子目

内，不得另计。

3）保温隔热墙的装饰面层，应按装饰分册B.2分部内容列项。

4）柱帽保温隔热应并入顶棚保温隔热工程量内。

5）池槽隔热保温，池壁、池底应分别列项，池壁执行墙面保温隔热子目，池底执行地面保温隔热子目。

2. 定额项目划分

防腐面层，包括防腐混凝土、防腐砂浆、防腐胶泥、玻璃钢防腐、聚氯乙烯板防腐等整体面层和块料防腐。每一种防腐材料项目又区分厚度等不同设置有不同的定额子目。

其他防腐，包括隔离层、沥青浸渍砖、防腐涂料。

保温隔热工程按铺贴部位分为屋面保温层、顶棚保温、墙体保温、楼地面保温及其他零星保温。

编制预算时，防腐、隔热工程，应区分不同的防腐材料种类及厚度等因素列项。保温隔热工程应按保温部位、保温材料和做法等不同分别列项。

3. 定额工程量计算规则

（1）防腐工程：

1）防腐工程应区别不同防腐材料种类及其厚度列项，按设计实铺面积以平方米计算。应扣除凸出地面的构筑物、设备基础等所占面积；砖垛等凸出墙面部分按展开面积并入墙面防腐工程量内。

2）防腐踢脚线的工程量均按实铺长度乘以高度以平方米计算，应扣除门洞所占面积，并相应增加侧壁展开面积。

3）平面砌筑双层耐酸块料时，按单层面积乘以系数2计算。

4）防腐卷材的接缝、附加层、收头等的工料用量已计入相应定额内，不再另行计算。

（2）保温、隔热：

1）保温隔热层应区别不同保温隔热材料，除另有规定外，均按设计实铺厚度以立方米计算。

2）保温隔热层的厚度按隔热材料（不包括胶结材料）的净厚度计算。

3）地面隔热层按围护结构墙体间净面积乘以设计厚度以立方米计算，不扣除柱、垛所占的体积。

4）墙体隔热层，外墙按隔热层中心线、内墙按隔热层净长线乘以图示尺寸高度及厚度以立方米计算，应扣除冷藏门洞口和管道穿墙洞口所占的体积。

5）柱包隔热层，按图示柱的隔热层中心线展开长度乘以图示尺寸高度及厚度以立方米计算。

10.2.2 清单项目设置及工程量计算规则

防腐、隔热、保温工程清单项目设置有：防腐面层，其他防腐，隔热、保温等3节14个项目。

清单项目设置必须根据设计图纸注明：材料名称、品种、规格，设计要求做法（包括厚度、层数、遍数），特殊施工工艺要求等，并结合每个项目包含的工程内容，区分材质、做法、部位等分别编码列项。

防腐、隔热、保温工程清单项目设置及工程量计算规则，详见 A. 8. 1 ~ A. 8. 3。

过程 10. 3　防腐面层

10. 3. 1　防腐面层清单项目划分及工程量计算规则

工程量清单项目设置及工程量计算规则，应按表 10-1 的规定执行。

防腐面层（编码：010801）　　　**表 10-1**

项目编码	项目名称	项目特征	计量单位	工程量计算规则	工程内容
010801001	防腐混凝土面层	1. 防腐部位 2. 面层厚度 3. 砂浆、混凝土、胶泥种类	m^2	按设计图示尺寸以面积计算 1. 平面防腐：扣除凸出地面的构筑物、设备基础等所占面积 2. 立面防腐：砖垛等突出部分按展开面积并入墙面积内	1. 基层清理 2. 基层刷稀胶泥 3. 砂浆制作、运输、摊铺、养护 4. 混凝土制作、运输、摊铺、养护
010801002	防腐砂浆面层				
010801003	防腐胶泥面层				1. 基层清理 2. 胶泥调制、摊铺
010801004	玻璃钢防腐面层	1. 防腐部位 2. 玻璃钢种类 3. 贴布层数 4. 面层材料品种			1. 基层清理 2. 刷底漆、刮腻子 3. 胶浆配制、涂刷 4. 毡布、涂刷面层
010801005	聚氯乙烯板面层	1. 防腐部位 2. 面层材料品种 3. 粘结材料种类		按设计图示尺寸以面积计算 1. 平面防腐：扣除凸出地面的构筑物、设备基础等所占面积 2. 立面防腐：砖垛等突出部分按展开面积并入墙面积内 3. 踢脚板防腐：扣除门洞所占面积并相应增加门洞侧壁面积	1. 基层清理 2. 配料、涂胶 3. 聚氯乙烯板铺设 4. 铺贴踢脚板
010801006	块料防腐面层	1. 防腐部位 2. 块料品种、规格 3. 粘结材料种类 4. 勾缝材料种类			1. 基层清理 2. 砌块料 3. 胶泥调制、勾缝

10. 3. 2　实例计算

【**例 10. 1**】如图 10-1 所示，墙厚 240mm，轴线居中，设计地面为 8mm 厚 1∶0. 07∶2∶4环氧砂浆面层。试计算该地面工程量。

解：8mm 厚 1∶0. 07∶2∶4 环氧砂浆地面

$S=(6-0.24)\times(4.2-0.24)+0.8\times0.24=23.00\text{m}^2$

清单项目特征及工程量计算结果见表 10-2。

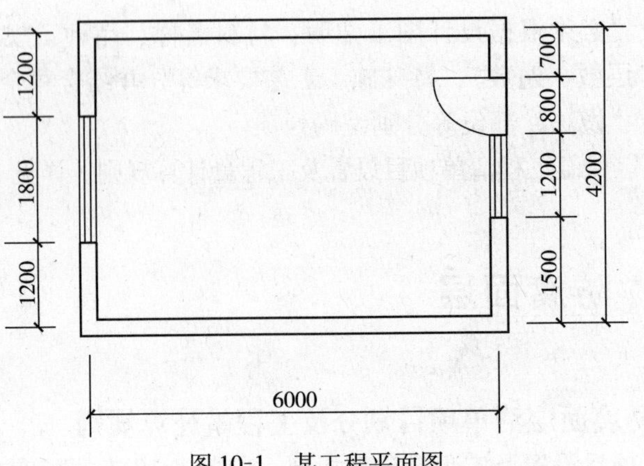

图 10-1　某工程平面图

分部分项工程量清单　　**表 10-2**

序号	项目编码	项目名称	项目特征描述	计量单位	工程量
1	010801002001	防腐砂浆面层	8mm 厚 1∶0.07∶2∶4 环氧砂浆地面	m^2	23.00

过程 10.4　其他防腐

工程量清单项目设置及工程量计算规则，应按表 10-3 的规定执行。

其他防腐（编码：010802）　　**表 10-3**

项目编码	项目名称	项目特征	计量单位	工程量计算规则	工程内容
010802001	隔离层	1. 隔离层部位 2. 隔离层材料品种 3. 隔离层做法 4. 粘贴材料种类	m^2	按设计图示尺寸以面积计算 1. 平面防腐：扣除凸出地面的构筑物、设备基础等所占面积 2. 立面防腐：砖垛等突出部分按展开面积并入墙面积内	1. 基层清理、刷油 2. 煮沥青 3. 胶泥调制 4. 隔离层铺设
010802002	砌筑沥青浸渍砖	1. 砌筑部位 2. 浸渍砖规格 3. 浸渍砖砌法（平砌、立砌）	m^3	按设计图示尺寸以体积计算	1. 基层清理 2. 胶泥调制 3. 浸渍砖铺砌
010802003	防腐涂料	1. 涂刷部位 2. 基层材料类型 3. 涂料品种、刷涂遍数	m^2	按设计图示尺寸以面积计算 1. 平面防腐：扣除凸出地面的构筑物、设备基础等所占面积 2. 立面防腐：砖垛等突出部分按展开面积并入墙面积内	1. 基层清理 2. 刷涂料

过程 10.5　隔热、保温

10.5.1　常用项目定额工程量计算规则

屋面保温层除具有保温作用外也有找坡作用，保温隔热屋面应区分不同保温隔热材料，分别按设计图示尺寸以体积或面积计算，不扣除柱、垛所占体积或面积。

屋面保温工程量的计算公式如下：

（1）以面积计算保温层工程量的计算方法：

保温层的工程量 = 保温层实铺面积

（2）以体积计算保温层工程量（如图 10-2 所示）的计算方法：

$$保温层的工程量 = 保温层实铺面积 \times 保温层平均厚度\ d$$

$$屋面保温层平均厚度\ d = 最薄处厚度 + 1/2 \times L \times i$$

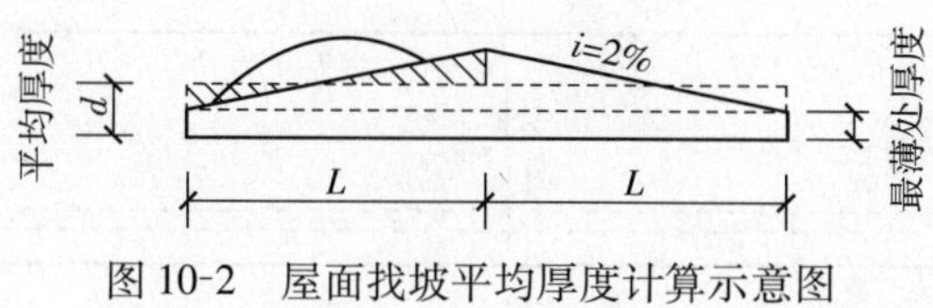

图 10-2　屋面找坡平均厚度计算示意图

10.5.2　隔热、保温清单项目设置及工程量计算规则

1. 隔热、保温

工程量清单项目设置及工程量计算规则，应按表 10-4 的规定执行。

隔热、保温（编码：010803）　　表 10-4

<table>
<tr><th>项目编码</th><th>项目名称</th><th>项目特征</th><th>计量单位</th><th>工程量计算规则</th><th>工程内容</th></tr>
<tr><td>010803001</td><td>保温隔热屋面</td><td rowspan="5">1. 保温隔热部位
2. 保温隔热方式（内保温、外保温、夹芯保温）
3. 踢脚线、勒脚线保温做法
4. 保温隔热面层材料品种、规格、性能
5. 保温隔热材料品种、规格
6. 隔气层厚度
7. 粘结材料种类
8. 防护材料种类</td><td rowspan="5">m^2</td><td rowspan="2">按设计图示尺寸以面积计算。不扣除柱、垛所占面积</td><td rowspan="2">1. 基层清理
2. 铺粘保温层
3. 刷防护材料</td></tr>
<tr><td>010803002</td><td>保温隔热顶棚</td></tr>
<tr><td>010803003</td><td>保温隔热墙</td><td>按设计图示尺寸以面积计算。扣除门窗洞口所占面积；门窗洞口侧壁需做保温时，并入保温墙体工程量内</td><td rowspan="2">1. 基层清理
2. 底层抹灰
3. 粘贴龙骨
4. 填贴保温材料
5. 粘贴面层
6. 嵌缝
7. 刷防护材料</td></tr>
<tr><td>010803004</td><td>保温柱</td><td>按设计图示以保温层中心线展开长度乘以保温层高度计算</td></tr>
<tr><td>010803005</td><td>隔热楼地面</td><td>按设计图示尺寸以面积计算。不扣除柱、垛所占面积</td><td>1. 基层清理
2. 铺设粘贴材料
3. 铺贴保温层
4. 刷防护材料</td></tr>
</table>

2. 其他相关问题

其他相关问题应按下列规定处理。

（1）保温隔热墙的装饰面层，应按 B. 2 中相关项目编码列项。

（2）柱帽保温隔热应并入顶棚保温隔热工程量内。

（3）池槽保温隔热，池壁、池底应分别编码列项，池壁应并入墙面保温隔热工程量内，池底应并入地面保温隔热工程量内。

10. 5. 3　实例计算

【例 10. 2】某工程屋顶平面图及节点详图如图 10-3 所示，架空隔热板为外购板。计算屋面防水及保温分部分项工程量（隔热板缝宽为 10mm）。

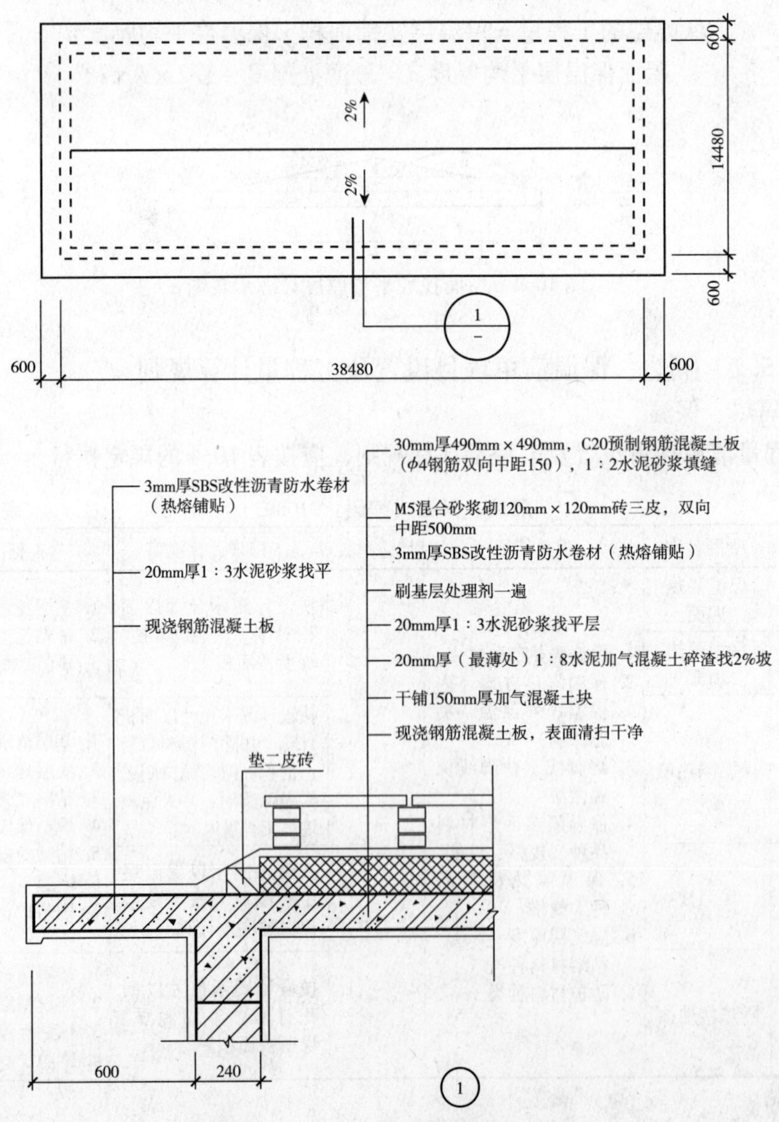

图 10-3　屋顶平面及构造做法示意图

解：（1）定额工程量计算

①干铺150mm厚加气混凝土块

V = 屋面保温图示水平投影面积 × 屋面保温层厚度

$=(38.48-0.24\times2)\times(14.48-0.24\times2)\times0.15$

$=532\times0.15=79.80\text{m}^3$

②20mm厚（最薄处）1∶8水泥加气混凝土碎渣，找2%坡

V = 屋面保温图示水平投影面积 × 屋面保温层平均厚度

$=532\times0.09=47.88\text{m}^3$

③20mm厚1∶3水泥砂浆找平层

S = 屋面防水图示水平投影面积

$=(38.48+0.6\times2)\times(14.48+0.6\times2)$

$=622.18\text{m}^2$

④3mm厚SBS改性沥青防水卷材屋面

S = 屋面防水图示水平投影面积

$=622.18\text{m}^2$

⑤预制架空隔热板

V = 铺设架空隔热板面积 ÷ 单块板（含板缝）面积 × 单块板体积

$=532\div(0.5\times0.5)\times0.49\times0.49\times0.03$

$=15.33\text{m}^3$

（2）清单项目特征及工程量计算结果见表10-5。

分部分项工程量清单 **表10-5**

序号	项目编码	项目名称	项目特征描述	计量单位	工程量
1	010803001001	保温隔热屋面	干铺150mm厚加气混凝土块	m^2	532.00
2	010803001002	保温隔热屋面	20mm厚（最薄处）1∶8水泥加气混凝土碎渣，找2%坡	m^2	532.00
3	010702001001	卷材防水屋面	3mm厚SBS改性沥青防水（热熔铺贴）20mm厚1∶3水泥砂浆找平	m^2	622.18
4	010414002001	预制架空隔热板	30mm厚C20外购架空隔热板，1∶2水泥砂浆填缝，M5混合砂浆砌砖垫三皮	m^3	15.33

【例10.3】如图10-4所示冷库，设计采用沥青贴软木保温层，厚100mm，顶棚做带木龙骨（40mm×40mm，间距400mm×400mm）保温层，墙面1∶1∶6水泥石灰砂浆15mm打底附墙贴软木，地面直接铺保温层。门为保温门，不需考虑门及框保温。试计算其顶棚保温、墙面保温、地面保温的清单工程量。

解：（1）定额工程量计算

①保温隔热地面

工程量 = 主墙间净面积

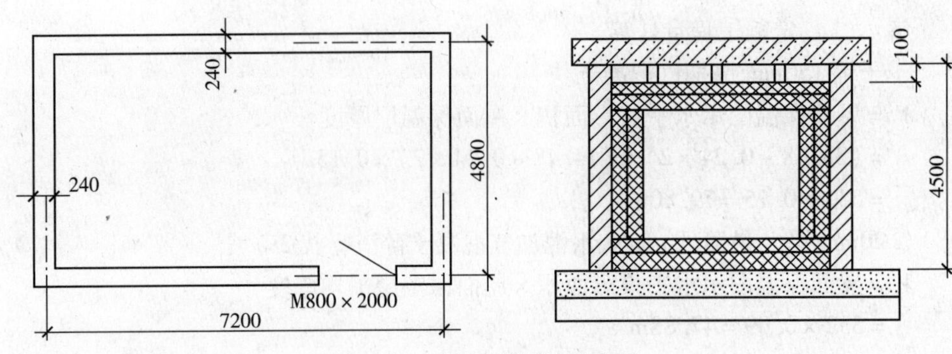

图 10-4 冷库保温隔热示意图

$S=(7.2-0.24)\times(4.8-0.24)=31.74\text{m}^2$

②保温隔热顶棚

$S=31.74\text{m}^2$

③保温隔热墙

工程量 = 图示隔热层长 × 图示隔热层高 − 门洞口面积

$S=(7.2-0.24-0.1+4.8-0.24-0.1)\times2\times(4.5-0.1-0.1-0.1)-0.8\times2$

$=93.48\text{m}^2$

④墙面抹底灰

$S=(7.2-0.24+4.8-0.24)\times2\times4.5-0.8\times2$

$=102.10\text{m}^2$

（2）清单项目特征及工程量计算结果见表 10-6。

分部分项工程量清单 **表 10-6**

序号	项目编码	项目名称	项目特征描述	计量单位	工程量
1	010803002001	保温隔热顶棚	带木龙骨（40mm×40mm，间距 400mm×400mm）贴软木 100mm 厚	m^2	31.74
2	010803003001	保温隔热墙	1:1:6 水泥石灰砂浆 15mm 打底，附墙沥青贴软木 100mm 厚	m^2	93.48
3	010803005001	保温隔热地面	沥青贴软木 100mm 厚	m^2	31.74

10.5.4 研讨与练习

某工程为单层砖混结构，施工图如图 10-5（*a*）、（*b*）、（*c*）所示。屋面构造做法：4mm 厚 SBS 防水层三道；20mm 厚 1:2.5 水泥砂浆找平层；180mm 厚水泥聚苯板保温层；最薄处 20mm 厚 1:6 水泥珍珠岩找 2% 坡；沥青玛蹄酯二道；20mm 厚 1:3 水泥砂浆找平层；现浇钢筋混凝土屋面板。外墙面做法：80mm 厚聚苯板粘结锚固；100mm 厚抗裂砂浆粘结耐碱玻纤网；防水腻子；外墙涂料。地面做法：20mm 厚 1:2 水泥砂浆抹面压光；素水泥浆结合层一遍；60mm 厚 C15 混凝

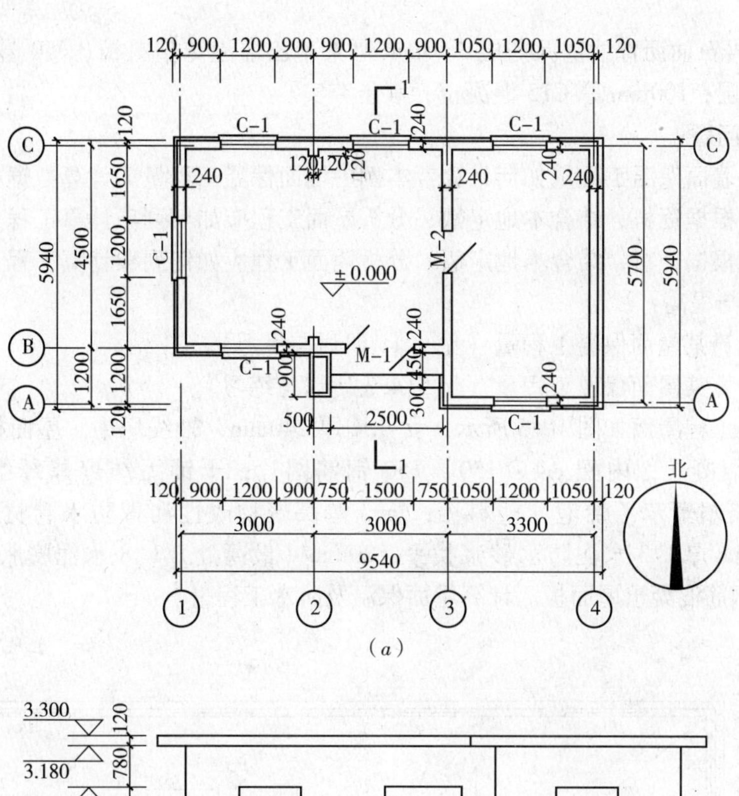

（*a*）

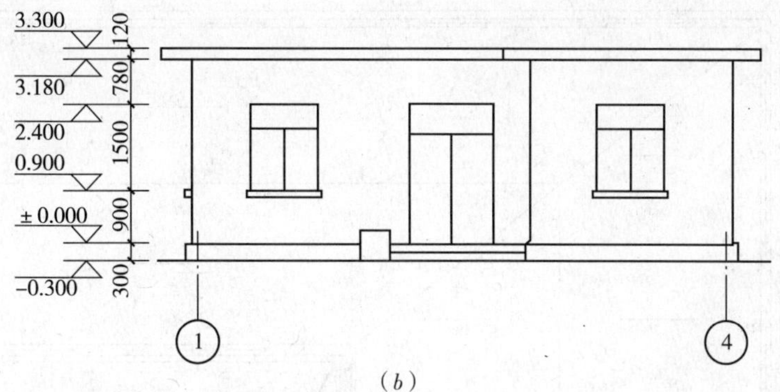

（*b*）

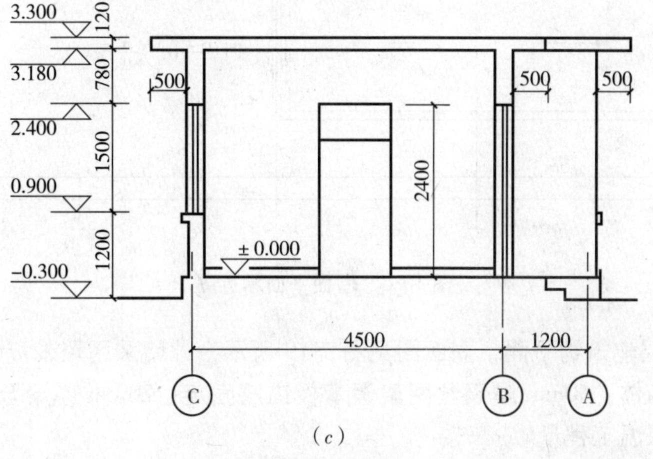

（*c*）

图 10-5 施工图

（*a*）平面图；（*b*）正立面图；（*c*）1－1 剖面图

土；350 号石油沥青油毡保护层；60mm 厚聚苯乙烯泡沫塑料板；350 号石油沥青油毡防潮层；100mm 厚 C15 混凝土；素土夯实。

讨论问题：

（1）墙面保温工程量如何计算？本例中墙面保温工程量的计算数据如何读取？

（2）根据资料，结合本地定额，分析屋面工程应如何列项计算工程量？

（3）根据资料，结合本地定额，分析地面工程应如何列项计算工程量？

巩固与提高：

1. 计算某屋面保温工程量（见 9.13 研讨与练习）。

2. 计算某屋面保温工程量（见 9.4.3 研讨与练习）。

3. 某工程屋面如图 10-6 所示，女儿墙厚 240mm，轴线居中。屋面构造做法：C20 细石混凝土，内配 ϕ4 @ 150 × 150 钢筋网片；干铺无纺聚酯纤维布一层；40mm 厚挤塑聚苯乙烯泡沫塑料板；3mm 厚高聚物改性沥青防水卷材（冷贴满铺）；20mm 厚 1∶3 水泥防水砂浆找平；20mm（最薄处）1∶8 水泥膨胀珍珠岩找 2% 坡；钢筋混凝土屋面板。计算屋面保温及防水工程量。

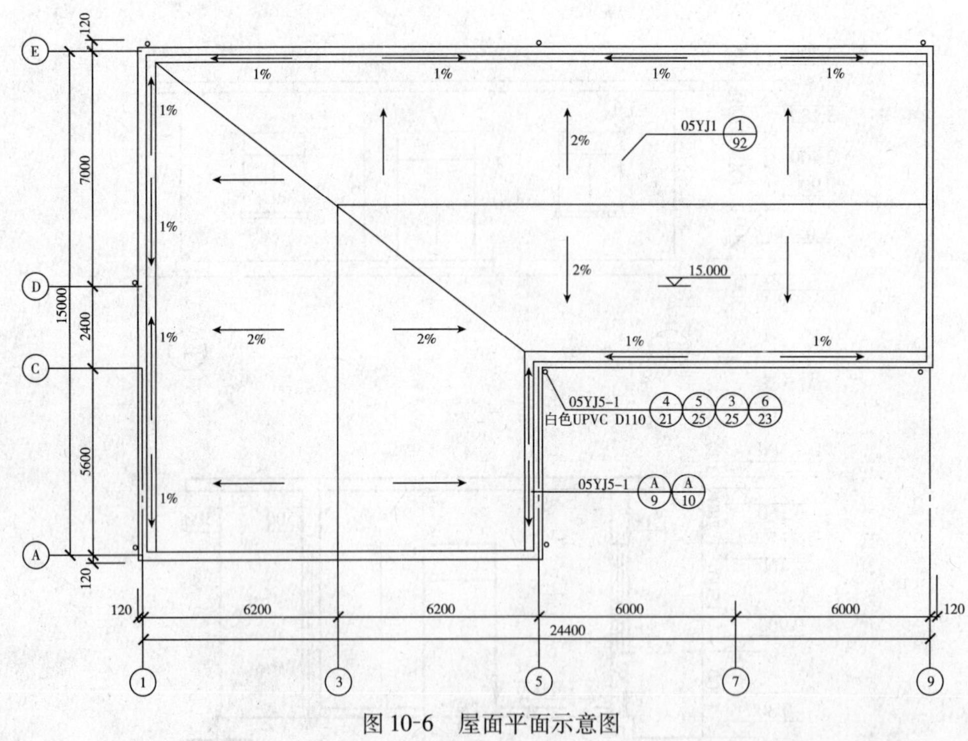

图 10-6 屋面平面示意图

4. 某单层建筑物平面、立面图见图 5-19 所示，外墙采用聚苯板外保温，工程做法：砌体墙体；50mm 厚钢丝网架聚苯板锚筋固定；20mm 厚聚合物抗裂砂浆。试计算外墙保温工程量。

5. 计算某办公楼（见 1.3.4 研讨与练习）外墙、屋面、地面保温工程量。

任务 11

建筑工程措施项目计算

本部分主要介绍建筑工程措施项目的设置及计算规则，通过学习使学生熟悉建筑工程措施项目的设置，会计算建筑工程措施项目工程量。

措施项目是指完成工程项目施工，发生于该工程施工前和施工过程中技术、生活、安全等方面的非工程实体项目。措施项目设置见表 11-1。

措施项目设置　　表 11-1

序号	项目名称
1.1	混凝土、钢筋混凝土模板及支架
1.2	脚手架
1.3	垂直运输机械

《计价规范》只列出三个项目名称，未规定计算规则，其计量单位为“项”（或“宗”），清单工程量为“1”，措施项目工程内容为完成该单位工程措施项目的全部工作内容。措施清单项目的报价包含了单位工程该项措施项目工作内容的所有费用。下面分别介绍《全国统一预算工程量计算规则》和《河南省建设工程工程量清单综合单价（2008）》的规定。

过程 11.1　混凝土、钢筋混凝土模板及支架

11.1.1　基础知识

模板是使新浇混凝土成型并养护，使之达到一定强度以承受自重的临时性结

构并能拆除的模型板。支撑是保证模板形状和位置并承受模板、钢筋、新浇混凝土的自重以及施工荷载的结构。模板工程是指支承新浇混凝土的整个系统，是由模板、支撑及紧固件等组成。

模板工程材料的种类很多，有木、钢、复合材、塑料、铝，甚至混凝土本身都可以作为模板工程材料。模板工程材料的选用应在保证混凝土结构质量和施工安全性的条件下，以考虑经济性和混凝土表面装饰要求为主。

模板措施项目包括的工程内容一般有：模板及支撑的制作；模板安装、拆除、维护、整理、堆放及场内外运输；模板粘结物及模内杂物清理，刷隔离剂等；液压滑升模板和支撑的制作、安装、拆除、维护、整理、油漆及回程运输。

11.1.2 混凝土及钢筋混凝土模板工程量计算

1. 现浇混凝土及钢筋混凝土模板工程量计算规则

（1）现浇混凝土及钢筋混凝土模板工程量，除另有规定者外，均应区别模板的不同材质，按混凝土与模板接触面的面积，以 m^2 计算。

（2）现浇钢筋混凝土柱、梁、板、墙的支模高度（即室外地坪至板底或板面至板底之间的高度）以 3.6m 以内为准，超过 3.6m 以上部分，另按超过部分计算增加支撑工程量。

（3）现浇钢筋混凝土墙、板上单孔面积在 0.3m^2 以内的孔洞，不予扣除，洞侧壁模板亦不增加；单孔面积在 0.3m^2 以外时，应予扣除，洞侧壁模板面积并入墙、板模板工程量之内计算。

（4）现浇钢筋混凝土框架分别按梁、板、柱、墙有关规定计算，附墙柱并入墙内工程量计算。

（5）杯形基础杯口高度大于杯口大边长度的，套高杯基础定额项目。

（6）柱与梁、柱与墙、梁与梁等连接的重叠部分以及伸入墙内的梁头板头部分，均不计算模板面积。

（7）构造柱外露面均应按图示外露部分计算模板面积。构造柱与墙接触面不计算模板面积。

（8）现浇钢筋混凝土悬挑板（雨篷、阳台）按图示外挑部分尺寸的水平投影面积计算。挑出墙外的牛腿梁及板边模板不另计算。

（9）现浇钢筋混凝土楼梯，以图示露明面尺寸的水平投影面积计算，不扣除小于 500mm 楼梯井所占面积。楼梯的踏步、踏步板平台梁等侧面模板，不另计算。

（10）混凝土台阶不包括梯带，按图示台阶尺寸的水平投影面积计算，台阶端头两侧不另计算模板面积。

（11）现浇混凝土小型池槽按构件外围体积计算，池槽内、外侧及底部的模板不应另计算。

2. 预制钢筋混凝土构件模板工程量计算规则

（1）预制钢筋混凝土模板工程量，除另有规定者外均按混凝土实体体积以 m^3

计算。

(2) 小型池槽按外形体积以 m^3 计算。

(3) 预制桩尖外形体积(不扣除桩尖虚体积部分)计算。

3. 构筑物钢筋混凝土模板工程量计算规则

(1) 构筑物工程的模板工程量,除另有规定者外,区别现浇、预制和构件类别,分别按上述有关规定计算。

(2) 大型池槽等分别按基础、墙、板、梁、柱等有关规定计算并套相应定额项目。

(3) 液压滑升钢模板施工的烟筒、水塔塔身、贮仓等,均按混凝土体积,以 m^3 计算。

(4) 预制倒圆锥形水塔罐壳模板按混凝土体积,以 m^3 计算;预制倒圆锥形水塔罐壳组装、提升、就位,按不同容积以座计算。

4. 实例计算

【例 11.1】 某砖混结构警卫室,见 5.4.3 研讨与练习图 5-11、图 5-12 所示,②、③轴处有现浇钢筋混凝土矩形梁,梁截面尺寸 250mm×660mm(660mm 中包括板厚 120mm),沿外墙门窗洞口上方设圈梁一道,圈梁截面尺寸 240mm×240mm,圈梁代过梁,过梁截面尺寸 240mm×300mm,纵横轴线相交处墙体分别设构造柱,构造柱断面尺寸 240mm×240mm。计算 ±0.000 以上现浇混凝土构件的模板工程量。

解:(1) 现浇混凝土模板工程量计算

现浇混凝土梁、板、柱的支模高度为 4.68m(4.5+0.3−0.12),超过 3.6m,应计算增加支撑工程量。±0.000 以上构造柱高为 4.94m(减女儿墙压顶高),共设 8 个构造柱。

①现浇混凝土矩形梁模板(三个面支模)

工程量 = 梁长 × (梁宽 + 梁高 ×2)

$S=(6.60-0.24)\times(0.25+0.54\times2)\times2=16.92m^2$

②现浇混凝土平板模板(支底模和板边模)

工程量 = 板长 × 板宽 + 外墙外边线长 × 板厚

$S=(11.04-0.24\times2-0.25\times2)\times(6.60-0.24)+(11.04+6.84)$
$\times2\times0.12=68.27m^2$

③现浇混凝土过梁模板(三个面支模)

工程量 = 过梁长 × (过梁底宽 + 过梁高 ×2)

$S=[(1.5+0.5)\times5+(1.8+0.5)]\times(0.24+0.30\times2)$
$=12.3\times0.84=10.33m^2$

④现浇混凝土圈梁模板(两个侧面支模)

工程量 = 圈梁长 × 圈梁高 ×2

$S=[(10.8+6.6)\times2-12.3]\times0.24\times2=22.5\times0.48=10.80m^2$

⑤现浇混凝土构造柱模板(两个侧面支模)(仅计算 ±0.000 以上)

工程量 = 构造柱高 × 构造柱外露面宽 × 构造柱数量

$$S = (4.94 - 0.24) \times [(0.24 + 0.06) \times 2 \times 4 + (0.24 + 0.06 \times 2) \times 2 \times 4]$$
$$= 24.82\text{m}^2$$

（2）措施项目工程量计算结果见表 11-2。

措施项目清单与计价表　　　　表 11-2

序号	项目编号	项目名称	项目特征描述	计量单位	工程数量	金额（元）	
						综合单价	合价
1	AB001	现浇混凝土矩形梁模板使用费	矩形梁 250mm×540mm、梁底高 3.84m	m^2	16.92		
2	AB002	现浇混凝土平板模板使用费	平板板厚 120mm、板底高 4.68m	m^2	68.27		
3	AB003	现浇混凝土过梁模板使用费	过梁240mm×300mm	m^2	10.33		
4	AB004	现浇混凝土圈梁模板使用费	圈梁 240mm×240mm	m^2	10.80		
5	AB005	现浇混凝土构造柱模板使用费	构造柱 240mm×240mm	m^2	24.82		
		……					
		小计					

11.1.3　《综合单价》分部说明及工程量计算规则

1. 分部说明及项目划分

（1）模板综合考虑了工具式钢模板、定型钢模板、木（竹）模板和混凝土地（胎）模的使用。实际采用模板不同时，不得换算。

（2）现浇混凝土梁（不包括圈梁）、板、柱、墙的模板是按层高 3.6m 编制的。层高超过 3.6m 时可计算超高增加费，每超过 1m 计算一次超高增加费，尾数不足 0.5m 者不计。

现浇混凝土构件模板包括基础、柱、梁、墙、板、楼梯、其他构件、后浇带模板等项目。

现场预制混凝土构件模板包括柱、梁、屋架、天窗架、其他构件模板等项目。

2. 工程量计算规则

现浇混凝土构件及预制构件的模板：本分部现浇混凝土构件及预制构件的模板所采用的工程量是现浇混凝土及预制构件混凝土的工程量，其计算规则和 A.4 混凝土和钢筋混凝土分部相同。但以下情况，可按本条规定计算：

（1）混凝土圈梁中的过梁模板可单独列项，按门窗洞口的外围宽度加 500mm 乘以截面积的体积计算。

（2）弧形板的计算范围为变形处两点连线一侧的弧状图形。

（3）设备基础体积大于 20m^3 者，执行基础的相应子目。

（4）以投影面积或长度计算的构件，不得因混凝土量增减而调整其模板子目或增加工程量。

3. 实例计算

【例 11.2】以【例 11.1】为例，介绍《综合单价》规定的技术措施费计算方法。

解：该建筑物层高为 4.5m，超过（基本层高 3.6m）0.9m，按 1m 计算一次超高增加费。

（1）现浇混凝土模板工程量计算

①现浇混凝土矩形梁模板

工程量 = 现浇混凝土矩形梁体积

$V=(6.6-0.24)\times0.25\times0.66\times2=2.10\text{m}^3$

②现浇混凝土平板模板

工程量 = 现浇混凝土平板体积

$V=(11.04-0.25\times2)\times6.84\times0.12=8.65\text{m}^3$

③现浇混凝土过梁模板

工程量 = 现浇混凝土过梁体积

$V=[(1.5+0.5)\times5+(1.8+0.5)]\times0.24\times0.3=12.3\times0.072=0.89\text{m}^3$

④现浇混凝土圈梁模板

工程量 = 现浇混凝土圈梁体积

$S=[(10.8+6.6)\times2-12.3-(0.24+0.03\times2)\times8]\times0.24\times0.24=1.16\text{m}^3$

⑤现浇混凝土构造柱模板（仅计算 ±0.000 以上）

工程量 = 现浇混凝土构造柱体积

$S=4.94\times0.24\times(0.24+0.03\times2)\times8=2.85\text{m}^3$

（2）措施项目工程量计算结果见表 11-3。

措施项目清单与计价表　　表 11-3

序号	项目编号	项目名称	项目特征描述	计量单位	工程数量	金额（元）	
						综合单价	合价
1	Y011233001	现浇混凝土矩形梁模板使用费	矩形梁、断面 250mm×660mm、梁底高 3.84m	m^3	2.10		
2	Y011233002	现浇混凝土过梁模板使用费	过梁、断面 240mm×300mm	m^3	0.89		
3	Y011233003	现浇混凝土圈梁模板使用费	圈梁、断面 240mm×240mm	m^3	1.16		
4	Y011235001	现浇混凝土平板模板使用费	平板、板厚 120mm、板底高 4.38m	m^3	8.65		
5	Y011232001	现浇混凝土构造柱模板使用费	构造柱、断面 240mm×240mm	m^3	2.85		
		……					
		小计					

过程 11.2　脚手架

11.2.1　基础知识

在建筑施工中，当施工高度超过地面（室内自然地面或设计地面、室外地面）1.2m，为能继续进行操作（如结构施工、内外装饰、安全网）、堆放和运送材料，需要搭设相应高度的脚手架，应计算脚手架工程量。

脚手架是砌筑过程中堆放材料和工人进行操作的临时设施。对脚手架的基本要求是：其宽度应满足工人操作、材料堆放及运输的要求，结构简单，坚固稳定，装拆方便，能多次周转使用。

脚手架按其搭设位置分为外脚手架和里脚手架两大类；按其所用材料分为木脚手架、竹脚手架和金属脚手架；按照用途分为操作脚手架、防护脚手架、承重和支撑脚手架；按其结构形式分为立柱式脚手架、悬吊式脚手架、挑式脚手架、门型脚手架、爬升式脚手架等。

脚手架的工作内容应包括：场内材料搬运、搭设、拆除脚手架，上料平台、安全网、上下翻板子和拆除后的材料堆放等。

11.2.2　单项脚手架工程量计算规则

1. 脚手架工程量一般计算规则

（1）建筑物外墙脚手架。凡设计室外地坪至檐口（或女儿墙上表面）的砌筑高度在15m以下的按单排脚手架计算；砌筑高度在15m以上的或砌筑高度虽然不足15m，但外墙门窗及装饰面积超过外墙表面积60%以上时，均按双排脚手架计算。

采用竹制脚手架时，按双排计算。

（2）建筑物内墙脚手架。凡设计室内地坪至顶板下表面（或山墙高度的1/2处）的、砌筑高度在3.6m以下的，按里脚手架计算；砌筑高度超过3.6m以上时，按单排脚手架计算。

（3）石砌墙体。凡砌筑高度超过1.0m以上时，按外脚手架计算。

（4）计算内、外墙脚手架时，均不扣除门、窗洞口，空圈洞口等所占的面积。

（5）同一建筑物高度不同时，应按不同高度分别计算。

（6）现浇钢筋混凝土框架柱、梁按双排脚手架计算。

（7）围墙脚手架。凡室外自然地坪至围墙顶面的砌筑高度在3.6m以下的，按里脚手架计算；砌筑高度超过3.6m以上时，按单排脚手架计算。

（8）室内顶棚装饰面距设计室内地坪在3.6m以上时，应计算满堂脚手架。计算满堂脚手架后，墙面装饰工程则不再计算脚手架。

（9）滑升模板施工的钢筋混凝土烟囱、筒仓不另计算脚手架。

（10）砌筑贮仓，按双排脚手架计算。

（11）贮水（油）池，大型设备基础，凡距地坪高度超过1.2m以上的，均按双排脚手架计算。

（12）整体满堂钢筋混凝土基础，凡其宽度超过3m以上时，按其底板面积计算满堂脚手架。

2. 砌筑脚手架工程量计算

（1）外脚手架按外墙外边线长度，乘以外墙砌筑高度，以m^2计算，突出墙外宽度在24cm以内的墙垛、附墙烟囱等不计算脚手架；宽度超过24cm以外时按图示尺寸展开计算，并入外脚手架工程量之内。

（2）里脚手架按墙面垂直投影面积计算。

3. 现浇钢筋混凝土框架脚手架工程量计算

（1）现浇钢筋混凝土柱（或独立柱），按柱图示周长尺寸另加3.6m，乘以柱高以m^2计算，套用相应外脚手架定额。

（2）现浇钢筋混凝土梁、墙，按设计室外地坪或楼板上表面至楼板底之间的高度，乘以梁、墙净长以m^2计算，套用相应双排外脚手架定额。

4. 装饰工程脚手架工程量计算

（1）满堂脚手架，按室内净面积计算。其高度在3.6~5.2m之间时，计算基本层；超过5.2m时，每增加1.2m按增加一层计算，不足0.6m的不计。计算式表示如下：

满堂脚手架增加层=（室内净高度-5.2m）/1.2m

（2）悬空脚手架，按搭设水平投影面积以m^2计算。

（3）挑脚手架，按搭设宽度和层数，以延长米计算。

（4）高度超过3.6m墙面装饰不能利用原砌筑脚手架时，可以计算装饰脚手架。装饰脚手架按双排脚手架乘以0.3计算。

5. 其他脚手架工程量计算

（1）水平防护架，按实际铺板的水平投影面积，以m^2计算。

（2）垂直防护架，按自然地坪至最上一层横杆之间的搭设高度，乘以实际搭设长度，以m^2计算。

（3）架空运输脚手架，按搭设宽度以延长米计算。

（4）烟囱、水塔脚手架，区别不同搭设高度，以座计算。

（5）电梯井脚手架，按单孔以座计算。

（6）斜道，区别不同高度以座计算。

（7）砌筑贮仓脚手架，不分单筒或贮仓组均按单筒外边线周长，乘以设计室外地坪至贮仓上口高度，以m^2计算。

（8）贮水（油）池脚手架，按外壁周长乘以室外地坪至池壁顶面高度，以m^2计算。

（9）大型设备基础脚手架，按其外形周长乘以地坪至外形顶面边线之间高度，以m^2计算。

（10）建筑物垂直封闭工程量按封闭面的垂直投影面积计算。

6. 安全网工程量计算

（1）立挂式安全网按架网部分的实挂长度乘以实挂高度计算。

（2）挑出式安全网按挑出的水平投影面积计算。

【例 11.3】以任务 2 巩固与提高 4 为例（见图 2-45），计算单项砌筑脚手架工程量。

解：（1）砌筑脚手架工程量计算

①单排脚手架：

外墙脚手架

$$S=[(6.0+0.24)\times2+(10.2+0.24)+3.0]\times(8.6+0.4)+(3.6\times2+0.24)\times(8.6-5.0)+[(3.0+4.2)\times2+(3.6\times2+0.24)]\times(6.0+0.4)$$
$$=399.84\text{m}^2$$

内墙脚手架（砌筑高度超过 3.6m 按单排脚手架计）

$$S=[(4.2-0.24)+(6-0.24)+(3.6\times2-0.24)\times2]\times4.8$$
$$=113.47\text{m}^2$$

小计：$399.84+113.47=513.31\text{m}^2$

②里脚手架

$$S=5.76\times3.6=20.74\text{m}^2$$

（2）措施项目工程量计算结果见表 11-4。

措施项目清单与计价表 **表 11-4**

序号	项目编号	项目名称	项目特征描述	计量单位	工程数量	金额（元）	
						综合单价	合价
1	AB001	单排脚手架	外墙脚手架、内墙脚手架	m^2	513.31		
2	AB002	里脚手架	内墙脚手架	m^2	20.74		
		……					
		小计					

11.2.3 综合脚手架工程量计算规则

由于脚手架计算烦琐复杂、因素多变，且在工程造价总价比重较低，长期以来各省市地区实施了“综合脚手架”算量取费办法。简化脚手架算量取费程序，既复合现场实际情况，同时算量取费的差异又不会太大。下面以河南省《综合单价》为例介绍综合脚手架计算规则。

1. 分项说明

（1）综合脚手架适用于能够按“建筑工程建筑面积计算规范”计算建筑面积的建筑工程的脚手架。不适用于房屋加层、构筑物及附属工程脚手架。

（2）综合脚手架已综合考虑了施工主体、一般装饰和外墙抹灰脚手架。不包括无地下室的满堂基础架、室内净高超过 3.6m 的顶棚和内墙装饰架、悬挑脚手架、设备安装脚手架、人防通道、基础高度超过 1.2m 的脚手架，该内容可执行单项脚手架子目。

（3）同一建筑物有不同檐高时，按建筑物竖向切面分别计算建筑面积，套用相应子目。

2. 工程量计算规则

综合脚手架应区分地下室、单层、多（高）层和不同檐高，以建筑面积计算，同一建筑物檐高不同时，应按不同檐高分别计算。

【例 11.4】 以任务 2 巩固与提高 4 为例（见图 2-45），计算综合脚手架工程量。

解：（1）综合脚手架

单层建筑物建筑面积

$S_1=(3.0+4.2)\times(3.6\times2+0.24)=57.57\text{m}^2$

多层建筑物建筑面积

$S_2=(6.0+0.24)\times(10.2+0.24)\times2=130.29\text{m}^2$

（2）措施项目清单见表 11-5。

措施项目清单与计价表 **表 11-5**

序号	项目编号	项目名称	项目特征描述	计量单位	工程数量	金额（元）	
						综合单价	合价
1	Y011261001	综合脚手架	单层建筑物	m^2	57.57		
2	Y011261002	综合脚手架	多层建筑物	m^2	130.29		
		……					
		小计					

过程 11.3 垂直运输机械

垂直运输机械是指建筑物在合理工期内，完成全部工程项目所需的垂直运输机械台班。

11.3.1 分项说明及项目划分

（1）建筑物檐高是指设计室外地坪至檐口的高度。突出主体建筑屋顶的电梯间、水箱间等不计入檐口高度。构筑物高度指设计室外地坪至构筑物顶面的高度。

（2）垂直运输费依据建筑物的不同檐高划分为基础及地下室、檐高 20m 以内（含 20m）工程、檐高 20m 以上工程。

（3）垂直运输费子目的工作内容，包括单位工程在合理工期内完成全部工程项目所需的垂直运输机械台班；不包括机械的场外往返运输，一次安装拆除及路基铺垫和轨道铺拆等的费用。

（4）同一建筑物有不同檐高时，按建筑物竖向切面分别计算建筑面积，套相应定额子目。

（5）檐高4m以内的单层建筑，不计算垂直运输费。

（6）建筑物中的地下室应单独计算垂直运输费。

（7）建筑工程外墙装饰单独分包时，垂直运输费扣减8%。

（8）无地下室且埋置深度在4m及以上的基础、地下水池可按相应项目计算垂直运输费。

垂直运输机械分为基础及地下室垂直运输、檐高20m以内建筑物垂直运输、檐高20m以上建筑物垂直运输和构筑物垂直运输等项目。

11.3.2 垂直运输工程量计算规则

（1）建筑物垂直运输工程量，区分不同建筑物类型及檐高以建筑面积计算。

（2）无地下室且埋置深度在4m及以上的基础、地下水池垂直运输工程量，按混凝土或砌体的设计尺寸以体积计算。

（3）烟囱、水塔、筒仓垂直运输以座计算。超过规定高度时再按每增高1m定额子目计算，其高度不足1m时，亦按1m计算。

11.3.3 实例计算

【例11.5】以任务2巩固与提高4为例（见图2-45），计算垂直运输工程量。

解：垂直运输

本例中虽然建筑物檐高不同，但檐高都在20m以内。

$S=57.57+130.29=187.86\text{m}^2$（见【例11.4】）

措施项目清单见表11-6。

措施项目清单与计价表 **表11-6**

序号	项目编号	项目名称	项目特征描述	计量单位	工程数量	金额（元）	
						综合单价	合价
1	Y011272001	垂直运输费	民用建筑	m^2	187.86		
		……					
		小计					

巩固与提高：

1. 计算任务6巩固与提高1图6-41所示的独立基础及±0.000以下柱模板工程量。

2. 根据任务6巩固与提高2图6-42所示，计算混凝土圈梁、板的模板工程量。

3. 某工程为单层砖混结构，施工图见图10-6（*a*）、（*b*）、（*c*）所示，计算其脚手架工程量。

4. 计算某办公楼（见1.3.4研讨与练习）建筑工程措施项目工程量。

任务 12

楼地面工程量计算

本分部包括：整体面层、块料面层、橡塑面层、其他材料面层、踢脚线、楼梯装饰、扶手楼梯栏杆装饰、台阶装饰、零星项目装饰。河南省定额还包括：地面垫层和散水、坡道。通过本部分学习，使学生能根据建筑施工图及楼地面构造做法，按清单项目设置及工程量计算规则，熟练计算楼地面分项工程量。

过程 12.1　识读建筑施工图及构造做法

12.1.1　相关基础知识

楼地面是指楼面和地面，其主要构造层次一般为基层、垫层和面层，必要时可增设填充层、隔离层、找平层、结合层等。

1. 基层

基层指楼板、夯实土基。基层的工程造价在建筑工程相应项目中计算。进行装饰施工时，一般须先对基层进行清理。

2. 垫层

垫层指承受地面荷载并均匀传递给基层的构造层。按所用材料不同，有混凝土垫层、砂石级配垫层、碎石垫层、三合土垫层等。采用不同的垫层材料、配合比及不同厚度，其工程造价不同。

3. 填充层

指在建筑楼地面上起隔声、保温、找坡或敷设暗管、暗线等作用的构造层。

可以采用轻质的松散材料或块体材料或整体材料进行填充。

4. 隔离层

隔离层指起防水、防潮作用的构造层。一般有卷材、防水砂浆、沥青砂浆或防水涂料等隔离层。

5. 找平层

找平层指在垫层、楼板或填充层上起找平、找坡或加强作用的构造层。一般有水泥砂浆、细石混凝土、沥青砂浆、沥青混凝土等找平。找平层材料品种、配合比、厚度均影响工程造价。

6. 结合层

结合层是指面层与下层相结合的中间层。结合层一般包含在楼地面面层子目内，计量时不单独列项计算。

7. 楼地面面层

楼地面面层是指直接承受各种荷载作用的表面层，分为整体面层、块料面层、橡塑面层和其他材料面层。

12.1.2 识图要点

在识图时，应先看图纸说明中装饰装修做法表或引用的标准图集号，必须重点看清施工图、大样图及所引用的标准图中所注明的长向尺寸，或长、宽双向尺寸，才能按计算规则准确计量；同时，定额的分项方法通常要考虑材料种类、规格尺寸、厚度等多种因素，因此，在识图时还必须看清楚设计内容中的构造做法，才能按定额的子目设置正确列项，而正确排列应计分项的名称及看清图纸有关尺寸均是正确计量的前提。在弄清楚建筑施工图及构造做法以后，还要熟悉工程量清单项目设置及工程量计算规则。

过程 12.2 工程量清单项目设置及工程量计算规则

要熟悉工程量清单项目设置，就必须研究定额项目表，熟悉定额的分项因素或分项方法，这是正确排列应计算分项工程量所必需的。

12.2.1 定额说明、项目划分及工程量计算规则

1. 定额有关说明

（1）本分部未含找平层、防水层子目，找平层、防水层可另列项目，执行建筑工程 A.7 分部相应子目。

（2）水磨石嵌玻璃条整体面层如采用金属嵌条时，可另列项计算并进行相应换算。

（3）木地板龙骨和面层子目均未包括涂刷防火涂料，如设计要求涂刷防火涂

料，应另按 B. 5 分部列项计算。

（4）除楼梯整体面层外，楼地面中的整体面层和块料面层子目均未包括踢脚线费用，踢脚线单列项，执行相应子目。踢脚线打蜡执行楼地面打蜡子目，但人工乘以系数 2。

（5）水泥砂浆楼梯面层不包括防滑条，如设计有防滑条时，另执行防滑条子目。水磨石楼梯面层已综合考虑了防滑条的工料，如设计为铜防滑条时铜防滑条另执行相应子目，并对水磨石楼梯子目进行相应换算。

（6）楼梯装饰子目已包括楼梯底面和侧面的抹灰，但不包括刷浆，刷浆应按 B. 5 分部另列项目计算。

（7）现浇水磨石楼梯装饰子目已包括踢脚线，如设计为预制踢脚线时，该脚线可另列项目计算，并对相应楼梯子目换算。

（8）块料面层楼梯、台阶子目均不包括踢脚线，踢脚线可另列项目计算。

（9）本分部中的“零星装饰”项目，适用于小便槽、蹲位、池槽、台阶的牵边和侧面装饰、0. 5m^2 以内少量分散的楼地面装修等，其他未列的项目，可按墙柱面中相应子目计算。

（10）架空木地板地垄墙按建筑工程 A. 3 分部规定列项计算。

（11）铁栏杆和铁艺栏杆仅包括一般除锈，如设计要求特殊除锈，可按安装定额另列项目计算。

2. 定额项目划分

楼地面工程包括地面垫层、整体面层、块料面层、栏杆扶手等定额项目。

楼地面工程在列项时，应根据设计图纸的内容，结合工程的具体情况，按照定额子目的设置情况，考虑设计构造层次所用材料、规格、厚度及工艺要求等因素来正确列项。例如，水泥砂浆楼地面整体面层，定额分为厚 20mm 和厚 25mm，就意味着厚度不同时要分别计算。又如，方整石块料面层，定额分为砂结合层和水泥砂浆结合层，就意味着虽然都是方整石面层，若结合层不同也要分别计算。

3. 定额工程量计算规则

（1）地面垫层工程量按室内主墙间净空面积乘以设计厚度，以立方米计算。应扣除凸出地面的构筑物、设备基础、室内铁道、地沟等所占体积，不扣除柱、垛、间壁墙、附墙烟囱及面积在 0. 3m^2 以内孔洞所占体积。

（2）整体面层工程量按主墙间净空面积以平方米计算。应扣除凸出地面的构筑物、设备基础、室内管道、地沟等所占面积，不扣除柱、垛、间壁墙、附墙烟囱及面积在 0. 3m^2 以内的孔洞所占面积，但门洞、空圈、暖气包槽、壁龛的开口部分面积不计算。

（3）块料面层工程量按图示尺寸实铺面积以平方米计算。门洞、空圈、暖气包槽和壁龛的开口部分面积并入相应面层工程量内计算。

（4）整体或块料楼梯面层的工程量均按包括踏步、平台以及小于 500mm 的楼梯井的水平投影面积以平方米计算。

（5）整体和块料台阶面层工程量均按水平投影面积以平方米计算。台阶与台阶平台的分界线以最上一层踏步外沿另加300mm计算（见图12-1所示）。

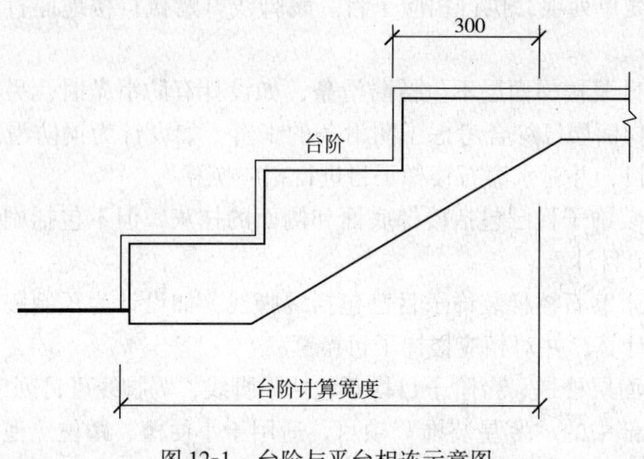

图12-1　台阶与平台相连示意图

（6）整体面层踢脚线、块料踢脚线、木踢脚线（板）均按延长米计算，不扣除洞口、空圈所占长度，洞口、空圈、垛、附墙烟囱等侧壁长度不计算。

12.2.2　清单项目设置及工程量计算规则

楼地面工程清单项目有整体面层、块料面层、橡塑面层、其他材料面层、踢脚线、楼梯装饰、扶手楼梯栏杆装饰、台阶装饰、零星项目装饰等9节共43个项目。各项目编码、名称、特征、工程量计算规则及包含的工作内容详见表12-1、表12-3、表12-5、表12-6、表12-9～表12-13。

过程12.3　整体面层、块料面层

12.3.1　整体面层

1. 定额项目表分项因素

整体面层按材料分为：水泥砂浆、水泥豆石浆、现浇普通水磨石、彩色镜面水磨石、细石混凝土、石屑混凝土、防水混凝土、菱苦土等楼地面。

水泥砂浆楼地面又分为厚20mm、厚25mm，加浆一次抹光和毛面厚15mm等子目；现浇水磨石楼地面又分为带嵌条、不带嵌条、艺术形式等子目；细石混凝土楼地面又分为细石混凝土、石屑混凝土、防水混凝土楼地面等子目。

2. 规则规定

工程量清单项目设置及工程量计算规则，应按表12-1的规定执行。

整体面层（编码：020101）　　表 12-1

项目编码	项目名称	项目特征	计量单位	工程量计算规则	工程内容
020101001	水泥砂浆楼地面	1. 垫层材料种类、厚度 2. 找平层厚度、砂浆配合比 3. 防水层厚度、材料种类 4. 面层厚度、砂浆配合比	m^2	按设计图示尺寸以面积计算。扣除凸出地面构筑物、设备基础、室内铁道、地沟等所占面积，不扣除间壁墙和 0.3m^2 以内的柱、垛、附墙烟囱及孔洞所占面积。门洞、空圈、暖气包槽、壁龛的开口部分不增加面积	1. 基层清理 2. 垫层铺设 3. 抹找平层 4. 防水层铺设 5. 抹面层 6. 材料运输
020101002	现浇水磨石楼地面	1. 垫层材料种类、厚度 2. 找平层厚度、砂浆配合比 3. 防水层厚度、材料种类 4. 面层厚度、水泥石子浆配合比 5. 嵌条材料种类、规格 6. 石子种类、规格、颜色 7. 颜料种类、颜色 8. 图案要求 9. 磨光、酸洗、打蜡要求			1. 基层清理 2. 垫层铺设 3. 抹找平层 4. 防水层铺设 5. 面层铺设 6. 嵌缝条安装 7. 磨光、酸洗、打蜡 8. 材料运输
020101003	细石混凝土地面	1. 垫层材料种类、厚度 2. 找平层厚度、砂浆配合比 3. 防水层厚度、材料种类 4. 面层厚度、混凝土强度等级			1. 基层清理 2. 垫层铺设 3. 抹找平层 4. 防水层铺设 5. 面层铺设 6. 材料运输
020101004	菱苦土楼地面	1. 垫层材料种类、厚度 2. 找平层厚度、砂浆配合比 3. 防水层厚度、材料种类 4. 面层厚度 5. 打蜡要求			1. 清理基层 2. 垫层铺设 3. 抹找平层 4. 防水层铺设 5. 面层铺设 6. 打蜡 7. 材料运输

3. 实例计算

【例 12.1】某工程底层平面如图 12-2 所示。地面为不带嵌条水磨石面层，做法为：12mm 厚 1∶2 水泥石子磨光；素水泥浆结合层一遍；18mm 厚 1∶3 水泥砂浆找平层；素水泥浆结合层一遍；80mm 厚 C15 混凝土；素土夯实。试计算其楼地面工程量。

解：（1）定额工程量计算

①水磨石整体面层（12mm 厚 1∶2 水泥石子磨光；18mm 厚 1∶3 水泥砂浆找平层）

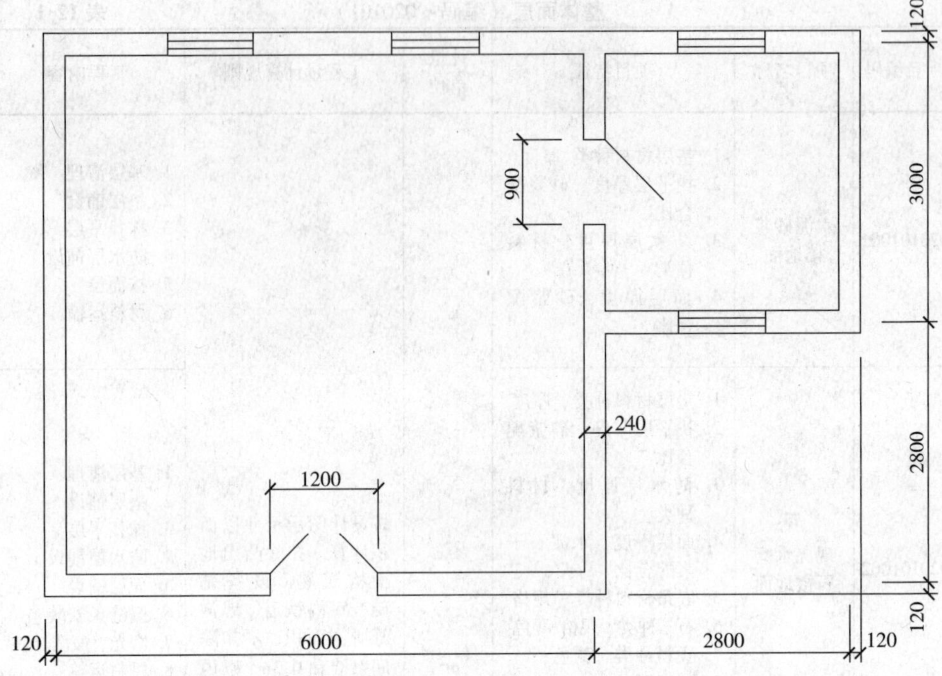

图 12-2　底层平面图

S = 设计图示尺寸面积

$=(6-0.24)\times(5.8-0.24)+(2.8-0.24)\times(3-0.24)=39.09\text{m}^2$

②80mm 厚 C15 混凝土垫层

V = 设计图示尺寸面积 × 垫层厚

$V=39.09\times0.08=3.13\text{m}^3$

（2）清单项目特征描述及工程量计算结果见表 12-2。

分部分项工程量清单表　　**表 12-2**

序号	项目编码	项目名称	项目特征描述	计量单位	工程量
1	020101002001	现浇水磨石楼地面	水磨石楼地面（不带嵌条）、12mm 厚 1∶2水泥石子磨光、素水泥浆结合层一遍、18mm 厚 1∶3 水泥砂浆找平层、素水泥浆结合层一遍、80mm 厚 C15 混凝土垫层	m^2	39.09

12.3.2　块料面层

1. 定额项目表分项因素

块料面层按材料分为：方整石、大理石、花岗石、水泥花砖、混凝土板、预制水磨石板、地板砖、陶瓷锦砖、广场砖、缸砖等楼地面。块料面层中方整石地面又按结合层用料（砂、水泥砂浆）不同细分子目；地板砖楼地面又按其规格不同细分子目等。

2. 规则规定

工程量清单项目设置及工程量计算规则，应按表 12-3 的规定执行。

块料面层（编码：020102）　　表 12-3

项目编码	项目名称	项目特征	计量单位	工程量计算规则	工程内容
020102001	石材楼地面	1. 垫层材料种类、厚度 2. 找平层厚度、砂浆配合比 3. 防水层、材料种类 4. 填充材料种类、厚度 5. 结合层厚度、砂浆配合比 6. 面层材料品种、规格、品牌、颜色 7. 嵌缝材料种类 8. 防护层材料种类 9. 酸洗、打蜡要求	m^2	按设计图示尺寸以面积计算。扣除凸出地面构筑物、设备基础、室内铁道、地沟等所占面积，不扣除间壁墙和 $0.3m^2$ 以内的柱、垛、附墙烟囱及孔洞所占面积。门洞、空圈、暖气包槽、壁龛的开口部分不增加面积	1. 基层清理、铺设垫层、抹找平层 2. 防水层铺设、填充层 3. 面层铺设 4. 嵌缝 5. 刷防护材料 6. 酸洗、打蜡 7. 材料运输
020102002	块料楼地面				

3. 实例计算

【例 12.2】计算图 12-3 所示门厅贴花岗石地面工程量。地面做法：20mm 厚 500mm × 500mm 花岗石板铺实拍平，素水泥浆擦缝；30mm 厚 1∶4 干硬性水泥砂浆；素水泥浆结合层一遍；100mm 厚 C15 混凝土；素土夯实。

解：（1）定额工程量计算

①花岗石楼地面（20mm 厚 500mm × 500mm 花岗石，30mm 厚 1∶4 干硬性水泥

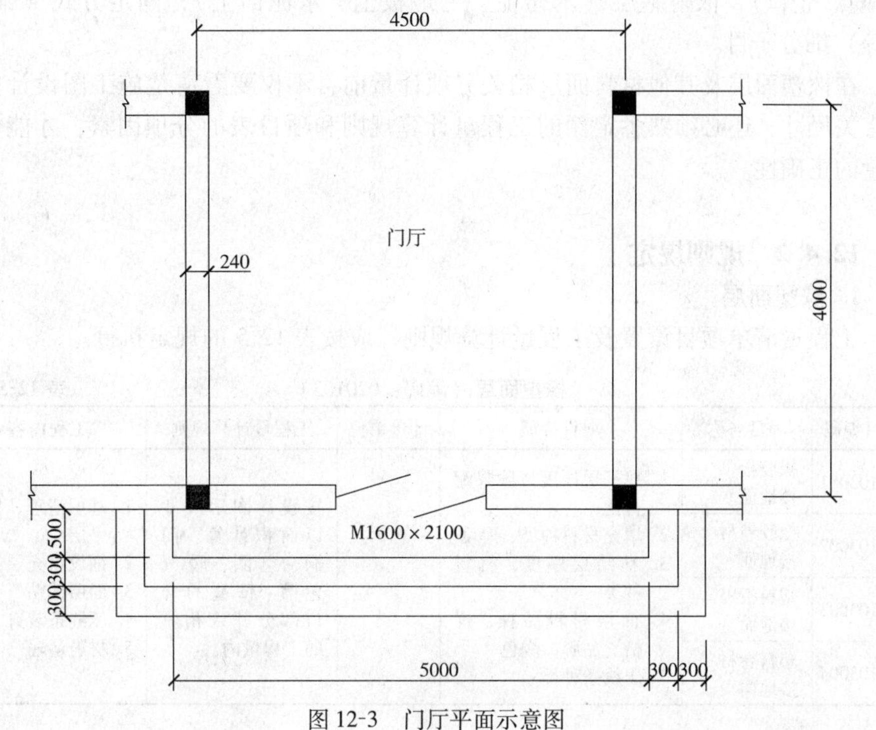

图 12-3　门厅平面示意图

任务12　楼地面工程量计算

砂浆）

$S=(4.5-0.24)\times 4=17.04\text{m}^2$

②100mm 厚 C15 混凝土垫层

$V=17.04\times 0.10=1.70\text{m}^3$

（2）清单项目特征描述及工程量计算结果见表 12-4。

分部分项工程量清单表　　表 12-4

序号	项目编码	项目名称	项目特征描述	计量单位	工程量
1	020102001001	石材楼地面	500mm×500mm 花岗石、30mm 厚1∶4干硬性水泥砂浆、素水泥浆结合层、100mm 厚 C15 混凝土	m^2	17.04

过程 12.4　橡塑面层、其他面层

12.4.1　定额项目表分项因素

橡塑面层按材料分为：橡胶板、塑料板、塑料卷材等楼地面。其他材料面层按材料分为：地毯、木地板、防静电活动地板、金属复合地板、镭射玻璃等楼地面。

其他材料面层中楼地面地毯再按施工作方法不同分为固定、不固定，单层或双层；竹木地板再按地板种类（木地板、硬木地板、硬木拼花地板）、接缝方式（平口、企口），依附基层（木楞上、毛地板上、水泥面上），固定方式（铺钉、粘等）细分子目。

在橡塑面层及其他材料面层相关分项计量前，不仅要看清楚施工图设计内容及有关尺寸，还必须熟悉定额的工程量计算规则和项目表的分项因素，才能保证计量的正确性。

12.4.2　规则规定

1. 橡塑面层

工程量清单项目设置及工程量计算规则，应按表 12-5 的规定执行。

橡塑面层（编码：020103）　　表 12-5

项目编码	项目名称	项目特征	计量单位	工程量计算规则	工程内容
020103001	橡胶板楼地面	1. 找平层厚度、砂浆配合比 2. 填充材料种类、厚度 3. 粘结层厚度、材料种类 4. 面层材料品种、规格、品牌、颜色 5. 压线条种类	m^2	按设计图示尺寸以面积计算。门洞、空圈、暖气包槽、壁龛的开口部分并入相应的工程量内	1. 基层清理、抹找平层 2. 铺设填充层 3. 面层铺贴 4. 压缝条装钉 5. 材料运输
020103002	橡胶卷材楼地面				
020103003	塑料板楼地面				
020103004	塑料卷材楼地面				

2. 其他材料面层

工程量清单项目设置及工程量计算规则，应按表12-6的规定执行。

其他材料面层（编码：020104）　　表12-6

项目编码	项目名称	项目特征	计量单位	工程量计算规则	工程内容
020104001	楼地面地毯	1. 找平层厚度、砂浆配合比 2. 填充材料种类、厚度 3. 面层材料品种、规格、品牌、颜色 4. 防护材料种类 5. 粘结材料种类 6. 压线条种类	m^2	按设计图示尺寸以面积计算。门洞、空圈、暖气包槽、壁龛的开口部分并入相应的工程量内	1. 基层清理、抹找平层 2. 铺设填充层 3. 铺贴面层 4. 刷防护材料 5. 装钉压条 6. 材料运输
020104002	竹木地板	1. 找平层厚度、砂浆配合比 2. 填充材料种类、厚度、找平层厚度、砂浆配合比 3. 龙骨材料种类、规格、铺设间距 4. 基层材料种类、规格 5. 面层材料品种、规格、品牌、颜色 6. 粘结材料种类 7. 防护材料种类 8. 油漆品种、刷漆遍数			1. 基层清理、抹找平层 2. 铺设填充层 3. 龙骨铺设 4. 铺设基层 5. 面层铺贴 6. 刷防护材料 7. 材料运输
020104003	防静电活动地板	1. 找平层厚度、砂浆配合比 2. 填充材料种类、厚度，找平层厚度、砂浆配合比 3. 支架高度、材料种类 4. 面层材料品种、规格、品牌、颜色 5. 防护材料种类			1. 清理基层、抹找平层 2. 铺设填充层 3. 固定支架安装 4. 活动面层安装 5. 刷防护材料 6. 材料运输
020104004	金属复合地板	1. 找平层厚度、砂浆配合比 2. 填充材料种类、厚度，找平层厚度、砂浆配合比 3. 龙骨材料种类、规格、铺设间距 4. 基层材料种类、规格 5. 面层材料品种、规格、品牌 6. 防护材料种类			1. 清理基层、抹找平层 2. 铺设填充层 3. 龙骨铺设 4. 基层铺设 5. 面层铺贴 6. 刷防护材料 7. 材料运输

12.4.3 实例计算

【例12.3】以【例12.1】所示平面图为例，试计算其楼地面铺双层固定地毯工程量。

解：楼地面铺双层固定地毯

S = 设计图示尺寸面积 + 门洞开口部分面积

$= (6-0.24)\times(5.8-0.24)+1.2\times0.24+0.9\times0.24+(2.8-0.24)$
$\times(3-0.24)$

$=39.60\text{m}^2$

清单项目特征描述及工程量计算结果见表 12-7。

分部分项工程量清单表　　表 12-7

序号	项目编码	项目名称	项目特征描述	计量单位	工程量
1	020104001001	楼地面地毯	铺双层固定地毯	m^2	39.60

【例 12.4】以【例 12.3】所示图为例，试计算该门厅硬木地板铺在毛地板上（企口）的工程量。

解：硬木地板

$S=(4.5-0\ 24)\times4+1.6\times0.24=17.42\text{m}^2$

清单项目特征描述及工程量计算结果见表 12-8。

分部分项工程量清单表　　表 12-8

序号	项目编码	项目名称	项目特征描述	计量单位	工程量
1	020104002001	竹木地板	硬木地板铺在毛地板上（企口）	m^2	17.42

过程 12.5　踢脚线、楼梯装饰、零星装饰项目

12.5.1　定额项目表分项因素

踢脚线按材料及施工工艺不同分为：水泥砂浆、大理石、花岗石、预制水磨石板、缸砖、釉面砖、地板砖、现浇水磨石、塑料板、橡胶板、硬木、松木、细木工板、金属等踢脚线子目。

楼梯装饰按材料分为：大理石、花岗石、预制水磨石板、缸砖、地板砖、水泥砂浆、水泥豆石浆、现浇普通水磨石、地毯等楼梯面层子目。

扶手、栏杆、栏板按材料分为：金属、硬木、塑料扶手栏杆栏板等子目。

台阶装饰按饰面材料、施工工艺不同分项。包括大理石、花岗石、水泥花砖、预制水磨石板、缸砖、地板砖、水泥砂浆、现浇普通水磨石、斩假石等台阶面层。

零星装饰项目按材料不同分项。

地面垫层按所用材料及施工作方法不同分项。

散水、坡道，其垫层和面层均按材料及工艺不同分项。

12.5.2　规则规定

1. 踢脚线

工程量清单项目设置及工程量计算规则，应按表 12-9 的规定执行。

踢脚线（编码：020105） 表 12-9

项目编码	项目名称	项目特征	计量单位	工程量计算规则	工程内容
020105001	水泥砂浆踢脚线	1. 踢脚线高度 2. 底层厚度、砂浆配合比 3. 面层厚度、砂浆配合比	m^2	按设计图示长度乘以高度以面积计算	1. 基层清理 2. 底层抹灰 3. 面层铺贴 4. 勾缝 5. 磨光、酸洗、打蜡 6. 刷防护材料 7. 材料运输
020105002	石材踢脚线	1. 踢脚线高度 2. 底层厚度、砂浆配合比 3. 粘贴层厚度、材料种类 4. 面层材料品种、规格、品牌、颜色 5. 勾缝材料种类 6. 防护材料种类			
020105003	块料踢脚线				
020105004	现浇水磨石踢脚线	1. 踢脚线高度 2. 底层厚度、砂浆配合比 3. 面层厚度、水泥石子浆配合比 4. 石子种类、规格、颜色 5. 颜料种类、颜色 6. 磨光、酸洗、打蜡要求			
020105005	塑料板踢脚线	1. 踢脚线高度 2. 底层厚度、砂浆配合比 3. 粘结层厚度、材料种类 4. 面层材料种类、规格、品牌、颜色			
020105006	木质踢脚线	1. 踢脚线高度 2. 底层厚度、砂浆配合比 3. 基层材料种类 4. 面层材料品种、规格、品牌、颜色 5. 防护材料种类 6. 油漆品种、刷漆遍数			1. 基层清理 2. 底层抹灰 3. 基层铺贴 4. 面层铺贴 5. 刷防护材料 6. 刷油漆 7. 材料运输
020105007	金属踢脚线				
020105008	防静电踢脚线				

2. 楼梯装饰

工程量清单项目设置及工程量计算规则，应按表 12-10 定执行。

楼梯装饰（编码：020106） 表 12-10

项目编码	项目名称	项目特征	计量单位	工程量计算规则	工程内容
020106001	石材楼梯面层	1. 找平层厚度、砂浆配合比 2. 贴结层厚度、材料种类 3. 面层材料品种、规格、品牌、颜色 4. 防滑条材料种类、规格 5. 勾缝材料种类 6. 防护层材料种类 7. 酸洗、打蜡要求	m^2	按设计图示尺寸以楼梯（包括踏步、休息平台及500mm以内的楼梯井）水平投影面积计算。楼梯与楼地面相连时，算至梯口梁内侧边沿；无梯口梁者，算至最上一层踏步边沿加300mm	1. 基层清理 2. 抹找平层 3. 面层铺贴 4. 贴嵌防滑条 5. 勾缝 6. 刷防护材料 7. 酸洗、打蜡 8. 材料运输
020106002	块料楼梯面层				

续表

项目编码	项目名称	项目特征	计量单位	工程量计算规则	工程内容
020106003	水泥砂浆楼梯面	1. 找平层厚度、砂浆配合比 2. 面层厚度、砂浆配合比 3. 防滑条材料种类、规格	m²	按设计图示尺寸以楼梯（包括踏步、休息平台及500mm以内的楼梯井）水平投影面积计算。楼梯与楼地面相连时，算至梯口梁内侧边沿；无梯口梁者，算至最上一层踏步边沿加300mm	1. 基层清理 2. 抹找平层 3. 抹面层 4. 抹防滑条 5. 材料运输
020106004	现浇水磨石楼梯面	1. 找平层厚度、砂浆配合比 2. 面层厚度、水泥石子浆配合比 3. 防滑条材料种类、规格 4. 石子种类、规格、颜色 5. 颜料种类、颜色 6. 磨光、酸洗、打蜡要求			1. 基层清理 2. 抹找平层 3. 抹面层 4. 贴嵌防滑条 5. 磨光、酸洗、打蜡 6. 材料运输
020106005	地毯楼梯面	1. 基层种类 2. 找平层厚度、砂浆配合比 3. 面层材料品种、规格、品牌、颜色 4. 防护材料种类 5. 粘结材料种类 6. 固定配件材料种类、规格			1. 基层清理 2. 抹找平层 3. 铺贴面层 4. 固定配件安装 5. 刷防护材料 6. 材料运输
020106006	木板楼梯面	1. 找平层厚度、砂浆配合比 2. 基层材料种类、规格 3. 面层材料品种、规格、品牌、颜色 4. 粘结材料种类 5. 防护材料种类 6. 油漆品种、刷漆遍数			1. 基层清理 2. 抹找平层 3. 基层铺贴 4. 面层铺贴 5. 刷防护材料、油漆 6. 材料运输

3. 扶手、栏杆、栏板装饰

工程量清单项目设置及工程量计算规则，应按表12-11的规定执行。

扶手、栏杆、栏板装饰（编码：020107）　　表12-11

项目编码	项目名称	项目特征	计量单位	工程量计算规则	工程内容
020107001	金属扶手带栏杆、栏板	1. 扶手材料种类、规格、品牌、颜色 2. 栏杆材料种类、规格、品牌、颜色 3. 栏板材料种类、规格、品牌、颜色 4. 固定配件种类 5. 防护材料种类 6. 油漆品种、刷漆遍数	m	按设计图纸尺寸以扶手中心线长度（包括弯头长度）计算	1. 制作 2. 运输 3. 安装 4. 刷防护材料 5. 刷油漆
020107002	硬木扶手带栏杆、栏板				
020107003	塑料扶手带栏杆、栏板				
020107004	金属靠墙扶手	1. 扶手材料种类、规格、品牌、颜色 2. 固定配件种类 3. 防护材料种类 4. 油漆品种、刷漆遍数			
020107005	硬木靠墙扶手				
020107006	塑料靠墙扶手				

4. 台阶装饰

工程量清单项目设置及工程量计算规则，应按表12-12的规定执行。

台阶装饰（编码：020108） 表12-12

项目编码	项目名称	项目特征	计量单位	工程量计算规则	工程内容
020108001	石材台阶面	1. 垫层材料种类、厚度 2. 找平层厚度、砂浆配合比 3. 粘结层材料种类 4. 面层材料品种、规格、品牌、颜色 5. 勾缝材料种类 6. 防滑条材料种类、规格 7. 防护材料种类	m²	按设计图示尺寸以台阶（包括最上层踏步边沿加300mm）水平投影面积计算	1. 基层清理 2. 铺设垫层 3. 抹找平层 4. 面层铺贴 5. 贴嵌防滑条 6. 勾缝 7. 刷防护材料 8. 材料运输
020108002	块料台阶面				
020108003	水泥砂浆台阶面	1. 垫层材料种类、厚度 2. 找平层厚度、砂浆配合比 3. 面层厚度、砂浆配合比 4. 防滑条材料种类			1. 清理基层 2. 铺设垫层 3. 抹找平层 4. 抹面层 5. 抹防滑条 6. 材料运输
020108004	现浇水磨石台阶面	1. 垫层材料种类、厚度 2. 找平层厚度、砂浆配合比 3. 面层厚度、砂浆配合比 4. 防滑条材料种类 5. 石子种类、规格、颜色 6. 颜料种类、规格、颜色 7. 磨光、酸洗、打蜡要求			1. 清理基层 2. 铺设垫层 3. 抹找平层 4. 抹面层 5. 贴嵌防滑条 6. 打磨、酸洗、打蜡 7. 材料运输
020108005	剁假石台阶面	1. 垫层材料种类、厚度 2. 找平层厚度、砂浆配合比 3. 面层厚度、砂浆配合比 4. 剁假石要求			1. 清理基层 2. 铺设垫层 3. 抹找平层 4. 抹面层 5. 剁假石 6. 材料运输

5. 零星装饰项目

工程量清单项目设置及工程量计算规则，应按表12-13的规定执行。

零星装饰项目（编码：020109） 表12-13

项目编码	项目名称	项目特征	计量单位	工程量计算规则	工程内容
020109001	石材零星项目	1. 工程部位 2. 找平层厚度、砂浆配合比 3. 贴结合层厚度、材料种类 4. 面层材料品种、规格、品牌、颜色 5. 勾缝材料种类 6. 防护材料种类 7. 酸洗、打蜡要求	m²	按设计图示尺寸以面积计算	1. 清理基层 2. 抹找平层 3. 面层铺贴 4. 勾缝 5. 刷防护材料 6. 酸洗、打蜡 7. 材料运输
020109002	碎拼石材零星项目				
020109003	块料零星项目				

续表

项目编码	项目名称	项目特征	计量单位	工程量计算规则	工程内容
020109004	水泥砂浆零星项目	1. 工程部位 2. 找平层厚度、砂浆配合比 3. 面层厚度、砂浆厚度	m^2	按设计图示尺寸以面积计算	1. 清理基层 2. 抹找平层 3. 抹面层 4. 材料运输

6. 其他相关问题

其他相关问题应按下列规定处理：

(1) 楼梯、阳台、走廊、回廊及其他的装饰性扶手、栏杆、栏板，应按表12-11项目编码列项。

(2) 楼梯、台阶侧面装饰，0.5m^2 以内少量分散的楼地面装修，应按表12-13中项目编码列项。

12.5.3 实例计算

【例12.5】以【例12.1】所示平面图为例，踢脚线为150mm高水磨石踢脚线，求其工程量？用料做法：15mm厚1∶3水泥砂浆；素水泥砂浆结合层一遍；10mm厚1∶2水泥石子磨光。

解：现浇水磨石踢脚线

S = 设计图示尺寸长×踢脚线高

$=[(5.8-0.24+6-0.24)\times2+(2.8-0.24+3-0.24)\times2-1.2\times1-0.9\times2]\times0.15=4.54m^2$（此例按门洞侧壁未作踢脚线计）

清单项目特征描述及工程量计算结果见表12-14。

分部分项工程量清单表 **表12-14**

序号	项目编码	项目名称	项目特征描述	计量单位	工程量
1	020105004001	现浇水磨石、踢脚线	现浇水磨石踢脚线、高150mm	m^2	4.54

【例12.6】某建筑物内楼梯如图12-4所示，墙厚240mm，楼梯为20mm厚1∶2水泥砂浆抹面，求其工程量？

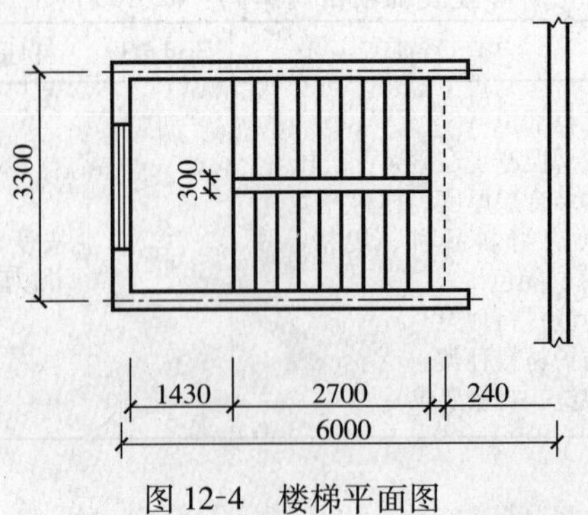

图12-4 楼梯平面图

解：1∶2 水泥砂浆楼梯面层

$S = (1.43 + 2.7 + 0.24) \times (3.3 - 0.24) = 13.37\text{m}^2$

清单项目特征描述及工程量计算结果见表 12-15。

分部分项工程量清单表 **表 12-15**

序号	项目编码	项目名称	项目特征描述	计量单位	工程量
1	020106003001	水泥砂浆楼梯面	20mm 厚 1∶2 水泥砂浆	m^2	13.37

【例 12.7】 如图 12-5 所示，已知梯井宽 0.4m，每一踏步高 150mm，每半层 9 个踏步，该建筑为 4 层楼，顶层栏杆水平长 1.6m，求该建筑楼梯铁栏杆带木扶手工程量。

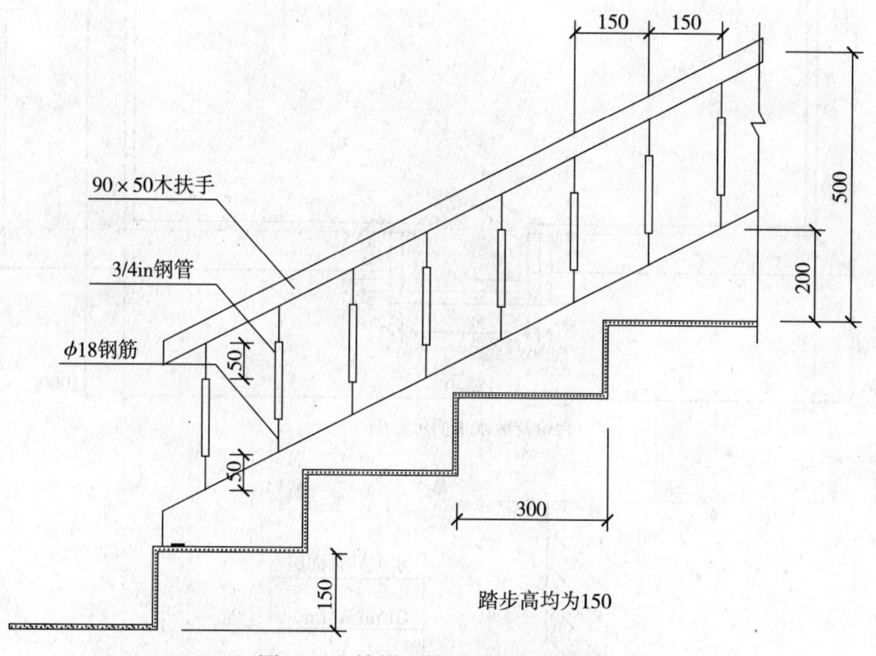

图 12-5 楼梯木扶手铁栏杆示意图

解：(1) 楼梯铁栏杆带木扶手

踏步水平投影长 $= 0.3 \times (9+1) = 3.00\text{m}$

踏步垂直投影高 $= 0.15 \times (9+1) = 1.50\text{m}$

扶手斜长 $= \sqrt{3^2 + 1.5^2} = 3.35\text{m}$

扶手总长 $= (3.35 + 0.4 + 0.09) \times 2 \times (4-1) + 1.6 = 24.66\text{m}$

(2) 清单项目特征描述及工程量计算结果见表 12-16。

分部分项工程量清单表 **表 12-16**

序号	项目编码	项目名称	项目特征描述	计量单位	工程量
1	020107002001	硬木扶手带栏杆、栏板	90mm×50mm 木扶手、ϕ18 钢筋、钢管	m	24.66

【例 12.8】某建筑物散水和台阶如图 12-6 所示，散水和台阶面层均为抹 20mm 厚 1∶2 水泥砂浆，试求散水和台阶的工程量。

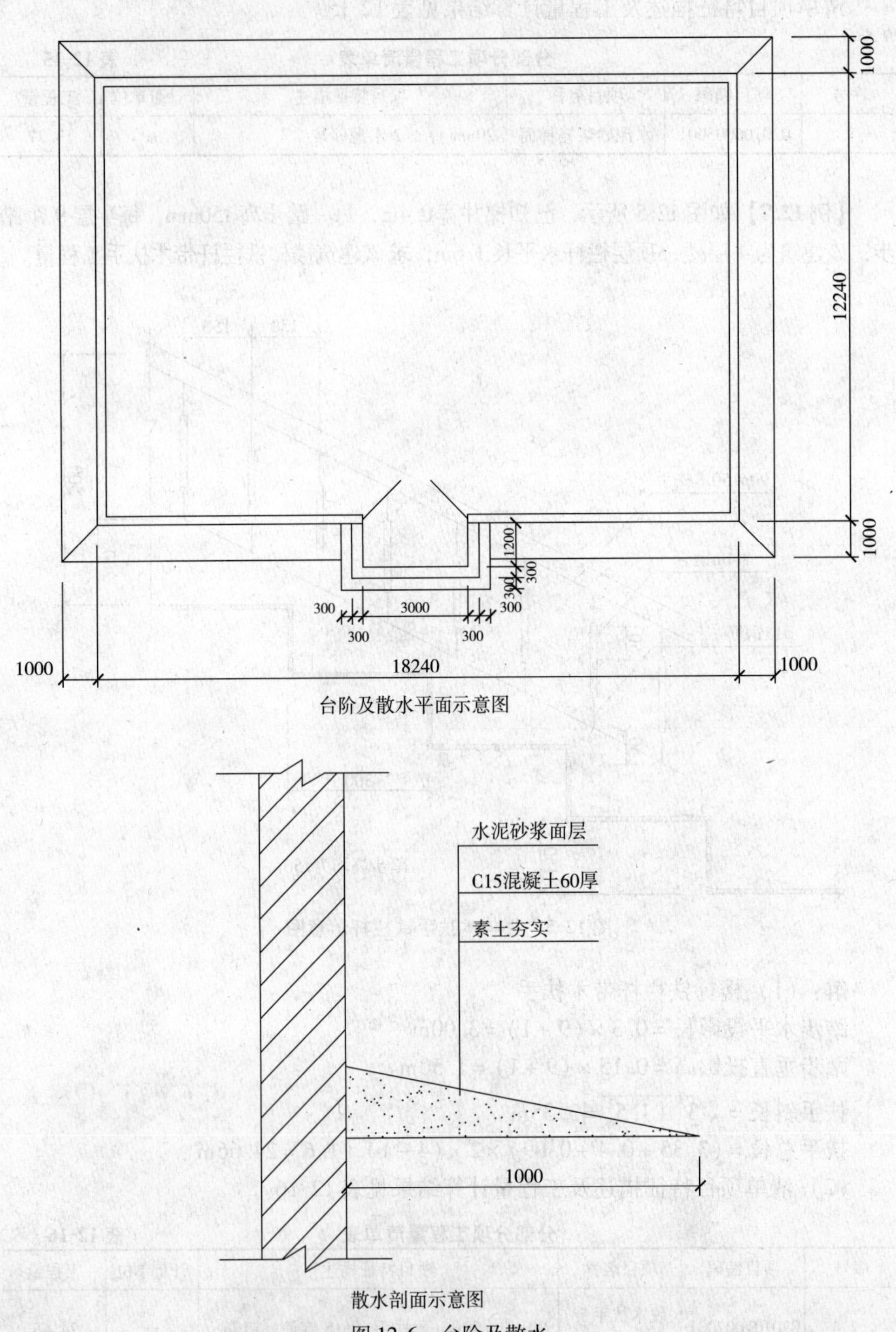

台阶及散水平面示意图

散水剖面示意图

图 12-6　台阶及散水

解：混凝土台阶水泥砂浆面

$S=(3+0.6\times2)\times(1.2+0.6)-(1.2-0.3)\times(3-0.3\times2)$

$=7.56-2.16=5.4m^2$

混凝土散水

$S=[(18.24+12.24)\times2+4-4.2]\times1=60.76m^2$

清单项目特征描述及工程量计算结果见表12-17。

分部分项工程量清单表 **表12-17**

序号	项目编码	项目名称	项目特征描述	计量单位	工程量
1	020108003001	水泥砂浆台阶面	20mm厚1:2水泥砂浆	m^2	5.40
2	010407002001	散水	20mm厚1:2水泥砂浆、60mm厚C15混凝土	m^2	60.76

巩固与提高：

1. 楼梯扶手装饰工程量如何计算？
2. 楼梯装饰工程量如何计算？
3. 块料面层清单项目如何划分？
4. 台阶装饰工程量如何计算？
5. 某接待室的平面图见【例3.1】图3-10所示。水泥砂浆地面做法：20mm厚1:2水泥砂浆抹面压光；素水泥浆结合层一遍；80mm厚C15混凝土；素土夯实。踢脚线（高150mm）做法：15mm厚1:3水泥砂浆；10mm厚1:2水泥砂浆抹面压光。台阶做法：20mm厚1:2水泥砂浆抹面压光；素水泥浆结合层一遍；60mm厚C15混凝土台阶（厚度不包括踏步三角部分）；300mm厚3:7灰土；素土夯实。散水做法：20mm厚1:2.5水泥砂浆抹面压光；素水泥浆结合层一遍；60mm厚C15混凝土；150mm厚3:7灰土；素土夯实，向外坡4%。试计算该建筑物地面有关分项工程量。
6. 某住宅楼三层平面图见任务9.4.3中图9-10所示。卧室为复合木地板楼面。用料做法：8mm厚190mm×1200mm复合木地板（企口）；2mm厚聚乙烯泡沫塑料垫；建筑胶水泥腻子刮平，30mm厚1:2.5水泥砂浆掺入水泥用量3%的硅质密实剂（分两次抹面）；钢筋混凝土楼板。活动室楼面为水磨石楼面。用料做法：12mm厚1:2水泥石子磨光；素水泥浆结合层一遍；18mm厚1:3水泥砂浆找平；素水泥浆结合层一遍；钢筋混凝土楼板。踢脚线做法同楼面，高150mm。试列项计算楼地面工程有关分项工程量。
7. 计算某办公楼（见1.3.4研讨与练习）楼地面工程各项工程量。其做法见表12-18。

用料做法表 **表 12-18**

编号名称	用料做法	编号名称	用料做法
地 20 陶瓷地 砖地面	8 ~ 10mm 厚地砖铺实拍平，水泥浆擦缝 20mm 厚 1∶4 干硬性水泥砂浆 素水泥浆结合层一遍 100mm 厚 C15 混凝土 素土夯实	台 5 陶瓷地 砖台阶	8 ~ 10mm 厚地砖，缝宽 5 ~ 8mm，1∶1 水泥砂浆填缝 25mm 厚 1∶4 干硬性水泥砂浆 素水泥浆结合层一遍 60mm 厚 C15 混凝土台阶 300mm 厚 3∶7 灰土 素土夯实
楼 10 陶瓷地 砖楼面	8 ~ 10mm 厚地砖铺实拍平，水泥浆擦缝 20mm 厚 1∶4 干硬性水泥砂浆 素水泥浆结合层一遍 钢筋混凝土楼板	散 1 混凝土散水	60mm 厚 C15 混凝土，面上加 5mm 厚 1∶1 水泥砂浆随打随抹光 150mm 厚 3∶7 灰土 素土夯实，向外坡 4%
踢 22 面砖踢脚 （高 150mm）	8 ~ 10mm 厚面砖，水泥浆擦缝 3 ~ 4mm 厚 1∶1 水泥砂浆加水重 20% 建筑胶镶贴 17mm 厚 1∶3 水泥砂浆	05YJ8	金属栏杆（楼梯栏杆、楼梯护窗栏杆）

任务 13

墙、柱面工程量计算

本部分主要包括：墙面抹灰、零星抹灰、墙面镶贴块料、柱面镶贴块料、零星镶贴块料、墙饰面、柱（梁）饰面、隔断和幕墙。通过本部分学习，使学生能根据建筑施工图及墙、柱面装饰装修做法，按清单项目设置及工程量计算规则，熟练计算墙、柱面分项工程量。

过程 13.1　识读建筑施工图及构造做法

13.1.1　基础知识

墙柱面工程包括一般抹灰、装饰抹灰、镶贴块料面层等。

1. 一般抹灰

一般抹灰工程指适用于石灰砂浆、水泥砂浆、混合砂浆等材料的抹灰工程。一般抹灰由底层、中层、面层组成；按建筑物使用标准分为普通抹灰、中级抹灰、高级抹灰三个等级。

2. 装饰抹灰

装饰抹灰除具有一般抹灰功能外，还由于使用材料不同和施工方法不同而产生的各种形式的装饰效果。如水刷石、干粘石、水磨石等。

3. 镶贴块料面层

如大理石、花岗石、釉面砖等面层。一般小规格块料（边长 400mm 以下）采用粘贴法，大规格板材（大理石、花岗石等）采用挂贴法或干挂法施工。

4. 饰面

饰面基本构造分为龙骨材料和面层材料。龙骨材料有木龙骨、轻钢龙骨、铝合金龙骨等；面层材料有镜面玻璃、镭射玻璃、铝合金饰面、不锈钢饰面、宝丽板等。

5. 幕墙

为了使建筑物外形美观和满足采光功能，建筑物外墙常采用幕墙。常用的有全玻璃幕墙和铝合金玻璃幕墙。全玻璃幕墙又分带肋玻璃幕墙和不带肋玻璃幕墙。

13.1.2 识图要点

计算墙柱面工程量时，必须识读施工图中的平面图、立面图，大样图等。重点是设计图纸中墙体的长和高、柱的数量及水平截面周长，还必须看清楚墙、柱面装饰所用材料及构造做法等内容。一般而言，在平面图中主要弄清墙体长度和柱的数量，在立面图中弄清墙、柱的高度，在大样图及设计文字说明中弄清墙、柱的饰面构造做法或引用标准图集号等。

过程 13.2 工程量清单项目设置及工程量计算规则

13.2.1 定额说明、项目划分及工程量计算规则

1. 分部有关说明

（1）本分部墙面的一般抹灰，装饰抹灰和块料镶贴均包括基层、面层，但石材镶贴未含刷防护材料，如有设计要求，可另计算，执行刷防护材料子目。

（2）本分部子目已考虑了搭拆 3.6m 以内的简易脚手架用工和材料摊销费用，不另计算措施项目费。

（3）圆形柱面抹灰，执行相应柱面抹灰子目，并进行相应换算。柱帽、柱脚抹线脚者，另套用装饰线条或零星抹灰子目，块料面层要求在现场磨光 45°、60°斜角时，另按 B.6 分部相应子目计算。

（4）化粪池、检查井、水池、贮仓壁抹灰，执行墙面抹灰子目并进行相应换算。

（5）圆柱水磨石饰面，圆柱斩假石饰面执行方柱子目并进行相应换算。

（6）块料镶贴和装饰抹灰的“零星项目”适用于挑檐、天沟、腰线、门窗套、压顶、栏板、扶手、遮阳板、雨篷周边 0.5m^2 以内少量分散的饰面等。一般抹灰的“零星项目”适用于各种壁柜、过人洞、暖气壁龛、池槽、花台以及 1m^2

以内的抹灰。抹灰的“装饰线条”适用于门窗套、挑檐、腰线、压顶、遮阳板、楼梯边梁、宣传栏边框等凸出墙面或灰面展开宽度小于300mm的竖、横线条抹灰。超过300mm的线条抹灰按“零星项目”执行。

(7) 面层、隔墙、隔断定额内，除注明者外均未包括压条、收边、装饰线(板)，如设计要求时，另按B.6分部相应子目计算。

(8) 木龙骨、木基层均未包括刷防火涂料，如设计要求时，另按本册B.5分部相应子目计算。

(9) 木龙骨基层是按双向计算的，若设计为单向时，应按定额规定进行换算。

(10) 玻璃隔墙如设计有平开、推拉窗者，玻璃隔墙应扣除平开、推拉窗面积，平开、推拉窗另按B.4分部相应子目执行。

2. 定额项目划分

(1) 墙、柱面抹灰与零星抹灰，定额均分为一般抹灰与装饰抹灰。一般抹灰通常指石灰砂浆、混合砂浆、水泥砂浆抹灰；装饰抹灰通常是指水刷石、水磨石、干粘石、剁假石抹灰。抹灰工程按抹灰材料、抹灰部位、基层材料及工艺等不同来划分子目。

(2) 镶贴块料，按镶贴部位分为：墙面墙裙、梁柱面、零星项目镶贴。块料镶贴按材料分为：大理石、花岗石、凸凹假麻石块、陶瓷锦砖、瓷片、外墙面砖、波形面砖、镜面玻璃、装饰板等。按墙体位置分为：内墙、外墙镶贴。按分缝情况分为：密贴、勾缝镶贴。石材镶贴按施工工艺分为：粘贴、挂贴、干挂。墙面镶贴项目表分为石材、拼碎石材、块料、干挂石材钢骨架等。

计量时应根据设计图纸内容、定额项目设置情况等因素来列项计算工程量。

3. 定额工程量计算规则

定额工程量计算规则基本同《计价规范》规定。

13.2.2 清单项目设置及工程量计算规则

墙柱面装饰清单项目设置有墙面抹灰、零星抹灰、墙面镶贴块料、柱面镶贴块料、零星镶贴块料、墙饰面、柱（梁）饰面、隔断和幕墙等10节25个项目。各项目编码、名称、特征、工程量计算规则及包含的工作内容详见表13-1～表13-3、表13-6～表13-8、表13-11、表13-12、表13-15、表13-16。

过程13.3 墙、柱面抹灰

13.3.1 规则规定

1. 墙面抹灰

工程量清单项目设置及工程量计算规则，应按表13-1的规定执行。

墙面抹灰（编码：020201） 表 13-1

项目编码	项目名称	项目特征	计量单位	工程量计算规则	工程内容
020201001	墙面一般抹灰	1. 墙体类型 2. 底层厚度、砂浆配合比 3. 面层厚度、砂浆配合比 4. 装饰面材料种类 5. 分格缝宽度、材料种类	m^2	按设计图示尺寸以面积计算。扣除墙裙、门窗洞口及单个 $0.3m^2$ 以外的孔洞面积，不扣除踢脚线、挂镜线和墙与构件交接处的面积，门窗洞口和孔洞的侧壁及顶面不增加面积。附墙柱、梁、垛、烟囱侧壁并入相应的墙面面积内 1. 外墙抹灰面积按外墙垂直投影面积计算 2. 外墙裙抹灰面积按其长度乘以高度计算 3. 内墙抹灰面积按主墙间的净长乘以高度计算 （1）无墙裙的，高度按室内楼地面至顶棚底面计算 （2）有墙裙的，高度按墙裙顶至顶棚底面计算 4. 内墙裙抹灰面按内墙净长乘以高度计算	1. 基层清理 2. 砂浆制作、运输 3. 底层抹灰 4. 抹面层 5. 抹装饰面 6. 勾分格缝
020201002	墙面装饰抹灰				
020201003	墙面勾缝	1. 墙体类型 2. 勾缝类型 3. 勾缝材料种类			1. 基层清理 2. 砂浆制作、运输 3. 勾缝

2. 柱面抹灰

工程量清单项目设置及工程量计算规则，应按表 13-2 的规定执行。

柱面抹灰（编码：020202） 表 13-2

项目编码	项目名称	项目特征	计量单位	工程量计算规则	工程内容
020202001	柱面一般抹灰	1. 柱体类型 2. 底层厚度、砂浆配合比 3. 面层厚度、砂浆配合比 4. 装饰面材料种类 5. 分格缝宽度、材料种类	m^2	按设计图示柱断面周长乘以高度以面积计算	1. 基层清理 2. 砂浆制作、运输 3. 底层抹灰 4. 抹面层 5. 抹装饰面 6. 勾分格缝
020202002	柱面装饰抹灰				
020202003	柱面勾缝	1. 墙体类型 2. 勾缝类型 3. 勾缝材料种类			1. 基层清理 2. 砂浆制作、运输 3. 勾缝

3. 零星抹灰

工程量清单项目设置及工程量计算规则，应按表 13-3 的规定执行。

零星抹灰（编码：020203） 表 13-3

项目编码	项目名称	项目特征	计量单位	工程量计算规则	工程内容
020203001	零星项目一般抹灰	1. 墙体类型 2. 底层厚度、砂浆配合比 3. 面层厚度、砂浆配合比 4. 装饰面材料种类 5. 分格缝宽度、材料种类	m^2	按设计图示尺寸以面积计算	1. 基层清理 2. 砂浆制作、运输 3. 底层抹灰 4. 抹面层 5. 抹装饰面 6. 勾分格缝
020203002	零星项目装饰抹灰				

13.3.2 实例计算

【例 13.1】某工程平面及剖面如图 13-1 所示，室内墙面抹 1∶2 水泥砂浆底，1∶3石灰砂浆找平层，麻刀石灰浆面层，共20mm 厚。室内墙裙采用19mm 厚1∶3水泥砂浆打底，6mm 厚 1∶2.5 水泥砂浆面层，计算室内抹灰和墙裙工程量（M：1000mm×2700mm，C：1500mm×1800mm）。

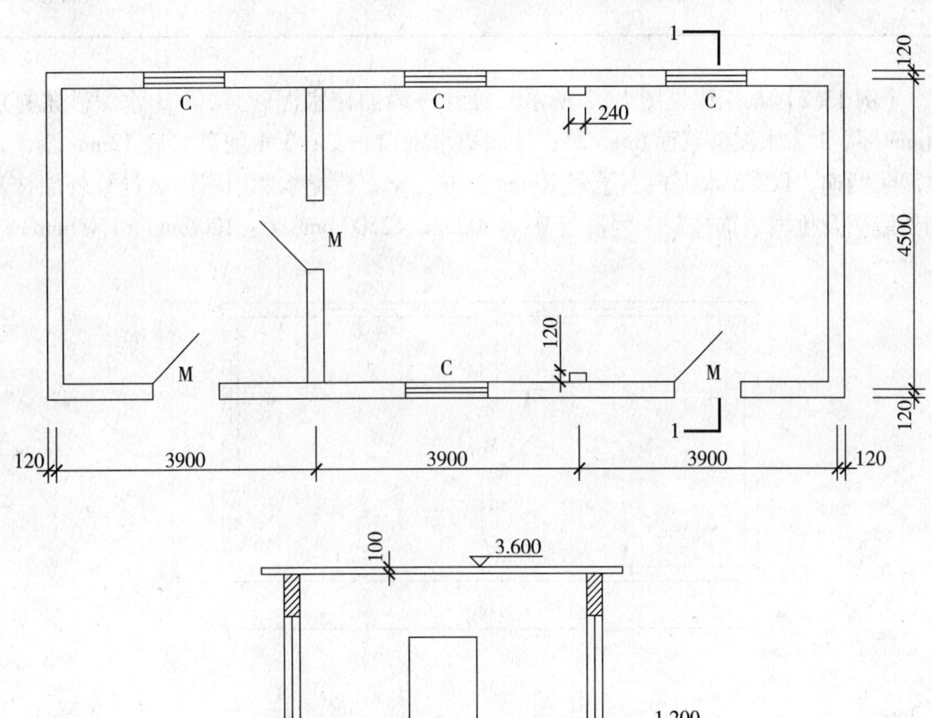

图 13-1 平面图及剖面图

解：墙面一般抹灰

S = 主墙间净长 × 墙面高度 − 门窗面积 + 垛侧面积

$=[(3.9\times3-0.24\times2+0.12\times2)\times2+(4.5-0.24)\times4]\times(3.6-0.1-1.2)$

$-(2.7-1.2)\times1\times4-1.5\times1.8\times4=128.26\text{m}^2$

室内墙裙抹灰

S = 主墙间净长 × 裙高 − 门窗所占面积 + 垛侧面积

$=[(3.9\times3-0.24\times2+0.12\times2)\times2+(4.5-0.24)\times4-1\times4]\times1.2$

$=43.15\text{m}^2$

清单项目特征描述及工程量计算结果见表13-4。

分部分项工程量清单表 **表13-4**

序号	项目编码	项目名称	项目特征描述	计量单位	工程量
1	020201001001	墙面一般抹灰	1∶2水泥砂浆底，1∶3石灰砂浆找平层，麻刀石灰浆面层，共20mm厚	m^2	128.26
2	020201001002	墙面一般抹灰	19mm厚1∶3水泥砂浆底，6mm厚1∶2.5水泥砂浆面	m^2	43.15

【例13.2】某工程见图13-2所示。设计外墙面抹水泥砂浆，1∶3水泥砂浆打底14mm厚，1∶2水泥砂浆面6mm厚；外墙裙水刷白石，1∶3水泥砂浆底12mm厚，素水泥浆两遍，1∶2.5水泥白石子浆10mm厚并分格；挑檐水刷白石。试计算外墙抹灰和外墙裙及挑檐装饰抹灰工程量（M：1000mm×2500mm，C：1200mm×1500mm）。

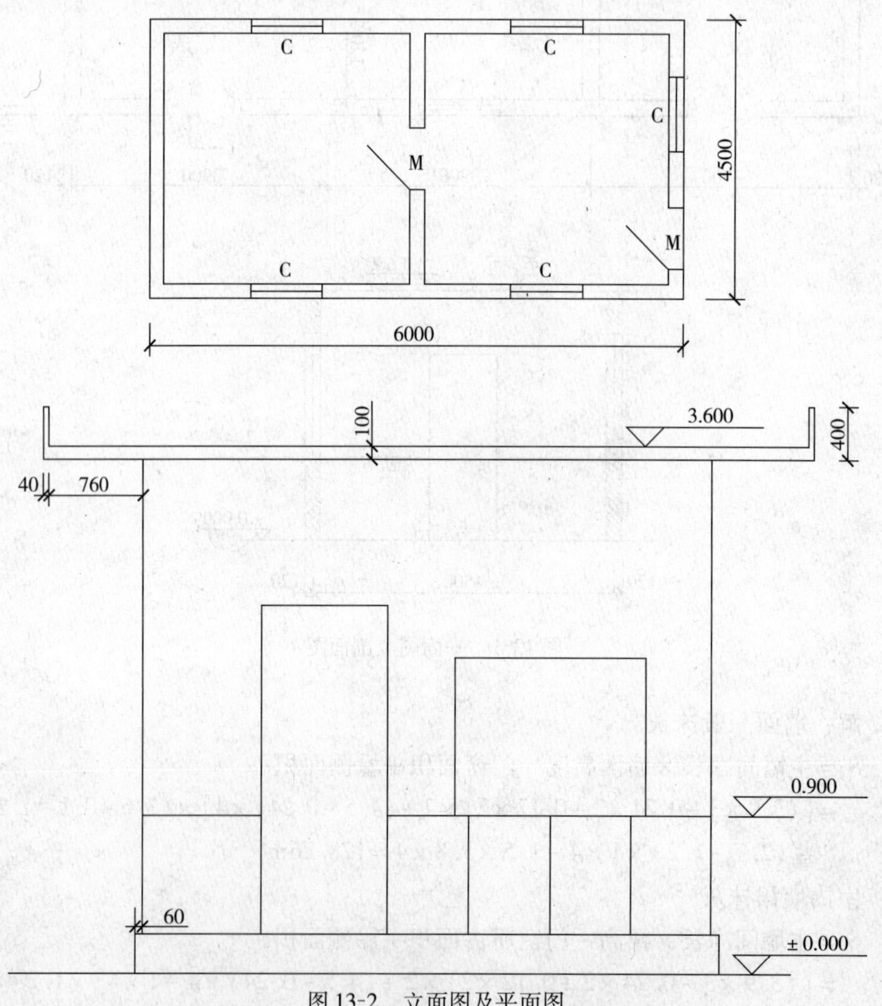

图13-2 立面图及平面图

解：水泥砂浆抹外墙面

S = 外墙长度 × 墙高 − 门窗面积

$=(6+4.5)\times2\times(3.6-0.1-0.9)-1\times(2.5-0.9)-1.2\times1.5\times5=44.00\text{m}^2$

外墙裙水刷白石

S = 外墙面长 × 抹灰高 − 门窗洞口面积

$=[(6+4.5)\times2-1]\times0.9=18.00\text{m}^2$

挑檐水刷白石

$S=[(6+4.5)\times2+0.8\times8]\times0.4=10.96\text{m}^2$

清单项目特征描述及工程量计算结果见表 13-5。

分部分项工程量清单表 **表 13-5**

序号	项目编码	项目名称	项目特征描述	计量单位	工程量
1	020201001001	墙面一般抹灰	14mm 厚 1:3 水泥砂浆底，6mm 厚 1:2 水泥砂浆抹外墙	m^2	44.00
2	020201002001	墙面装饰抹灰	外墙裙 1:3 水泥砂浆底 12mm 厚，素水泥浆两遍，1:2.5 水泥白石子浆 10mm 厚并分格	m^2	18.00
3	020203002001	零星项目装饰抹灰	挑檐水刷白石	m^2	10.96

过程 13.4 墙、柱面镶贴块料

13.4.1 规则规定

1. 墙面镶贴块料

工程量清单项目设置及工程量计算规则，应按表 13-6 的规定执行。

墙面镶贴块料（编码：020204） **表 13-6**

项目编码	项目名称	项目特征	计量单位	工程量计算规则	工程内容
020204001	石材墙面	1. 墙体类型 2. 底层厚度、砂浆配合比 3. 粘结层厚度、材料种类 4. 挂贴方式 5. 干挂方式（膨胀螺栓、钢龙骨） 6. 面层材料品种、规格、品牌、颜色 7. 缝宽、嵌缝材料种类 8. 防护材料种类 9. 磨光、酸洗、打蜡要求	m^2	按设计图示尺寸以镶贴面积计算	1. 基层清理 2. 砂浆制作、运输 3. 底层抹灰 4. 结合层铺贴 5. 面层铺贴 6. 面层挂贴 7. 面层干挂 8. 嵌缝 9. 刷防护材料 10. 磨光、酸洗、打蜡
020204002	碎拼石材				
020204003	块料墙面				
020204004	干挂石材钢骨架	1. 骨架种类、规格 2. 油漆品种、刷油遍数	t	按设计图示尺寸以质量计算	1. 骨架制作、运输、安装 2. 骨架油漆

2. 柱面镶贴块料

工程量清单项目设置及工程量计算规则，应按表 13-7 的规定执行。

柱面镶贴块料（编码：020205） 表 13-7

项目编码	项目名称	项目特征	计量单位	工程量计算规则	工程内容
020205001	石材柱面	1. 柱体材料 2. 柱截面类型、尺寸 3. 底层厚度、砂浆配合比 4. 粘结层厚度、材料种类 5. 挂贴方式 6. 干贴方式 7. 面层材料品种、规格、品牌、颜色 8. 缝宽、嵌缝材料种类 9. 防护材料种类 10. 磨光、酸洗、打蜡要求	m²	按设计图示尺寸以镶贴面积计算	1. 基层清理 2. 砂浆制作、运输 3. 底层抹灰 4. 结合层铺贴 5. 面层铺贴 6. 面层挂贴 7. 面层干挂 8. 嵌缝 9. 刷防护材料 10. 磨光、酸洗、打蜡
020205002	拼碎石材柱面				
020205003	块料柱面				
020205004	石材梁面	1. 底层厚度、砂浆配合比 2. 粘结层厚度、材料种类 3. 面层材料品种、规格、品牌、颜色 4. 缝宽、嵌缝材料种类 5. 防护材料种类 6. 磨光、酸洗、打蜡要求			1. 基层清理 2. 砂浆制作、运输 3. 底层抹灰 4. 结合层铺贴 5. 面层铺贴 6. 面层挂贴 7. 嵌缝 8. 刷防护材料 9. 磨光、酸洗、打蜡
020205005	块料梁面				

3. 零星镶贴块料

工程量清单项目设置及工程量计算规则，应按表 13-8 的规定执行。

零星镶贴块料（编码：020206） 表 13-8

项目编码	项目名称	项目特征	计量单位	工程量计算规则	工程内容
020206001	石材零星项目	1. 柱、墙体类型 2. 底层厚度、砂浆配合比 3. 粘结层厚度、材料种类 4. 挂贴方式 5. 干挂方式 6. 面层材料品种、规格、品牌、颜色 7. 缝宽、嵌缝材料种类 8. 防护材料种类 9. 磨光、酸洗、打蜡要求	m²	按设计图示尺寸以镶贴面积计算	1. 基层清理 2. 砂浆制作、运输 3. 底层抹灰 4. 结合层铺贴 5. 面层铺贴 6. 面层挂贴 7. 面层干挂 8. 嵌缝 9. 刷防护材料 10. 磨光、酸洗、打蜡
020206002	拼碎石材零星项目				
020206003	块料零星项目				

13.4.2 实例计算

【例 13.3】如图 13-3（*a*）、（*b*）所示，求卫生间小便池及墙裙镶贴陶瓷锦砖

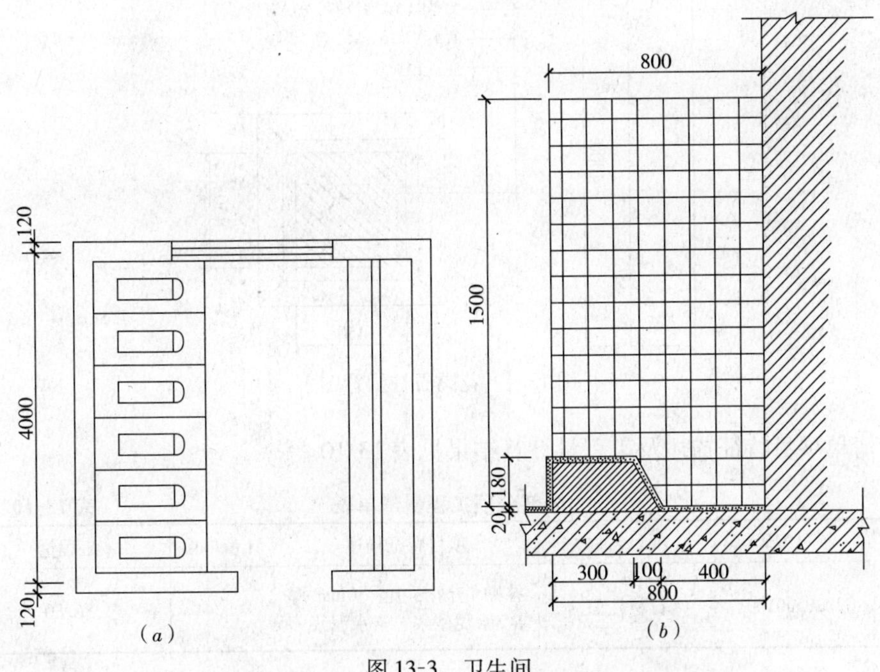

图 13-3　卫生间
(a) 男卫生间示意图；(b) 小便池示意图

工程量。

解：(1) 小便池镶贴陶瓷锦砖

S = 设计图示尺寸面积

$= (4 - 0.24) \times (0.18 + 0.3 + \sqrt{0.18^2 + 0.1^2} + 0.4) = 4.06\text{m}^2$

(2) 墙裙镶贴陶瓷锦砖

S = 设计图示尺寸面积

$= [(4 - 0.24) + 0.8 \times 2] \times 1.5 = 8.04\text{m}^2$

(3) 清单项目特征描述及工程量计算结果见表 13-9。

分部分项工程量清单表　　表 13-9

序号	项目编码	项目名称	项目特征描述	计量单位	工程量
1	020206003001	块料零星项目	小便池镶贴陶瓷锦砖	m^2	4.06
2	020204003001	块料墙面	墙裙镶贴陶瓷锦砖	m^2	8.04

【例 13.4】如图 13-4 所示，5 根混凝土柱四面挂贴花岗石板，试计算其工程量。

解：混凝土方柱挂贴花岗石板

S = 设计图示尺寸面积

$= (0.45 + 0.005 \times 2) \times 4 \times 4 \times 5 = 36.80\text{m}^2$

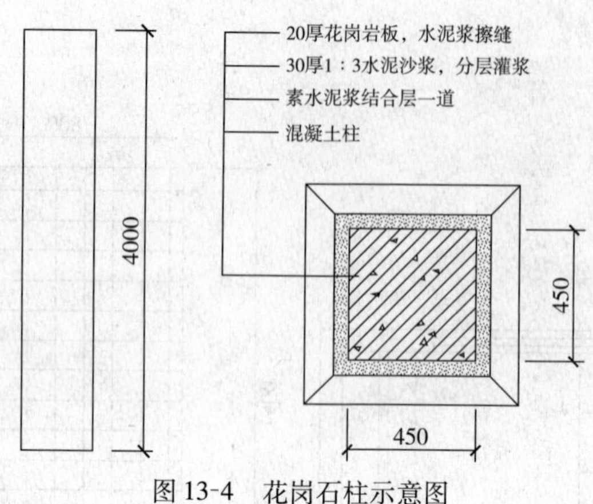

图 13-4　花岗石柱示意图

清单项目特征描述及工程量计算结果见表 13-10。

分部分项工程量清单表　　表 13-10

序号	项目编码	项目名称	项目特征描述	计量单位	工程量
1	020205001001	石材柱面	挂贴花岗石板、30mm 厚 1:3水泥砂浆、素水泥浆	m^2	36.80

过程 13.5　墙、柱饰面

13.5.1　规则规定

1. 墙饰面

工程量清单项目设置及工程量计算规则，应按表 13-11 的规定执行。

墙饰面（编码：020207）　　表 13-11

项目编码	项目名称	项目特征	计量单位	工程量计算规则	工程内容
020207001	装饰板墙面	1. 墙体类型 2. 底层厚度、砂浆配合比 3. 龙骨材料种类、规格、中距 4. 隔离层材料种类、规格 5. 基层材料种类、规格 6. 面层材料品种、规格、品牌、颜色 7. 压条材料种类、规格 8. 防护材料种类 9. 油漆品种、刷漆遍数	m^2	按设计图示墙净长乘以净高以面积计算。扣除门窗洞口及单个 $0.3m^2$ 以上的孔洞所占面积	1. 基层清理 2. 砂浆制作、运输 3. 底层抹灰 4. 龙骨制作、运输、安装 5. 钉隔离层 6. 基层铺钉 7. 面层铺贴 8. 刷防护材料、油漆

2. 柱（梁）饰面

工程量清单项目设置及工程量计算规则，应按表 13-12 的规定执行。

柱（梁）饰面（编码：020208） **表 13-12**

项目编码	项目名称	项目特征	计量单位	工程量计算规则	工程内容
020208001	柱（梁）面装饰	1. 柱（梁）体类型 2. 底层厚度、砂浆配合比 3. 龙骨材料种类、规格、中距 4. 隔离层材料种类 5. 基层材料种类、规格 6. 面层材料品种、规格、品牌、颜色 7. 压条材料种类、规格 8. 防护材料种类 9. 油漆品种、刷漆遍数	m^2	按设计图示饰面外围尺寸以面积计算。柱帽、柱墩并入相应柱饰面工程量内	1. 清理基层 2. 砂浆制作、运输 3. 底层抹灰 4. 龙骨制作、运输、安装 5. 钉隔离层 6. 基层铺钉 7. 面层铺贴 8. 刷防护材料、油漆

13.5.2 实例计算

【例 13.5】 某工程钢筋混凝土柱饰面做法为：木龙骨、五夹板基层，不锈钢柱面尺寸如图 13-5 所示，共 8 根，龙骨断面 30mm×40mm，间距 250mm，试计算其工程量。

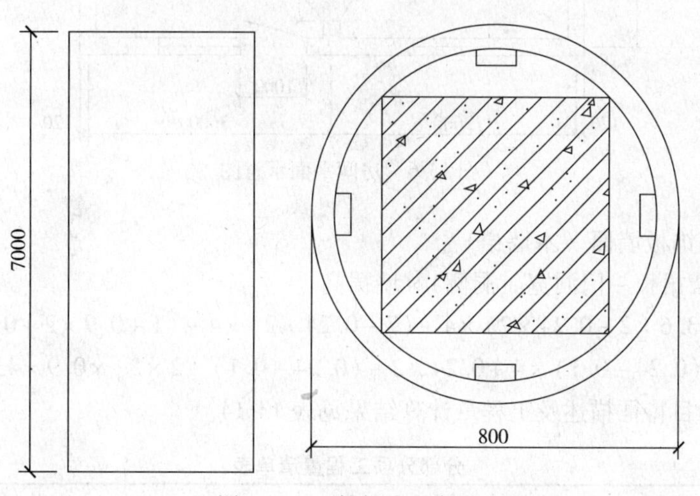

图 13-5 不锈钢柱示意图

解：混凝土方柱饰不锈钢面

S = 柱饰面外围周长×装饰高度

$= 0.8 \times 3.14 \times 7 \times 8 = 140.74m^2$

清单项目特征描述及工程量计算结果见表 13-13。

分部分项工程量清单表 **表 13-13**

序号	项目编码	项目名称	项目特征描述	计量单位	工程量
1	020208001001	柱面装饰	不锈钢柱面木龙骨断面 30mm×40mm，间距 250mm	m^2	140.74

【例 13.6】如图 13-6 所示，墙内侧面做花式切片板墙裙，做法为木龙骨，五夹板基层上粘贴花式切片板。墙裙高 900mm（平窗台），门框料断面 75mm × 100mm。试计算其工程量。

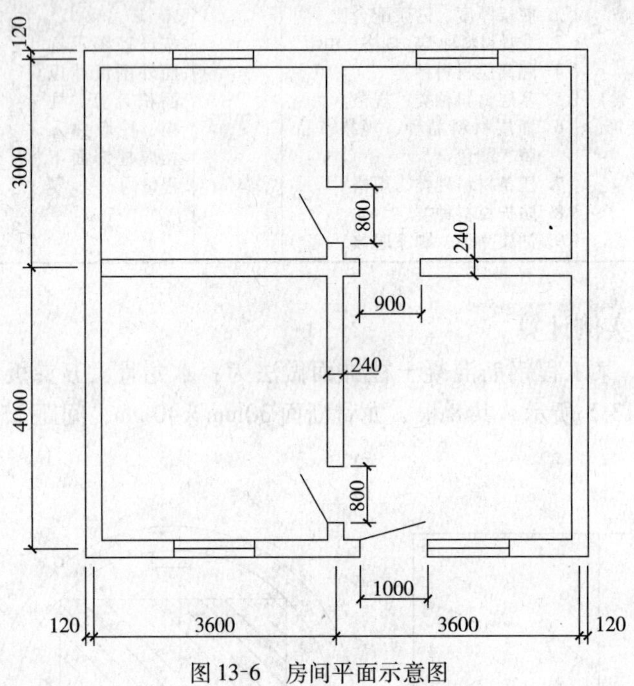

图 13-6　房间平面示意图

解：装饰板墙面（木墙裙）

S =（墙裙长 − 门洞宽 + 洞侧）× 墙裙高

$= [(3.6\times2-0.24\times2)\times4+(7-0.24\times2)\times4-(1+0.9\times2+0.8\times4)+(0.24-0.1)\times4+0.24\times2+(0.24-0.1)\div2\times2]\times0.9=43.33\text{m}^2$

清单项目特征描述及工程量计算结果见表 13-14。

分部分项工程量清单表　　　　**表 13-14**

序号	项目编码	项目名称	项目特征描述	计量单位	工程量
1	020207001001	装饰板墙面	墙裙高 900mm 木龙骨五夹板基层上粘贴花式切片板门框料断面 75mm × 100mm	m^2	43.33

过程 13.6　隔断、幕墙

13.6.1　定额项目表分项因素

（1）按隔断、幕墙分别设项。

(2) 隔断再按面材、骨架、单（双）面或半玻、全玻，或厚度不同分项。

(3) 幕墙分为带骨架幕墙与全玻幕墙。带骨架幕墙先按骨架材质分项，再按明框、隐框、半隐框分项。全玻幕墙分为点连接式、吊挂式、座式，另设幕墙与建筑物的封边等分项。

13.6.2 规则规定

1. 隔断

工程量清单项目设置及工程量计算规则，应按表13-15的规定执行。

隔断（编码：020209） 表13-15

项目编码	项目名称	项目特征	计量单位	工程量计算规则	工程内容
020209001	隔断	1. 骨架、边框材料种类、规格 2. 隔板材料品种、规格、品牌、颜色 3. 嵌缝、塞口材料品种 4. 压条材料种类 5. 防护材料种类 6. 油漆品种、刷漆遍数	m^2	按设计图示框外围尺寸以面积计算。扣除单个0.3m^2以上的孔洞所占面积；浴厕门的材质与隔断相同时，门的面积并入隔断面积内	1. 骨架及边框制作、运输、安装 2. 隔板制作、运输、安装 3. 嵌缝、塞口 4. 装钉压条 5. 刷防护材料、油漆

2. 幕墙

工程量清单项目设置及工程量计算规则，应按表13-16的规定执行。

幕墙（编码：0202010） 表13-16

项目编码	项目名称	项目特征	计量单位	工程量计算规则	工程内容
020210001	带骨架幕墙	1. 骨架材料种类、规格、中距 2. 面层材料品种、规格、品牌、颜色 3. 面层固定方式 4. 嵌缝、塞口材料种类	m^2	按设计图示框外围尺寸以面积计算。与幕墙同种材质的窗所占面积不扣除	1. 骨架制作、运输、安装 2. 面层安装 3. 嵌缝、塞口 4. 清洗
020210002	全玻幕墙	1. 玻璃品种、规格、品牌、颜色 2. 粘结塞口材料种类 3. 固定方式		按设计图示尺寸以面积计算，带肋全玻幕墙按展开面积计算	1. 幕墙安装 2. 嵌缝、塞口 3. 清洗

3. 其他相关问题

其他相关问题应按下列规定处理：

(1) 石灰砂浆、水泥砂浆、水泥混合砂浆、聚合物水泥砂浆、麻刀石灰、纸筋石灰、石膏灰等的抹灰应按表13-1中一般抹灰项目编码列项；水刷石、斩假石（剁斧石、剁假石）、干粘石、假面砖等的抹灰应按表13-1中装饰抹灰项目编码列项。

(2) $0.5m^2$ 以内少量分散的抹灰和镶贴块料面层，应按表 13-1 和表 13-8 中相关项目编码列项。

13.6.3 实例计算

【例 13.7】 如图 13-7 所示，龙骨截面为 40mm × 35mm，间距为 500mm × 100mm 的玻璃木隔断，木压条镶嵌花玻璃，门口尺寸为 900mm × 2000mm。试求其玻璃木隔断工程量是多少（房间净高 3.30m）？

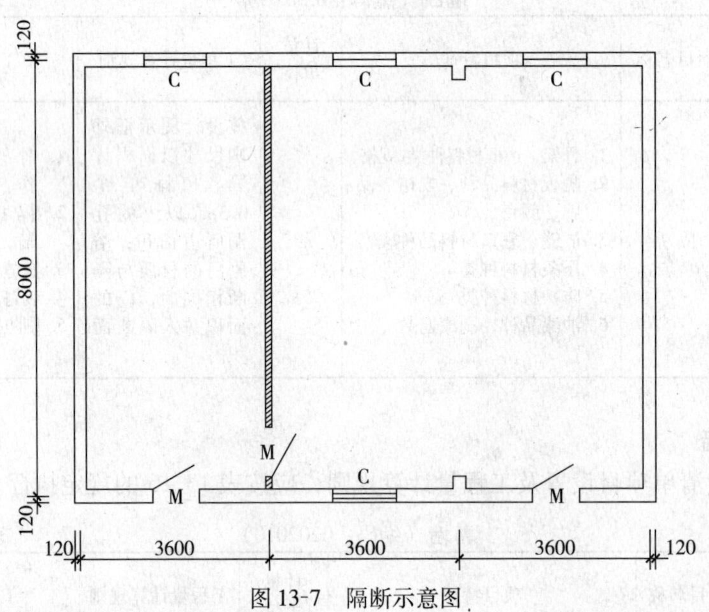

图 13-7 隔断示意图

解：玻璃木隔断

S = 木隔断净长 × 隔断高度 − 门面积

$= (8-0.24) \times 3.3 - 0.9 \times 2 = 23.81m^2$

清单项目特征描述及工程量计算结果见表 13-17。

分部分项工程量清单表 **表 13-17**

序号	项目编码	项目名称	项目特征描述	计量单位	工程量
1	020209001001	隔断	龙骨截面为 40mm × 35mm，间距为 500mm × 100mm 的玻璃木隔断	m^2	23.81

【例 13.8】 某建筑迎街面设计为铝合金玻璃幕墙，窗与幕墙材质相同，图 13-8为该幕墙立面简图。试求其幕墙工程量是多少？

解：铝合金玻璃幕墙

顶部弧形面积计算（见图 13-9）

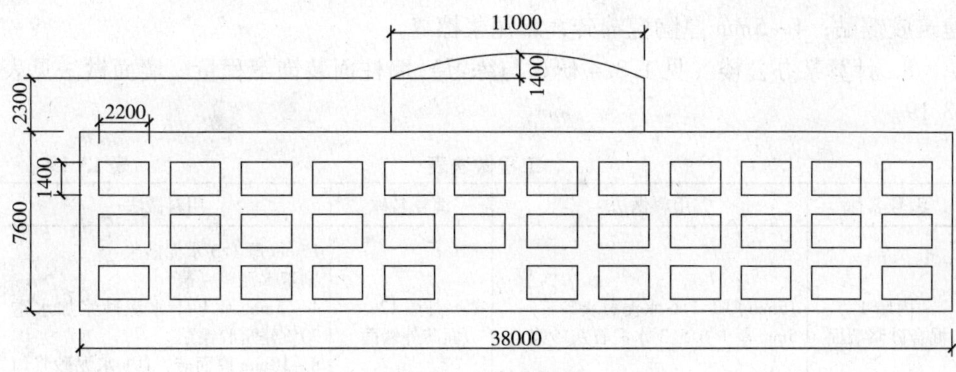

图 13-8　幕墙简图

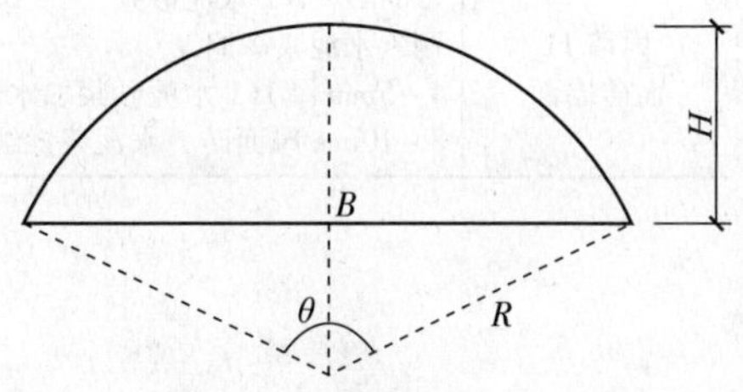

图 13-9　弧形面积计算示意图

半径 $R = (B^2 + 4H^2)/8H$

$= (11^2 + 4 \times 1.4^2)/8 \times 1.4$

$= 11.50\text{m}$

圆心角 $\theta = 4 \times \arctan(2 \times H/B)$

$= 4 \times 14.28° = 57.12°$

$S_{弓形面积} = \pi R^2 \theta / 360° - 1/2B(R - H)$

$= 3.14 \times 11.50^2 \times 57.12°/360°$

$- 1/2 \times 11.0 \times (11.50 - 1.4)$

$= 10.34\text{m}^2$

幕墙工程量 $S = 38 \times 7.6 + 11 \times 2.3 + 10.34$

$= 324.44\text{m}^2$

清单项目特征描述及工程量计算结果见表 13-18。

分部分项工程量清单表　　**表 13-18**

序号	项目编码	项目名称	项目特征描述	计量单位	工程量
1	020210001001	带骨架幕墙	铝合金玻璃幕墙	m^2	324.44

巩固与提高：

1. 如何计算墙面抹灰工程量?
2. 墙面镶贴块料清单项目如何划分?
3. 柱面镶贴块料工程量如何计算?
4. 墙饰面工程量如何计算?
5. 隔断工程量如何计算?
6. 某接待室的平面图、立面图见例 3.1。内墙：18mm 厚 1:0.5:2.5 混合砂浆底灰，8mm 厚 1:0.3:3 混合砂浆面灰；外墙面、梁柱面水刷石：15mm 厚 1:3 水泥砂浆底灰，10mm 厚 1:2 水泥白石子浆面灰。试计算外墙、内墙抹灰工程量。
7. 计算 5.4.3 研讨与练习某砖混结构警卫室内、外墙装饰工程量。混合砂浆抹内墙面。外墙面：15mm 厚 1:3 水泥砂浆；3 ~4mm 厚 1:1 水泥砂浆加水重 20%

建筑胶镶贴；4~5mm 厚陶瓷锦砖，水泥浆擦缝。

8. 计算某办公楼（见 1.3.4 研讨与练习）墙柱面装饰工程量。墙面做法见表 13-19。

工程做法表 **表 13-19**

编号名称	用料做法	编号名称	用料做法
内墙 4 混合砂浆墙面	15mm 厚 1:1:6 水泥石灰砂浆 5mm 厚 1:0.5:3 水泥石灰砂浆	外墙 12 面砖外墙面	15mm 厚 1:3 水泥砂浆 刷素水泥浆一遍 4~5mm 厚 1:1 水泥砂浆加水重 20% 建筑胶镶贴 8~10mm 厚面砖，1:1 水泥砂浆勾缝或水泥浆擦缝
内墙 11 面砖墙面	15mm 厚 1:3 水泥砂浆 刷素水泥浆一遍 4~5mm 厚 1:1 水泥砂浆加水重 20% 建筑胶镶贴 8~10mm 厚面砖，水泥浆擦缝或 1:1 水泥砂浆勾缝		

任务 14

顶棚工程量计算

本部分内容包括顶棚抹灰、顶棚吊顶、顶棚其他装饰。通过本部分学习，使学生能根据建筑施工图及顶棚装饰装修做法，按清单项目设置及工程量计算规则，熟练计算顶棚分项工程量。

过程 14.1　识读建筑施工图及构造做法

在顶棚工程中，顶棚抹灰属于较为一般的装饰装修。在识读其建筑施工图、大样图及所引用的标准图时，应着重弄清以下问题：一是有关图示尺寸，二是砂浆种类，三是抹灰分层及各层厚，四是抹灰所在基层。另外还需注意顶棚贴石膏浮雕、预制板底勾缝、顶棚装饰线等特殊分项。

顶棚吊顶是顶棚装饰中构造及施工工艺较为复杂的一种做法，通常用于室内空间高度较大且装饰要求较高的顶棚装饰。顶棚吊顶多数引用标准图集中的某种做法，因此在识读施工图及所索引的标准图时，需重点弄清以下问题：在顶棚龙骨架方面，主要弄清：一是设计图示尺寸，二是龙骨材料，三是上人或不上人，四是究竟属于平面式还是跌级式。在顶棚面层方面，主要弄清：一是工程量同其龙骨架，二是面层所用材料，三是面层固定方式等。格栅吊顶属于装饰假顶棚，主要弄清：一是装设面积，二是格栅所用材质。

顶棚其他装饰中，灯带主要看清灯孔的形状；送风口、回风口主要弄清材质；顶棚检查孔主要弄清规格；顶棚走道板主要弄清铺设方式。

过程 14.2　工程量清单项目设置及工程量计算规则

14.2.1　定额说明、项目划分及工程量计算规则

1. 分部说明中有关问题

（1）雨篷、挑檐抹灰子目亦适用于遮阳板、飘窗、空调板等的一般抹灰。

（2）顶棚面层在同一标高或者标高差在200mm以内者为平面顶棚；顶棚面层不在同一标高且标高差在200mm以上者为跌级式顶棚。

（3）曲面造型的顶棚龙骨架执行跌级式顶棚子目，并进行相应换算。

（4）吊顶子目中未包括抹灰基层，抹灰基层应执行顶棚抹灰子目。

（5）如工程设计为单层结构的龙骨架（即主、次龙骨架底面在同一标高）时，仍执行双层楞定额，但应按规定进行换算。

（6）顶棚面层子目，除注明者外，均未包括压条、收边、装饰线，如设计要求时，另按本册B.6分部相应子目计算。

（7）顶棚检查孔子目用于已经施工完成的顶棚需增开的检查孔。灯孔用于设计要求在顶棚施工时设置的灯孔。

（8）大规格的木制风口按表14-1执行相应子目并乘以规定的系数。

大规格木制风口调增系数表　　表14-1

名称	规格（mm）	执行子目	系数
方形风口	380×380以上	木制风口	1.25
矩形风口	周长1280以上	木制风口	1.25
条形风口	周长1400~1800	木制风口	1.25
	周长1801~2600	木制风口	1.50
	周长2600以上	木制风口	1.75

（9）木龙骨、木基层及面层均未包括刷防火涂料，如设计要求时，另按本册相应子目计算。

（10）采光顶棚和顶棚设保温隔热吸声层时，按建筑工程A.8分部相关项目列项。

（11）本分部已包括3.6m以下简易脚手架搭设及拆除，不另计算。

2. 定额项目划分

（1）顶棚龙骨按材料分为顶棚木龙骨、顶棚轻钢龙骨、顶棚铝合金龙骨。

（2）顶棚按结构形式分为上人型和不上人型。

（3）顶棚面层按标高分为平面顶棚、跌级顶棚。

（4）顶棚面层按规格分为600mm×600mm以内、600mm×600mm以上。

（5）顶棚面层按基层材料分为有三合板基层和无三合板基层的面层；

（6）顶棚面层按材料分为木质面层、铝合金板面层、不锈钢板面层、塑料板面层、复合板面层磨砂玻璃、镜面玻璃等。

(7) 顶棚面层按施工工艺分为螺在龙骨上、搁在龙骨上、钉在龙骨上、贴在龙骨上。

(8) 送 (回) 风口按材料分为柚木、铝合金、镀锌薄钢板、不锈钢、木制风口。

(9) 龙骨架保温按所用材料分为玻璃纤维棉、岩棉、矿棉、聚苯乙烯泡沫板等。

此项工作的目的，在于通过研究定额项目表，弄清楚定额的分项因素或分项方法。例如，项目表设有"顶棚混合砂浆勾缝"项，此项用于预制板底勾缝或大型屋面板底勾缝来作为简易顶棚之情形，一般计列此项后，就不再计算其他抹灰项，这点需注意。又如，顶棚抹灰项目表按砂浆种类、依附基层、抹灰层次及厚度不同分项，故必须按项目表的分项方法正确确定分项工程名称。

3. 定额工程量计算规则

在顶棚工程中，不论是顶棚抹灰、还是挑檐、雨篷抹灰，不论是顶棚龙骨、顶棚面层、还是格栅吊顶，其工程量均按图示尺寸计算面积；而灯带、送风口、回风口、顶棚检查孔均是计"个"数，顶棚走道板按铺设长度计算。

14.2.2 清单项目设置及工程量计算规则

顶棚工程清单项目有顶棚抹灰、顶棚吊顶、顶棚其他装饰三节 9 个项目。各项目编码、名称、特征、工程量计算规则及包含的工作内容详见表 14-2、表14-5、表 14-6。

过程 14.3 顶棚抹灰

14.3.1 定额项目表分项因素

(1) 顶棚抹灰，先按抹灰所用砂浆种类不同分项，再按依附基层不同分项，又按抹灰层次及厚度不同分项。其中"顶棚装饰线"(指顶棚周边抹灰时凸出的棱线) 按三道以内、五道以内分设。"顶棚混合砂浆勾缝"按预制板底面、预制大型屋面板底面分项。"顶棚贴石膏浮雕"按艺术角花、灯盘及角花、浮雕面积 (指每个图案) 不同分项。

(2) 雨篷、挑檐抹灰按砂浆种类、抹灰厚度不同分项。

14.3.2 规则规定

工程量清单项目设置及工程量计算规则，应按表 14-2 的规定执行。

顶棚抹灰（编码：020301） 表 14-2

项目编码	项目名称	项目特征	计量单位	工程量计算规则	工程内容
020301001	顶棚抹灰	1. 基层类型 2. 抹灰厚度、材料种类 3. 装饰线条道数 4. 砂浆配合比	m^2	按设计图示尺寸以水平投影面积计算。不扣除间壁墙、垛、柱、附墙烟囱、检查口和管道所占的面积，带梁顶棚、梁两侧抹灰面积并入顶棚面积内，板式楼梯底面抹灰按斜面积计算，锯齿形楼梯底板抹灰按展开面积计算	1. 基层清理 2. 底层抹灰 3. 抹面层 4. 抹装饰线条

14.3.3 实例计算

【例 14.1】某工程现浇井字梁顶棚如图 14-1 所示，顶棚做法：钢筋混凝土板底面清理干净；7mm 厚 1∶1∶4 水泥石灰砂浆；5mm 厚 1∶0.5∶3 水泥石灰砂浆。试计算其工程量。

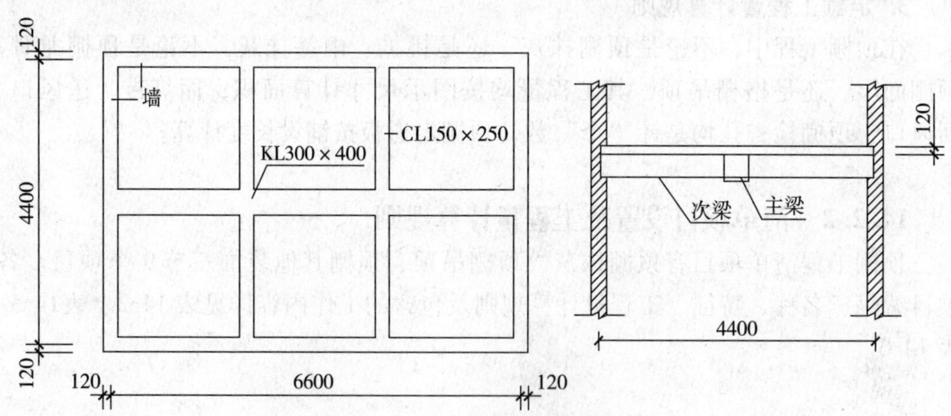

图 14-1 现浇井字梁顶棚

解：顶棚抹灰

S = 主墙间净长 × 主墙间的净宽 + 梁侧面

$=(6.6-0.24)\times(4.4-0.24)+(0.4-0.12)\times6.36\times2$

$+(0.25-0.12)\times(4.4-0.24-0.4)\times2\times2$

$=31.97\text{m}^2$

清单项目特征描述及工程量计算结果见表 14-3。

分部分项工程量清单表 表 14-3

序号	项目编码	项目名称	项目特征描述	计量单位	工程量
1	020301001001	顶棚抹灰	7mm 厚 1∶1∶4 水泥石灰砂浆；5mm 厚 1∶0.5∶3 水泥石灰砂浆	m^2	31.97

【例 14.2】某一层平房平面布置如图 14-2 所示。顶棚做法：钢筋混凝土板底面清理干净；7mm 厚 1∶1∶4 水泥石灰砂浆；5mm 厚 1∶0.5∶3 水泥石灰砂浆。试计

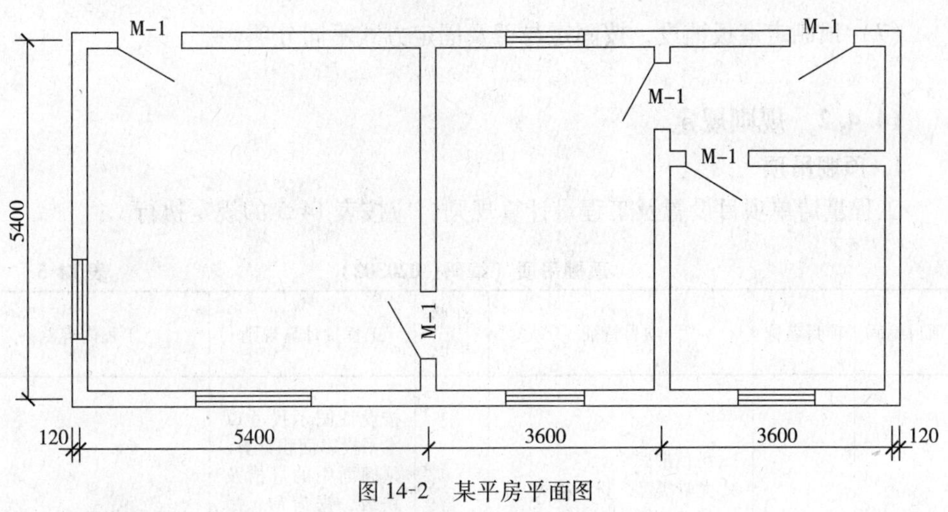

图 14-2　某平房平面图

算其工程量。

解：石灰砂浆顶棚抹灰

S = 外墙间净面积 - 主内墙所占面积

$= (12.6 - 0.24) \times (5.4 - 0.24) - 5.16 \times 0.24 \times 2 - 3.36 \times 0.24$

$= 60.49\text{m}^2$

清单项目特征描述及工程量计算结果见表 14-4。

分部分项工程量清单表　　表 14-4

序号	项目编码	项目名称	项目特征描述	计量单位	工程量
1	020301001001	顶棚抹灰	7mm 厚 1∶1∶4 水泥石灰砂浆；5mm 厚 1∶0.5∶3 水泥石灰砂浆	m^2	60.49

过程 14.4　顶棚吊顶及其他

14.4.1　定额项目表分项因素

（1）顶棚龙骨架，先按龙骨材质不同分项，再按上人与不上人分项，又按面层规格、平面、跌级式不同分项，或按与面层结合方式分项。

（2）顶棚面层，先按面层材料不同分项，又按面层与龙骨连接方式不同分项等等。

（3）格栅吊顶，按材料不同分项。

（4）灯带按格式灯孔与筒灯孔分项。

（5）送风口、回风口按材料不同分项。

（6）顶棚检查孔按规格不同分项。

（7）顶棚走道板铺设，按固定与否及固定方式不同分项。

14.4.2 规则规定

1. 顶棚吊顶

工程量清单项目设置及工程量计算规则，应按表14-5的规定执行。

顶棚吊顶（编码：020302） 表14-5

项目编码	项目名称	项目特征	计量单位	工程量计算规则	工程内容
020302001	顶棚吊顶	1. 吊顶形式 2. 龙骨类型、材料种类、规格、中距 3. 基层材料种类、规格 4. 面层材料品种、规格、品牌、颜色 5. 压条材料种类、规格 6. 嵌缝材料种类 7. 防护材料种类 8. 油漆品种、刷漆遍数	m^2	按设计图示尺寸以水平投影面积计算。顶棚面中的灯槽及跌级、锯齿形、吊挂式、藻井式顶棚面积不展开计算。不扣除间壁墙、检查口、附墙烟囱、柱垛和管道所占面积，扣除单个 $0.3m^2$ 以外的孔洞、独立柱及与顶棚相连的窗帘盒所占的面积	1. 基层清理 2. 龙骨安装 3. 基层板铺贴 4. 面层铺贴 5. 嵌缝 6. 刷防护材料、油漆
020302002	格栅吊顶	1. 龙骨类型、材料种类、规格、中距 2. 基层材料种类、规格 3. 面层材料品种、规格、品牌、颜色 4. 防护材料种类 5. 油漆品种、刷漆遍数		按设计图示尺寸以水平投影面积计算	1. 基层清理 2. 底层抹灰 3. 安装龙骨 4. 基层板铺贴 5. 面层铺贴 6. 刷防护材料、油漆
020302003	吊筒吊顶	1. 底层厚度、砂浆配合比 2. 吊筒形状、规格、颜色、材料种类 3. 防护材料种类 4. 油漆品种、刷漆遍数			1. 基层清理 2. 底面抹灰 3. 吊筒安装 4. 刷防护材料、油漆
020302004	藤条造型悬挂吊顶	1. 底层厚度、砂浆配合比 2. 骨架材料种类、规格 3. 面层材料品种、规格、颜色 4. 防护层材料种类 5. 油漆品种、刷漆遍数			1. 基层清理 2. 底层抹灰 3. 龙骨安装 4. 铺贴面层 5. 刷防护材料、油漆
020302005	织物软雕吊顶				
020302006	网架（装饰）吊顶	1. 底层厚度、砂浆配合比 2. 面层材料品种、规格、颜色 3. 防护材料品种 4. 油漆品种、刷漆遍数			1. 基层清理 2. 底层抹灰 3. 面层安装 4. 刷防护材料、油漆

2. 顶棚其他装饰

工程量清单项目设置及工程量计算规则，应按表14-6的规定执行。

顶棚其他装饰（编码：020303）　　表14-6

项目编码	项目名称	项目特征	计量单位	工程量计算规则	工程内容
020303001	灯带	1. 灯带型式、尺寸 2. 格栅片材料品种、规格、品牌、颜色 3. 安装固定方式	m^2	按设计图示尺寸以框外围面积计算	安装、固定
020303002	送风口、回风口	1. 风口材料品种、规格、品牌、颜色 2. 安装固定方式 3. 防护材料种类	个	按设计图示数量计算	1. 安装、固定 2. 刷防护材料

3. 其他说明

采光顶棚和顶棚设保温隔热吸声层时，应按A.8中相关项目编码列项。

14.4.3 实例计算

【例14.3】某工程一套三室一厅商品房，其客厅为不上人型U型轻钢龙骨吊顶，面层为石膏板，面板规格0.5m^2以外。如图14-3所示，求其顶棚龙骨及面层工程量。

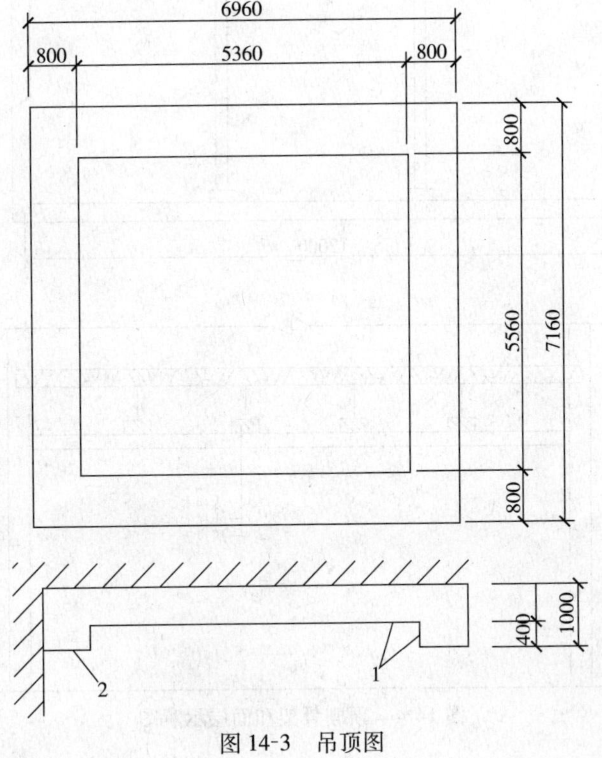

图14-3 吊顶图

解：(1) 定额工程量计算

①U 型轻钢龙骨架（不上人、跌级式）(面层规格 0.5m² 以外)

S = 图示尺寸水平投影面积

$=6.96\times7.16=49.83\text{m}^2$

②顶棚石膏板面层

S = 顶棚水平投影面积 + 跌级式侧面面积

$=49.83+(5.36+5.56)\times2\times0.4$

$=58.57\text{m}^2$

(2) 清单项目特征描述及工程量计算结果见表 14-7。

分部分项工程量清单表 **表 14-7**

序号	项目编码	项目名称	项目特征描述	计量单位	工程量
1	020302001001	顶棚吊顶	不上人型 U 型轻钢龙骨吊顶，面层为石膏板，面板规格 0.5m² 以外	m²	49.83

【例 14.4】 某小型住宅如图 14-4 所示，采用方木顶棚龙骨，双层楞木，石棉板钉在木楞上作顶棚面层。试计算其龙骨及面层工程量。

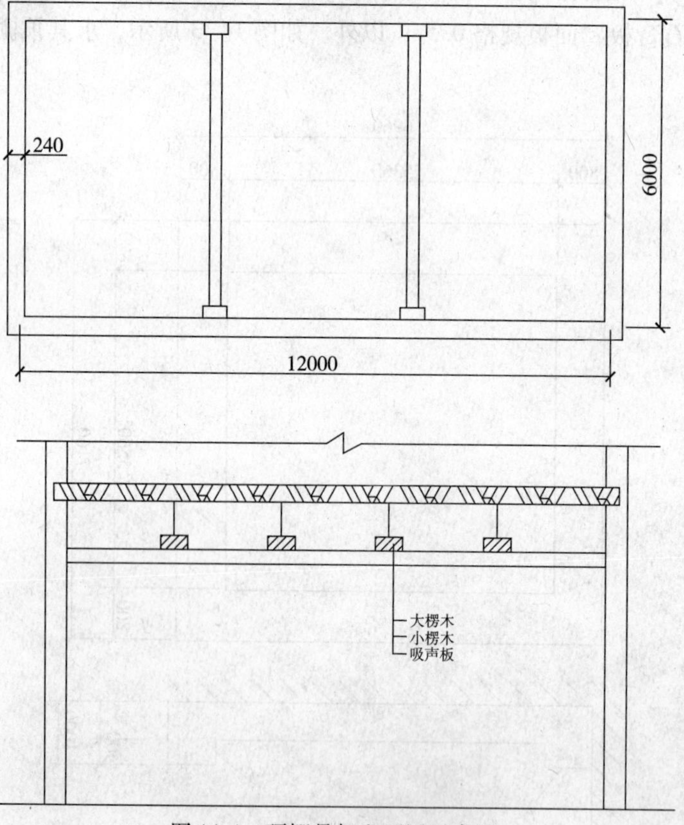

图 14-4 顶棚骨架和面层示意图

解：(1) 定额工程量计算

①顶棚双层方木龙骨架

S = 图示尺寸水平投影面积

$= (12 - 0.24 \times 3) \times (6 - 0.24)$

$= 64.97\text{m}^2$

②石棉板顶棚面层

$S = 64.97\text{m}^2$

(2) 清单项目特征描述及工程量计算结果见表 14-8。

分部分项工程量清单表 **表 14-8**

序号	项目编码	项目名称	项目特征描述	计量单位	工程量
1	020302001001	顶棚吊顶	方木顶棚龙骨，双层楞木，石棉板	m^2	64.97

【例 14.5】 某三级顶棚尺寸如图 14-5 所示，做法为钢筋混凝土板下吊双层木楞作龙骨，采用塑料板面层。试计算其工程量。

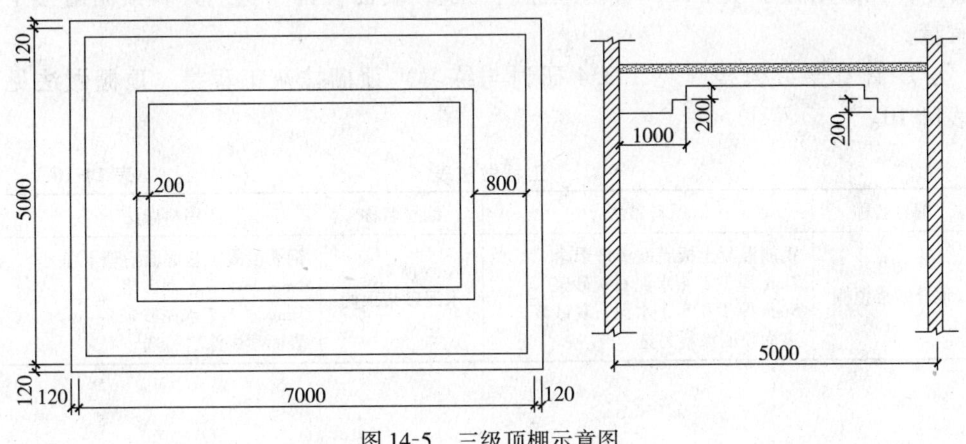

图 14-5　三级顶棚示意图

解：(1) 定额工程量计算

①顶棚双层木龙骨架

S = 图示尺寸水平投影面积

$= (7 - 0.24) \times (5 - 0.24)$

$= 32.18\text{m}^2$

②塑料板顶棚面层

S = 水平投影面积 + 跌级侧面面积：

$= 32.18 + (6.76 - 1.6 + 4.76 - 1.6) \times 2 \times 0.2 + (6.76 - 2 + 4.76 - 2) \times 2 \times 0.2$

$= 38.52\text{m}^2$

(2) 清单项目特征描述及工程量计算结果见表 14-9。

分部分项工程量清单表　　表 14-9

序号	项目编码	项目名称	项目特征描述	计量单位	工程量
1	020302001001	顶棚吊顶	三级顶棚双层木楞作龙骨，塑料板面层	m^2	32.18

巩固与提高：

1. 顶棚抹灰工程量如何计算？
2. 顶棚吊顶工程量如何计算？
3. 顶棚抹灰清单项目工程内容有哪些？
4. 顶棚吊顶清单项目特征需描述哪些内容？
5. 某接待室工程见【例 3.1】。顶棚为混合砂浆顶棚，计算其顶棚抹灰工程量。
6. 某砖混结构警卫室见 5.4.3 中图 5-11、图 5-12 所示，顶棚为轻钢龙骨纸面石膏板吊顶，做法：轻钢龙骨标准骨架：主龙骨中距 900～1000mm，次龙骨中距 450mm，横撑龙骨中距 900mm；9mm 厚 900mm×2700mm 纸面石膏板，自攻螺钉拧牢，孔眼用腻子填平；配套防潮涂料一遍；表面装饰另选。计算顶棚吊顶工程量。
7. 计算某办公楼（见 1.3.4 研讨与练习）顶棚抹灰工程量。顶棚做法见表14-10。

工程做法表　　表 14-10

编号名称	用料做法	编号名称	用料做法
顶 3 混合砂浆顶棚	钢筋混凝土板底面清理干净 7mm 厚 1:1:4 水泥石灰砂浆 5mm 厚 1:0.5:3 水泥石灰砂浆 表面喷刷涂料另选	顶 4 水泥砂浆顶棚	钢筋混凝土板底面清理干净 7mm 厚 1:3 水泥砂浆 5mm 厚 1:2 水泥砂浆 表面喷刷涂料另选

任务 15

门窗工程量计算

本分部内容包括：木门、金属门、卷闸门、其他门；木窗、金属窗、特殊五金、门窗套、窗帘盒、窗帘轨、窗台板、其他门窗装饰。通过本部分学习，使学生能根据建筑施工图、门窗表、装饰说明及索引的标准图，按清单项目设置及工程量计算规则，熟练计算门窗分项工程量。

过程 15.1 识读建筑施工图及构造做法

15.1.1 门窗的分类与构造

1. 门窗的分类

按门窗材料分为：木门窗、铝合金门窗、钢门窗、塑料门窗、塑钢门窗、彩板组角钢门窗等。

按门窗的开启方式分为：固定窗、平开门窗、推拉门窗、地弹门、卷闸门、上悬窗、中悬窗、下悬窗等。

按扇数多少分为：单扇、双扇、三扇、四扇及四扇以上等。

按亮子情况分为：无亮门窗、有亮门窗，有亮门窗又分为带上亮、带侧亮等形式。

2. 门窗的构造

窗一般由窗框、窗扇、五金零件及附件组成（图 15-1）。窗框是窗与墙体的连接部分，由上框、下框、边框、中横框和中竖框组成。窗扇是窗的主体部分，分为活动扇和固定扇两种，一般由上冒头、下冒头、边梃和窗芯（又叫窗棂）组成骨架，中间固定玻璃、窗纱或百叶。五金零件包括铰链、插销、风钩等。附件有窗帘盒、窗台板等。

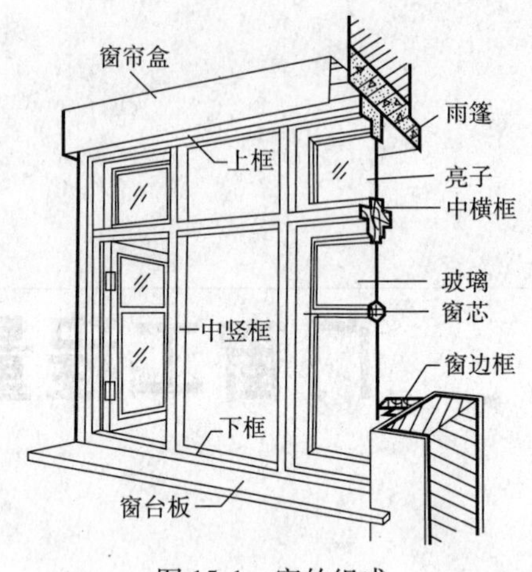

图 15-1　窗的组成

门一般由门框、门扇、五金零件及附件组成（图 15-2）。门框是门与墙体的连接部分，由上框、边框、中横框和中竖框组成。门扇一般由上、中、下冒头和边梃组成骨架，中间固定门芯板。五金零件包括铰链、插销、门锁、拉手等。附件有贴脸板、筒子板等。

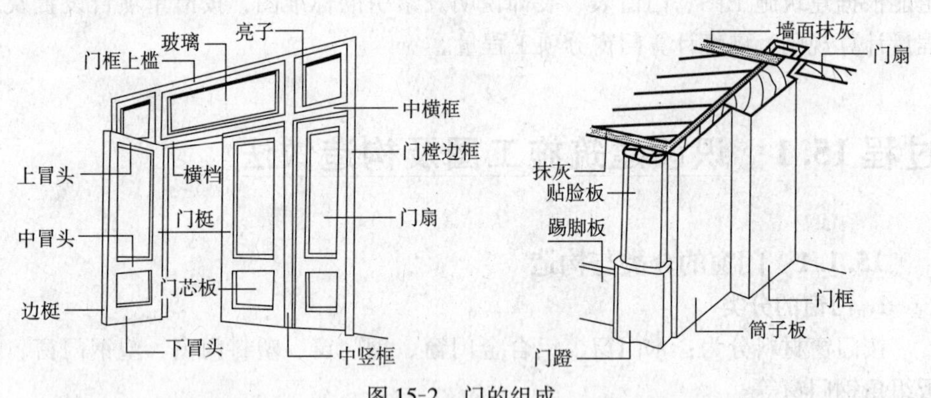

图 15-2　门的组成

15.1.2　识图要点

门窗工程在建筑施工图中主要牵涉平、立面图、门窗数量统计表、门窗装修文字说明等。当门窗采用标准图时，必须认真识读所索引的标准图。在识图时，平、立面图主要标明门窗的平、立面位置，重点复核图中数量与门窗统计表数量是否相符；因门窗标准图各地有所不同，应注意定额取定图纸与设计门窗图纸是否相符；在识读标准图，大样图或设计文字说明时，应注意毛料、净料、木种等、成品门窗定额取定值与工程中所用门窗实际价格的差异以及特殊五金；还应注意门窗的装饰装修内容及做法，以便准确计算工程量并正确进行清单报价。

过程 15.2　工程量清单项目设置及工程量计算规则

15.2.1　定额说明、项目划分及工程量计算规则

1. 有关分部说明

（1）木门窗清单项目的组成子目为：门窗外购或制作、安装、特殊五金安装、刷油漆等。

（2）外购的门窗运费可计入成品价格内。

（3）门窗油漆另按本册 B.5 分部列项计算。

（4）木门分为普通成品木门和豪华成品木门。普通木门子目内容，由外购普通成品门扇，现场框和亮制作、安装三部分组成。豪华成品木门子目内容，由外购豪华成品门扇、筒子板框现场制作安装、门扇安装三部分组成。外购成品木门扇的取定单价与施工合同约定价格不同时。可以调整。

（5）豪华成品木门的筒子板框，是按 05YJ4—1 标准图做法取定的，如与工程设计要求不同时，可按设计要求另行计算。

（6）成品门窗安装子目的门窗含量，如与设计图示用量不同时，相应子目的含量可以调整，其他不变。

（7）成品金属门窗安装子目，均是以外购成品现场安装编制的。成品门窗供应价格应包括门窗框扇制作安装费、玻璃和五金配件及安装费、现场安装固定人工费，供应地至现场的运杂费、采购保管费等。安装子目中的人工仅为周边塞口和清扫的人工。

（8）无框玻璃门安装子目不包括五金，五金可按设计要求另列项目计算。

（9）木门窗子目已包括了普通小五金费用，特殊拉手、弹簧铰链、门锁等可单列项目计算。

（10）镀锌薄钢板、镜面不锈钢、人造革包门窗扇，切片皮、塑料装饰面、装饰三合板贴门扇面均按双面考虑，如设计为单面包贴时，相应子目乘以系数 0.67。

2. 定额项目划分

镶板门、胶合板门、实木装饰门、夹板装饰门等，均按有无亮、单扇、双扇及以上分项。金属推拉门、金属平开门，均按材质、开启方式及简易门分项。又如，电子感应自动门制作安装，按推拉式、平开式、电磁感应装置分项。再如，木窗帘盒，按普通、硬木、及单双轨分项。工程量计算时，应按预算定额项目划分进行列项。

3. 定额工程量计算规则

（1）各类门、窗的工程量，除特别规定者外，均按设计图示尺寸以门、窗洞口面积计算。框帽走头、木砖及立框所需的拉条、护口条以及填缝灰浆，均已包括在定额内，不得另行增加。

（2）纱门、纱窗、纱亮的工程量分别按其安装对应的开启门扇、窗扇、亮扇面积计算。

门（窗）制安工程量 = 门（窗）洞口高 × 门（窗）洞口宽

纱门（窗）扇制安工程量 = 门（窗）工程量 × 门（窗）扇面积定额百分比

纱亮子制安工程量 = 门（窗）工程量 × 亮面积定额百分比

15.2.2 清单项目设置及工程量计算规则

门窗工程清单项目设置有木门、金属门、卷闸门、其他门、木窗、金属窗、特殊五金、门窗套、窗帘盒、窗帘轨、窗台板、其他门窗装饰等 9 节 59 个项目。各项目编码、名称、特征、工程量计算规则及包含的工作内容详见表 15-1 ~ 表 15-4、表 15-10 ~ 表 15-14。

过程 15.3 木门、金属门及其他门

15.3.1 规则规定

1. 木门

工程量清单项目设置及工程量计算规则，应按表 15-1 的规定执行。

木门（编码：020401） 表 15-1

<table>
<tr><th>项目编码</th><th>项目名称</th><th>项目特征</th><th>计量单位</th><th>工程量计算规则</th><th>工程内容</th></tr>
<tr><td>020401001</td><td>镶板木门</td><td rowspan="4">1. 门类型
2. 框截面尺寸、单扇面积
3. 骨架材料种类
4. 面层材料品种、规格、品牌、颜色
5. 玻璃品种、厚度、五金材料、品种、规格
6. 防护层材料种类
7. 油漆品种、刷漆遍数</td><td rowspan="8">樘/m^2</td><td rowspan="8">按设计图示数量或设计图示洞口尺寸面积计算</td><td rowspan="8">1. 门制作、运输、安装
2. 五金、玻璃安装
3. 刷防护材料、油漆</td></tr>
<tr><td>020401002</td><td>企口木板门</td></tr>
<tr><td>020401003</td><td>实木装饰门</td></tr>
<tr><td>020401004</td><td>胶合板门</td></tr>
<tr><td>020401005</td><td>夹板装饰门</td><td rowspan="3">1. 门类型
2. 框截面尺寸、单扇面积
3. 骨架材料种类
4. 防火材料种类
5. 门纱材料品种、规格
6. 面层材料品种、规格、品牌、颜色
7. 玻璃品种、厚度、五金材料、品种、规格
8. 防护材料种类
9. 油漆品种、刷漆遍数按设计图示数量计算</td></tr>
<tr><td>020401006</td><td>木质防火门</td></tr>
<tr><td>020401007</td><td>木纱门</td></tr>
<tr><td>020401008</td><td>连窗门</td><td>1. 门窗类型
2. 框截面尺寸、单扇面积
3. 骨架材料种类
4. 面层材料品种、规格、品牌、颜色
5. 玻璃品种、厚度、五金材料、品种、规格
6. 防护材料种类
7. 油漆品种、刷漆遍数</td></tr>
</table>

2. 金属门

工程量清单项目设置及工程量计算规则，应按表15-2的规定执行。

金属门（编码：020402）　　表15-2

项目编码	项目名称	项目特征	计量单位	工程量计算规则	工程内容
020402001	金属平开门	1. 门类型 2. 框材质、外围尺寸 3. 扇材质、外围尺寸 4. 玻璃品种、厚度、五金材料、品种、规格 5. 防护材料种类 6. 油漆品种、刷漆遍数	樘/m^2	按设计图示数量或设计图示洞口尺寸面积计算	1. 门制作、运输、安装 2. 五金、玻璃安装 3. 刷防护材料、油漆
020402002	金属推拉门				
020402003	金属地弹门				
020402004	彩板门				
020402005	塑钢门				
020402006	防盗门				
020402007	钢质防火门				

3. 金属卷帘门

工程量清单项目设置及工程量计算规则，应按表15-3的规定执行。

金属卷帘门（编码：020403）　　表15-3

项目编码	项目名称	项目特征	计量单位	工程量计算规则	工程内容
020403001	金属卷闸门	1. 门材质、框外围尺寸 2. 启动装置品种、规格、品牌 3. 五金材料、品种、规格 4. 刷防护材料种类 5. 油漆品种、刷漆遍数	樘/m^2	按设计图示数量或设计图示洞口尺寸面积计算	1. 门制作、运输、安装 2. 启动装置、五金安装 3. 刷防护材料、油漆
020403002	金属格栅门				
020403003	防火卷帘门				

4. 其他门

工程量清单项目设置及工程量计算规则，应按表15-4的规定执行。

其他门（编码：020404）　　表15-4

项目编码	项目名称	项目特征	计量单位	工程量计算规则	工程内容
020404001	电子感应门	1. 门材质、品牌、外围尺寸 2. 玻璃品种、厚度、五金材料、品种、规格 3. 电子配件品种、规格、品牌 4. 防护材料种类 5. 油漆品种、刷漆遍数	樘/m^2	按设计图示数量或设计图示洞口尺寸面积计算	1. 门制作、运输、安装 2. 五金、电子配件安装 3. 刷防护材料油漆
020404002	转门				
020404003	电子对讲门				
020404004	电动伸缩门				

续表

项目编码	项目名称	项目特征	计量单位	工程量计算规则	工程内容
020404005	全玻门（带扇框）	1. 门类型 2. 框材质、外围尺寸 3. 扇材质、外围尺寸 4. 玻璃品种、厚度、五金材料、品种、规格 5. 油漆品种、刷漆遍数	樘/m^2	按设计图示数量或设计图示洞口尺寸面积计算	1. 门制作、运输、安装 2. 五金安装 3. 刷防护材料、油漆
020404006	全玻自由门（无扇框）				
020404007	半玻门（带扇框）				
020404008	镜面不锈钢饰面门				1. 门扇骨架及基层制作、运输、安装 2. 包面层 3. 五金安装 4. 刷防护材料

15.3.2 实例计算

【例 15.1】 如图 15-3 所示，某工程采用带纱扇、带亮子镶板门共 8 樘。求其工程量。

解：①单扇有亮普通镶板门制安

S = 洞口面积

$= 0.9 \times 2.7 \times 8 = 19.44\text{m}^2$

②纱扇制作安装（该子目中门扇含量 $67.9\text{m}^2/100\text{m}^2$）

S = 门扇面积

$= 0.679 \times 19.44 = 13.20\text{m}^2$

清单项目特征描述及工程量计算结果见表 15-5。

分部分项工程量清单表　　　表 15-5

序号	项目编码	项目名称	项目特征描述	计量单位	工程量
1	020401001001	镶板木门	单扇有亮带纱扇木门	m^2	19.44
2	020401007001	木纱门	单扇有亮木纱门	m^2	13.20

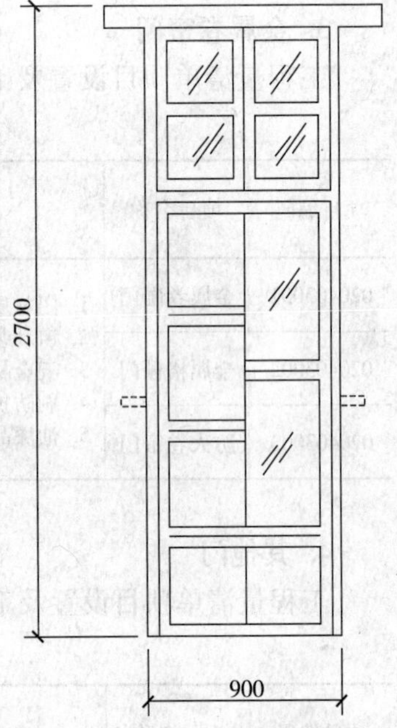

图 15-3　带纱扇、带亮子镶板门

【例 15.2】 如图 15-4 所示，某工程采用单扇带亮子带纱胶合板门 36 樘，试计算其工程量。

解：①单扇带亮子带纱扇胶合板门制安

S = 门洞口面积

$= 2.5 \times 0.9 \times 36 = 81.00\text{m}^2$

②纱扇制安

S = 门扇面积

$= 0.679 \times 81 = 55.00\text{m}^2$

清单项目特征描述及工程量计算结果见表 15-6。

分部分项工程量清单表　　表 15-6

序号	项目编码	项目名称	项目特征描述	计量单位	工程量
1	020401004001	胶合板门	单扇有亮带纱扇木门	m^2	81.00
2	020401007001	木纱门	单扇有亮木纱门	m^2	55.00

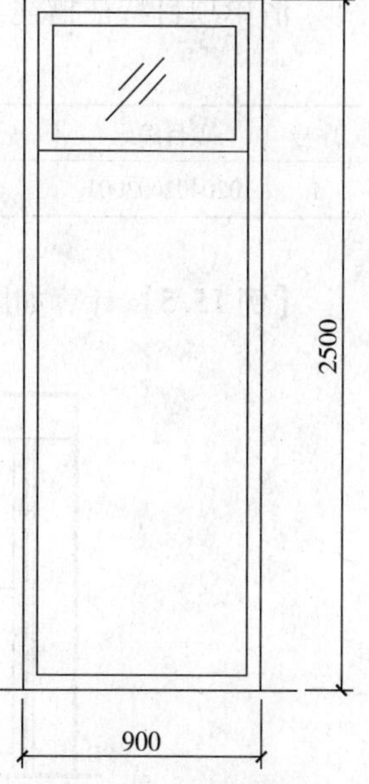

图 15-4　单扇带亮带纱门

【例 15.3】 某工程有 6 樘卷闸门，已知门洞尺寸 2900mm × 3500mm，铝合金材质，提升装置为电动。试计算其工程量。

解：(1) 定额工程量计算

铝合金卷闸门制安

S = 门洞口面积

$= 2.9 \times 3.5 \times 6 = 60.90m^2$

电动装置安装 6 套

(2) 清单项目特征描述及工程量计算结果见表 15-7。

分部分项工程量清单表　　表 15-7

序号	项目编码	项目名称	项目特征描述	计量单位	工程量
1	020403001001	金属卷闸门	铝合金、电动提升装置	m^2	60.90

【例 15.4】 如图 15-5 所示，铝合金地弹簧门，试求其工程量。

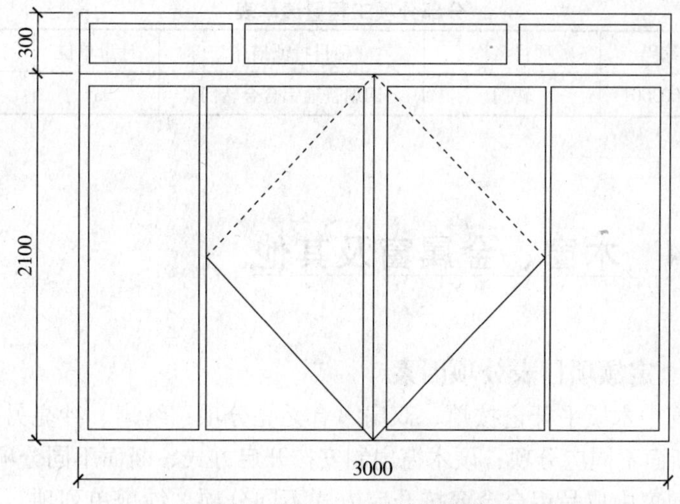

图 15-5　铝合金地弹簧门示意图

解：成品双扇地弹门安装

$S = 2.4 \times 3$

$= 7.20m^2$

清单项目特征描述及工程量计算结果见表 15-8。

分部分项工程量清单表　　　　表 15-8

序号	项目编码	项目名称	项目特征描述	计量单位	工程量
1	020402003001	金属地弹门	带亮双扇铝合金门	m^2	7.20

【例 15.5】计算如图 15-6 所示铝合金四扇普通转门的工程量。

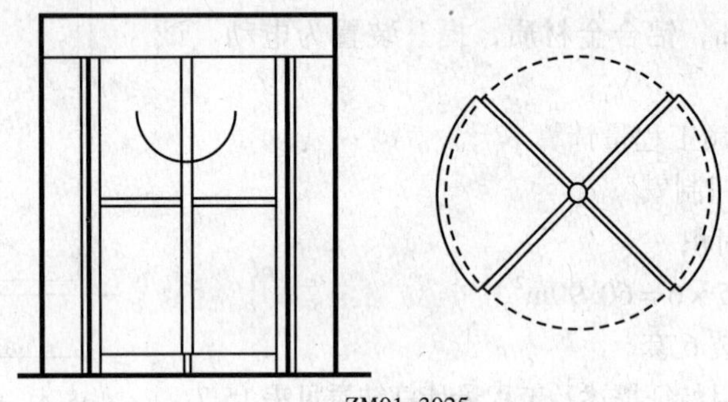

图 15-6　铝合金转门平面、立面图

解：成品铝合金转门安装

$S = 3 \times 2.5$

$= 7.50m^2$

清单项目特征描述及工程量计算结果见表 15-9。

分部分项工程量清单表　　　　表 15-9

序号	项目编码	项目名称	项目特征描述	计量单位	工程量
1	020402003001	转门	四扇普通铝合金转门	m^2	7.50

过程 15.4　木窗、金属窗及其他

15.4.1　定额项目表分项因素

（1）木窗中木质平开窗按单、双扇、有无亮分项，纱扇、纱亮另列项；硬木窗框制安若断面不同应分项；硬木窗扇制安按开启方式、断面不同分项等。

（2）金属窗中成品铝合金窗按开启方式不同分项，纱扇单列项；成品金属百叶窗按材质、有无网不同分项；塑钢窗分为推拉、平开、纱窗扇等。

（3）特殊五金按名称不同分项。

（4）窗套中门窗木贴脸与筒子板应分计；硬木筒子板分是否带木筋。

（5）窗帘盒、窗帘轨分材质及单双轨。

(6) 窗台板分材质与板厚。

(7) 包门框、扇，按包面材质及是否带衬、龙骨种类不同分项；挂镜线分材质。

15.4.2 规则规定

1. 木窗

工程量清单项目设置及工程量计算规则，应按表15-10的规定执行。

木窗（编码：020405）　　表 15-10

项目编码	项目名称	项目特征	计量单位	工程量计算规则	工程内容
020405001	木质平开窗	1. 窗类型 2. 框材质、外围尺寸 3. 扇材质、外围尺寸 4. 玻璃品种、厚度、五金材料、品种、规格 5. 防护材料种类 6. 油漆品种、刷漆遍数	樘/m^2	按设计图示数量或设计图示洞口尺寸面积计算	1. 窗制作、运输、安装 2. 五金、玻璃安装 3. 刷防护材料、油漆
020405002	木质推拉窗				
020405003	矩形木百叶窗				
020405004	异形木百叶窗				
020405005	木组合窗				
020405006	木天窗				
020405007	矩形木固定窗				
020405008	异形木固定窗				
020405009	装饰空花木窗				

2. 金属窗

工程量清单项目设置及工程量计算规则，应按表15-11的规定执行。

金属窗（编码：020406）　　表 15-11

项目编码	项目名称	项目特征	计量单位	工程量计算规则	工程内容
020406001	金属推拉窗	1. 窗类型 2. 框材质、外围尺寸 3. 扇材质、外围尺寸 4. 玻璃品种、厚度、五金材料、品种、规格 5. 防护材料种类 6. 油漆品种、刷漆遍数	樘/m^2	按设计图示数量或设计图示洞口尺寸面积计算	1. 窗制作、运输、安装 2. 五金、玻璃安装 3. 刷防护材料、油漆
020406002	金属平开窗				
020406003	金属固定窗				
020406004	金属百叶窗				
020406005	金属组合窗				
020406006	彩板窗				
020406007	塑钢窗				
020406008	金属防盗窗				
020406009	金属格栅窗				
020406010	特殊五金	1. 五金名称、用途 2. 五金材料、品种、规格	个/套	按设计图示数量计算	1. 五金安装 2. 刷防护材料、油漆

3. 门窗套

工程量清单项目设置及工程量计算规则，应按表15-12的规定执行。

门窗套（编码：020407）　　表15-12

项目编码	项目名称	项目特征	计量单位	工程量计算规则	工程内容
020407001	木门窗套	1. 底层厚度、砂浆配合比 2. 立筋材料种类、规格 3. 基层材料种类 4. 面层材料品种、规格、品种、品牌、颜色 5. 防护材料种类 6. 油漆品种、刷漆遍数	m^2	按设计图示尺寸以展开面积开算	1. 清理基层 2. 底层抹灰 3. 立筋制作、安装 4. 基层板安装 5. 面层铺贴 6. 刷防护材料、油漆
020407002	金属门窗套				
020407003	石材门窗套				
020407004	门窗木贴脸				
020407005	硬木筒子板				
020407006	饰面夹板筒子板				

4. 窗帘盒、窗帘轨

工程量清单项目设置及工程量计算规则，应按表15-13的规定执行。

窗帘盒、窗帘轨（编码：020408）　　表15-13

项目编码	项目名称	项目特征	计量单位	工程量计算规则	工程内容
020408001	木窗帘盒	1. 窗帘盒材质、规格、颜色 2. 窗帘轨材质、规格 3. 防护材料种类 4. 油漆种类、刷漆遍数	m	按设计图示尺寸以长度计算	1. 制作、运输、安装 2. 刷防护材料、油漆
020408002	饰面夹板、塑料窗帘盒				
020408003	金属窗帘盒				
020408004	窗帘轨				

5. 窗台板

工程量清单项目设置及工程量计算规则，应按表15-14的规定执行。

窗台板（编码：020409）　　表15-14

项目编码	项目名称	项目特征	计量单位	工程量计算规则	工程内容
020409001	木窗台板	1. 找平层厚度、砂浆配合比 2. 窗台板材质、规格、颜色 3. 防护材料种类 4. 油漆种类、刷漆遍数	m	按设计图示尺寸以长度计算	1. 基层清理 2. 抹找平层 3. 窗台板制作、安装 4. 刷防护材料、油漆
020409002	铝塑窗台板				
020409003	石材窗台板				
020409004	金属窗台板				

6. 其他相关问题

其他相关问题应按下列规定处理：

（1）玻璃、百叶面积占其门扇面积一半以内者应为半玻门或半百叶门，超过一半时应为全玻门或全百叶门。

（2）木门五金应包括：折页、插销、风钩、弓背拉手、搭扣、木螺钉、弹簧折页（自动门）、管子拉手（自由门、地弹门）、地弹簧（地弹门）、角钢、门轧头（地弹门、自由门）等。

（3）木窗五金应包括：折页、插销、风钩、木螺钉、滑轮滑轨（推拉窗）等。

（4）铝合金窗五金应包括：卡锁、滑轮、铰拉、执手、拉把、拉手、风撑、角码、牛角制等。

（5）铝合金门五金应包括：地弹簧、门锁、拉手、门插、门铰、螺钉等。

（6）其他门五金应包括 L 型执手插锁（双舌）、球形执手锁（单舌）、门轧头、地锁、防盗门扣、门眼（猫眼）、门碰珠、电子销（磁卡销）、闭门器、装饰拉手等。

15.4.3 实例计算

【例 15.6】 某工程共采用一玻一纱普通木窗 12 樘，见 15-7 图。试计算其工程量。

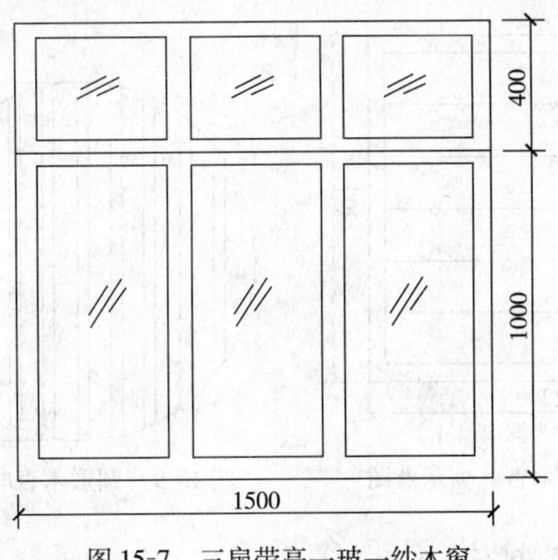

图 15-7 三扇带亮一玻一纱木窗

解：（1）定额工程量计算

①木平开窗制安

$S = 1.5 \times 1.4 \times 12 = 25.20\text{m}^2$

②纱窗扇制安

S = 定额中窗扇面积含量 × 洞口面积

$= 0.5451 \times 25.2 = 13.74\text{m}^2$

③纱亮制安

S = 定额中玻亮扇含量 × 窗洞口面积：

= 0.2824 × 25.20

= 7.12m^2

（2）清单项目特征描述及工程量计算结果见表 15-15。

分部分项工程量清单表 **表 15-15**

序号	项目编码	项目名称	项目特征描述	计量单位	工程量
1	020405001001	木质平开窗	三扇带亮一玻一纱	m^2	25.20

【例 15.7】 已知某工程采用木百叶窗 2 樘，如图 15-8 所示，试计算其工程量。

解：木百叶窗制安

$S = 1.2 \times 1.2 \times 2 = 2.88m^2$

清单项目特征描述及工程量计算结果见表 15-16。

分部分项工程量清单表 **表 15-16**

序号	项目编码	项目名称	项目特征描述	计量单位	工程量
1	020405003001	矩形木百叶窗	矩形木百叶窗	m^2	2.88

【例 15.8】 某工程采用圆形木百叶窗 8 樘，如图 15-9 所示，试计算其工程量。

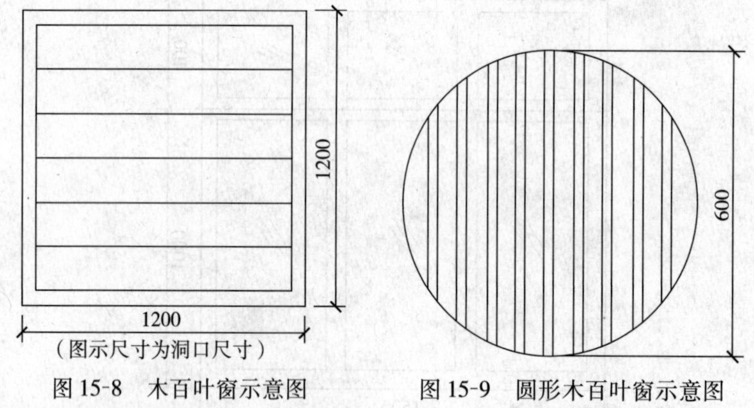

图 15-8 木百叶窗示意图　　图 15-9 圆形木百叶窗示意图

解：圆形木百叶窗制安

$S = 3.14 \times (0.6/2)^2 \times 8$

$= 2.26m^2$

清单项目特征描述及工程量计算结果见表 15-17。

分部分项工程量清单表 **表 15-17**

序号	项目编码	项目名称	项目特征描述	计量单位	工程量
1	020405004001	异形木百叶窗	圆形木百叶窗	m^2	2.26

【例 15.9】如图 15-10 所示，某宾馆三间套房，房间窗户设硬木双轨窗帘盒，室内墙面设硬木挂镜线。试计算其木装修工程量。

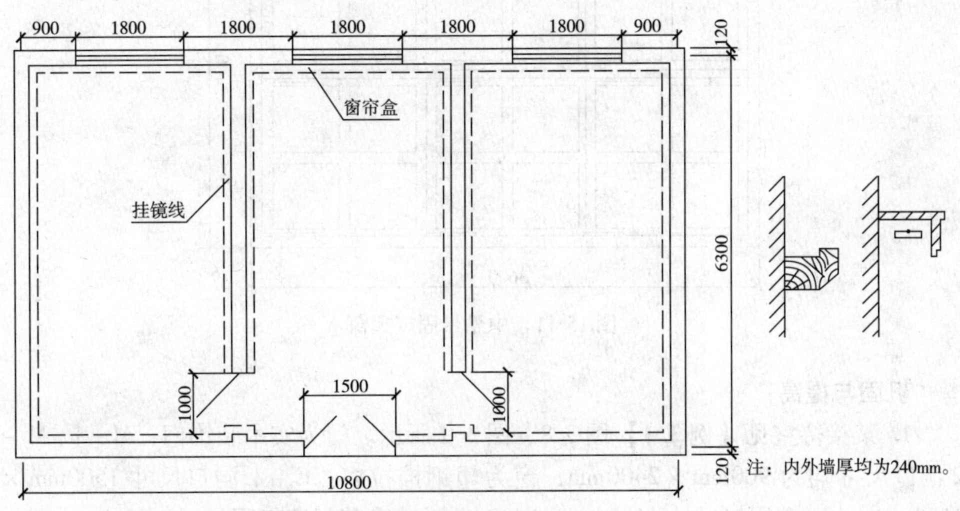

图 15-10　窗帘盒与挂镜线

解：(1) 硬木双轨窗帘盒制安

$L = (0.3 + 1.8) \times 3 = 6.30\text{m}$

(2) 硬木挂镜线制安

$L = (10.8 - 0.24) \times 2 + (6.3 - 0.24) \times 6 - (0.3 + 1.8) \times 3 - 1.5 - 1 \times 2 \times 2$

$= 45.68\text{m}$

(3) 清单项目特征描述及工程量计算结果见表 15-18。

分部分项工程量清单表　　　　**表 15-18**

序号	项目编码	项目名称	项目特征描述	计量单位	工程量
1	020408001001	木窗帘盒	硬木双轨窗帘盒	m	6.30
2	010503004001	其他木构件	硬木挂镜线	m	45.68

【例 15.10】某厂房采用中悬带固定成品钢天窗 8 樘，如图 15-11 所示。计算其工程量。

解：成品钢天窗安装

$S = 3.6 \times 2.4 \times 8$

$= 69.12\text{m}^2$

清单项目特征描述及工程量计算结果见表 15-19。

分部分项工程量清单表　　　　**表 15-19**

序号	项目编码	项目名称	项目特征描述	计量单位	工程量
1	020406005001	金属组合窗	中悬带固定成品钢天窗	m^2	69.12

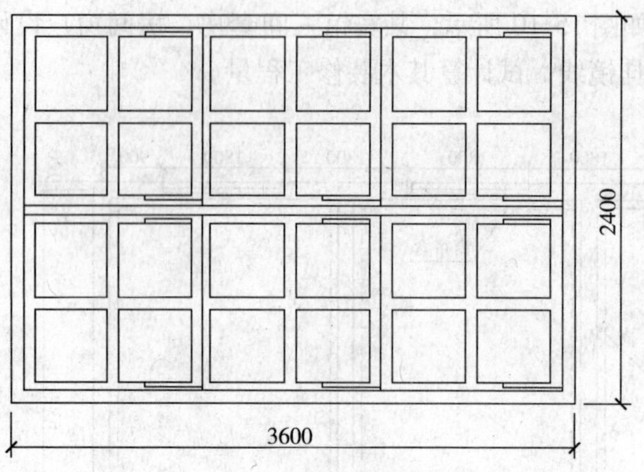

图 15-11　中悬带固定天窗

巩固与提高：

1. 某接待室见【**例 3.1**】图 3-8、图 3-9 所示。门为实木装饰门：M－1、M－2 洞口尺寸均为 900mm×2400mm；窗为塑钢推拉窗：C－1 洞口尺寸 1500mm×1500mm 、C－2 洞口尺寸 1100mm×1500mm。计算其门窗工程量。

2. 计算任务 5 中巩固与提高 3 门窗工程量。

3. 计算任务 2 中巩固与提高 4 门窗工程量（门窗均为铝合金）。

4. 计算某办公楼（见 1.3.4 研讨与练习）门窗工程量。

任务 16

油漆、涂料、裱糊工程量计算

本分部主要包括：油漆，还包括喷刷涂料和花饰线条刷涂料。油漆分为木材面油漆、金属面油漆、抹灰面油漆等。裱糊分为墙纸和织锦缎。通过本部分学习，使学生能根据建筑施工图、装饰说明及索引的标准图集，按清单项目设置及工程量计算规则，熟练计算油漆、涂料、裱糊分项工程量。

过程 16.1 识读建筑施工图及构造做法

16.1.1 相关基础知识

建筑工程常用油漆种类有：调合漆，大量应用于室内外装饰；清漆，多用于室内装饰；厚漆（铅油），常用作底油；清油，常用作木门窗、木装饰的面漆或底漆；磁漆，多用于室内木制品、金属物件上；防锈漆，主要用于钢结构表面防锈打底用。

涂刷类饰面，是指将建筑涂料涂刷于构配件表面而形成牢固的膜层，从而起到保护、装饰墙面作用的一种装饰做法。根据状态的不同，建筑涂料可划分为溶剂型涂料、水溶性涂料、乳液型涂料和粉末涂料等几类。根据建筑物涂刷部位的不同，建筑涂料可划分为外墙涂料、内墙涂料、地面涂料、顶棚涂料和屋面涂料等几类。

裱糊类饰面是指用墙纸墙布、丝绒锦缎、微薄木等材料，通过裱糊方式覆盖在外表面作为饰面层的墙面，裱糊类装饰一般只用于室内，可以是室内墙面、顶棚或其他构配件表面。

16.1.2 识图要点

喷刷涂料要看材料种类、所在基层、涂刷遍数等。

裱糊主要看裱糊部位、墙纸种类、对花与否等。

油漆、涂料、裱糊的构造做法，多在设计图纸的文字说明中体现或注明所引用标准图集。

过程 16.2 工程量清单项目设置及工程量计算规则

16.2.1 定额说明、项目划分及工程量计算规则

1. 有关分部说明

（1）本分部刷涂、刷油操作方法均为综合取定，与设计要求不同时不作调整。

（2）本分部子目未显示的一些木材面和金属面油漆应按本分部工程量计算规则中的规定，执行相应子目。

（3）油漆浅、中、深各种颜色已综合在定额子目内，颜色不同时不作调整。

（4）门窗油漆子目已综合考虑了门窗贴脸、披水条、盖口条油漆以及同一平面上的分色和门窗内外分色，执行中不得另计，如需做美术图案者可另行计算。

（5）一玻一纱门窗油漆按双层门窗油漆执行。

2. 定额项目划分

油漆、涂料及裱糊工程定额内容有木材面油漆、金属面油漆、抹灰面油漆、涂料、裱糊。工程内容均应包括：基层清理，刮腻子，刷防护材料，油漆或刷、喷涂料等。计算工程量时，应按油漆基层材料、油漆部位、油漆材料、油漆工艺要求等因素分别列项。

3. 常用项目定额工程量计算规则

（1）各种木门窗油漆均按设计图示尺寸以单面洞口面积计算。

（2）双层和其他木门窗的油漆执行相应的木门窗油漆子目，并分别乘以表16-1、表16-2 中的系数。

木门油漆定额计算系数表　　表 16-1

项目名称	调整系数	工程量计算方法
单层木门	1.00	按设计图示尺寸以单面洞口面积计算
双层（一板一纱）木门	1.36	
双层木门	2.00	
全玻门	0.83	
半玻门	0.93	
半百叶门	1.3	
厂库大门	1.10	
无框装饰门、成品门扇	1.1	按设计图示尺寸以门扇面积计算

木窗油漆定额计算系数表		表 16-2
项目名称	调整系数	工程量计算方法
单层玻璃窗 双层（一玻一纱）窗 双层窗 三层（两玻一纱）窗 单层组合窗 双层组合窗 木百叶窗	1.00 1.36 2.00 2.6 0.83 1.13 1.50	按设计图示尺寸以单面洞口面积计算
无框装饰门、成品门扇	1.1	按设计图示尺寸以门扇面积计算

（3）各种木扶手油漆按设计图示尺寸以长度计算。

（4）木地板及木踢脚线油漆按设计图示尺寸以面积计算。空洞、空圈、暖气包槽、壁龛的开口部分并入相应的工程量内。

（5）各种钢门窗油漆按设计图示的单面洞口面积计算。

（6）钢屋架、天窗架、挡风架、屋架梁、支撑、檩条和其他金属构件油漆均按设计图示尺寸以质量计算。

（7）墙、柱、顶棚抹灰面油漆、刷涂料按设计图示尺寸以面积计算。

（8）折板、肋形梁板等底面的涂刷按设计图示尺寸的水平投影面积计算，执行墙、柱、顶棚抹灰面油漆及涂料子目，并分别乘以表 16-3 中的系数。

抹灰面油漆、涂料定额计算系数表		表 16-3
项目名称	系数	工程量计算方法
墙、柱、顶棚平面 槽形板底、混凝土折板 有梁板底 密肋、井字梁底板	1.00 1.30 1.10 1.50	按设计图示尺寸以面积计算
混凝土平板式楼梯底板	1.30	按设计图示尺寸以水平投影面积计算

（9）裱糊工程量按设计图示尺寸以面积计算。

过程 16.3　油漆

16.3.1　规则规定

1. 门油漆

工程量清单项目设置及工程量计算规则，应按表 16-4 的规定执行。

门油漆（编码：020501）　　表 16-4

项目编码	项目名称	项目特征	计量单位	工程量计算规则	工程内容
020501001	门油漆	1. 门类型 2. 腻子种类 3. 刮腻子要求 4. 防护材料种类 5. 油漆品种、刷漆遍数	樘/ m^2	按设计图示数量或设计图示单面洞口面积计算	1. 基层清理 2. 刮腻子 3. 刷防护材料、油漆

2. 窗油漆

工程量清单项目设置及工程量计算规则，应按表 16-5 的规定执行。

窗油漆（编码：020502）　　表 16-5

项目编码	项目名称	项目特征	计量单位	工程量计算规则	工程内容
020502001	窗油漆	1. 窗类型 2. 腻子种类 3. 刮腻子要求 4. 防护材料种类 5. 油漆品种、刷漆遍数	樘/m^2	按设计图示数量或设计图示单面洞口面积计算	1. 基层清理 2. 刮腻子 3. 刷防护材料、油漆

3. 木扶手及其他板条线条油漆

工程量清单项目设置及工程量计算规则，应按表 16-6 的规定执行。

木扶手及其他板条线条油漆（编码：020503）　　表 16-6

项目编码	项目名称	项目特征	计量单位	工程量计算规则	工程内容
020503001	木扶手油漆	1. 腻子种类 2. 刮腻子要求 3. 油漆体单位展开面积 4. 油漆体长度 5. 防护材料种类 6. 油漆品种、刷漆遍数	m	按设计图示尺寸以长度计算	1. 基层清理 2. 刮腻子 3. 刷防护材料、油漆
020503002	窗帘盒油漆				
020503003	封檐板、顺水板油漆				
020503004	挂衣板、黑板框油漆				
020503005	挂镜线、窗帘棍、单独木线油漆				

4. 木材面油漆

工程量清单项目设置及工程量计算规则，应按表 16-7 的规定执行。

木材面油漆（编码：020504） 表 16-7

项目编码	项目名称	项目特征	计量单位	工程量计算规则	工程内容
020504001	木板、纤维板、胶合板油漆	1. 腻子种类 2. 刮腻子要求 3. 防护材料种类 4. 油漆品种、刷漆遍数	m^2	按设计图示尺寸以面积计算	1. 基层清理 2. 刮腻子 3. 刷防护材料、油漆
020504002	木护墙、木墙裙油漆				
020504003	窗台板、筒子板、盖板、门窗套、踢脚线油漆				
020504004	清水板条天棚、檐口油漆				
020504005	木方格吊顶顶棚油漆				
020504006	吸声板墙面、顶棚面油漆				
020504007	暖气罩油漆				
020504008	木间壁、木隔断油漆			按设计图示尺寸以单面外围面积计算	
020504009	玻璃间壁露明墙筋油漆				
020504010	木栅栏、木栏杆（带扶手）油漆				
020504011	衣柜、壁柜油漆			按设计图示尺寸以油漆部分展开面积计算	
020504012	梁柱饰面油漆				
020504013	零星木装修油漆				
020504014	木地板油漆			按设计图示尺寸以面积计算。空洞、空圈、暖气包槽、壁龛的开口部分并入相应的工程量内	
020504015	木地板烫硬蜡面	1. 硬蜡品种 2. 面层处理要求	m^2		1. 基层清理 2. 烫蜡

5. 金属面油漆

工程量清单项目设置及工程量计算规则，应按表 16-8 的规定执行。

金属面油漆（编码：020505） 表 16-8

项目编码	项目名称	项目特征	计量单位	工程量计算规则	工程内容
020505001	金属面油漆	1. 腻子种类 2. 刮腻子要求 3. 防护材料种类 4. 油漆品种、刷漆遍数	t	按设计图示尺寸以质量计算	1. 基层清理 2. 刮腻子 3. 刷防护材料、油漆

6. 抹灰面油漆

工程量清单项目设置及工程量计算规则，应按表16-9的规定执行。

抹灰面油漆（编码：020506）　　　　表16-9

项目编码	项目名称	项目特征	计量单位	工程量计算规则	工程内容
020506001	抹灰面油漆	1. 基层类型 2. 线条宽度、道数 3. 腻子种类 4. 刮腻子要求 5. 防护材料种类 6. 油漆品种、刷漆遍数	m^2	按设计图示尺寸以面积计算	1. 基层清理 2. 刮腻子 3. 刷防护材料、油漆
020506002	抹灰线条油漆		m	按设计图示尺寸以长度计算	

7. 其他相关问题

其他相关问题应按下列规定处理：

（1）门油漆应区分单层木门、双层（一玻一纱）木门、双层（单裁口）木门、全玻自由门、半玻自由门、装饰门及有框门或无框门等，分别编码列项。

（2）窗油漆应区分单层玻璃窗、双层（一玻一纱）木窗、双层框扇（单裁口）木窗、双层框三层（二玻一纱）木窗、单层组合窗、双层组合窗、木百叶窗、木推拉窗等，分别编码列项。

（3）木扶手应区分带托板与不带托板，分别编码列项。

16.3.2 实例计算

【例16.1】已知某工程所用单层木窗宽高各为1.8m，共68樘，润油粉，刮一道腻子，调合漆两遍，磁漆一遍。求其工程量。

解：木窗油漆

$S=1.8\times1.8\times68=220.32m^2$

清单项目特征描述及工程量计算结果见表16-10。

分部分项工程量清单表　　　　表16-10

序号	项目编码	项目名称	项目特征描述	计量单位	工程量
1	020502001001	窗油漆	单层木窗，润油粉，刮一道腻子，调合漆两遍，磁漆一遍	m^2	220.32

【例16.2】如图16-1所示，计算顶棚面刷乳胶漆三遍的工程量。

解：顶棚面乳胶漆三遍

S = 顶棚水平投影面积 + 迭级侧面面积

$=8.6\times6+1.8\times4\times0.4\times6=68.88m^2$

清单项目特征描述及工程量计算结果见表16-11。

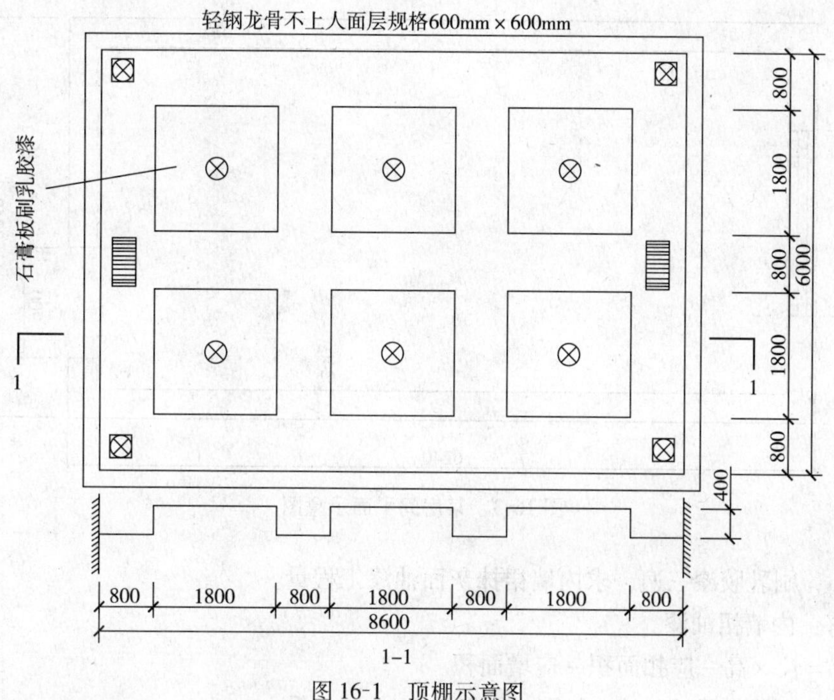

图 16-1　顶棚示意图

分部分项工程量清单表　　　　**表 16-11**

序号	项目编码	项目名称	项目特征描述	计量单位	工程量
1	020506001001	抹灰面油漆	石膏板，顶棚面乳胶漆三遍	m^2	68.88

【**例 16.3**】某木全玻璃自由门，尺寸如图 16-2 所示，油漆为底油一遍，调合漆两遍，共 28 樘，计算其清单油漆工程量。

解：(1) 定额工程量

全玻自由门油漆

$S=1.5\times2.1\times28\times0.83$（调整系数）

$=88.20\times0.83=73.21\text{m}^2$

(2) 清单工程量

$S=88.20\text{m}^2$

清单项目特征描述及工程量计算结果见表 16-12。

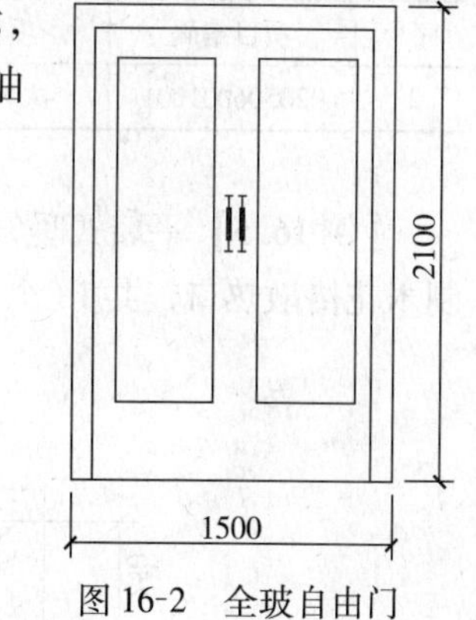

图 16-2　全玻自由门

分部分项工程量清单表　　　　**表 16-12**

序号	项目编码	项目名称	项目特征描述	计量单位	工程量
1	020501001001	门油漆	木全玻自由门，底油一遍，调合漆两遍	m^2	88.20

【**例 16.4**】如图 16-3 所示，房间墙裙高 1.5m，窗台高 1m，窗洞侧油漆宽

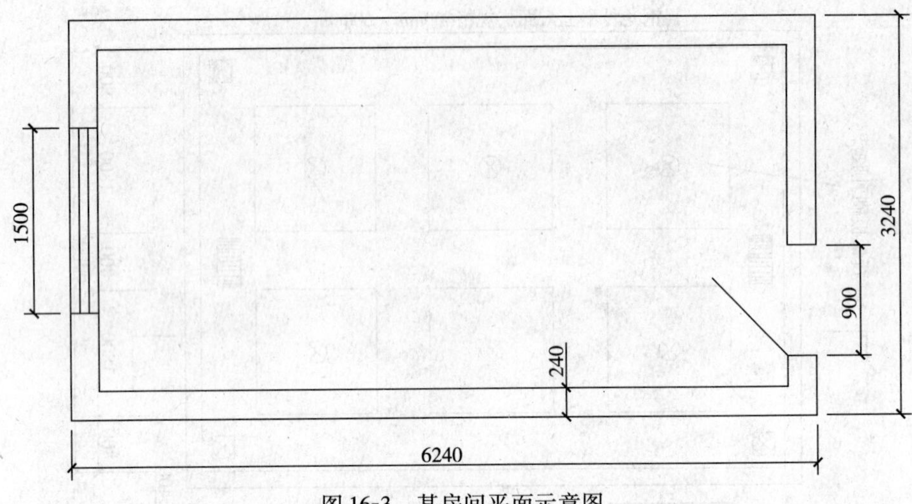

图 16-3　某房间平面示意图

100mm，刷乳胶漆三遍，求内墙裙抹灰面油漆工程量。

解：内墙裙油漆

S = 长 × 高 − 应扣面积 + 应增面积

$= (6.24 - 0.24 \times 2 + 3.24 - 0.24 \times 2) \times 2 \times 1.5$

$- [1.5 \times (1.5 - 1) + 0.9 \times 1.5] + (1.5 - 1) \times 0.1 \times 2$

$= 23.56\text{m}^2$

清单项目特征描述及工程量计算结果见表 16-13。

分部分项工程量清单表　　**表 16-13**

序号	项目编码	项目名称	项目特征描述	计量单位	工程量
1	020506001001	抹灰面油漆	墙裙乳胶漆三遍	m^2	23.56

【例 16.5】 平墙式暖气罩，尺寸如图 16-4 所示。五合板基层，榉木板面层，机制木花格散热口，共 18 个，计算工程量，已知油粉一道，调合漆二道，磁漆一道。

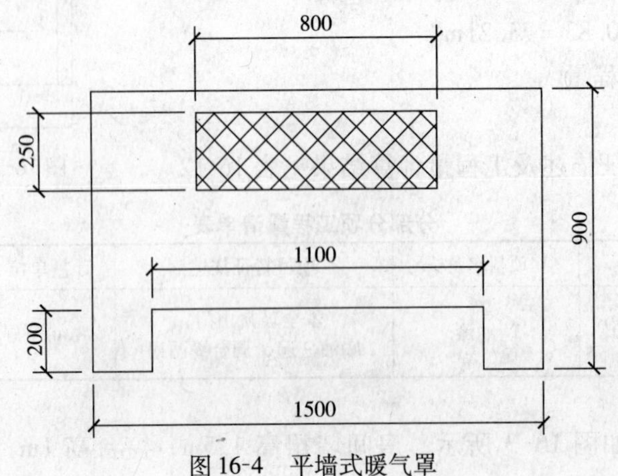

图 16-4　平墙式暖气罩

解：暖气罩油漆

S = 设计图示尺寸

$=(1.5\times0.9-1.1\times0.2)\times18=20.34\text{m}^2$

清单项目特征描述及工程量计算结果见表 16-14。

分部分项工程量清单表 **表 16-14**

序号	项目编码	项目名称	项目特征描述	计量单位	工程量
1	020504007001	暖气罩油漆	油粉一道，调合漆二道，磁漆一道	m^2	20.34

【例 16.6】 计算如图 16-5 所示，小型房木门窗润油粉、刮腻子、聚氨酯漆的工程量。

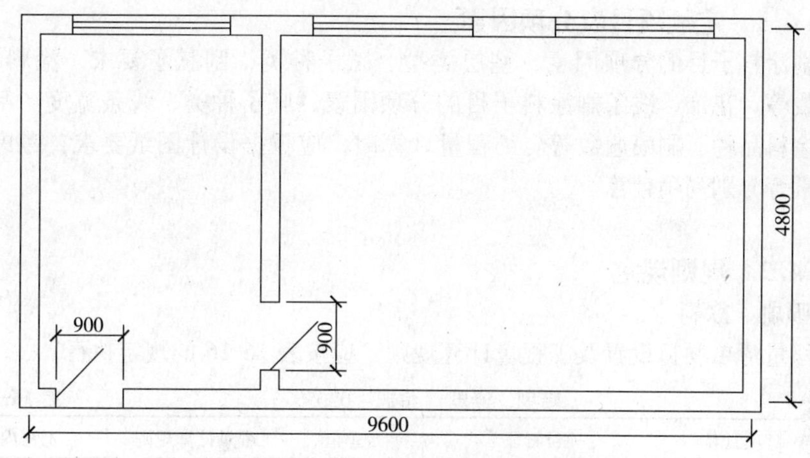

图 16-5 小型房间平面图

注：1. 木窗尺寸为 $b\times h=2100\text{mm}\times1800\text{mm}$ 双层木窗（单截口）。

2. 木门尺寸为 $b\times h=900\text{mm}\times2200\text{mm}$ 单层木门。

解：(1) 定额工程量

双层木窗油漆

S = 设计图示尺寸单面洞口面积 × 调整系数

$=2.1\times1.8\times3\times2=11.34\times2=22.68\text{m}^2$

单层木门油漆

S = 设计图示尺寸单面洞口面积 × 调整系数

$=0.9\times2.2\times2\times1=3.96\times1=3.96\text{m}^2$

(2) 清单工程量

木窗油漆

$S=11.34\text{m}^2$

木门油漆

$S=3.96\text{m}^2$

清单项目特征描述及工程量计算结果见表16-15。

分部分项工程量清单表 表16-15

序号	项目编码	项目名称	项目特征描述	计量单位	工程量
1	020502001001	窗油漆	双层木窗（单裁口），润油粉、刮腻子、聚氨酯漆	m^2	11.34
2	020501001001	门油漆	单层木门，润油粉、刮腻子、聚氨酯漆	m^2	3.96

过程16.4 涂料

16.4.1 定额项目表分项因素

喷刷涂料子目的分项因素，基层类型、腻子种类、刮腻子要求、涂料品种、刷喷遍数等。花饰、线条刷涂料子目的分项因素，腻子种类、线条宽度、刮腻子要求、涂料品种、刷喷遍数等。工程量计算时，应根据设计图纸要求，考虑定额分项因素等分别列项计算。

16.4.2 规则规定

1. 喷刷、涂料

工程量清单项目设置及工程量计算规则，应按表16-16的规定执行。

喷刷、涂料（编码：020507） 表16-16

项目编码	项目名称	项目特征	计量单位	工程量计算规则	工程内容
020507001	刷喷涂料	1. 基层类型 2. 腻子种类 3. 刮腻子要求 4. 涂料品种、刷喷遍数	m^2	按设计图示尺寸以面积计算	1. 基层清理 2. 刮腻子 3. 刷、喷涂料

2. 花饰、线条刷涂料

工程量清单项目设置及工程量计算规则，应按表16-17的规定执行。

花饰、线条刷涂料（编码：020508） 表16-17

项目编码	项目名称	项目特征	计量单位	工程量计算规则	工程内容
020508001	空花格、栏杆刷涂料	1. 腻子种类 2. 线条宽度 3. 刮腻子要求 4. 涂料品种、刷喷遍数	m^2	按设计图示尺寸以单面外围面积计算	1. 基层清理 2. 刮腻子 3. 刷、喷涂料
020508002	线条刷涂料		m	按设计图示尺寸以长度计算	

16.4.3 实例计算

【例16.7】如图16-6所示，某工程内墙抹灰面满刮腻子两遍，贴对花墙纸；

挂镜线刷底油一遍，调合漆两遍；挂镜线以上及顶棚刷仿瓷涂料两遍。计算有关工程量。

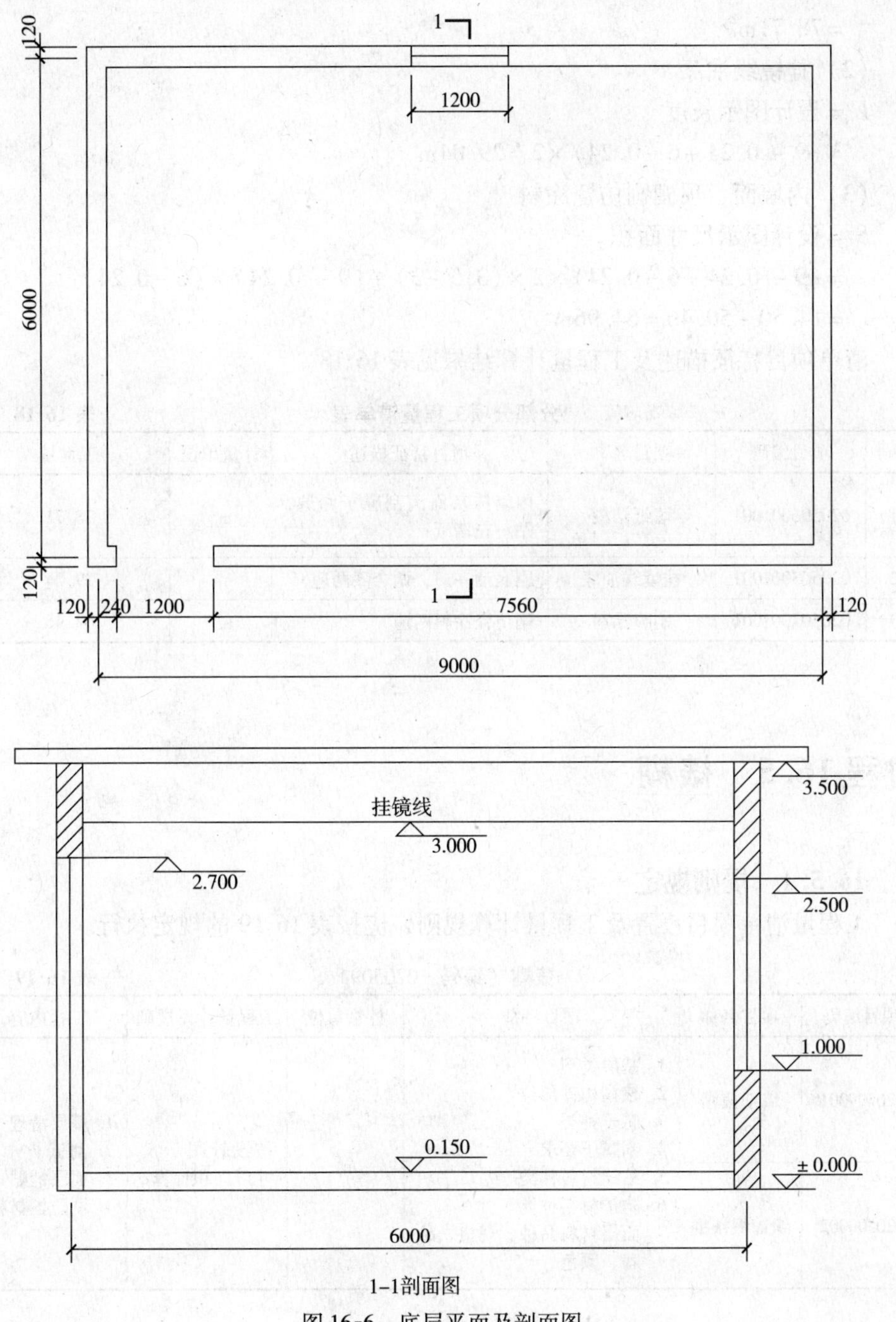

图 16-6　底层平面及剖面图

解：(1) 墙纸裱糊

S = 净长 × 净高 − 门窗洞 + 门窗侧面

$=(9-0.24+6-0.24)\times2\times(3-0.15)-1.2\times(2.5-1)$

$-(2.7-0.15)\times1.2+(2.7-0.15+2.5-1)\times2\times0.1$

$=82.76-1.8-3.06+0.81$

$=78.71m^2$

（2）挂镜线油漆

L = 设计图示长度

$=(9-0.24+6-0.24)\times2=29.04m$

（3）内墙面、顶棚刷仿瓷涂料

S = 设计图示尺寸面积

$=(9-0.24+6-0.24)\times2\times(3.5-3)+(9-0.24)\times(6-0.24)$

$=14.50+50.46=64.96m^2$

清单项目特征描述及工程量计算结果见表 16-18。

分部分项工程量清单表　　　　表 16-18

序号	项目编码	项目名称	项目特征描述	计量单位	工程量
1	020506001001	墙纸裱糊	内墙抹灰面满刮腻子两遍，贴对花墙纸	m^2	78.71
2	020503001001	挂镜线油漆	刷底油一遍，调合漆两遍	m	29.04
3	020507001001	刷喷涂料	刷仿瓷涂料两遍	m^2	64.96

过程 16.5　裱糊

16.5.1　规则规定

工程量清单项目设置及工程量计算规则，应按表 16-19 的规定执行。

裱糊（编码：020509）　　　　表 16-19

项目编码	项目名称	项目特征	计量单位	工程量计算规则	工程内容
020509001	墙纸裱糊	1. 基层类型 2. 裱糊构件部位 3. 腻子种类 4. 刮腻子要求 5. 粘结材料种类 6. 防护材料种类 7. 面层材料品种、规格、品牌、颜色	m^2	按设计图示尺寸以面积计算	1. 基层清理 2. 刮腻子 3. 面层铺贴 4. 刷防护材料
020509002	织锦缎裱糊				

16.5.2　实例计算

【例 16.8】如图 16-7 所示，计算墙面满刮腻子两遍贴对花墙纸工程量。（墙高 2.9m，门窗框宽均为 90mm，M－1：1000mm×2000mm，M－2：900mm×2200mm，

C－1：1400mm×1500mm，C－2：1600mm×1500mm，C－3：1800mm×1500mm，踢脚板高 150mm）

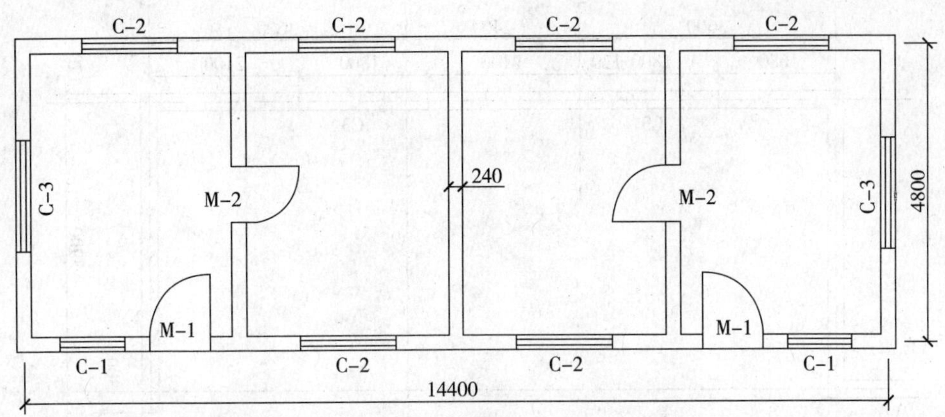

图 16-7　工程平面图

解：墙面对花贴墙纸

墙面净长 L　　　　　　　　　　　　墙高 H　　　　　　M－1

$S=[(14.4-0.24\times4)\times2+(4.8-0.24)\times8\,]\times(2.9-0.15)-1\times(2-0.15)\times2$

　M－2　　　　　　　　　　C－1　　　　　C－2　　　　　　C－3

$-0.9\times(2.2-0.15)\times2-1.4\times1.5\times2-1.6\times1.5\times6-1.8\times1.5\times2$

　门侧面积 M－1　　　　　　　　M－2

$+(0.24-0.09)/2\times(2-0.15)\times4+(0.24-0.09)\times(2.2-0.15)\times4$

　窗侧　　　　　　C－1

$+(0.24-0.09)\times0.9\times2+(0.24-0.09)/2\times[(1.4+1.5)]\,2\times2$

　C－2

$+(1.6+1.5)\times2\times6+(1.8+1.5)\times2\times2]$

$=(26.88+36.48)\times2.75-3.7-3.69-4.2-14.4-5.4+0.555+0.15$

$+1.23+0.27+0.075\times62$

$=149.71\text{m}^2$

清单项目特征描述及工程量计算结果见表 16-20。

分部分项工程量清单表　　　　　　**表 16-20**

序号	项目编码	项目名称	项目特征描述	计量单位	工程量
1	020509001001	墙纸裱糊	内墙抹灰面满刮腻子两遍，贴对花墙纸	m^2	149.71

【例 16.9】 某会议室如图 16-8 所示，设计墙面贴织锦缎，吊平顶标高为 3.4m，木墙裙高度为 1.1m，门窗洞口尺寸为：M5：1760mm×2100mm，C2：1300mm×1800mm，C3：1800mm×1800mm，C4：1400mm×2400mm，窗洞口侧壁

为 100mm，窗台高度为 1m，计算织锦缎工程量。

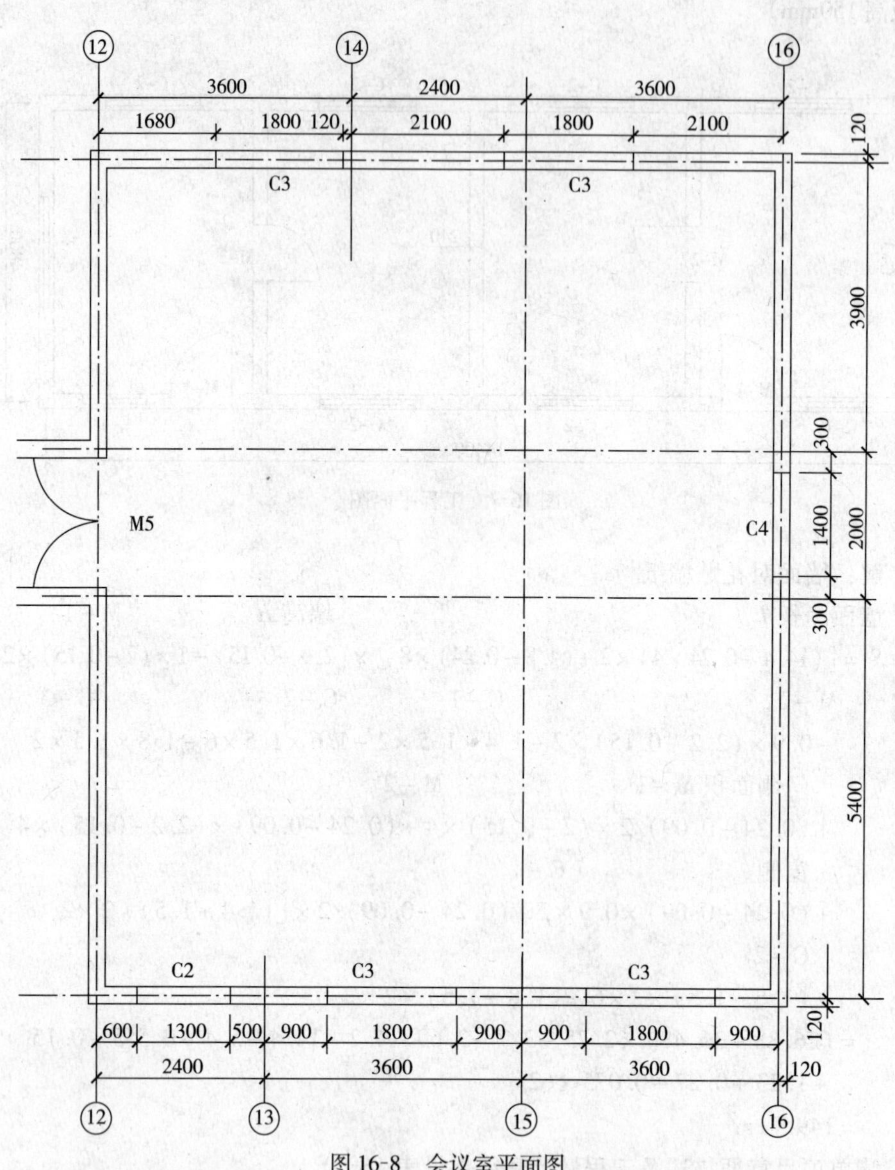

图 16-8　会议室平面图

解：墙面贴织锦缎

（M5 部分面积，C2 部分面积，C3 部分面积，C4 部分面积，C2 侧壁，C3 侧壁，C4 侧壁）

$$S=(9.6-0.24+11.3-0.24)\times2\times(3.4-1.1)-1.76\times(2.1-1.1)-1.3\times(1.8-0.1)-1.8\times(1.8-0.1)\times4-1.4\times(2.4-0.1)+1.8\times2\times0.1+1.8\times2\times0.1\times4+2.4\times2\times0.1$$

$$=93.93-1.76-2.21-12.24-3.22+0.36+1.44+0.48$$

$=76.78\text{m}^2$

清单项目特征描述及工程量计算结果见表16-21。

分部分项工程量清单表　　表16-21

序号	项目编码	项目名称	项目特征描述	计量单位	工程量
1	020509002001	织锦缎裱糊	内墙抹灰面贴织锦缎	m^2	76.78

【例16.10】 某住宅书房平面图如图16-9所示，已知其房面裱糊金属壁纸，窗洞口尺寸：1800mm×1500mm，门洞口尺寸：900mm×2000mm，房间木踢脚板高120mm，窗框厚100mm，房间净高2.80m，计算房间贴墙纸工程量。

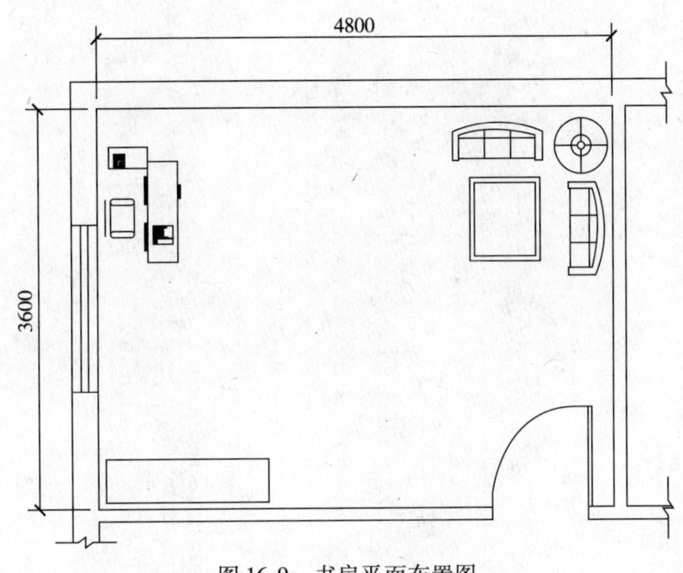

图16-9　书房平面布置图

解：墙面裱糊金属墙纸

$$S=(3.6+4.8)\times2\times(2.8-0.12)-1.8\times1.5-0.9\times(2-0.12)+(0.24-0.1)\div2\times(1.8+1.5\times2)$$

$$=45.02-2.7-1.69+0.34$$

$$=40.97\text{m}^2$$

清单项目特征描述及工程量计算结果见表16-22。

分部分项工程量清单表　　表16-22

序号	项目编码	项目名称	项目特征描述	计量单位	工程量
1	020509001001	墙纸裱糊	墙面裱糊金属墙纸	m^2	40.97

巩固与提高：

1. 计算某单层建筑物（见10.5.3研讨与练习）的内墙、顶棚刷乳胶漆工程量。用料做法：清理抹灰基层；满刮腻子一遍；刷底漆一遍；乳胶漆两遍。

2. 计算某办公楼（见1.3.4研讨与练习）内墙、顶棚刷涂料工程量，栏杆油漆工程量。工程做法见表16-23。

工程做法表 **表16-23**

编号名称	用料做法	编号名称	用料做法
涂13 调合漆	清理金属面除锈 防锈漆或红丹一遍 刮腻子、磨光 调合漆三遍	涂27 瓷釉涂料	清理抹灰基层 满刮建筑胶水泥腻子一至两遍，表面打磨平整 瓷釉底涂料一遍 瓷釉涂料两遍

任务 17

其他工程量计算

本部分内容包括：柜类、货架，暖气罩，浴厕配件，压条、装饰线，雨篷、旗杆，招牌、灯箱，美术字。通过本部分的学习，使学生了解其他工程清单项目设置及工程量计算规则，会计算常用的其他工程分项工程量。

过程 17.1　识读建筑施工图及构造做法

家具工程按高度分为：高柜（高度 1600mm 以上）、中柜（高度 900 ~ 1600mm）、低柜（高度 900mm 以内）；按用途分为：衣柜、书柜、资料柜、厨房壁柜、厨房吊柜、电视柜、床头柜、收银台等等。

其他工程中的有关分项，其设计内容通常在施工图、大样图、文字说明或所引用的标准图中。也有的对其他工程另作设计。

识图要点主要是：

（1）计算对象的数量、设计图示尺寸。这是计量所必需。

（2）弄清计算对象的构造做法。如所用材料的种类、规格，五金种类、规格，防护材料种类，油漆品种、刷漆遍数等内容。这是列项及报价所必需。

过程 17.2　工程量清单项目设置及工程量计算规则

17.2.1　定额项目表分项因素

柜类、货架均以“个”为计量单位，计量时应按其用途、规格、材质、五金、油漆品种及刷漆遍数等不同分别列项。

暖气罩应按材料分为柚木板、塑料板、铝合金、钢板暖气罩等。暖气罩按安装的位置分为靠墙式、挂板式、平墙式、明式。计量时应按暖气罩材质、安装的位置、防护材料种类、油漆品种及刷漆遍数等因素分别列项。

镜面玻璃按面积分为 $1m^2$ 以内、$1m^2$ 以外；按边框情况分为带框、不带框两种。

压条、装饰线应按基层类型、线条材质、规格、形状、油漆品种等因素列项计算工程量。

17.2.2 清单项目设置及工程量计算规则

1. 柜类、货架

工程量清单项目设置及工程量计算规则，应按表 17-1 的规定执行。

柜类、货架（编码：020601） 表 17-1

<table>
<tr><th>项目编码</th><th>项目名称</th><th>项目特征</th><th>计量单位</th><th>工程量计算规则</th><th>工程内容</th></tr>
<tr><td>020601001</td><td>柜台</td><td rowspan="20">1. 台柜规格
2. 材料种类、规格
3. 五金种类、规格
4. 防护材料种类
5. 油漆品种、刷漆遍数</td><td rowspan="20">个</td><td rowspan="20">按设计图示数量计算</td><td rowspan="20">1. 台柜制作、运输、安装（安放）
2. 刷防护材料、油漆</td></tr>
<tr><td>020601002</td><td>酒柜</td></tr>
<tr><td>020601003</td><td>衣柜</td></tr>
<tr><td>020601004</td><td>存包柜</td></tr>
<tr><td>020601005</td><td>鞋柜</td></tr>
<tr><td>020601006</td><td>书柜</td></tr>
<tr><td>020601007</td><td>厨房壁柜</td></tr>
<tr><td>020601008</td><td>木壁柜</td></tr>
<tr><td>020601009</td><td>厨房吊柜</td></tr>
<tr><td>020601010</td><td>房吊柜橱</td></tr>
<tr><td>020601011</td><td>矮柜</td></tr>
<tr><td>020601012</td><td>吧台背柜</td></tr>
<tr><td>020601013</td><td>酒吧吊柜</td></tr>
<tr><td>020601014</td><td>酒吧台</td></tr>
<tr><td>020601015</td><td>展台</td></tr>
<tr><td>020601016</td><td>收银台</td></tr>
<tr><td>020601017</td><td>试衣间</td></tr>
<tr><td>020601018</td><td>货架</td></tr>
<tr><td>020601019</td><td>书架</td></tr>
<tr><td>020601020</td><td>服务台</td></tr>
</table>

2. 暖气罩

工程量清单项目设置及工程量计算规则，应按表 17-2 的规定执行。

暖气罩（编码：020602）　　表 17-2

项目编码	项目名称	项目特征	计量单位	工程量计算规则	工程内容
020602001	饰面板暖气罩	1. 暖气罩材质 2. 单个罩垂直投影面积 3. 防护材料种类 4. 油漆品种、刷漆遍数	m^2	按设计图示尺寸以垂直投影面积（不展开）计算	1. 暖气罩制作、运输、安装 2. 刷防护材料、油漆
020602002	塑料板暖气罩				
020602003	金属暖气罩				

3. 浴厕配件

工程量清单项目设置及工程量计算规则，应按表 17-3 的规定执行。

浴厕配件（编码：020603）　　表 17-3

项目编码	项目名称	项目特征	计量单位	工程量计算规则	工程内容
020603001	洗漱台	1. 材料品种、规格、品牌、颜色 2. 支架、配件品种、规格、品牌 3. 油漆品种、刷漆遍数	m^2	按设计图示尺寸以台面外接矩形面积计算。不扣除孔洞、挖弯、削角所占面积，挡板、吊沿板面积并入台面面积内	1. 台面及支架制作、运输、安装 2. 杆、环、盒、配件安装 3. 刷油漆
020603002	晒衣架		根（套）	按设计图示数量计算	
020603003	帘子杆				
020603004	浴缸拉手				
020603005	毛巾杆（架）				
020603006	毛巾环		副		
020603007	卫生纸盒		个		
020603008	肥皂盒				
020603009	镜面玻璃	1. 镜面玻璃品种、规格 2. 框材质、断面尺寸 3. 基层材料种类 4. 防护材料种类 5. 油漆品种、刷漆遍数	m^2	按设计图示尺寸以边框外围面积计算	1. 基层安装 2. 玻璃及框制作、运输、安装 3. 刷防护材料、油漆
020603010	镜箱	1. 箱材质、规格 2. 玻璃品种、规格 3. 基层材料种类 4. 防护材料种类 5. 油漆品种、刷漆遍数	个	按设计图示数量计算	1. 基层安装 2. 箱体制作、运输、安装 3. 玻璃安装 4. 刷防护材料、油漆

4. 压条、装饰线

工程量清单项目设置及工程量计算规则，应按表 17-4 的规定执行。

压条、装饰线（编码：020604） 表 17-4

项目编码	项目名称	项目特征	计量单位	工程量计算规则	工程内容
020604001	金属装饰线	1. 基层类型 2. 线条材料品种、规格、颜色 3. 防护材料种类 4. 油漆品种、刷漆遍数	m	按设计图示尺寸以长度计算	1. 线条制作、安装 2. 刷防护材料、油漆
020604002	木质装饰线				
020604003	石材装饰线				
020604004	石膏装饰线				
020604005	镜面玻璃线				
020604006	铝塑装饰线				
020604007	塑料装饰线				

5. 雨篷、旗杆

工程量清单项目设置及工程量计算规则，应按表 17-5 的规定执行。

雨篷、旗杆（编码：020605） 表 17-5

项目编码	项目名称	项目特征	计量单位	工程量计算规则	工程内容
020605001	雨篷吊挂饰面	1. 基层类型 2. 龙骨材料种类、规格、中距 3. 面层材料品种、规格、品牌 4. 吊顶（顶棚）材料、品种、规格、品牌 5. 嵌缝材料种类 6. 防护材料种类 7. 油漆品种、刷漆遍数	m^2	按设计图示尺寸以水平投影面积计算	1. 底层抹灰 2. 龙骨基层安装 3. 面层安装 4. 刷防护材料、油漆
020605002	金属旗杆	1. 旗杆材料、种类、规格 2. 旗杆高度 3. 基础材料种类。 4. 基座材料种类 5. 基座面层材料、种类、规格	根	按设计图示数量计算	1. 土石挖填 2. 基础混凝土浇筑 3. 旗杆制作、安装 4. 旗杆台座制作、饰面

6. 招牌、灯箱

工程量清单项目设置及工程量计算规则，应按表 17-6 的规定执行。

招牌、灯箱（编码：020606） 表 17-6

项目编码	项目名称	项目特征	计量单位	工程量计算规则	工程内容
020606001	平面、箱式招牌	1. 箱体规格 2. 基层材料种类 3. 面层材料种类 4. 防护材料种类 5. 油漆品种、刷漆遍数	m^2	按设计图示尺寸以正立面边框外围面积计算。复杂的凸凹造型部分不增加面积	1. 基层安装 2. 箱体及支架制作、运输、安装 3. 面层制作、安装 4. 刷防护材料、油漆
020606002	竖式标箱		个	按设计图示数量计算	
020606003	灯箱				

7. 美术字

工程量清单项目设置及工程量计算规则，应按表 17-7 的规定执行。

美术字（编码：020607）　　表 17-7

项目编码	项目名称	项目特征	计量单位	工程量计算规则	工程内容
020607001	泡沫塑料字	1. 基层类型 2. 镌字材料品种、颜色 3. 字体规格 4. 固定方式 5. 油漆品种、刷漆遍数	个	按设计图示数量计算	1. 字制作、运输、安装 2. 刷油漆
020607002	有机玻璃字				
020607003	木质字				
020607004	金属字				

17.2.3　实例计算

【例 17.1】某工程有单间客房 15 间，卫生间内设大理石洗漱台，镜面车边玻璃及毛巾架等配件，尺寸如下：大理石台板 1400mm × 500mm × 20mm，侧板宽度 200mm，单开孔；台板磨半圆边；玻璃镜 1400mm × ll20mm，不带框；毛巾架为不锈钢架，1 只/间。求各项工程量。

解：(1) 大理石洗漱台

S = 台面外接矩形面积 + 挡板、吊沿板面积

$= [1.4 \times 0.5 + (1.4 + 0.5 \times 2) \times 0.2] \times 15$

$= 17.70\text{m}^2$

(2) 不带框镜面玻璃

S = 设计图示尺寸外围面积

$= 1.4 \times 1.12 \times 15$

$= 23.52\text{m}^2$

(3) 不锈钢毛巾架

n = 套数 = 15 套

(4) 清单特征描述及工程量计算结果见表 17-8。

分部分项工程量清单表　　表 17-8

序号	项目编码	项目名称	项目特征描述	计量单位	工程量
1	020603001001	洗漱台	大理石台板 1400mm × 500mm × 20mm	m^2	17.70
2	020603009001	镜面玻璃	不带框镜面玻璃	m^2	23.52
3	020603006001	毛巾架	不锈钢毛巾架	套	15

巩固与提高：

1. 洗漱台工程量如何计算？清单项目特征描述那些内容？
2. 暖气罩工程量如何计算？
3. 镜面玻璃工程量如何计算？

任务 18

装饰装修工程措施项目计算

通过本部分学习，使学生了解装饰装修工程措施项目的设置，会计算装饰装修工程措施项目。

装饰装修工程措施项目，《计价规范》中设置三个项目，见表 18-1，并未列出措施项目计算规则，其计算应执行工程所在地的具体规定。

表 18-1

序号	项目名称
2.1	脚手架
2.2	垂直运输机械
2.3	室内空气污染测试

下面介绍《综合单价》B 装饰装修工程中关于措施项目的内容及计算方法，以供参考。

河南省装饰装修工程措施项目分为技术措施费与组织措施费两部分。技术措施项目费由垂直运输费、成品综合费，脚手架费等内容组成。组织措施费包括：现场安全文明施工措施费、材料二次搬运费、冬雨期施工增加费、夜间施工增加费。

过程 18.1 施工技术措施费

18.1.1 有关定额说明

1. 垂直运输费

（1）建筑物的檐高是指设计室外地坪至檐口（屋面结构板面）的垂直距离，

突出主体建筑屋顶的电梯间、水箱间等不计入檐口高度之内。构筑物的高度，是指从设计室外地坪至构筑物顶面的高度。

（2）垂直运输费子目的划分按建筑物的檐高界定。

（3）檐高4m以内的单层建筑，不计算垂直运输费。

2. 脚手架使用费

（1）室内高度在3.6m以上时，可按建筑工程分册YA.12分部相应子目列项计算满堂脚手架，但内墙装饰不再计算脚手架，也不扣除抹灰子目内的简易脚手架费用。内墙高度在3.6m以上无满堂脚手架时，可另行计算装饰用脚手架，执行建筑工程YA.12分部里脚手架子目。

（2）高度在3.6m以上的墙、柱、梁面及板底单独的勾缝，刷浆或喷浆工程，每$100m^2$增加设施费15.00元，不得计算满堂脚手架。单独板底勾缝，刷浆确需搭设悬空脚手架者，可按建筑工程分册YA.12分部列项计算悬空脚手架。

18.1.2 工程量计算规则

（1）垂直运输费以装饰工程的合计定额工日为基数计算。

（2）满堂脚手架，里脚手架计算同建筑工程YA.12分部。

（3）挑阳台突出墙面超过80cm的正立面装饰和门厅外大雨篷外边缘的装饰可计算挑脚手架。挑阳台挑脚手架按其图示正立面长度和搭设层数以长度计算。门厅外大雨篷挑脚手架按其图示外围长度计算。

（4）悬空脚手架按搭设水平投影面积计算。

（5）吊篮脚手架按使用该架子的墙面面积计算。

（6）高度超过3.6m的内墙装饰架按内墙装饰的面积计算。

（7）外墙装饰架均按外墙装饰的面积计算。

18.1.3 定额项目表分项因素

（1）单独承包装饰工程垂直运输费用按建筑物檐高不同分项。

（2）装饰工程成品保护费按保护材料及保护部位不同分项。

（3）外墙装饰脚手架费中，外墙装饰钢管脚手架按墙高不同分项，吊篮脚手架、挑脚手架、悬空脚手架均各设单项。

18.1.4 实例计算

【例18.1】以任务2巩固与提高4为例（见图2-45），天台面楼梯出口尺寸为1.5m×1.5m。计算顶棚装饰脚手架工程量。

解：该建筑物首层层高5m < 5.2m，故满堂脚手架只计基本层。

顶棚装饰用满堂脚手架

$$S=(6-0.24)\times(10.2-0.24\times2)+(4.2-0.24)\times(3.6\times2-0.24\times2)+(3-0.24)\times(3.6\times2-0.24)-1.5\times1.5=99.56m^2$$

过程 18.2 施工组织措施费

施工组织措施费是指发生于该工程施工前和施工过程中生活、安全等方面的非实体工程项目所发生的费用。

施工组织措施费包括：现场安全文明施工措施费、材料二次搬运费、夜间施工增加费、冬雨期施工增加费，分别以规定的费率计取。其费率基数均与综合工日有关。

综合工日 = 清单项目综合工日合计 + 技术措施费综合工日合计

具体费率详见表 18-2 ~ 表 18-5。

现场安全文明施工措施费费率表　　表 18-2

序号	工程类别	费率基数	安全文明施工费费率%			
			基本费	考评费	奖励费	合计
5	装饰装修工程	综合工日 ×34	5.03	2.37	1.48	8.88

注：1. 依据原建设部建办［2005］89 号文、豫建设标［2006］82 号文的规定制定。

2. 基本费应足额计取；考评费在工程竣工结算时，按当地造价管理机构核发的《安全文明施工措施费率表》进行核算；奖励费根据施工现场文明获奖级别计算，省级为全额，市级为 70%，县（区）级为 50%。

材料二次搬运费费率表　　表 18-3

序号	现场面积/首层面积	费率（元/工日）
1	4.5	0
2	>3.5	1.02
3	>2.5	1.36
4	>1.5	2.04
5	≤1.5	3.40

夜间施工增加费费率表　　表 18-4

序号	合同工期/定额工期	费率（元/工日）
1	$1 > t > 0.9$	0.68
2	$t > 0.8$	1.36

冬雨期施工增加费费率表　　表 18-5

序号	合同工期/定额工期	费率（元/工日）
1	$1 > t > 0.9$	0.68
2	$t > 0.8$	1.29

注：冬雨期施工增加费是在冬雨期施工期间，采取防寒保温或防雨措施所增加的费用。

任务 19

建筑与装饰工程量计算实例

本部分以一栋四层框架结构小住宅工程为例进行综合实训。通过实训，加强学生对工程量计算规则的理解，并能熟练应用，正确计算工程量，具有完整计算工程量的实际工作能力和基本职业素养。

过程 19.1 某框架结构工程施工图

1. 工程有关说明及构造做法

XX 小住宅：建筑面积：630.76m^2，依山坡而建，其中，西侧临公路，其他三面在一层高度范围内需要山坡切土，留出空间后方能施工，本工程施工时，室外设计地坪已做至 -0.15 米标高处，土壤类别为一、二类土。

建筑构造及做法；河南省工程建设标准图集 05YJ。具体做法见表 19-1。

工程做法表 **表 19-1**

项目	各部分构造做法
05YJ1 屋 6 (B2 -45 - F1)	1. 结构层：钢筋混凝土屋面 2. 找坡层：最薄处 20mm1：8 水泥膨胀珍珠岩找 2% 坡 3. 保温层：B2—聚苯乙烯泡沫塑料板（45mm 厚） 4. 找平层：1:3 水泥砂浆，砂浆中掺丙烯或锦纶 -6 纤维 0.75 ~0.91kg/m^3 5. 防水层：按屋面说明附表 1 选用（F1—高聚物改性沥青防水卷材（$\delta \geq 3.0$mm）两层，基层处理剂） 6. 隔离层：满铺 0.15mm 厚聚乙烯薄膜一层 7. 结合层：1:4 干硬性水泥砂浆，面上撒素水泥 8. 保护层：8 ~10mm 厚地砖铺平拍实，缝宽 5 ~8mm，1:1 水泥砂浆填缝

续表

项目	各部分构造做法
05YJ1 屋 12 （B2－36－F16）	1. 结构层：钢筋混凝土屋面板 2. 找坡层：1∶8 水泥膨胀珍珠岩找 2% 坡 3. 保温层：B2—聚苯乙烯泡沫塑料板（35mm 厚） 4. 找平层：1∶3 水泥砂浆，砂浆中掺聚丙烯或锦纶－6 纤维 0.75～0.90kg/m^3 5. 防水层：按屋面说明附表 1 选用（F16—合成高分子防水涂料 $\delta \geq 1.5$mm，基层处理剂） 6. 保护层：涂料或粒料
05YJ1 外墙 12	15mm 厚 1∶3 水泥砂浆；刷素水泥浆一遍；4～5mm 厚 1∶1 水泥砂浆加水重 20% 建筑胶镶贴；4～5mm 厚玻璃锦砖，白水泥浆擦缝
05YJ1 外墙 21	12～15mm 厚 1∶3 水泥砂浆；5～8mm 厚 1∶2.5 水泥砂浆木抹搓平；喷或滚刷底涂料一遍；喷或滚刷涂料两遍
05YJ1 散 1 （混凝土散水）	素土夯实，向外坡 4%；150mm 厚 3∶7 灰土；60mm 厚 C15 混凝土，面上加 5mm 厚 1∶1 水泥砂浆随打随抹光
05YJ 台 6 （石质板材贴面台阶）	1. 素土夯实 2. 300mm 厚 3∶7 灰土 3. 60mm 厚 C15 混凝土台阶（厚度不包括踏步三角部分） 4. 素水泥浆结合层一遍 5. 30mm 厚 1∶4 干硬性水泥砂浆，20～25mm 厚石质板材踏步及踢脚板，水泥浆擦缝
05YJ1 地 19 （80mm 厚混凝土）	1. 素土夯实 2. 80mm 厚 C15 混凝土 3. 素水泥浆结合层一遍 4. 20mm 厚 1∶4 干硬性水泥砂浆 5. 8～10mm 厚地砖铺实拍平，水泥浆擦缝
05YJ1 地 53 （陶瓷地砖防水地面）	1. 素土夯实 2. 80mm 厚 C15 混凝土 3. 50mm 厚 C15 细石混凝土找坡不小于 0.5%，最薄处不小于 30mm 厚 4. 15mm 厚 1∶2 水泥砂浆找平 5. 1.5mm 厚聚氨酯防水涂料，面撒黄砂，四周沿墙上翻 150mm 高；刷基层处理剂一遍 6. 20mm 厚 1∶4 干硬性水泥砂浆 7. 8～10mm 厚地砖铺实拍平，水泥浆擦缝或 1∶1 水泥砂浆填缝
05YJ1 楼 10 （陶瓷地砖地面）	1. 钢筋混凝土楼板 2. 素水泥浆结合层一遍 3. 20mm 厚 1∶4 干硬性水泥砂浆 4. 8～10mm 厚地砖铺实拍平，水泥浆擦缝
05YJ1 楼 28 （陶瓷地砖防水楼面）	1. 钢筋混凝土楼板 2. 50mm 厚 C15 细石混凝土找坡不小于 0.5%，最薄处不小于 30mm 厚 3. 15mm 厚 1∶2 水泥砂浆找平 4. 1.5mm 厚聚氨酯防水涂料，面撒黄砂，四周沿墙上翻 150mm 高；刷基层处理剂一遍 5. 25mm 厚 1∶4 干硬性水泥砂浆 6. 8～10mm 厚地砖铺实拍平，水泥浆擦缝或 1∶1 水泥砂浆填缝

续表

项目	各部分构造做法
05YJ1 踢22 (150mm高面砖踢脚)	1. 刷建筑胶素水泥浆一遍，配合比为建筑胶∶水＝1∶4 2. 17mm厚2∶1∶8水泥石灰砂浆，分两次抹灰 3. 3～4mm厚1∶1水泥砂浆加水20%建筑胶镶贴 4. 8～10mm厚面砖，水泥浆擦缝
05YJ1 内墙4 (混合砂浆墙面)	1. 刷建筑胶素水泥浆一遍，配合比为建筑胶∶水＝1∶4 2. 15mm厚1∶1∶6水泥石灰砂浆，分两次抹灰 3. 5mm厚1∶0.5∶3水泥石灰砂浆
5YJ1 内墙8 (釉面砖墙面)	1. 15mm厚1：3水泥砂浆 2. 刷素水泥浆一遍 3. 3～4mm厚1∶1水泥砂浆加水重20%的建筑胶镶贴 4. 4～5mm厚釉面面砖，白水泥擦缝
05YJ1 顶3 (混合砂浆顶棚)	1. 钢筋混凝土板底面清理干净 2. 7mm厚1∶1∶4水泥石灰砂浆 3. 5mm厚1∶0.5∶3水泥石灰砂浆 4. 表面喷刷涂料另选
05YJ1 顶4 (水泥砂浆顶棚)	1. 钢筋混凝土板底面清理干净 2. 7mm厚1∶3水泥砂浆 3. 5mm厚1∶2水泥砂浆 4. 表面喷刷涂料另选
05YJ1 涂27 (瓷釉涂料)	1. 清理抹灰基层 2. 满刮建筑胶水泥腻子一至两遍，表面打磨平整 3. 瓷釉底涂料一遍 4. 瓷釉涂料两遍
05YJ8 P48 节点1	不锈钢栏杆扶手

2. 工程施工图

见附图建施01～05，结施01～10。

建筑设计总说明

1. 本工程总建筑面积：620m²。±0.000为相对标高，具体高度由业主及设计单位共同商定。
2. 本工程设计依据
   （1）甲方之设计要求。
   （2）甲方提供的勘察地质报告。
   （3）建筑设计防火规范GB 50016，民用建筑设计通则，建筑抗震设计规范，砌体结构设计规范，建筑节能设计标准等国家有关规范。
3. 该工程抗震设计烈度按七度设防，设计耐久性50年，主体结构耐火等级二级。
4. 内部装饰<楼面，墙面，顶棚>施工见装修表。
5. 卫生间的现浇楼板应预留洞，上水留洞应穿套管，套管应高出楼面<成活>20。
6. 水平长度超过500的楼梯栏杆其扶手高度应为1050，竖向栏杆净距不应大于110。
7. 内墙阳角做2000高护角，参05YJ7 $\frac{1}{14}$。
8. 外墙做法为05YJ1，外墙12，外墙21。
9. 所有外挑部分滴水线均为05YJ6第7页详1的滴水线做法。
10. 卫生间四周墙体混凝土上翻200，卫生间阳台地面比室内地面低20。
11. 图中墙体未注明部分均为240mm。
12. 建筑物所有勒脚选用05YJ6，2页，详2。
13. 本工程设计文件标注单位：长度：mm；标高：m。
14. 本工程所选用标准图集未说明者均为05YJ。
15. 节能设计
   （1）外墙及阳台外保温分别选用30mm，60mm厚聚苯乙烯泡沫塑料，构造做法详见图集05YJ3-1-D
   平屋顶保温选用45mm厚聚苯乙烯泡沫塑料，构造做法详见图集05YJ屋6（B2-45-F1），（B2-45-F1），聚苯乙烯泡沫塑料板的密度不小于15kg/m（聚苯乙烯泡沫塑料板选用自熄型）。
   坡屋顶保温选用35mm厚聚苯乙烯泡沫塑料，构造做法详见图集05YJ屋12（B2-36-F16）。
   （2）所有外窗（除地下室外）均采用双层塑钢窗。
   （3）建筑物耗热量指标：$Q_h<14.10$。

室内装修表

名称＼部位	地面	楼面	踢脚	墙面	顶棚
其余房间	地19	楼10	踢22	内墙4 涂27	顶3
卫生间 厨房	地53	楼28		内墙8	顶4
走 廊	地19	楼10	踢22	内墙4	顶3
楼梯间	地19	楼10	踢22	内墙4	顶3 涂27
外 墙	一层	面砖	二层 以外	墙漆	

注：表中的标准图集选自05YJ1。

门窗表

类别	设计编号	洞口尺寸（mm）		数量	备注
		宽	高		
门	JZM1	3000	3000	2	铝合金卷闸门
	M-1	1200	3100	1	实木装饰门
	M-2	900	2100	10	实木装饰门
	M-3	800	2100	8	实木装饰门
	TLM1	1800	2900	1	成品塑钢推拉门
窗	C-1	3020	2100	2	塑钢窗
	C-2	2100	2100	2	塑钢窗
	C-3	1800	2100	3	塑钢窗
	C-4	1500	1850	1	塑钢窗
	C-5	2100	1600	1	塑钢窗
	C-6	1000	1500	4	塑钢窗
	C-7	3520	2100	1	塑钢窗
	C-8	1800	1900	5	塑钢窗
	C-9	3745	1700	1	塑钢窗
	C-10	3225	900	1	塑钢窗窗底标高为11.6m
	C-11	1000	900	1	塑钢窗窗底标高为11.6m
	C-12	1800	1400	1	塑钢窗窗底标高为11.6m
	C-13	1800	900	3	塑钢窗窗底标高为11.6m

建施01

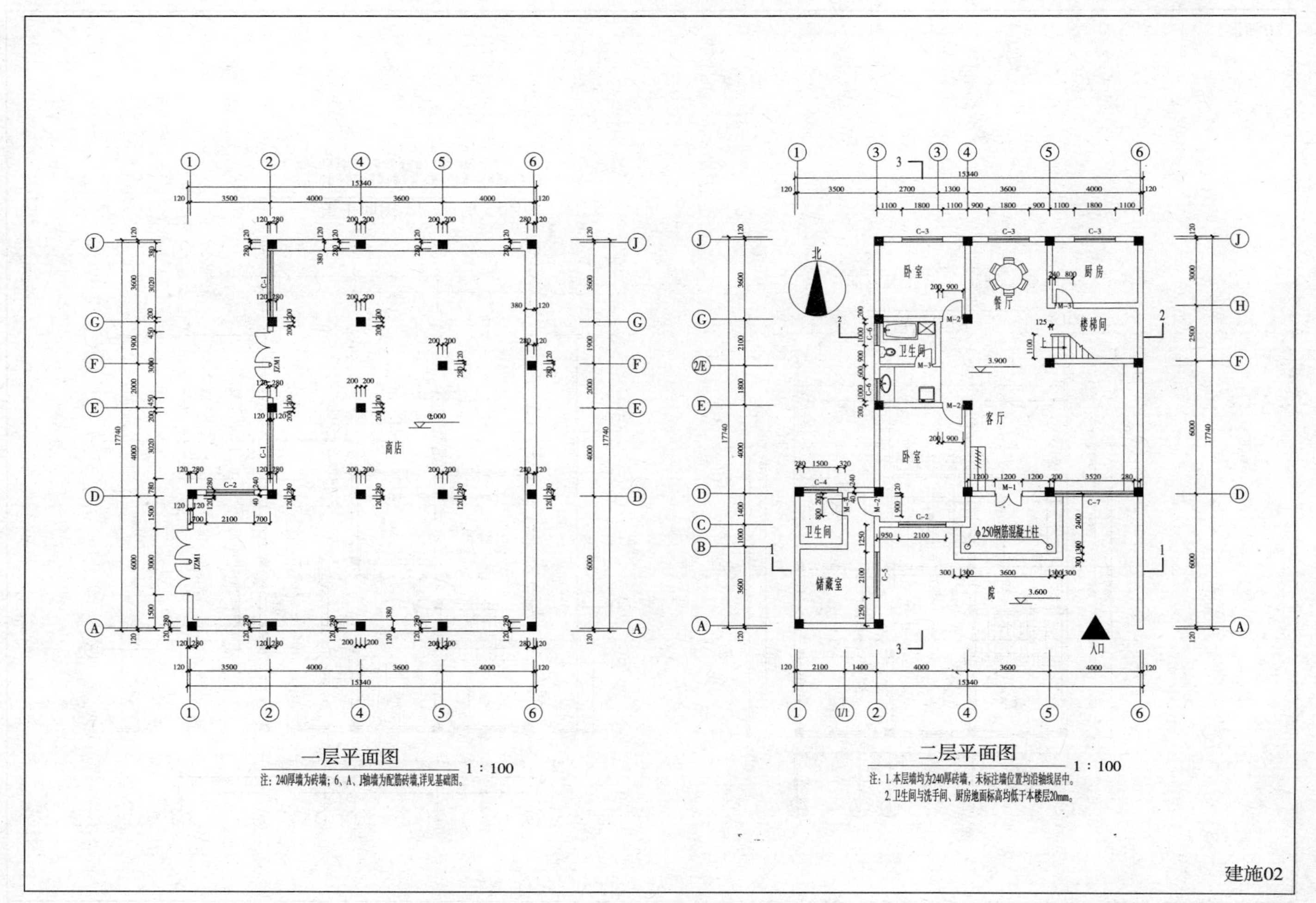
一层平面图 1:100
注：240厚墙为砖墙；6、A、J轴墙为配筋砖墙，详见基础图。
二层平面图 1:100
注：1.本层墙均为240厚砖墙，未标注墙位置均沿轴线居中。
2.卫生间与洗手间、厨房地面标高均低于本楼层20mm。
卧室
餐厅
厨房
楼梯间
卫生间
客厅
储藏室
商店
入口
北
ф250钢筋混凝土柱
建施02

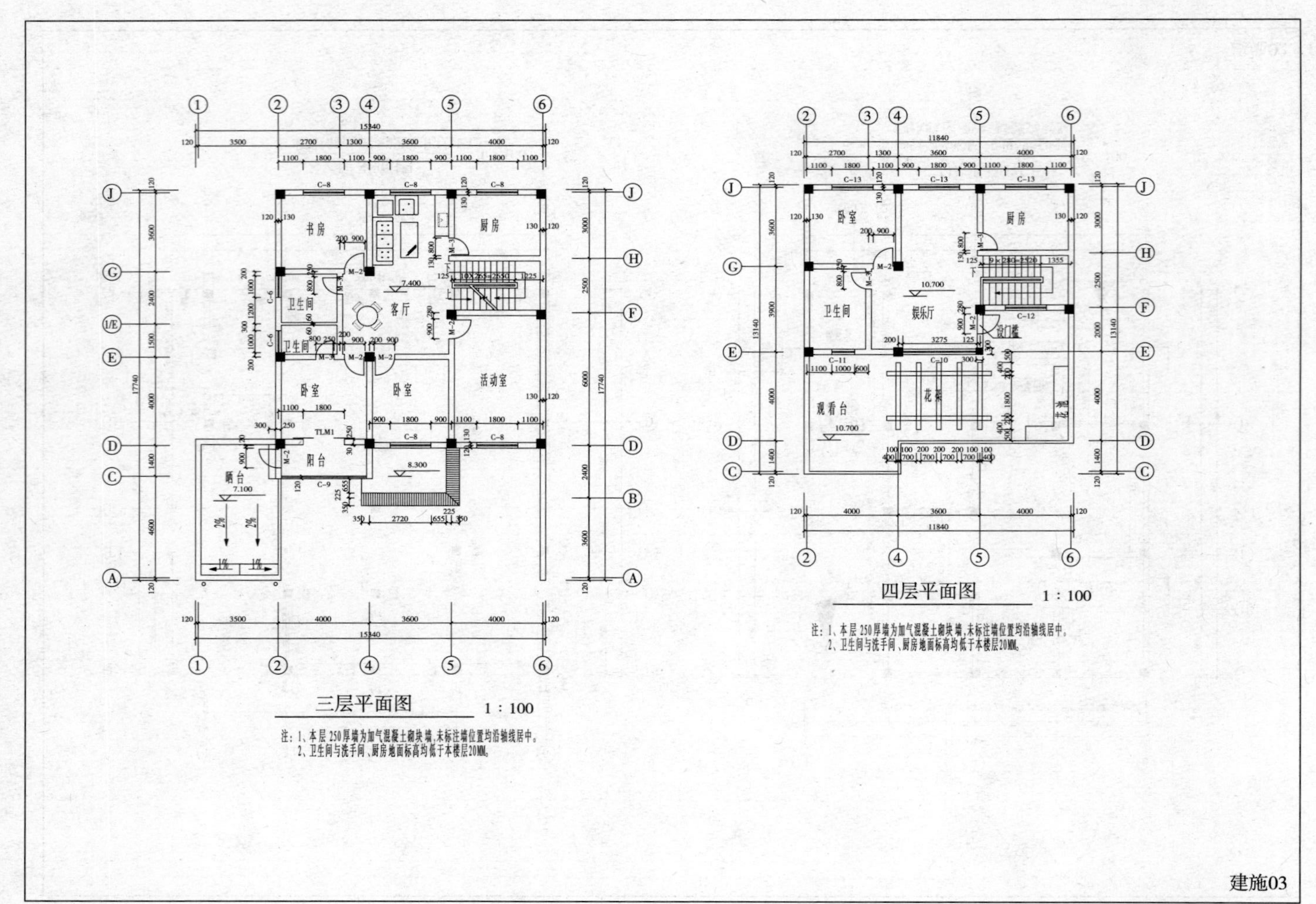
书房
客厅
厨房
卫生间
卧室
活动室
阳台
晒台
三层平面图
1：100
注：1、本层250厚墙为加气混凝土砌块墙，未标注墙位置均沿轴线居中。
2、卫生间与洗手间、厨房地面标高均低于本楼层20MM。
卧室
厨房
卫生间
娱乐厅
观看台
花架
四层平面图
1：100
注：1、本层250厚墙为加气混凝土砌块墙，未标注墙位置均沿轴线居中。
2、卫生间与洗手间、厨房地面标高均低于本楼层20MM。
建施03

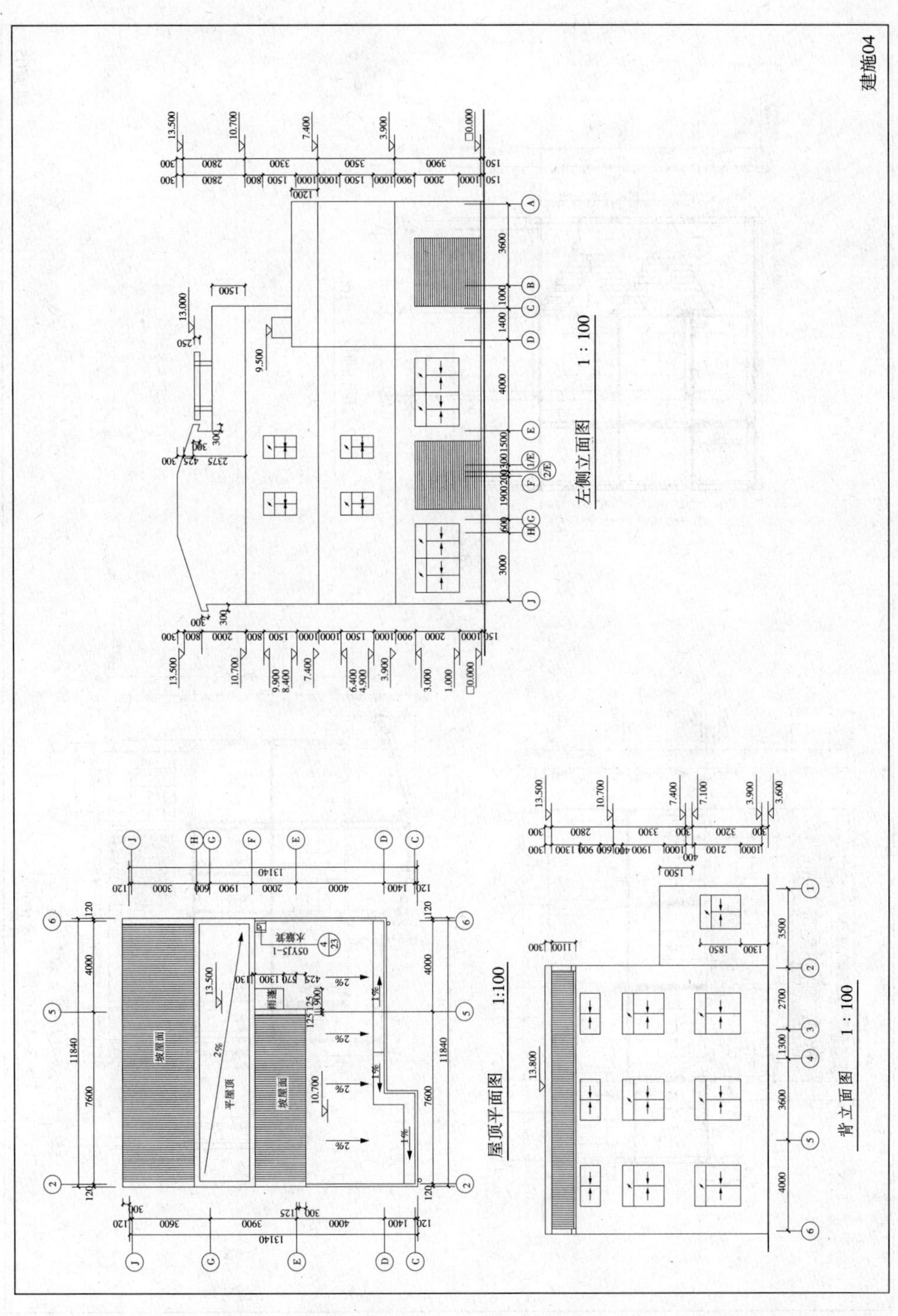
左侧立面图 1:100
屋顶平面图 1:100
背立面图 1:100
建施04

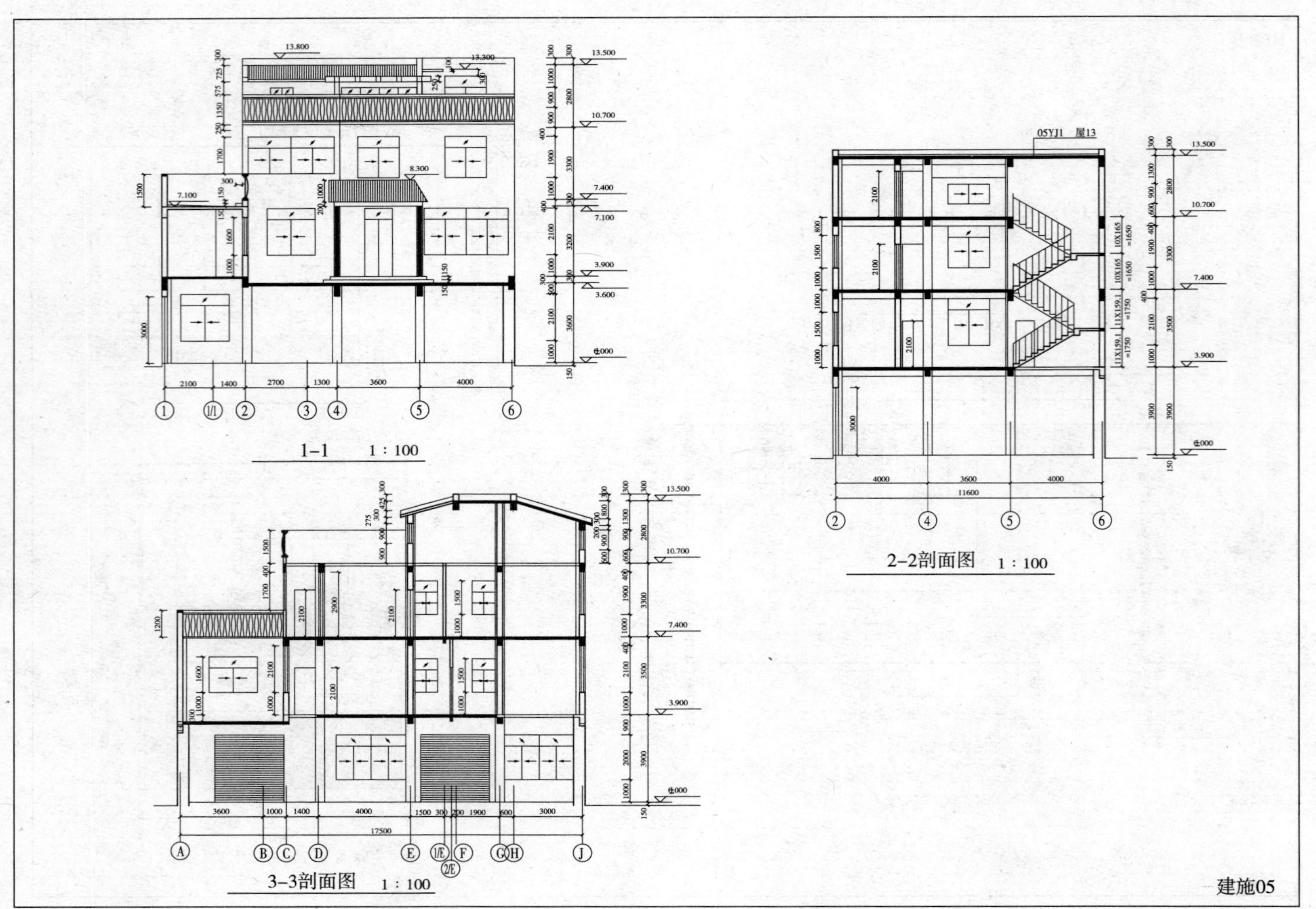
1-1　1:100
2-2剖面图　1:100
3-3剖面图　1:100
建施05

结构设计总说明

一、工程概况：

本工程为四层框架结构，建筑物等级为三级。

二、施工图设计依据：

（一）国家标准 规范 规程：

1.《建筑结构荷载规范》（GB 50009–2001）.

2.《建筑抗震设计规范》（GB 50011–2001）.

3.《建筑地基基础设计规范》（GB 50007–2002）.

4.《混凝土结构设计规范》（GB 50010–2002）.

5.《砌体结构设计规范》（GB 50003–2001）.

6.《设置钢筋混凝土构造柱多层砖房抗震技术规程》（JGJ/T 13–94）.

7.工程地质勘察报告.

8.工程设计基准期（工程结构的合理使用年限）为50年.

9.基本风压：0.14KN/M²；基本雪压：0.25KN/M².

（二）选用的标准图集：

1.《混凝土结构施工图平面整体表示方法制图规则和构造详图》（03G101–1）.

2.《钢筋混凝土结构抗震构造详图》（02YG002）.

3.《加气混凝土砌块墙及保温屋面构造》（97YJ401）.

4.《钢筋混凝土过梁》（02YG301）.

（三）工程抗震：

本工程抗震设防烈度为7度，设计地震基本加速度值为0.10g。结构抗震等级为三级.

（四）建筑场地工程地质基本情况：

地基土承载力特征值暂按180kPa考虑，若与实际不付，应通知设计方。

（五）活荷载标准值：

1.不上人屋面： 0.5kN/m²

2.其他： 2.0kN/m²

三、材料：

1.砌体：一、二层为MU10煤矸砖，其余为A5.0级加气混凝土砌块墙，构造做法详97YJ406。

2.砂浆：±0.00以下用M7.5水泥砂浆，其余用M7.5混合砂浆。

3.混凝土：基础垫层为C15，基础C30，框架柱梁为C25，板为C20，砌体结构中的圈梁 系梁 构造柱等为C20。

4.钢筋：ф—HPB235，f_y=210MPa，ⱷ HRB335，f_y=300MPa。

四、结构构造及施工要求：

（一）现浇楼板：

1.现浇钢筋混凝土楼板内主筋〈下铁〉应伸入支座至远端〈1a=15d〉，面筋锚固长度不得小于l_a详图1。

2.板内的主筋当要搭接接长时，按照搭接长度搭接，底筋应在支座搭接，面筋应在跨中搭接同一截面受力钢筋搭接不超过25%。

3.现浇板内分布筋除图中特殊注明外均为A6@250，屋面现浇板内分布筋为A6@200。

4.双向板短向筋放在底层，长向筋放在短向筋的上面。

5.板的设备孔洞必需按图〈包括建筑，水，电，暖等有关专业图纸〉预留，大于300mm的洞，均应按设计要求加设附加钢筋，若图中未特殊注明，短向边每边各加2ⱷ14，伸入两边支座，详图2，开洞小于300mm的洞，若图中未特殊注明，板上钢筋可以从洞边绕过，不另设附加钢筋。

6.阳台挑板，挑梁及雨蓬处应与圈梁一起浇筑，挑出部分应设临时支撑，待强度达到100%后，方能拆除支撑。

7.对于配有双层钢筋的楼板，均加支撑钢筋，其形式如 60⌐80¬60 〈h=板厚–20〉，以保证上下钢筋位置准确，支撑筋每平方米1ф8。

（二）墙体构造柱与圈梁构造做法：

1.构造柱与墙连接处应砌成马牙槎，并应沿墙高每隔500mm设2A6拉结钢筋，每边伸入墙内1m，应先砌墙后浇柱，构造柱箍筋在层（楼）（地）面上下各600mm范围内加密至ф6@100，构造柱向下锚固于混凝土条基，向上伸入顶层圈梁（外墙构造柱伸入女儿墙顶）。

2.加气混凝土砌块墙构造做法详97YJ406第24页至33页。

（三）门窗洞口过梁设置：

凡洞口顶标高低于该层圈梁底标高的门窗洞口，电表箱，消防栓箱等洞口上部均设置钢筋混凝土过梁，过梁选自图集97YG406。

（四）钢筋〈主筋〉保护层厚度锚固长度及搭接长度应严格按照规范执行。

（五）梁与梁垫

1.梁的箍筋采用封闭形式，主，次梁高度相同时，次梁底钢筋应置于主梁主筋之上。

2.梁架在砖墙上时当梁跨L≥4800mm时，梁支座端设置混凝土垫块，垫块选自02YG302

（六）基础：

1.基槽开挖后，基底应用洛阳铲按有关规定进行触探，探孔宜呈梅花形，孔距1.5m，孔深4m。如遇到暗沟 古墓 孔洞 阴抗等不良地质情况时，应与设计人员共同协商处理。经勘察 设计监理施工四方共同验槽后，方可进入下道工序施工。

2.基础回填土及灰土应分层夯实，分层厚度不大于250mm，压实系数大于0.95。

（七）其他：

1.结构施工时应于建筑，设备等各工种图纸密切配合，浇筑混凝土前应仔细检查预埋件，插筋，预留孔洞及预埋管线是否遗漏，位置是否正确，检查无误后方可浇筑。预留孔洞应严格按照图纸及规范施工，严禁事后乱凿乱断。

2.未尽事宜，严格按施工规范执行。

3.利用构造柱内其中两根钢筋做防雷引下线，引下线位置详见电施图，要求引下线通长焊接，上端出女儿墙100mm，下端与基础内钢筋焊牢，并且所有引下线均在室外地坪下800mm处焊出一根40×4热镀锌扁钢，扁钢距外墙大于1000mm。

五、本设计图中梁、柱配筋采用03G101–1图集。

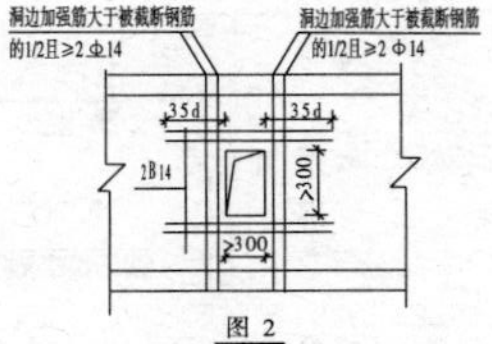

图 2

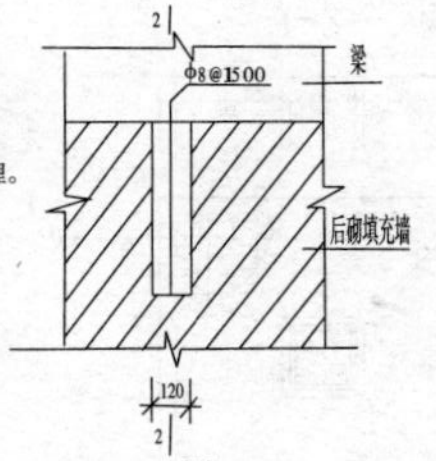

图 3

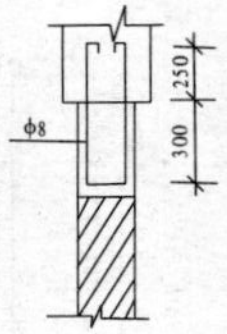

2–2

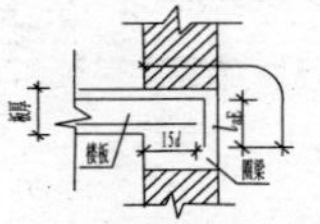

图1 板筋伸入支座锚固

结施01

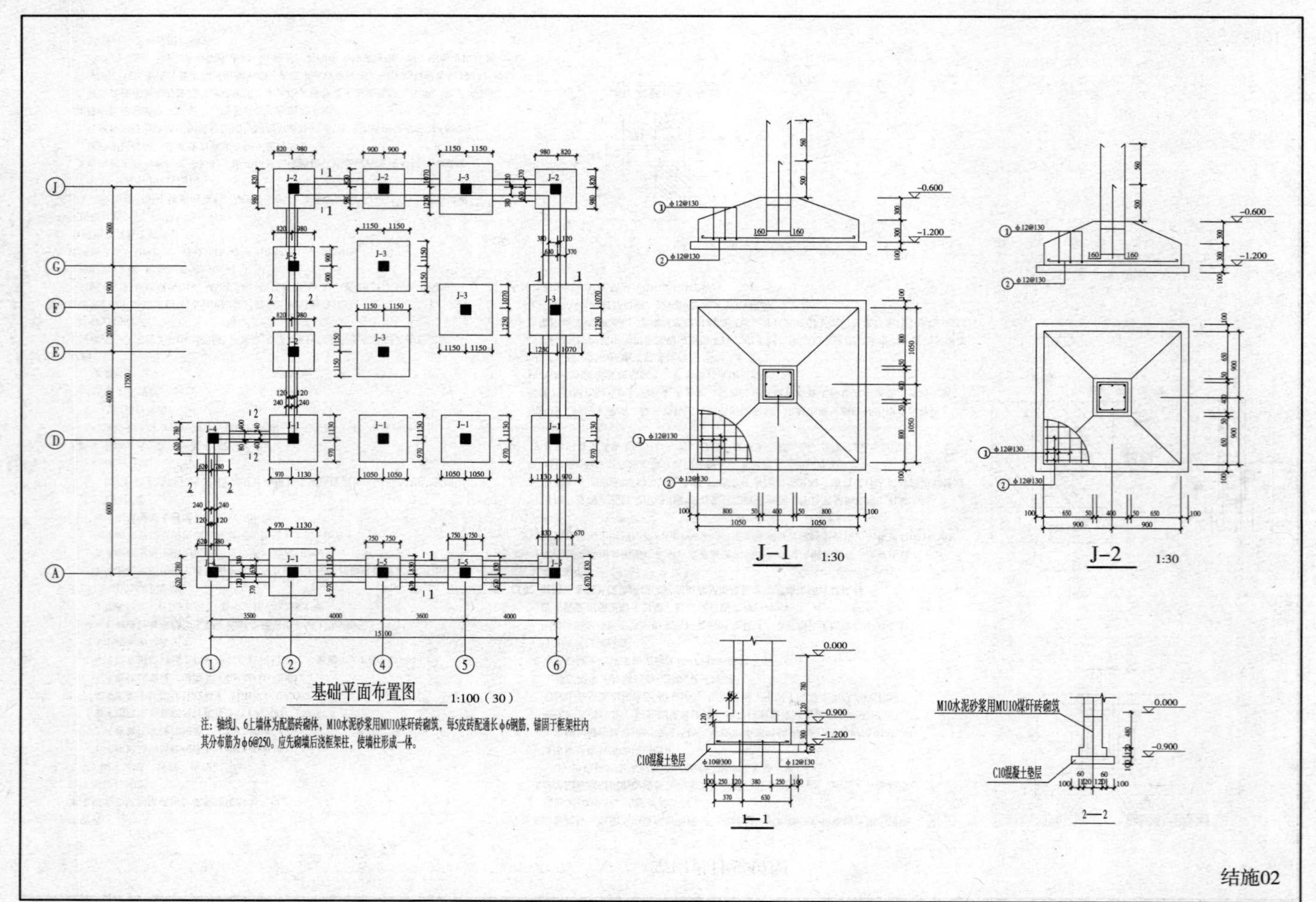
基础平面布置图
1:100（30）
注：轴线J、6上墙体为配筋砖砌体，M10水泥砂浆用MU10煤矸砖砌筑，每5皮砖配通长ϕ6钢筋，锚固于框架柱内
其分布筋为ϕ6@250，应先砌墙后浇框架柱，使墙柱形成一体。
J-1
1:30
J-2
1:30
1-1
M10水泥砂浆用MU10煤矸砖砌筑
C10混凝土垫层
2—2
结施02

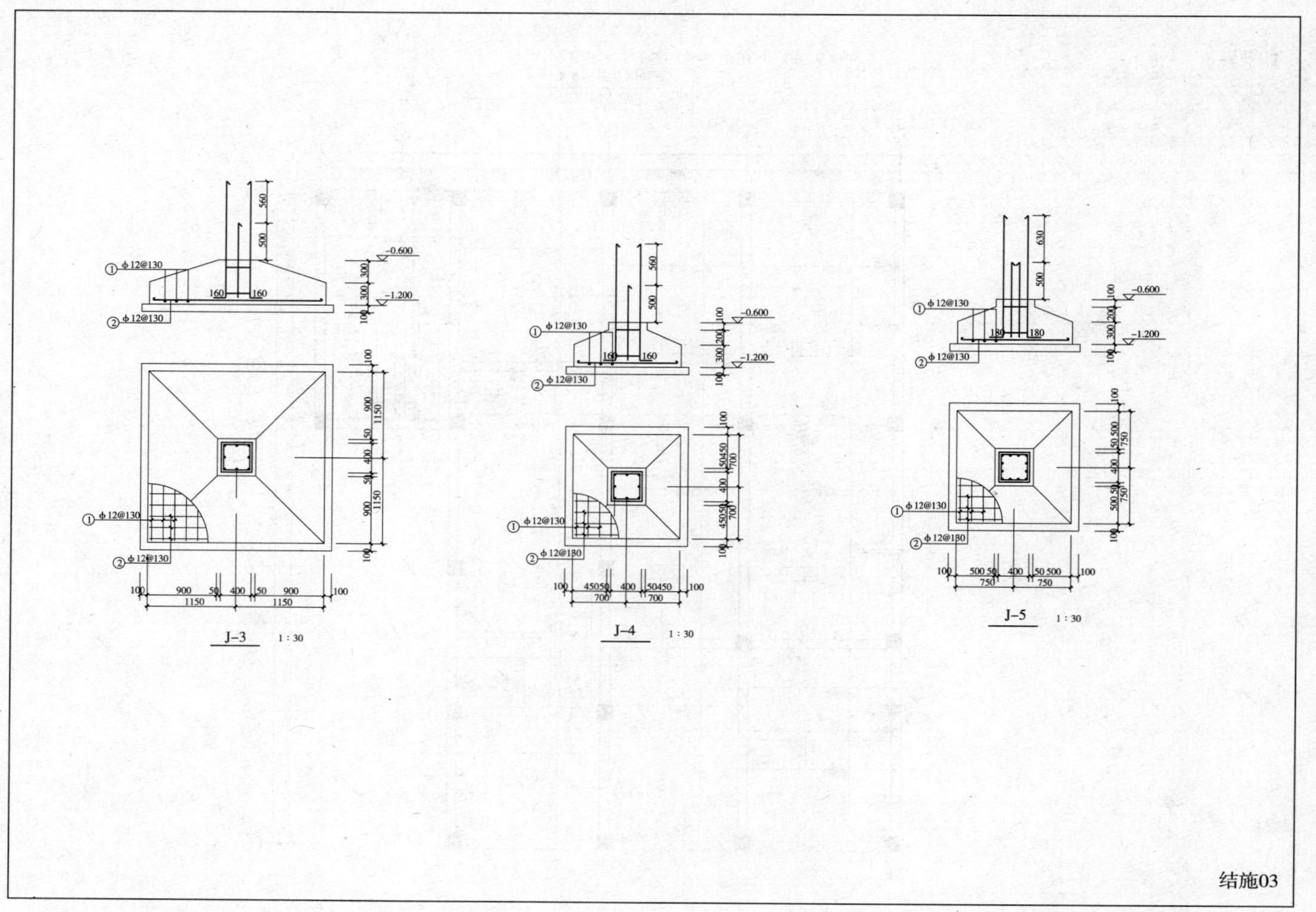
ϕ12@130
ϕ12@130
-0.600
-1.200
J-3 1:30
J-4 1:30
J-5 1:30
ϕ12@180
结施03

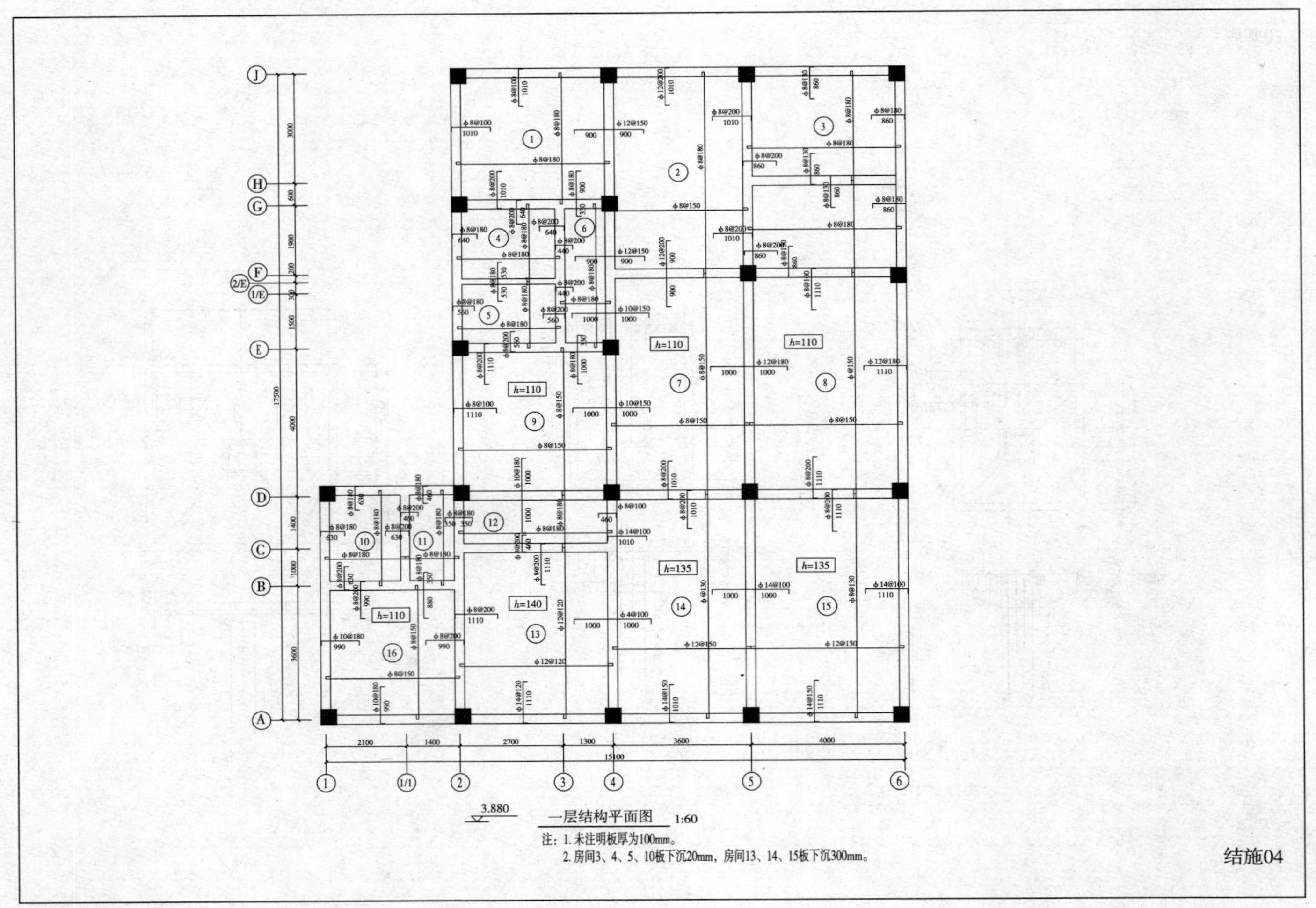
3.880
一层结构平面图 1:60
注：1. 未注明板厚为100mm。
2. 房间3、4、5、10板下沉20mm，房间13、14、15板下沉300mm。
结施04

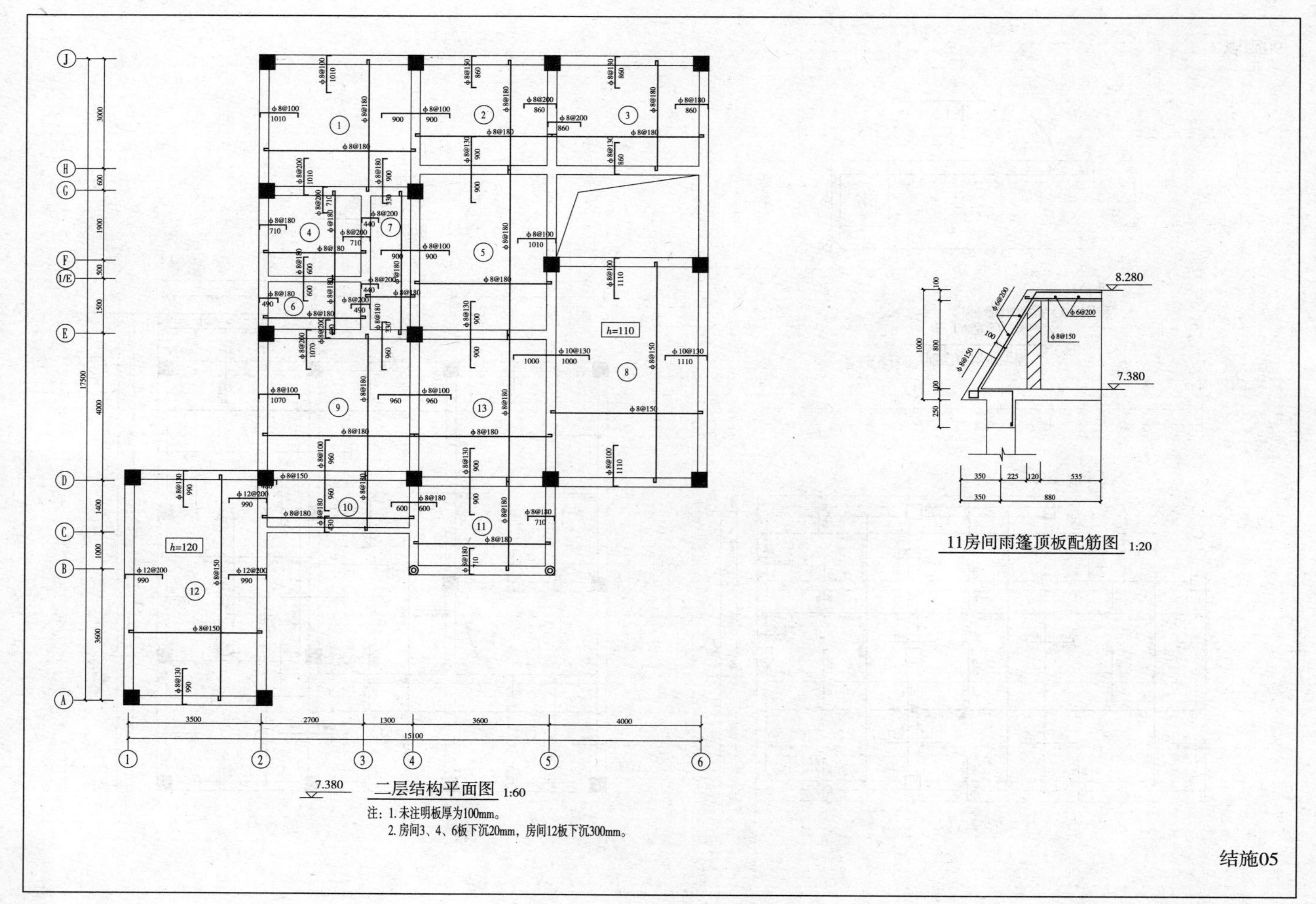
11房间雨篷顶板配筋图 1:20
7.380
二层结构平面图 1:60
注：1.未注明板厚为100mm。
2.房间3、4、6板下沉20mm，房间12板下沉300mm。
结施05

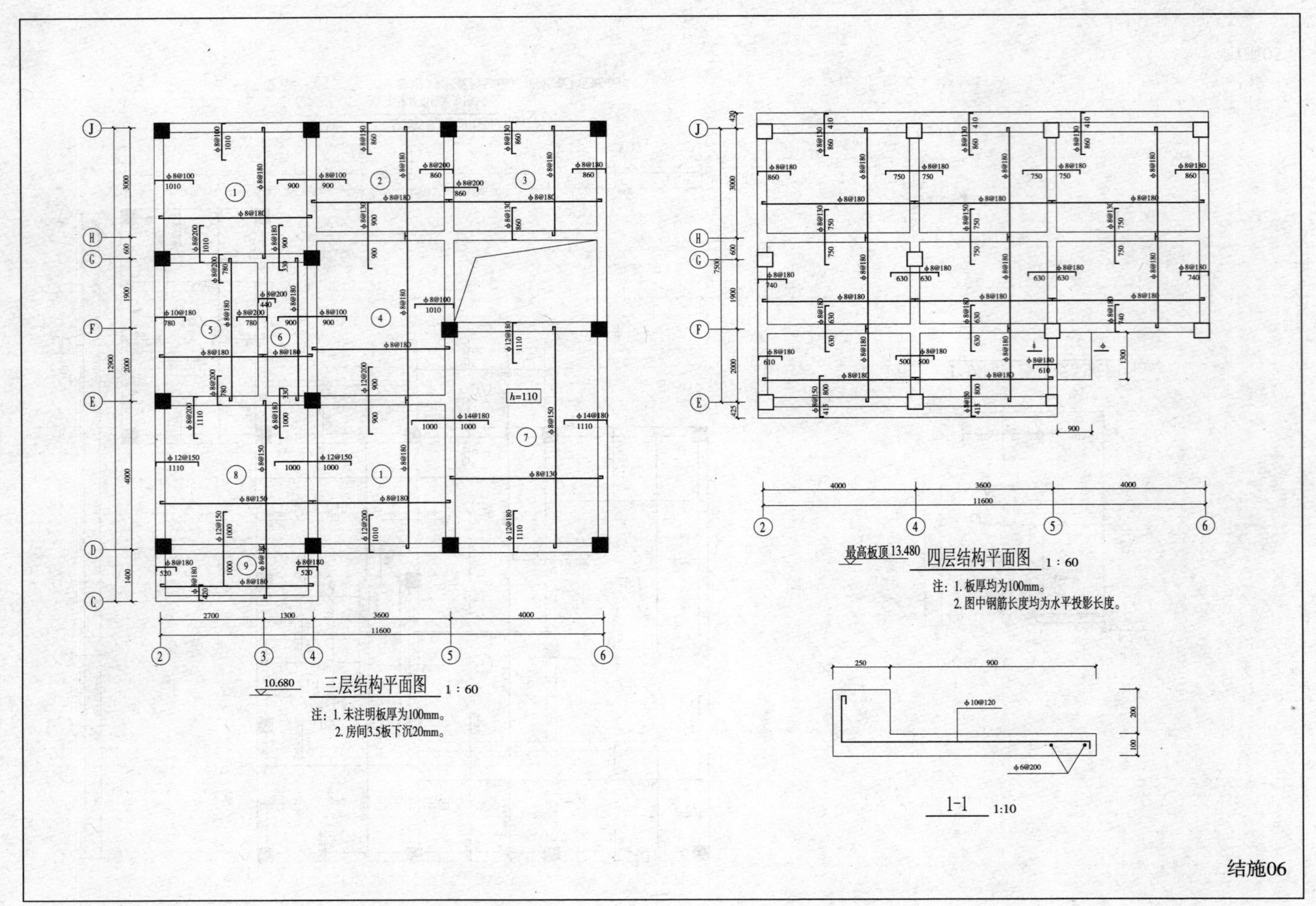
10.680
三层结构平面图 1:60
注：1. 未注明板厚为100mm。
2. 房间3.5板下沉20mm。
最高板顶13.480
四层结构平面图 1:60
注：1. 板厚均为100mm。
2. 图中钢筋长度均为水平投影长度。
1-1 1:10
结施06

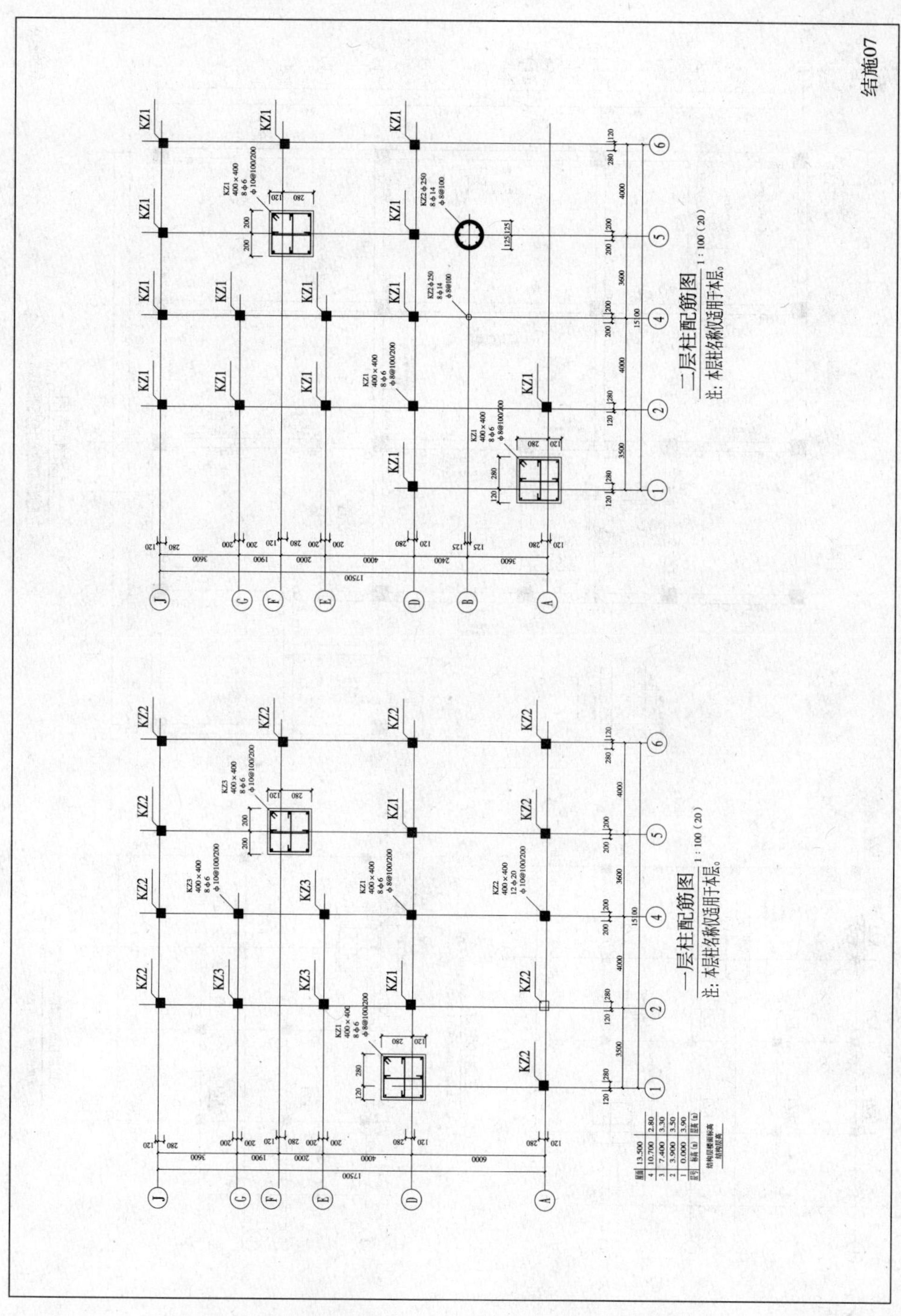
结施07
二层柱配筋图 1：100（20）
注：本层柱名称仅适用于本层。
一层柱配筋图 1：100（20）
注：本层柱名称仅适用于本层。

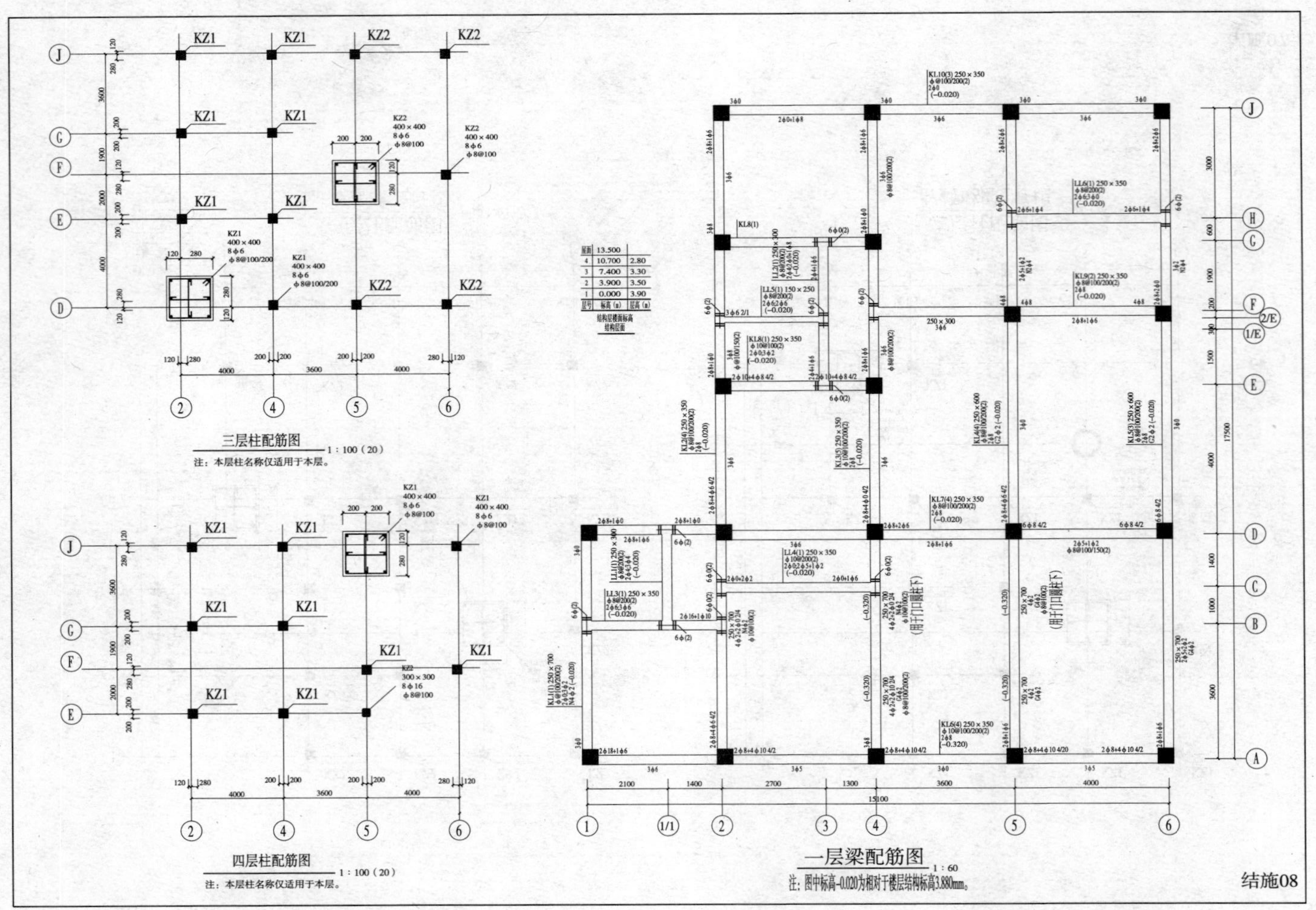

三层柱配筋图 1:100（20）
注：本层柱名称仅适用于本层。
四层柱配筋图 1:100（20）
注：本层柱名称仅适用于本层。
屋面 13.500
4 10.700 2.80
3 7.400 3.30
2 3.900 3.50
1 0.000 3.90
层号 标高（m） 层高（m）
结构层楼面标高
结构层高
一层梁配筋图 1:60
注：图中标高-0.020为相对于楼层结构标高3.880mm。
结施08

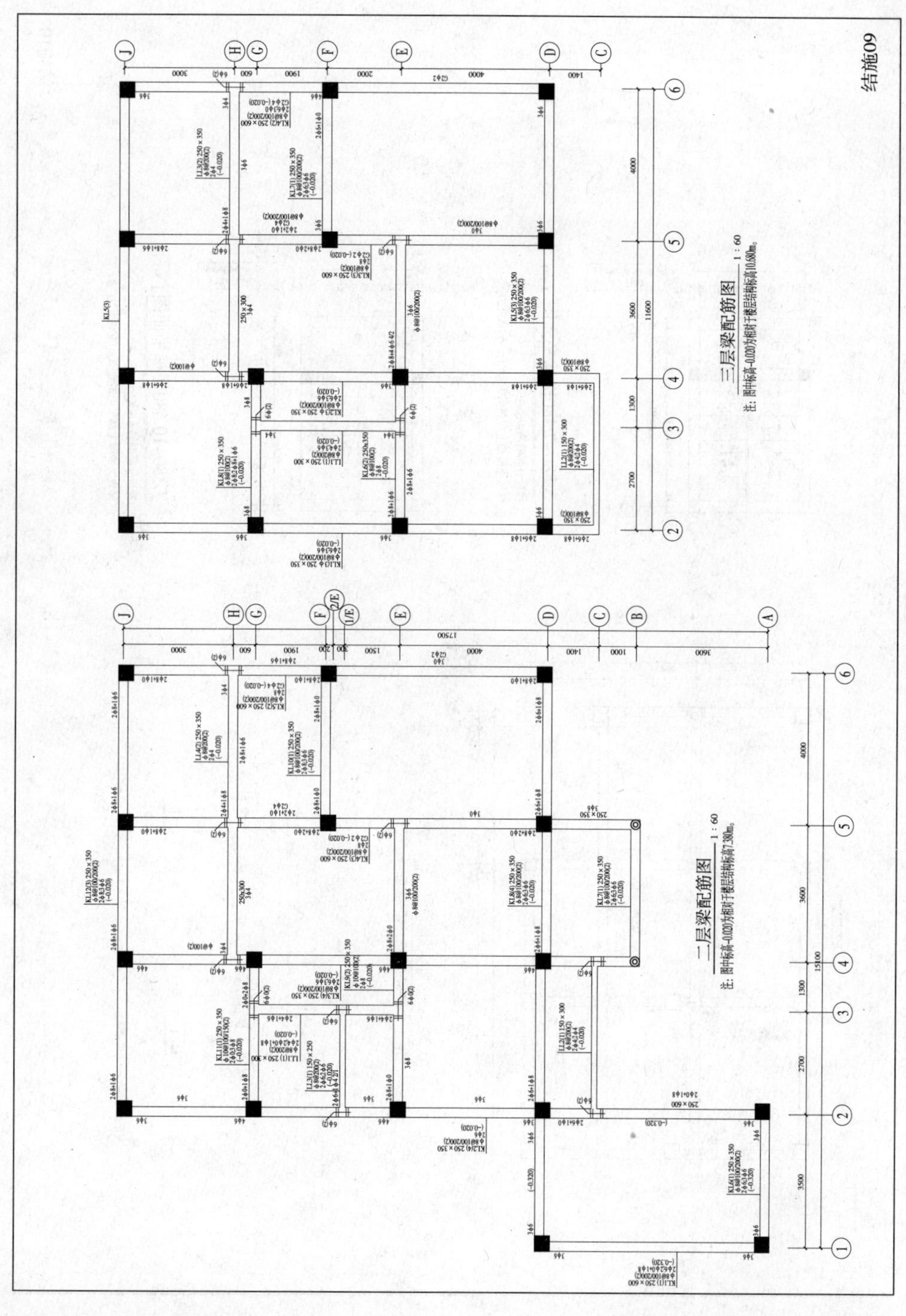

结施09
三层梁配筋图 1:60
二层梁配筋图 1:60

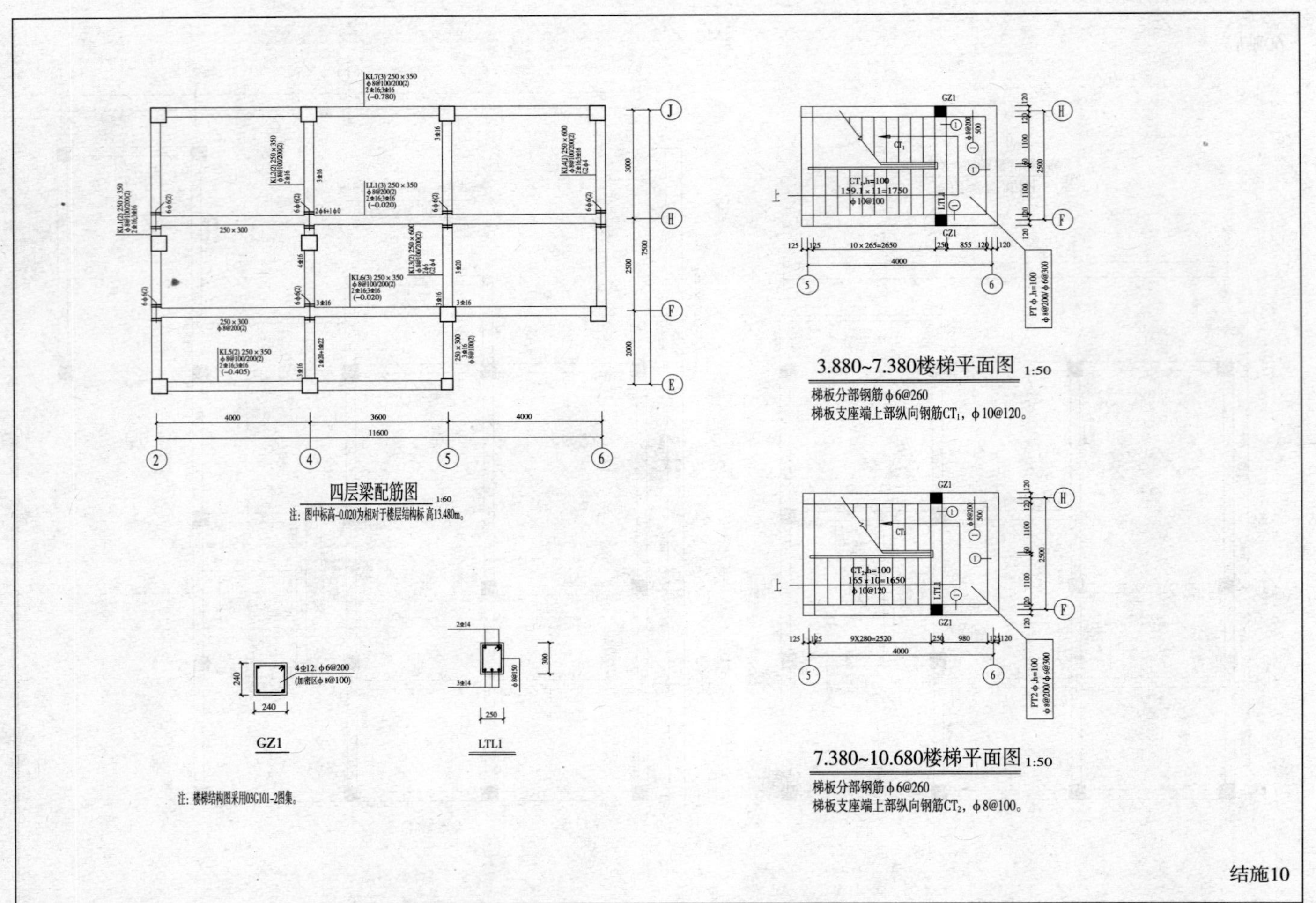
四层梁配筋图 1:60
注：图中标高-0.020为相对于楼层结构标高13.480m。
GZ1
LTL1
注：楼梯结构图采用03G101-2图集。
3.880~7.380楼梯平面图 1:50
梯板分部钢筋 ф6@260
梯板支座端上部纵向钢筋CT1，ф10@120。
7.380~10.680楼梯平面图 1:50
梯板分部钢筋 ф6@260
梯板支座端上部纵向钢筋CT2，ф8@100。
结施10

过程 19.2 建筑与装饰工程量计算实例

1. 清单总说明（见附表）
2. 工程量清单（见附表）
3. 工程量计算表（见附表）
4. 钢筋计算明细表（见附表）

清单总说明

工程名称：XX 小住宅

（1）工程概况：XX 小住宅，坐落于山脚下，建筑面积：630.76m^2，建筑高度：13.5m，一层层高 3.9m，二层层高 3.5m，三层层高 3.3m，四层层高 2.8m，共四层。结构形式：框架结构；基础类型：独立基础为主，辅以条形基础。依山坡而建，其中，西侧临公路，其他三面在一层高度范围内需要山坡切土，留出空间后方能施工，本工程施工时，室外设计地坪已做至 -0.15m 标高处，土壤类别为一、二类土。

（2）工程计算范围：施工图范围内的建筑和装饰工程。

（3）编制依据：

1）《建设工程工程量清单计价规范》（GB 50500-2008）。

2）《河南省建设工程工程量清单综合单价（2008）》A、B 册。

3）施工图纸。

分部分项工程量清单与计价表

工程名称：XX 小住宅　　　　　　　标段：　　　　　　　第 1 页　共 7 页

序号	项目编码	项目名称	项目特征	计量单位	工程数量	金额（元）		
						综合单价	合价	其中：暂估价
1	010101001001	平整场地	1. 土壤类别：一、二类土	m^2	233.38			
2	010101003001	挖基础土方	1. 土壤类别：一、二类土 2. 基础类型：带形基础、独立基础 3. 弃土运距：1km	m^3	143.10			
3	010103001001	土（石）方回填	1. 土质要求：一、二类土 2. 夯填（碾压）：夯填	m^3	79.74			
4	010301001001	砖基础	1. 砖品种、规格、强度等级：MU10 煤矸砖 2. 基础类型：带形基础 3. 基础深度：0.9mm 4. 砂浆强度等级：M7.5 水泥砂浆	m^3	21.64			
5	010302001001	实心砖墙	1. 砖品种、规格、强度等级：MU10 煤矸砖 2. 墙体类型：外墙 3. 墙体厚度：500mm 4. 层高：3.9m 5. 砂浆强度等级：M7.5 水泥砂浆	m^3	68.39			
6	010302001002	实心砖墙	1. 砖品种、规格、强度等级：MU10 煤矸砖 2. 墙体类型：外墙 3. 墙体厚度：240mm 4. 层高：3.5～3.9m 5. 砂浆强度等级：M7.5 水泥砂浆	m^3	64.88			
7	010302001003	实心砖墙	1. MU10 煤矸砖 2. 内墙 3. 120mm 4. 3.5m 5. M7.5 水泥砂浆	m^3	1.67			
8	010304001001	空心砖墙、砌块墙	1. 外墙 2. 250mm 3. A5.0 加气混凝土轻质砌块 4. M7.5 混合砂浆	m^3	75.58			
9	010304001002	空心砖墙、砌块墙	1. 内墙 2. 120mm 3. A5.0 加气混凝土轻质砌块 4. M7.5 混合砂浆	m^3	1.53			
10	010401001001	带形基础	1. C30 混凝土带形基础 2. 商品混凝土	m^3	7.69			

续表

序号	项目编码	项目名称	项目特征	计量单位	工程数量	金额（元）		
						综合单价	合价	其中：暂估价
11	010401002001	独立基础	1. C30 独立基础 2. 商品混凝土	m^3	32.17			
12	010401007001	基础垫层	1. 厚度：100mm 2. C15 混凝土 3. 商品混凝土	m^3	12.61			
13	010402001001	矩形柱	1. 层高：3.9m 以下 2. 柱截面尺寸：400mm×400mm 3. 混凝土强度等级：C25	m^3	34.43			
14	010402001002	矩形柱	1. 层高：3.9m 以下 2. 柱截面尺寸：300mm×300mm 3. 混凝土强度等级：C25 混凝土 4. 混凝土拌合料要求：商品混凝土	m^3	0.22			
15	010402003001	圆柱	1. 直径：ϕ250mm 2. C25 混凝土 3. 商品混凝土	m^3	0.34			
16	010402004001	构造柱	1. 断面尺寸：240mm×240mm 2. C25 混凝土 3. 商品混凝土	m^3	0.92			
17	010403004001	圈梁	1. 卫生间上翻梁 2. C20 混凝土 3. 商品混凝土	m^3	2.25			
18	010405001001	有梁板	1. 顶标高：2.8～3.9m 2. 板厚：100mm 3. C25 混凝土 4. 商品混凝土	m^3	78.97			
19	010405001002	有梁板	1. 顶标高：3.9m 2. 板厚：110～140mm 3. C25 混凝土 4. 商品混凝土	m^3	22.63			
20	010405008001	雨篷、阳台板	1. C25 混凝土 2. 商品混凝土	m^3	3.78			
21	010406001001	直形楼梯	1. C25 混凝土 2. 商品混凝土	m^2	27.05			
22	010407001001	其他构件	1. 构件的类型：女儿墙压顶 2. 混凝土强度等级：C25 3. 混凝土拌合料要求：商品混凝土	m^3	1.13			
23	Y010407004001	台阶	1. 位置：二层入户台阶 2. 图集号：05YJ 台 6	m^2	4.74			
24	010410003001	过梁	1. 混凝土强度等级：C25	m^3	3.15			

续表

序号	项目编码	项目名称	项目特征	计量单位	工程数量	金额（元）		
						综合单价	合价	其中：暂估价
25	010414002001	其他构件	1. 宝瓶式栏杆 2. 高度：1500mm	m	17.60			
26	010418001001	商品混凝土运输费	1. 运输距离：10km	m^3	202.56			
27	010702001001	屋面卷材防水	1. 卷材品种、规格：高聚物改性沥青卷材两层 2. 隔离层：干铺聚氯乙烯塑料	m^2	135.02			
28	010702002001	屋面涂膜防水	1. 涂膜厚度、遍数、增强材料种类：屋面聚氨酯涂膜二遍厚1.5mm	m^2	60.75			
29	010702004001	屋面排水管	1. 排水管品种、规格、品牌、颜色：ϕ100mmUPVC 水落管圆形	m	39.60			
30	010704001001	楼面、屋面找平层	1. 砂浆各类及配合比：1:3 水泥砂浆 2. 找平层厚度：20mm 两层 3. 添加材料的品种：加聚丙烯	m^2	112.05			
31	010704001002	楼面、屋面找平层	1. 砂浆各类及配合比：1:3 水泥砂浆 2. 找平层厚度：20mm 3. 添加材料的品种：加聚丙烯	m^2	60.75			
32	010803001001	保温隔热屋面	1. 保温隔热部位：屋面 2. 保温隔热面层材料品种、规格、性能：聚苯乙烯泡沫塑料板厚45mm 干铺 3. 保温隔热材料品种、规格及厚度：水泥珍珠岩 1:8	m^2	112.09			
33	010803001002	保温隔热屋面	1. 保温隔热部位：屋面 2. 保温隔热面层材料品种、规格、性能：聚苯乙烯泡沫塑料板厚35mm 干铺 3. 保温隔热材料品种、规格及厚度：水泥珍珠岩 1:8	m^2	60.75			
34	010803003001	保温隔热墙	1. 保温隔热部位：外墙 2. 保温隔热材料品种、规格及厚度：30mm 聚苯乙烯板	m^2	482.80			
35	010803003003	保温隔热墙	1. 保温隔热部位：阳台 2. 保温隔热方式（内保温、外保温、夹心保温）：外保温 3. 保温隔热面层材料品种、规格、性能：60mm 聚苯乙烯板	m^2	16.60			

续表

序号	项目编码	项目名称	项目特征	计量单位	工程数量	金额（元）		
						综合单价	合价	其中：暂估价
36	020102002001	块料楼地面	1. 结合层厚度、砂浆配合比：1∶4 干硬性水泥 2. 面层材料品种、规格、品牌、颜色：地板砖楼地面规格（mm）800×800	m^2	136.70			
37	020102002002	块料楼地面	1. 垫层材料种类、厚度：80mm C15 混凝土 2. 找平层厚度、砂浆配合比：素水泥结合层 3. 结合层厚度、砂浆配合比：20mm 厚 1∶4 干硬性水泥 4. 面层材料品种、规格、品牌、颜色：8～10mm 地板砖 800mm×800mm 5. 图集号：05YJ1 地 19	m^2	207.75			
38	020102002003	块料楼地面	1. 垫层材料种类、厚度：50mm 厚细石混凝土 2. 找平层厚度、砂浆配合比：15mm1∶2 水泥砂浆 3. 防水层厚度、材料种类：1.5mm 聚氨酯防水涂料 4. 结合层厚度、砂浆配合比：20mm 厚 1∶4 干硬性水泥 5. 面层材料品种、规格、品牌、颜色：8～10mm 地板砖 400mm×400mm 6. 图集号：05YJ1 楼 28	m^2	62.03			
39			1. 规格、品牌、颜色：8～10mm 地板砖 800mm×800mm 2. 图集号：05YJ1 楼 10					
40	020102002005	块料楼地面	1. 找平层厚度、砂浆配合比：素水泥结合层 2. 结合层厚度、砂浆配合比：20mm 厚 1∶4 干硬性水泥 3. 面层材料品种、规格、品牌、颜色：8～10mm 地板砖 800mm×800mm 4. 图集号：05YJ1 台 6 台阶平台	m^2	8.64			
41	020105003001	块料踢脚线	1. 踢脚线高度：150mm 2. 底层厚度、砂浆配合比：17mm1∶3 水泥砂浆 3. 粘贴层厚度、材料种类：3～4mm 水泥砂浆加水 20% 建筑胶镶贴 4. 面层材料品种、规格、品牌、颜色：8～10mm 面砖 5. 图集号：踢 22	m^2	40.63			

续表

序号	项目编码	项目名称	项目特征	计量单位	工程数量	金额（元）		
						综合单价	合价	其中：暂估价
42	020106002001	块料楼梯面层	1. 面层材料品种、规格、品牌、颜色：地板砖楼梯面层	m^2	27.05			
43	020107001001	金属扶手带栏杆、栏板	1. 扶手材料种类、规格、品牌、颜色：不锈钢栏杆 2. 图集号：05YJ81/48	m	15.78			
44	020108002001	块料台阶面	1. 面层材料品种、规格、品牌、颜色：地板砖台阶面层 2. 图集号：05YJ 台 6	m^2	4.74			
45	Y020111001001	散水	1. 砂浆或混凝土种类及配合比：C15 商品混凝土 2. 抹灰厚度：5mm 水泥砂浆随打随抹 3. 垫层厚度种类：150mm3∶7 灰土	m^2	19.21			
46	020201001001	墙面一般抹灰	1. 墙体类型：砖墙 2. 底层厚度、砂浆配合比：15mm 厚 1∶1∶6 混合砂浆	m^2	437.64			
47	020201001002	墙面一般抹灰	1. 墙体类型：砖墙 2. 底层厚度、砂浆配合比：15mm 厚 1∶1∶6 混合砂浆	m^2	447.64			
48	020202001001	柱面一般抹灰	1. 柱体类型：圆柱 2. 底层厚度、砂浆配合比：1∶2水泥砂浆	m^2	5.34			
49	020204003001	块料墙面	1. 面层材料品种、规格、品牌、颜色：外墙面砖	m^2	47.91			
50	020204003002	块料墙面	1. 墙体材料：砖墙 2. 底层厚度、砂浆配合比：15mm 厚 1∶3 水泥砂浆 3. 贴结层厚度、材料种类：4～5mm1∶1 水泥砂浆加水重 20% 建筑胶镶贴 4. 面层材料品种、规格、品牌、颜色：4～5mm 釉面砖	m^2	260.67			
51	020301001001	顶棚抹灰	1. 抹灰厚度、材料种类：7mm + 5mm 混合砂浆	m^2	521.11			
52	020301001002	顶棚抹灰	1. 抹灰厚度、材料种类：7mm + 5mm 水泥砂浆	m^2	81.09			
53	020401003001	实木装饰门	1. 门类型：成品豪华装饰木门（带框）安装	m^2	36.06			
54	020402005001	塑钢门	1. 门类型：成品塑钢推拉门	m^2	5.22			
55	20402006001	成品钢防盗门	1. 门类型：成品钢防盗门	m^2	3.72			
56	020403001001	金属卷闸门	1. 门材质：成品卷闸门安装铝合金	m^2	18.00			

续表

序号	项目编码	项目名称	项目特征	计量单位	工程数量	金额（元）		
						综合单价	合价	其中：暂估价
57	020406007001	塑钢窗	1. 窗类型：成品窗安装塑钢推拉窗	m^2	4.41			
58	020406007002	塑钢窗	1. 窗类型：成品塑钢推拉窗	m^2	85.83			
59	020506001001	抹灰面油漆	1. 油漆品种、刷漆遍数：乳胶漆	m^2	450.99			
60	020506001002	抹灰面油漆	1. 基层类型：独立柱 2. 油漆品种、刷漆遍数：乳胶漆	m^2	4.90			
61	020507001001	刷喷涂料	1. 基层类型：顶棚 2. 涂料品种、刷喷遍数：仿瓷涂料	m^2	584.90			
62	020507001002	刷喷涂料	1. 基层类型：内墙 2. 涂料品种、刷喷遍数：仿瓷涂料	m^2	883.26			
63	020507001003	刷喷涂料	1. 基层类型：楼梯底面 2. 涂料品种、刷喷遍数：仿瓷涂料	m^2	35.17			
64	010416001001	现浇混凝土钢筋（及砌体加固钢筋）	HPB235 级钢筋 Φ10 以内	t	10.32			
65	010416001002	现浇混凝土钢筋（及砌体加固钢筋）	HPB235 级钢筋 Φ10 以外	t	2.72			
66	010416001003	现浇混凝土钢筋（及砌体加固钢筋）	HRB335 级钢筋 Φ10 以外	t	11.17			
67	010417002001	预埋铁件	铁件	t	0.03			
68	Y020110004001	混凝土垫层	1. 垫层种类：台阶、台阶平台 2. 垫层材料配合比：C15 混凝土 3. 垫层厚度：140mm	m^3	3.23			
69	AB001	防腐木花架	制作、安装	项	1.00			
本页小计								
合计								

注：根据原建设部、财政部发布的《建筑安装工程费用组成》（建标［2003］206 号）的规定，“计算基础”可为“直接费”、“人工费”或“人工费＋机械费”

工程量计算书

工程名称：XX 小住宅

序号	分部分项名称	单位	数量	计算式
	建筑面积	m^2	630.76	首层：$S=(15.34+0.06)\times(17.74+0.06)-3.5\times(17.76-6-2\times0.06)=233.38m^2$
				二层：$S=233.38-6\times11.6+4.3\times2.51\times1/2=169.18m^2$
				三层：$S=(11.74+0.06)\times(11.6+0.24+0.06)+(1.4+0.06)\times(4+0.06)\times1/2=143.38m^2$
				四层：$S=(11.84+0.06)\times(13.14-5.4+0.06)-2\times4=84.82m^2$
				$S_{总}=233.38+169.18+143.38+84.82=630.76m^2$
A.1	土石方工程			
1	平整场地	m^2	233.38	233.38（首层面积）
2	基坑土方	m^3	105.20	$S=2.3\times2.3\times5+2\times2\times5+2.5\times2.5\times5+1.6\times1.6\times2+1.7\times1.7\times3=91.49m^2$ $V_{坑}=91.49\times(1.3-0.15)$(挖土深度)$=105.20m^3$
3	基槽土方	m^3	37.90	$L_{1-1}=15.1-0.88-2.3-1.5\times2-.93+17.5-.93-2.3-2.5-1.08+15.1-3.5-1.08-2.5-2-1.08=23.62m$ $V_{1-1}=23.62\times1.2$(垫层宽度)$\times(1.3-0.15)$(挖土深度)$=32.6m^3$ $L_{2-2}=17.5+3.5-1.08-1.23-2\times2-1.07-0.88-0.72-0.88=11.14m$ $V_{2-2}=11.14\times0.56\times(1-0.15)=5.3m^3$ $\sum V=32.6+5.3=37.9m^3$
4	原土打夯	m^2	126.07	$S=91.49+23.62\times1.2+11.14\times0.56=126.1m^2$
5	C15 混凝土基础垫层	m^3	12.61	$V=91.49\times0.1+(23.62\times1.2+11.14\times0.56)\times0.1=12.61m^3$
6	C30 混凝土独立基础	m^3	32.17	$V_{J-1}=[2.1\times2.1\times0.3+(0.5\times0.5+2.6\times2.6+2.1\times2.1)\times0.3/6]\times5=9.47m^3$ $V_{J-2}\sim V_{J-5}$计算方法同V_{J-1} $\sum V=32.17m^3$
7	C30 混凝土条形基础	m^3	7.69	$V=(23.62+0.1\times2\times10)\times0.3=7.69m^3$
8	M7.5 水泥砂浆砖基础	m^3	21.64	1-1 剖面 $V=(15.1\times2+17.5)\times0.49\times(0.9+0.032)$(0.032 大放脚折算高度)$=21.78m^3$ 扣与混凝土独基重复部分体积 扣 $V_{J-1}=(0.85+0.45)\times0.3/2\times0.49-0.12\times0.06\times2\times1.25=0.08m^3$ 扣 $V_{J-2}\sim V_{J-5}=3.16m^3$ 扣框柱 $V=0.4\times0.4\times0.6\times11=1.06m^3$ 2-2 剖面 $V=(17.5+3.5)\times0.24\times(0.9+0.066)$(0.066 大放脚折算高度)$=4.87m^3$ 扣框柱 $V=0.4\times0.4\times0.9\times5=0.72m^3$ $\sum V=21.78-0.08-3.16-1.06+4.87-0.72=21.64m^3$

续表

序号	分部分项名称	单位	数量	计算式
9	回填土	m^3	79.74	基础回填土 V=105.21+37.9−12.61−0.4×0.4×(0.6−0.15)×20−32.17−7.69−21.64+[(15.1×2+17.5)×0.49+(17.5+3.5)×0.24]×0.15=71.65m^3 房心回填土 V=[(15.1−0.38−0.12)×(17.5−0.38×2)×(3.5+0.12)×(11.5+0.04+0.12)](房间净积)×(0.15−0.11)=8.09m^3 ∑V=71.65+8.09=79.74m^3
A.3	砖石工程			
10	M7.5 混合砂浆煤矸砖 490mm 墙	m^3	68.39	一层 V=(15.34×2−3.5)(墙长)×(3.9−0.35)(墙高)×0.49−0.4×0.4×(3.9−0.35)×9(柱体积)+6×0.49×(3.9−0.7)−0.4×0.4×(3.9−0.7)+11.5×0.49×(3.9−0.6)−(0.4+0.28×2)×0.4×(3.9−0.6)=68.39m^3
11	M7.5 混合砂浆煤矸砖 240mm 墙	m^3	64.55	一层 V=[(3.5−0.28+11.5−0.4×2−0.28)×(3.9−0.35)−3×3(扣门窗洞)]×0.24−[3+0.25×2+(3.02+0.25×2)×2+(2.1+0.25×2)]×0.24×0.24[扣门窗洞上过梁]+[(6−0.28×2)×(3.9−0.7)−3×3]×0.24−(3+0.25×2)×0.24×0.2=10.55m^3 二层(计算方法同一层) V=54.33m^3 ∑V=10.55+54.33=64.55m^3
12	7.5 混合砂浆煤矸砖 120 墙	m^3	1.67	V=0.115×(3.5−0.1)×(2.7−0.24)−0.8×2.1×0.115+(2.7−0.25)×(3.3−0.1)×0.115=1.67m^3
13	M7.5 混合砂浆加气混凝土砌块墙	m^3	83.62	三、四层 250mm 墙（计算方法同一层） V=73.92m^3 女儿墙 V=(3.5×2+4.6+1.4−0.12)(三层晒台)+(4.0+1.4−0.2+4+2−0.2)(四层观看台)×1.5×0.25+(11.84+2.5)×0.3×0.25(平屋顶四周)−0.33(混凝土压顶)=9.7m^3 ∑V=73.92+9.7=83.62m^3
14	7.5 混合砂浆煤矸砖零星砌体	m^3	1.96	V=(4.6+11.84−0.12×2+1.4)×0.3×0.25(宝瓶式栏杆底座)+0.3×0.15×1.4(三层阳台至晒台处台阶)+0.12×0.8×(3.6+2.4)(二层雨篷斜板内)=1.96m^3
A.4	混凝土及钢筋混凝土工程			
15	C25 钢筋混凝土矩形柱 400mm×400mm	m^3	34.43	一层 KZ1、KZ2 V=0.4×0.4×(3.9+0.6)×20(0.6 基础顶至±0.00 处)=14.4m^3 二、三、四层柱（计算方法同一层） V=20.03m^3 ∑V=14.4+20.03=34.43m^3
16	C25 钢筋混凝土矩形柱 300mm×300mm	m^3	0.22	四层 KZ2 V=0.3×0.3×2.47（坡屋面下面）=0.22m^3

续表

序号	分部分项名称	单位	数量	计算式
17	C25 钢筋混凝土圆形柱	m^3	0. 34	二层 KZ2 $V=3.14\times0.25\times0.25/(4\times3.5\times2)=0.34m^3$
18	C20 钢筋混凝土构造柱	m^3	0. 92	墙长超过 5m 时，6 轴交 D 轴 ~ F 轴 $V=0.24\times(0.24+0.03\times2)\times(0.6+10.7+1.5)=0.92m^3$
19	C25 钢筋混凝土有梁板 100mm 厚以内	m^3	73. 30	一层 $V_{板}=[(3.5-0.25\times2)\times(2.4-0.25)+(1.4-0.25)\times(4-0.25)+(4-0.25)\times(3.6+3.9-0.25\times2)-0.25\times(3.9-0.25)-0.15\times(2.7-0.25)+(7.6-0.25\times2)-0.25\times(4-0.25)]\times0.1=4.19m^3$ $V_{LL1\sim LL6}=0.25\times0.3\times(2.4-0.25)+0.25\times0.3\times(3.9-0.25)+0.25\times0.35\times(3.5-0.25)+0.25\times0.35\times(4-0.25)+0.15\times0.25\times(2.7-0.25)+0.25\times0.35\times(4-0.25)=1.47m^3$ $V_{KL8、KL10}=0.25\times0.35\times(4-0.4+0.12-0.2)+0.25\times0.35\times(11.6-0.4\times4+0.12\times2)=1.2m^3$ 二、三、四层有梁板 $V=66.48m^3$（计算方法同一层） $\sum V=73.3m^3$
20	C25 钢筋混凝土有梁板 100mm 厚以上有梁板	m^3	28. 30	一层 V110 厚板 $=[(3.5-0.25)\times(3.6-0.25)+(4-0.25)\times(4-0.25)+(6-0.25)\times(7.6-0.25\times2)]\times0.11=7.24m^3$ V135 厚板 $=(7.6-0.25\times2)\times(6-0.25)\times0.135=5.51m^3$ V140 厚板 $=(4-0.25)\times(4.6-0.25)\times0.14=2.28m^3$ $\sum V=7.24+5.51+2.28=28.3m^3$
21	C20 混凝土过梁	m^3	3. 15	一层 $V=[3+0.25\times2+(3.02+0.25\times2)\times2+(2.1+0.25\times2)]\times0.24\times0.24+(3+0.25\times2)\times0.24\times0.2=0.92m^3$ 二、三、四层（计算方法同一层） $V=2.23m^3$ $\sum V=0.92+2.23=3.15m^3$
22	C20 素混凝土圈梁	m^3	2. 25	卫生间上翻梁 $V=(2.1+2.4)\times2-0.4+(2.7+3.9-0.4)\times2\times0.24\times0.2+(2.7+3.9-0.4)\times2\times2\times0.25\times0.2=2.25m^3$
23	C25 混凝土阳台板	m^3	1. 60	$V=[1.4\times(4-0.25)\times0.1+0.15\times0.3\times(4-0.25)]\times2+0.25\times0.35\times(1.4-0.2)\times2=1.6m^3$
24	C25混凝土雨篷	m^3	2. 18	$V=(0.35\times2+2.72+0.655+0.225)\times2.4\times0.1+(1+0.535)\times0.1\times(3.6+0.35\times2+2.4)$(二层)$+1.3\times0.9\times0.1$(四层)$=2.18m^3$
25	C20 混凝土直型楼梯	m^2	27. 05	$S=(2.5-0.24)\times(4-0.12+0.125)+(2.5-0.25)\times(4-0.125+0.125)\times2=27.05m^2$
26	C20 混凝土压顶	m^3	0. 33	$V=[(3.5\times2+4.6+1.4-0.12)$(三层晒台)$+(4.0+1.4-0.2+4+2-0.2)$(四层观看台)$]\times0.25\times0.055$(压顶厚)$=0.33m^3$
27	C20 混凝土台阶	m^2	4. 74	$S=(2.4+0.3+3.6+0.3\times2+1)\times0.6=4.74m^2$
28	C20 细石混凝土预制水簸箕	m^3	0. 01	$V=0.3\times0.3\times0.04+0.2\times0.2\times2\times0.04+0.3\times0.2\times0.04=0.01m^3$
29	宝瓶式栏杆	m	17. 60	$4.6+11.84-0.12\times2+1.4=17.6m$

续表

序号	分部分项名称	单位	数量	计算式
30	现浇混凝土钢筋 HPB235 级 Φ10 以内	t		10.317（见钢筋计算明细表）
31	现浇混凝土钢筋 HPB235 级 Φ10 以外	t		2.718（见钢筋计算明细表）
32	现浇混凝土钢筋 HRB335、HRB400 级 Φ10 以外	t		11.171（见钢筋计算明细表）
33	预埋铁件	t		0.028（见钢筋计算明细表）
A.7	屋面及防水工程			
34	1:3 水泥砂浆（掺丙纶）找平层	m^2	172.84	平屋面 $S=(3.5-0.12)\times(6-0.24)+(5.4-0.12)\times4+(7.6-0.12)\times(4-0.12)+(4-0.24)\times(2-0.125)+(11.84-0.25)\times(2.5-0.25)+(3.6+0.35\times2-0.1\times2)\times(2.4-0.12)=112.09m^2$ 坡屋面 $S=(3+0.12+0.3)\times(11.84+0.24)\times1.065$(坡度系数)$+(7.6+0.24)\times2\times1.068$(坡度系数)$=60.75m^2$ $\sum S=112.09+60.75=172.84m^2$
35	高聚物改性沥青防水卷材（3mm）两层	m^2	135.02	平屋面 $S=112.09+[(3.5-0.12+6-0.24)\times2+(3.6+0.35\times2-0.1\times2)+(2.4-0.12)+(11.84-0.25)\times2+(5.4-0.12)\times2+(4-0.25)+(2-0.125)+(11.84-0.25)\times2+(2.5-0.25)\times2]\times0.25=135.02m^2$
36	满铺聚乙烯薄膜（0.15mm）一层	m^2	112.09	平屋面 $S=112.09m^2$(同找平层)
37	500mm×500mm 地板砖地面（上人屋面）	m^2	112.09	平屋面 $S=112.09m^2$(同找平层)
38	合成高分子防水涂料（1.5mm）	m^2	60.75	坡屋面 60.75（同找平层）
39	陶瓷波形装饰瓦	m^2	60.75	坡屋面 60.75（同找平层）
40	Φ100PVC 落水管	m	39.60	$L=(7.4+0.15)\times2+(10.7+0.15)\times2+(13.5-10.7)=39.6m$
41	PVC 水斗	个	5.00	$n=5$ 个
42	PVC 落水口	个	5.00	$n=5$ 个
43	PVC 弯头	个	5.00	$n=5$ 个
44	雨篷出水口	个	1.00	$n=1$ 个
A.8	隔热、保温工程			
45	1:8 水泥膨胀珍珠岩	m^3	9.91	平屋面 $V=[(3.5-0.12)\times(6-0.24)+(5.4-0.12)\times4+(7.6-0.12)\times(4-0.12)+(4-0.24)\times(2-0.125)+(11.84-0.25)\times(2.5-0.25)+(3.6+0.35\times2-0.1\times2)\times(2.4-0.12)]\times[(6-0.24)\times0.02/2$(找坡平均厚度)$+0.02$(最薄处)$]=8.7m^3$

续表

序号	分部分项名称	单位	数量	计算式
				坡屋面 $V=[(3+0.12+0.3)\times(11.84+0.24)\times1.065$(坡度系数) $+(7.6+0.24)\times2\times1.068$(坡度系数)$]\times0.02=1.21\text{m}^3$ $\sum V=8.7+1.21=9.91\text{m}^3$
46	45mm 聚苯乙烯泡沫塑料板屋面	m^2	112.09	平屋面 $S=112.09$［同找平层］
47	35mm 聚苯乙烯泡沫塑料板屋面	m^2	60.75	坡屋面 $S=60.75\text{m}^2$
48	30mm 厚聚苯乙烯泡沫塑料板外墙	m^2	482.80	一层 $S=(15.34+0.03\times2+17.74+0.03\times2)\times2\times3.9-(3\times3\times2+3.02\times2.1\times2+2.1\times2.1)=223.87\text{m}^2$ 二、三、四层（计算方法同一层） $S=258.93\text{m}^2$ $\sum S=223.87+258.93=482.8\text{m}^2$
49	60mm 厚聚苯乙烯泡沫塑料板（阳台外墙）	m^2	16.60	$S=4\times1+1.4\times3.3+4\times3.3-1.8\times2.9=16.6\text{m}^2$
B.1	楼地面工程			
50	C15 混凝土垫层	m^3	17.05	一层地面（80mm 厚） $S=(15.34-0.38-0.12-0.24)\times(17.74-0.49\times2)-3.5\times11.5$(地面净面积)$=204.45\text{m}^2$ $S=3.6\times2.4$(台阶上平台)$=8.64\text{m}^2$ $V=(204.45+8.64)\times0.08=17.05\text{m}^3$
51	800mm×800mm 地板砖地面面层	m^2	395.34	一层地面：$S=204.45\text{m}^2$ 二、三、四层 $S=190.89$（计算方法同一层） $\sum S=204.45+190.89=395.34\text{m}^2$
52	细石混凝土垫层（50mm 厚）	m^3	3.10	卫生间、厨房 $[(2.7-0.24)\times(3.9-0.24)+(2.1-0.24)\times(2.4-0.24)+(2.7-0.25)\times(3.9-0.25)\times2+(4-0.24)\times(3-0.24)\times3]\times0.05=3.1\text{m}^3$
53	15mm1:2 水泥砂浆	m^2	62.00	$S=3.1/0.05=62\text{m}^2$
54	5mm 聚氨酯防水涂料	m^2	67.50	$S=62+0.15$(弯起高度)$\times[(2.7+3.9-0.24\times2)\times2+(2.7-0.25+3.9-0.25)\times2\times2]=67.5\text{m}^2$
55	400mm×400mm 地板砖面砖	m^2	62.00	$S=62\text{m}^2$
56	砖踢脚线（150mm 高）	m^2	40.63	一层 $S=(15.34-0.38-0.12-0.24+17.74-0.49\times2-3)\times2\times0.15=8.51\text{m}^2$ 二、三、四层（计算方法同一层） $S=32.12\text{m}^2$ $\sum S=8.51+32.12=40.63\text{m}^2$
57	地板砖楼梯面层	m^2	27.05	$S=27.05\text{m}^2$（楼梯面积）

续表

序号	分部分项名称	单位	数量	计算式
58	不锈钢栏杆、扶手	m	15.78	$L=(2.65+0.125+0.25)\times1.15\times4+0.16\times4+1.1+0.12=15.78\text{m}$
59	花岗石台阶面层	m^2	4.74	$S=4.74\text{m}^2$（台阶面积）
60	花岗石平台	m^2	8.64	$S=3.6\times2.4=8.64\text{m}^2$（台阶上平台）
61	3：7 灰土垫层	m^3	4.01	$V=4.74\times0.3+8.64\times0.3=4.01\text{m}^3$
62	原土打夯	m^2	13.38	$S=4.74+8.64=13.38\text{m}^2$
B.2	墙、柱面工程			
63	面砖外墙面（密贴）	m^2	50.93	一层西立面 $S=(17.74+3.5)\times(3.9+0.15)-3\times3\times2-3.02\times2.1\times2-2.1\times2.1=50.93\text{m}^2$
64	水泥砂浆外墙面（砖墙）	m^2	377.49	一层东、南、北立面 $S=(15.34\times2-3.5+17.74)\times(3.9+0.15)=181.93\text{m}^2$ 二层外墙面 $S=(15.34+17.74)\times2\times3.5-(1.8\times2.1\times3+1\times1.5\times2+1.5\times1.85+2.1\times1.6+2.1\times2.1+1.2\times3.1+3.52\times2.1)=195.56\text{m}^2$ $\sum S=181.93+195.56=377.49\text{m}^2$
65	水泥砂浆外墙面（砌块墙）	m^2	228.44	三、四层、女儿墙（计算方法同一层） $S=145.6+82.84=228.44\text{m}^2$
66	墙面抹灰面刷乳胶	m^2	424.00	二、三、四层、女儿墙 $S=195.56+228.44=424\text{m}^2$
67	混合砂浆内墙面	m^2	883.26	一层 $S=(15.34-0.38-0.12-0.24)\times(3.9-0.1)+[(17.74-0.49\times2)\times2-3.5+3.5]\times(3.9-0.11)+(0.16\times2+0.4)\times4\times(3.9-0.11)$（加附墙柱侧面）$+(7.6-0.38)\times(3.9-0.135)+4\times(3.9-0.14)-(3\times3\times2+3.02\times2.1\times2+2.1\times2.1)$（扣门窗洞）$=200.57\text{m}^2$ 二、三、四层（计算方法同一层） $S=682.69\text{m}^2$ $\sum S=200.57+682.69=883.26\text{m}^2$
68	釉面砖内墙面	m^2	250.76	卫生间、厨房 $S=[(2.7\times2-0.24+3.9-0.24)\times2+(2.1-0.24+2.4-0.24)\times2]\times(3.5-0.1)+(2.7-0.25+3.9-0.25)\times2\times(3.3-0.1)+(2.7-0.25+3.9-0.25)\times2\times(2.8-0.1)+(4-0.24)\times(3-0.24)\times(3.5+3.3+2.8-0.1\times3)-0.8\times2.1\times3=250.76\text{m}^2$
69	方形柱面抹混合砂浆	m^2	28.83	一层室内独立矩形柱 $S=0.4\times4\times(3.9-0.125)\times5-1.37$（扣梁和柱侧重合部分）$=28.83\text{m}^2$
70	方形柱面瓷釉涂料	m^2	28.83	$S=28.83$（同上）
71	圆形柱面抹水泥砂浆	m^2	5.34	雨篷柱 $S=3.14\times0.25\times(7.3-3.9)\times2=5.34\text{m}^2$
72	乳胶漆（柱）	m^2	5.34	$S=5.34\text{m}^2$（同上）
73	零星抹水泥砂浆	m^2	15.59	$S=1.4\times(0.3+0.15)$（三层阳台至晒台处台阶）$+(0.3\times2+0.25)\times(4.6+11.84-0.12\times2+1.4)$（宝瓶式栏杆底座）$=15.59\text{m}^2$

续表

序号	分部分项名称	单位	数量	计算式
74	零星抹防水水泥砂浆	m^2	1.39	$S=1.3\times0.9+(1.3+0.9)\times0.1=1.39m^2$
B.3	顶棚工程			
75	混合砂浆顶棚面	m^2	522.90	一层 $S=204.45$(地面净面积)$+[(0.24\times2)\times(3.5-0.24)+(0.20\times2)\times(2.4-0.25)+(0.21+0.25)\times(4-0.25)+(0.7\times2-0.14-0.11)\times(6-0.4)+(0.7\times2-0.14-0.135)\times(6-0.4)+(0.7\times2-0.135\times2)\times(6-0.4)+(0.35\times2-0.11\times2)\times(11.5-0.4)+(0.6\times2-0.11\times2)\times(11.5-0.4)+(0.35\times2-0.11-0.1)\times(4-0.4)+(0.3\times2-0.1\times2)\times(3.9-0.25)+(0.35\times2-0.1\times2)\times(4-0.25)+(0.25\times2-0.1\times2)\times(2.7-0.25)]$(加梁侧面)$-5.5$(扣梁头与梁侧重合部分)$=244.21m^2$ 二、三、四层（计算方法同一层） $S=278.69m^2$ $\sum S=244.21+278.69=522.9m^2$
76	水泥砂浆顶棚面	m^2	62.00	卫生间、厨房 $S=62m^2$
77	瓷釉涂料顶棚	m^2	584.90	$S=522.9+62=584.9m^2$
78	阳台、雨篷底面水泥砂浆	m^2	25.14	$S=(4-0.25)\times1.4\times2\times1.3$(阳台底悬臂梁折算系数)$+0.9\times1.3+(0.35\times2+2.72+0.655+0.225)\times2.4=25.14m^2$
79	阳台、雨篷底面瓷釉涂料	m^2	25.14	$S=25.14m^2$
80	楼梯底面瓷釉涂料	m^2	35.17	$S=27.05$(楼梯水平投影面积)$\times1.3$(折算系数)$=35.17m^2$
B.4	门窗工程			
81	实木装饰门	m^2	36.06	$S=1.2\times3.1+0.9\times2.1\times10+0.8\times2.1\times8=36.06m^2$
82	成品塑钢推拉门	m^2	5.22	$S=1.8\times2.9=5.22m^2$
83	成品铝合金卷闸门	m^2	18.00	$S=3\times3\times2=18m^2$
84	成品塑钢窗	m^2	85.83	$S=3.02\times2.1\times2+2.1\times2.1\times2+1.8\times2.1\times3+1.5\times1.85+2.1\times1.6+1.0\times1.5\times4+3.52\times2.1+1.8\times1.9\times5+3.745\times1.7+3.225\times0.9\times1\times0.9+1.8\times1.4+1.8\times0.9\times3=85.83m^2$
	措施项目			
85	混凝土模板	m^3		（同前面混凝土构件体积）
86	综合脚手架	m^2	630.76	$S=630.76m^2$（建筑面积）
87	20m以内建筑物垂直运输费	m^2	630.76	$S=630.76m^2$（建筑面积）

钢筋明细表

项目名称：XX 小住宅　　　　编制日期：2009－11－12

楼层名称：基础层					钢筋总重：2192.284kg				
筋号	级别	直径	钢筋图形	计算公式	根数	总根数	单长（m）	总长（m）	总重（kg）
构件名称：KZ－1			构件数量：1		单构件钢筋重：27.26kg				
全部纵筋插筋.1	HRB335	16	150 1908	4045/3＋600－40＋max(6×d,150)	8	8	2.06	16.46	25.986
箍筋.1	HPB235	8	340 340	2×[(400－2×30)＋(400－2×30)]＋2×(11.9×d)＋(8×d)	2	2	1.61	3.23	1.274
构件名称：KZ－1			构件总数量：4		本构件钢筋总重：104.6kg				
构件名称：KZ－2			构件数量：4		单构件钢筋重：60.162kg				
全部纵筋插筋.1	HRB335	20	150 1813	3760/3＋600－40＋max(6×d,150)	12	48	1.96	94.22	232.371
箍筋.1	HPB235	10	340 340	2×[(400－2×30)＋(400－2×30)]＋2×(11.9×d)＋(8×d)	2	8	1.68	13.42	8.276
构件名称：KZ－2			构件总数量：11		本构件钢筋总重：667.33kg				
构件名称：KZ－3			构件数量：4		单构件钢筋重：28.333kg				
全部纵筋插筋.1	HRB335	16	150 1930	4110/3＋600－40＋max(6×d,150)	8	32	2.08	66.56	105.054
箍筋.1	HPB235	10	340 340	2×[(400－2×30)＋(400－2×30)]＋2×(11.9×d)＋(8×d)	2	8	1.68	13.42	8.276
构件名称：KZ－3			构件总数量：5		本构件钢筋总重：139.35kg				
全部纵筋插筋.1	HRB335	16	150 1747	3560/3＋600－40＋max(6×d,150)	8	8	1.9	15.18	23.953
箍筋.1	HPB235	10	340 340	2×[(400－2×30)＋(400－2×30)]＋2×(11.9×d)＋(8×d)	2	2	1.68	3.36	2.069
构件名称：TJ－1			构件数量：1		单构件钢筋重：85.018kg				

续表

楼层名称：基础层					钢筋总重：2192.284kg				
筋号	级别	直径	钢筋图形	计算公式	根数	总根数	单长（m）	总长（m）	总重（kg）
受力筋.1	HRB335	12	920	1000 - 2 × 40	70	70	0.92	64.4	57.175
分布筋.1	HPB235	10	3020	2420 + 30 × d + 30 × d + 12.5 × d	4	4	3.15	12.58	7.756
分布筋.2	HPB235	10	2700	2100 + 30 × d + 30 × d + 12.5 × d	4	4	2.83	11.3	6.967
分布筋.3	HPB235	10	2800	2200 + 30 × d + 30 × d + 12.5 × d	4	4	2.93	11.7	7.214
分布筋.4	HPB235	10	2270	1670 + 30 × d + 30 × d + 12.5 × d	4	4	2.4	9.58	5.906
构件名称：TJ - 1			构件总数量：3		本构件钢筋总重：249.98kg				
构件名称：DJ - 1			构件数量：5		本构件钢筋总重：304.88kg				
横向底筋.1	HRB335	12	2020	2100 - 40 - 40	17	85	2.02	171.7	152.438
纵向底筋.1	HRB335	12	2020	2100 - 40 - 40	17	85	2.02	171.7	152.438
构件名称：DJ - 2			构件总数量：5		本构件钢筋总重：229.056kg				
横向底筋.1	HRB335	12	1720	1800 - 40 - 40	15	75	1.72	129	114.528
纵向底筋.1	HRB335	12	1720	1800 - 40 - 40	15	75	1.72	129	114.528
构件名称：DJ - 3			构件数量：5		本构件钢筋总重：354.772kg				
横向底筋.1	HRB335	12	2220	2300 - 40 - 40	18	90	2.22	199.8	177.386
纵向底筋.1	HRB335	12	2220	2300 - 40 - 40	18	90	2.22	199.8	177.386
构件名称：DJ - 4			构件数量：2		本构件钢筋总重：51.564kg				
横向底筋.1	HRB335	12	1320	1400 - 40 - 40	11	22	1.32	29.04	25.782
纵向底筋.1	HRB335	12	1320	1400 - 40 - 40	11	22	1.32	29.04	25.782
构件名称：DJ - 5			构件数量：3		本构件钢筋总重：90.77kg				
横向底筋.1	HRB335	12	1420	1500 - 40 - 40	12	36	1.42	51.12	45.385

续表

楼层名称：首层					钢筋总重：9535.173kg				
筋号	级别	直径	钢筋图形	计算公式	根数	总根数	单长（m）	总长（m）	总重（kg）
纵向底筋.1	HRB335	12	1420	1500 - 40 - 40	12	36	1.42	51.12	45.385
楼层名称：基础层					钢筋总重：2192.284kg				
构件名称：B - 100				构件数量：1	本构件钢筋重：22.274kg				
SLJ - 1[1].1	HPB235	8	1800	1600 + max(250/2,5 × d) + max(150/2,5 × d) + 12.5 × d	15	15	1.9	28.5	11.246
SLJ - 1[2].1	HPB235	8	2695	2495 + max(250/2,5 × d) + max(150/2,5 × d) + 12.5 × d	10	10	2.8	27.95	11.029
构件名称：B - 100				构件总数量：9	本构件钢筋总重：324.864kg				
构件名称：B - 110				构件数量：1	本构件钢筋重：114.381kg				
SLJ - 2[11].1	HPB235	8	5990	5740 + max(250/2,5 × d) + max(250/2,5 × d) + 12.5 × d	24	24	6.09	146.16	57.673
SLJ - 2[12].1	HPB235	8	3585	3475 + max(250/2,5 × d) - 15 + 12.5 × d	39	39	3.69	143.72	56.708
构件名称：B - 110				构件数量：3	本构件钢筋重：308.126kg				
SLJ - 2[13].1	HPB235	8	3980	3870 - 15 + max(250/2,5 × d) + 12.5 × d	39	39	4.08	159.12	62.786
SLJ - 2[14].1	HPB235	8	5990	5740 + max(250/2,5 × d) + max(250/2,5 × d) + 12.5 × d	27	27	6.09	164.43	64.882
构件名称：B - 135				构件数量：1	本构件钢筋重：215.729kg				
SLJ - 3[15].1	HPB235	8	6000	5750 + max(250/2,5 × d) + max(250/2,5 × d) + 12.5 × d	30	30	6.1	183	72.209

续表

楼层名称：基础层					钢筋总重：2192.284kg				
筋号	级别	直径	钢筋图形	计算公式	根数	总根数	单长（m）	总长（m）	总重（kg）
SLJ－4[16].1	HPB235	12	3995	3745＋max(250/2,5×d)＋max(250/2,5×d)＋12.5×d	39	39	4.15	161.66	143.52
构件名称：B－135			构件数总量：2		本构件钢筋总重：408.154kg				
构件名称：B－140			构件数量：1		本构件钢筋重：270.966kg				
SLJ－5[19].1	HPB235	12	4595	4345＋max（250/2，5×d）＋max（250/2，5×d）＋12.5×d	32	32	4.75	151.84	134.806
SLJ－5[20].1	HPB235	12	3995	3745＋max（250/2，5×d）＋max（250/2，5×d）＋12.5×d	37	37	4.15	153.37	136.16
构件名称：FJ－1					本构件钢筋重：35.088kg				
FJ－1[1].1	HPB235	8	70 730 23	505＋70＋31×d＋6.25×d	11	11	0.87	9.6	3.789
FJ－1[1].1	HPB235	6	1015	715＋150＋150	2	2	1.02	2.03	0.529
构件名称：FJ－2					本构件钢筋重：101.997kg				
FJ－2[2].1	HPB235	8	70 685 23	460＋31×d＋70＋6.25×d	13	13	0.83	10.76	4.247
FJ－2[2].1	HPB235	6	2045	1745＋150＋150	2	2	2.05	4.09	1.065
构件名称：FJ－3					本构件钢筋重：25.269kg				
FJ－3[4].1	HPB235	8	70 455 23	230＋70＋31×d＋6.25×d	2	2	0.6	1.2	0.472
FJ－3[4].2	HPB235	8	70 700 70	350＋350＋70＋70	7	7	0.84	5.88	2.32
构件名称：FJ－4					本构件钢筋重：99.663kg				
FJ－4[6].1	HPB235	8	70 730 23	505＋70＋31×d＋6.25×d	10	10	0.87	8.73	3.445
FJ－4[6].1	HPB235	6	1015	715＋150＋150	2	2	1.02	2.03	0.529

续表

楼层名称：基础层					钢筋总重：2192.284kg				
筋号	级别	直径	钢筋图形	计算公式	根数	总根数	单长（m）	总长（m）	总重（kg）
构件名称：FJ－5					本构件钢筋重：35.266kg				
FJ－5[9].1	HPB235	10	80 1085 85	860＋80＋31×d＋6.25×d	20	20	1.31	26.26	16.19
FJ－5[9].1	HPB235	6	1790	1490＋150＋150	4	4	1.79	7.16	1.865
构件名称：FJ－6					本构件钢筋重：64.805kg				
FJ－6［11］.1	HPB235	14	110 1210 209	985＋110＋31×d＋6.25×d	32	32	1.62	51.74	62.528
FJ－6［11］.1	HPB235	6	2185	1885＋150＋150	4	4	2.19	8.74	2.277
构件名称：FJ－7					本构件钢筋重：306.698kg				
FJ－7[12].1	HPB235	14	110 2000 105	1000＋1000＋110＋105	44	44	2.22	97.46	117.772
FJ－7[12].2	HPB235	14	105 1100 209	875＋31×d＋105＋6.25×d	1	1	1.5	1.5	1.815
构件名称：FJ－8					本构件钢筋重：96.928kg				
FJ－8[13].1	HPB235	14	105 1100 209	885＋105＋31×d＋6.25×d	23	23	1.51	34.78	42.024
FJ－8[13].1	HPB235	6	1900	1600＋150＋150	4	4	1.9	7.6	1.98
构件名称：FJ－9					本构件钢筋重：117.103kg				
FJ－9[15].1	HPB235	14	105 1210 209	985＋105＋31×d＋6.25×d	58	58	1.61	93.5	112.982
FJ－9[15].1	HPB235	6	3955	3655＋150＋150	4	4	3.96	15.82	4.121
构件名称：FJ－10					本构件钢筋重：48.539kg				
FJ－10[18].1	HPB235	12	80 1210 147	985＋80＋31×d＋6.25×d	33	33	1.51	49.9	44.299
FJ－10[18].1	HPB235	6	4070	3770＋150＋150	4	4	4.07	16.28	4.241

续表

楼层名称：基础层					钢筋总重：2192.284kg				
筋号	级别	直径	钢筋图形	计算公式	根数	总根数	单长（m）	总长（m）	总重（kg）
构件名称：FJ－11					本构件钢筋重：72.093kg				
FJ－11[19].1	HPB235	12	80 2000 80	1000＋1000＋80＋80	33	33	2.16	71.28	63.284
FJ－11[19].1	HPB235	6	4385	4085＋150＋150	4	4	4.39	17.54	4.569
FJ－11[19].2	HPB235	6	4070	3770＋150＋150	4	4	4.07	16.28	4.241
构件名称：FJ－12					本构件钢筋重：35.075kg				
FJ－12[22].1	HPB235	10	70 2000 80	1000＋1000＋70＋80	22	22	2.15	47.3	29.162
FJ－12[22].1	HPB235	6	3490	3190＋150＋150	4	4	3.49	13.96	3.636
FJ－12 [22] .2	HPB235	6	2185	1885＋150＋150	4	4	2.19	8.74	2.277
构件名称：FJ－13				构件数量：1	本构件钢筋重：88.798kg				
FJ－13[28].1	HPB235	8	70 560 23	$335+70+31\times d+6.25\times d$	12	12	0.7	8.44	3.329
FJ－13[30].1	HPB235	8	80 1210 23	$985+80+31\times d+6.25\times d$	38	38	1.36	51.79	20.437
FJ－13[30].1	HPB235	6	2190	1890＋150＋150	4	4	2.19	8.76	2.282
构件名称：FJ－14					本构件钢筋重：61.687kg				
FJ－14[38].1	HPB235	10	80 1100 85	$875+31\times d+80+6.25\times d$	1	1	1.33	1.33	0.819
FJ－14[38].2	HPB235	10	70 2000 80	1000＋1000＋70＋80	12	12	2.15	25.8	15.907
FJ－14[38].3	HPB235	10	70 1100 85	$875+70+31\times d+6.25\times d$	1	1	1.32	1.32	0.813
FJ－14[38].1	HPB235	6	1770	1670－50＋150	4	4	1.77	7.08	1.844
FJ－14[38].2	HPB235	6	1200	1100－50＋150	4	4	1.2	4.8	1.25
FJ－15[39].1	HPB235	12	70 1000 147	$775+70+31\times d+6.25\times d$	1	1	1.29	1.29	1.147
FJ－15[39].2	HPB235	12	70 1800 70	900＋900＋70＋70	11	11	1.94	21.34	18.946

续表

楼层名称：基础层					钢筋总重：2192.284kg				
筋号	级别	直径	钢筋图形	计算公式	根数	总根数	单长（m）	总长（m）	总重（kg）
FJ－15[39].3	HPB235	12	70 1000 147	775＋31×d＋70＋6.25×d	1	1	1.29	1.29	1.147
FJ－15[39].1	HPB235	6	1670	1570－50＋150	3	3	1.67	5.01	1.305
FJ－15[39].2	HPB235	6	1100	1000－50＋150	3	3	1.1	3.3	0.86
构件名称：FJ－16					本构件钢筋重：24.478kg				
FJ－16[49].1	HPB235	12	70 1110 147	885＋70＋31×d＋6.25×d	18	18	1.4	25.24	22.405
FJ－16[49].1	HPB235	6	1990	1690＋150＋150	4	4	1.99	7.96	2.073
构件名称：FJ－17					本构件钢筋重：34.202kg				
FJ－17[53].1	HPB235	12	80 1800 70	900＋900＋80＋70	18	18	1.95	35.1	31.162
FJ－17[53].1	HPB235	6	1900	1600＋150＋150	3	3	1.9	5.7	1.485
FJ－17[53].2	HPB235	6	1990	1690＋150＋150	3	3	1.99	5.97	1.555
构件名称：FJ－18					本构件钢筋重：60.042kg				
FJ－18[55].1	HPB235	8	70 960 23	735＋70＋31×d＋6.25×d	30	30	1.1	33.09	13.057
FJ－18[55].1	HPB235	6	2575	2275＋150＋150	3	3	2.58	7.73	2.012
构件名称：KZ－1				构件数量：2	本构件钢筋重：88.702kg				
全部纵筋.1	HRB335	16	3727	4480－3760/3＋max（2580/6，400，500）	8	16	3.73	59.63	94.12
箍筋.1	HPB235	8	340 340	2×[（400－2×30）＋（400－2×30）]＋2×（11.9×d）＋（8×d）	39	78	1.61	125.89	49.675
箍筋.2	HPB235	8	340	（400－2×30）＋2×（11.9×d）＋（2×d）	78	156	0.55	85.18	33.609
构件名称：KZ－1				构件总数量：4	本构件钢筋总重：187.87kg				
构件名称：KZ－2				构件数量：3	本构件钢筋重：207.056kg				

续表

楼层名称：基础层					钢筋总重：2192.284kg				
筋号	级别	直径	钢筋图形	计算公式	根数	总根数	单长（m）	总长（m）	总重（kg）
全部纵筋.1	HRB335	20	3727	4480 - 3760/3 + max (2580/6,400,500)	8	24	3.73	89.45	220.593
全部纵筋.2	HRB335	20	3347	4480 - 3760/3 - 720 + 1.2 × (35 × d)	4	12	3.35	40.16	99.051
箍筋.1	HPB235	10	340 340	2 × [(400 - 2 × 30) + (400 - 2 × 30)] + 2 × (11.9 × d) + (8 × d)	39	117	1.68	196.33	121.043
箍筋.2	HPB235	10	340 127	2 × {[(400 - 2 × 30 - 20)/3 × 1 + 20] + (400 - 2 × 30)} + 2 × (11.9 × d) + (8 × d)	78	234	1.25	292.73	180.482
构件名称：KZ - 2				构件总数量：11	本构件钢筋总重：1132.14kg				
构件名称：KZ - 3				构件数量：3	本构件钢筋重：111.422kg				
全部纵筋.1	HRB335	16	3632	4480 - 4110/3 + max (3130/6,400,500)	8	24	3.63	87.17	137.581
箍筋.1	HPB235	10	340 340	2 × [(400 - 2 × 30) + (400 - 2 × 30)] + 2 × (11.9 × d) + (8 × d)	37	111	1.68	186.26	114.836
箍筋.2	HPB235	10	340	(400 - 2 × 30) + 2 × (11.9 × d) + (2 × d)	74	222	0.6	132.76	81.849
构件名称:KZ - 3				构件数量:5	本构件钢筋重:226.78kg				
构件名称:GL - 1				构件数量:2	本构件钢筋重:22.464kg				
过梁全部纵筋.1	HPB235	12	3470	3000 + 250 - 15 + 250 - 15 + 12.5 × d	4	8	3.62	28.96	25.711
过梁箍筋.1	HPB235	8	150 210	2 × [(240 - 2 × 15) + (180 - 2 × 15)] + 2 × (11.9 × d) + (8 × d)	25	50	0.97	48.7	19.216
构件名称：GL - 1				构件数量：5	本构件钢筋重：106.51kg				

续表

楼层名称：基础层					钢筋总重：2192.284kg				
筋号	级别	直径	钢筋图形	计算公式	根数	总根数	单长(m)	总长(m)	总重(kg)
构件名称：KL1			构件数量：1		本构件钢筋重：170.083kg				
1. 跨中筋1	HRB335	20	300 6350 300	$400-25+15\times d+5600+400-25+15\times d$	2	2	6.95	13.9	34.28
1. 左支座筋1	HRB335	20	300 2242	$400-25+15\times d+5600/3$	1	1	2.54	2.54	6.269
1. 右支座筋1	HRB335	20	300 2242	$5600/3+400-25+15\times d$	1	1	2.54	2.54	6.269
1. 下部钢筋1	HRB335	22	330 6350 330	$400-25+15\times d+5600+400-25+15\times d$	3	3	7.01	21.03	62.755
1. 侧面受扭筋1	HPB235	12	6272	$28\times d+5600+28\times d+12.5\times d$	4	4	6.42	25.69	22.806
1. 箍筋1	HPB235	8	650 200	$2\times[(250-2\times25)+(700-2\times25)]+2\times(11.9\times d)+(8\times d)$	39	39	1.95	76.21	30.07
1. 拉筋1	HPB235	6	200	$(250-2\times25)+2\times(75+1.9\times d)+(2\times d)$	30	30	0.39	11.55	3.009
1. 次梁加筋1	HPB235	8	650 200	$2\times[(250-2\times25)+(700-2\times25)]+2\times(11.9\times d)+(8\times d)$	6	6	1.95	11.72	4.626
构件名称：KL2			构件数量：1		本构件钢筋重：465.335kg				
1. 上通长筋1	HRB335	18	270 17690 270	$400-25+15\times d+16940+400-25+15\times d$	2	2	18.23	36.46	72.832
1. 右支座筋1	HRB335	16	3200	$5600/4+400+5600/4$	2	2	3.2	6.4	10.101
1. 左支座筋1	HRB335	16	240 1775	$400-25+15\times d+5600/4$	2	2	2.02	4.03	6.361
1. 左支座筋2	HRB335	16	240 2242	$400-25+15\times d+5600/3$	2	2	2.48	4.96	7.835
1. 右支座筋2	HRB335	16	4134	$5600/3+400+5600/3$	2	2	4.13	8.27	13.05

续表

楼层名称：基础层					钢筋总重：2192.284kg				
筋号	级别	直径	钢筋图形	计算公式	根数	总根数	单长（m）	总长（m）	总重（kg）
1. 下部钢筋 1	HRB335	22	330 6350 330	400 − 25 + 15 × d + 5600 + 400 − 25 + 15 × d	2	2	7.01	14.02	41.836
1. 下部钢筋 2	HRB335	20	300 6350 300	400 − 25 + 15 × d + 5600 + 400 − 25 + 15 × d	2	2	6.95	13.9	34.28
1. 下部钢筋 3	HRB335	22	330 6350 330	400 − 25 + 15 × d + 5600 + 400 − 25 + 15 × d	2	2	7.01	14.02	41.836
1. 侧面受扭筋 1	HPB235	12	6272	28 × d + 5600 + 28 × d + 12.5 × d	4	4	6.42	25.69	22.806
1. 箍筋 1	HPB235	10	650 200	2 × [(250 − 2 × 25) + (700 − 2 × 25)] + 2 × (11.9 × d) + (8 × d)	56	56	2.02	113.01	69.674
1. 拉筋 1	HPB235	6	200	(250 − 2 × 25) + 2 × (75 + 1.9 × d) + (2 × d)	58	58	0.39	22.33	5.817
1. 次梁加筋 1	HPB235	10	650 200	2 × [(250 − 2 × 25) + (700 − 2 × 25)] + 2 × (11.9 × d) + (8 × d)	6	6	2.02	12.11	7.465
1. 次梁加筋 2	HPB235	10	650 200	2 × [(250 − 2 × 25) + (700 − 2 × 25)] + 2 × (11.9 × d) + (8 × d)	6	6	2.02	12.11	7.465
2. 右支座筋 1	HRB335	18	2746	3520/3 + 400 + 3520/3	1	1	2.75	2.75	5.485
2. 下部钢筋 1	HRB335	16	4640	35 × d + 3520 + 35 × d	3	3	4.64	13.92	21.971
2. 箍筋 1	HPB235	8	300 200	2 × [(250 − 2 × 25) + (350 − 2 × 25)] + 2 × (11.9 × d) + (8 × d)	24	24	1.25	30.1	11.875
3. 右支座筋 1	HRB335	18	2734	3500/3 + 400 + 3500/3	1	1	2.73	2.73	5.461
3. 下部钢筋 1	HRB335	18	4760	35 × d + 3500 + 35 × d	3	3	4.76	14.28	28.526

续表

筋号	级别	直径	钢筋图形	计算公式	根数	总根数	单长（m）	总长（m）	总重（kg）
楼层名称：基础层					钢筋总重：2192.284kg				
3. 箍筋 1	HPB235	8	300 200	2×[(250−2×25)+(350−2×25)]+2×(11.9×d)+(8×d)	28	28	1.25	35.11	13.855
3. 次梁加筋 1	HPB235	8	300 200	2×[(250−2×25)+(350−2×25)]+2×(11.9×d)+(8×d)	6	6	1.25	7.52	2.969
4. 右支座筋 1	HRB335	16	240 1415	3120/3+400−25+15×d	1	1	1.66	1.66	2.612
4. 下部钢筋 1	HRB335	16	240 4055	35×d+3120+400−25+15×d	3	3	4.3	12.89	20.337
4. 箍筋 1	HPB235	8	300 200	2×[(250−2×25)+(350−2×25)]+2×(11.9×d)+(8×d)	22	22	1.25	27.59	10.886
构件名称：KL3			构件数量：1		本构件钢筋重：128.586kg				
1. 跨中筋 1	HRB335	18	270 4670 216	400−25+15×d+4320+216−25	2	2	5.16	10.31	20.599
1. 下部钢筋 1	HRB335	22	4559	12×d+4320−25	2	2	4.56	9.12	27.209
1. 下部钢筋 2	HRB335	20	4535	12×d+4320−25	2	2	4.54	9.07	22.368
1. 下部钢筋 3	HRB335	22	4559	12×d+4320−25	2	2	4.56	9.12	27.209
1. 侧面构造筋 1	HPB235	12	4475	15×d+4320−25+12.5×d	4	4	4.63	18.5	16.425
1. 箍筋 1	HPB235	8	300 200	2×[(250−2×25)+(350−2×25)]+2×(11.9×d)+(8×d)	25	25	1.25	31.35	12.37
1. 拉筋 1	HPB235	6	200	(250−2×25)+2×(75+1.9×d)+(2×d)	24	24	0.39	9.24	2.407
构件名称：KL3			构件总数量：3		本构件钢筋总重：534.002kg				
构件名称：KL4			构件总数量：2		本构件钢筋总重：329.485kg				

续表

楼层名称：基础层					钢筋总重：2192.284kg				
筋号	级别	直径	钢筋图形	计算公式	根数	总根数	单长（m）	总长（m）	总重（kg）
1. 跨中筋 1	HRB335	18	270 6350 255	$400-25+15\times d+5600+35\times d$	2	2	6.88	13.75	27.467
1. 右支座筋 1	HRB335	16	185 2242	$5600/3+35\times d$	2	2	2.43	4.85	7.661
1. 左支座筋 1	HRB335	16	240 2242	$400-25+15\times d+5600/3$	2	2	2.48	4.96	7.835
1. 下部钢筋 1	HRB335	12	180 6350 180	$400-25+15\times d+5600+400-25+15\times d$	4	4	6.71	26.84	23.829
1. 侧面构造筋 1	HPB235	12	17300	$15\times d+16940+15\times d+12.5\times d+180$	2	2	17.63	35.26	31.304
1. 箍筋 1	HPB235	8	550 200	$2\times[(250-2\times25)+(600-2\times25)]+2\times(11.9\times d)+(8\times d)$	38	38	1.75	66.65	26.3
1. 拉筋 1	HPB235	6	200	$(250-2\times25)+2\times(75+1.9\times d)+(2\times d)$	15	15	0.39	5.78	1.504
2. 上通长筋 1	HRB335	18	270 11690 270	$400-25+15\times d+10940+400-25+15\times d$	2	2	12.23	24.46	48.861
2. 左支座筋 1	HRB335	16	240 2242	$400-25+15\times d+5600/3$	2	2	2.48	4.96	7.835
2. 右支座筋 1	HRB335	16	4026	$5440/3+400+5440/3$	2	2	4.03	8.05	12.709
2. 右支座筋 2	HRB335	16	3120	$5440/4+400+5440/4$	2	2	3.12	6.24	9.849
2. 下部钢筋 1	HRB335	12	6280	$35\times d+5440+35\times d$	4	4	6.28	25.12	22.302
2. 箍筋 1	HPB235	8	550 200	$2\times[(250-2\times25)+(600-2\times25)]+2\times(11.9\times d)+(8\times d)$	38	38	1.75	66.65	26.3
2. 拉筋 1	HPB235	6	200	$(250-2\times25)+2\times(75+1.9\times d)+(2\times d)$	15	15	0.39	5.78	1.504
3. 下部钢筋 1	HRB335	20	300 6175	$35\times d+5100+400-25+15\times d$	3	3	6.48	19.43	47.905

续表

楼层名称：基础层					钢筋总重：2192.284kg				
筋号	级别	直径	钢筋图形	计算公式	根数	总根数	单长（m）	总长（m）	总重（kg）
3. 箍筋1	HPB235	8	550 200	2×[(250−2×25)+(600−2×25)]+2×(11.9×d)+(8×d)	36	36	1.75	63.14	24.916
3. 拉筋1	HPB235	6	200	(250−2×25)+2×(75+1.9×d)+(2×d)	14	14	0.39	5.39	1.404
构件名称：KL5			构件数量：1		本构件钢筋重：406.564kg				
1. 上通长筋1	HRB335	18	270 17690 270	400−25+15×d+16940+400−25+15×d	2	2	18.23	36.46	72.832
1. 右支座筋1	HRB335	18	4134	5600/3+400+5600/3	2	2	4.13	8.27	16.516
1. 左支座筋1	HRB335	16	240 2242	400−25+15×d+5600/3	1	1	2.48	2.48	3.917
1. 右支座筋2	HRB335	18	3200	5600/4+400+5600/4	2	2	3.2	6.4	12.785
1. 下部钢筋1	HRB335	25	375 6350 375	400−25+15×d+5600+400−25+15×d	2	2	7.1	14.2	54.718
1. 下部钢筋2	HRB335	22	330 6350 330	400−25+15×d+5600+400−25+15×d	2	2	7.01	14.02	41.836
1. 侧面构造筋1	HPB235	12	5960	15×d+5600+15×d+12.5×d	2	2	6.11	12.22	10.849
1. 箍筋1	HPB235	8	650 200	2×[(250−2×25)+(700−2×25)]+2×(11.9×d)+(8×d)	39	39	1.95	76.21	30.07
1. 拉筋1	HPB235	6	200	(250−2×25)+2×(75+1.9×d)+(2×d)	15	15	0.39	5.78	1.504
2. 右支座筋1	HRB335	20	4026	5440/3+400+5440/3	2	2	4.03	8.05	19.858
2. 下部钢筋1	HRB335	20	6840	35×d+5440+35×d	3	3	6.84	20.52	50.606

续表

楼层名称：基础层					钢筋总重：2192.284kg				
筋号	级别	直径	钢筋图形	计算公式	根数	总根数	单长（m）	总长（m）	总重（kg）
2. 侧面构造筋 1	HPB235	12	5800	$15\times d+5440+15\times d+12.5\times d$	2	2	5.95	11.9	10.565
2. 箍筋 1	HPB235	8	550 200	$2\times[(250-2\times25)+(600-2\times25)]+2\times(11.9\times d)+(8\times d)$	38	38	1.75	66.65	26.3
2. 拉筋 1	HPB235	6	200	$(250-2\times25)+2\times(75+1.9\times d)+(2\times d)$	15	15	0.39	5.78	1.504
3. 右支座筋 1	HRB335	16	240 2075	$5100/3+400-25+15\times d$	2	2	2.32	4.63	7.308
3. 侧面受扭筋 1	HRB335	14	210 5965	$35\times d+5100+400-25+15\times d$	2	2	6.18	12.35	14.924
3. 箍筋 1	HPB235	8	550 200	$2\times[(250-2\times25)+(600-2\times25)]+2\times(11.9\times d)+(8\times d)$	36	36	1.75	63.14	24.916
3. 拉筋 1	HPB235	6	200	$(250-2\times25)+2\times(75+1.9\times d)+(2\times d)$	14	14	0.39	5.39	1.404
3. 次梁加筋 1	HPB235	8	550 200	$2\times[(250-2\times25)+(600-2\times25)]+2\times(11.9\times d)+(8\times d)$	6	6	1.75	10.52	4.153
构件名称：KL6				构件数量：1	本构件钢筋重：405.276kg				
1. 上通长筋 1	HRB335	18	270 15290 270	$400-25+15\times d+14540+400-25+15\times d$	2	2	15.83	31.66	63.244
1. 左支座筋 1	HRB335	16	240 1382	$400-25+15\times d+3020/3$	1	1	1.62	1.62	2.56
1. 右支座筋 1	HRB335	20	2800	$3600/3+400+3600/3$	2	2	2.8	5.6	13.81
1. 右支座筋 2	HRB335	20	2200	$3600/4+400+3600/4$	2	2	2.2	4.4	10.851
1. 下部钢筋 1	HRB335	16	240 3955	$400-25+15\times d+3020+35\times d$	3	3	4.2	12.59	19.863

续表

楼层名称：基础层					钢筋总重：2192.284kg				
筋号	级别	直径	钢筋图形	计算公式	根数	总根数	单长（m）	总长（m）	总重（kg）
1. 箍筋 1	HPB235	10	300 200	$2\times[(250-2\times25)+(350-2\times25)]+2\times(11.9\times d)+(8\times d)$	21	21	1.32	27.68	17.065
2. 右支座筋 1	HRB335	20	2800	3600/3 + 400 + 3600/3	2	2	2.8	5.6	13.81
2. 右支座筋 2	HRB335	20	2200	3600/4 + 400 + 3600/4	2	2	2.2	4.4	10.851
2. 下部钢筋 1	HRB335	25	5350	$35\times d+3600+35\times d$	3	3	5.35	16.05	61.847
2. 箍筋 1	HPB235	10	300 200	$2\times[(250-2\times25)+(350-2\times25)]+2\times(11.9\times d)+(8\times d)$	24	24	1.32	31.63	19.502
3. 右支座筋 1	HRB335	20	2746	3520/3 + 400 + 3520/3	2	2	2.75	5.49	13.544
3. 右支座筋 2	HRB335	20	2160	3520/4 + 400 + 3520/4	2	2	2.16	4.32	10.654
3. 下部钢筋 1	HRB335	20	4600	$35\times d+3200+35\times d$	3	3	4.6	13.8	34.033
3. 箍筋 1	HPB235	10	300 200	$2\times[(250-2\times25)+(350-2\times25)]+2\times(11.9\times d)+(8\times d)$	22	22	1.32	29	17.877
4. 右支座筋 1	HRB335	20	300 1548	$3520/3+400-25+15\times d$	2	2	1.85	3.7	9.115
4. 右支座筋 2	HRB335	20	300 1255	$3520/4+400-25+15\times d$	2	2	1.56	3.11	7.67
4. 下部钢筋 1	HRB335	25	375 4770	$35\times d+3520+400-25+15\times d$	3	3	5.15	15.44	59.477
4. 箍筋 1	HPB235	10	300 200	$2\times[(250-2\times25)+(350-2\times25)]+2\times(11.9\times d)+(8\times d)$	24	24	1.32	31.63	19.502
构件名称：KL7				构件数量：1	本构件钢筋重：64.191kg				
1. 跨中筋 1	HRB335	18	270 3850 270	$400-25+15\times d+3100+400-25+15\times d$	2	2	4.39	8.78	17.539

续表

楼层名称：基础层					钢筋总重：2192.284kg				
筋号	级别	直径	钢筋图形	计算公式	根数	总根数	单长（m）	总长（m）	总重（kg）
1. 左支座筋 1	HRB335	20	300 1408	400 − 25 + 15 × d + 3100/3	1	1	1.71	1.71	4.212
1. 右支座筋 1	HRB335	20	300 1408	3100/3 + 400 − 25 + 15 × d	1	1	1.71	1.71	4.212
1. 下部钢筋 1	HRB335	18	270 3850 270	400 − 25 + 15 × d + 3100 + 400 − 25 + 15 × d	2	2	4.39	8.78	17.539
1. 下部钢筋 2	HRB335	16	240 3850 240	400 − 25 + 15 × d + 3100 + 400 − 25 + 15 × d	1	1	4.33	4.33	6.834
1. 箍筋 1	HPB235	8	300 200	2 × [(250 − 2 × 25) + (350 − 2 × 25)] + 2 × (11.9 × d) + (8 × d)	22	22	1.25	27.59	10.886
1. 次梁加筋 1	HPB235	8	300 200	2 × [(250 − 2 × 25) + (350 − 2 × 25)] + 2 × (11.9 × d) + (8 × d)	6	6	1.25	7.52	2.969
构件名称：KL7				构件数量：2	本构件钢筋重：299.207kg				
构件名称：KL8				构件数量：2	本构件钢筋重：257.99kg				
1. 跨中筋 1	HRB335	20	300 4270 300	400 − 25 + 15 × d + 3520 + 400 − 25 + 15 × d	2	4	4.87	19.48	48.041
1. 左支座筋 1	HRB335	18	270 1548	400 − 25 + 15 × d + 3520/3	2	4	1.82	7.27	14.526
1. 右支座筋 1	HRB335	18	270 1548	3520/3 + 400 − 25 + 15 × d	2	4	1.82	7.27	14.526
1. 左支座筋 2	HRB335	18	270 1255	400 − 25 + 15 × d + 3520/4	2	4	1.53	6.1	12.185
1. 右支座筋 2	HRB335	18	270 1255	3520/4 + 400 − 25 + 15 × d	2	4	1.53	6.1	12.185
1. 下部钢筋 1	HRB335	22	330 4270 330	400 − 25 + 15 × d + 3520 + 400 − 25 + 15 × d	3	6	4.93	29.58	88.268

续表

楼层名称：基础层					钢筋总重：2192.284kg				
筋号	级别	直径	钢筋图形	计算公式	根数	总根数	单长（m）	总长（m）	总重（kg）
1. 箍筋1	HPB235	10	300 200	$2\times[(250-2\times25)+(350-2\times25)]+2\times(11.9\times d)+(8\times d)$	36	72	1.32	94.9	58.507
1. 次梁加筋1	HPB235	10	300 200	$2\times[(250-2\times25)+(350-2\times25)]+2\times(11.9\times d)+(8\times d)$	6	12	1.32	15.82	9.751
构件名称：KL9			构件数量：1		本构件钢筋重：125.521kg				
0. 上通长筋1	HRB335	18	270 7670 216	$400-25+15\times d+7320+216-25$	2	2	8.16	16.31	32.585
0. 跨中筋1	HRB335	18	216 4948	$400+3520/3+3400+216-25$	2	2	5.16	10.33	20.631
0. 下部钢筋1	HRB335	16	3567	$12\times d+3400-25$	1	1	3.57	3.57	5.63
0. 下部钢筋2	HRB335	16	3567	$12\times d+3400-25$	2	2	3.57	7.13	11.26
0. 箍筋1	HPB235	8	250 200	$2\times[(250-2\times25)+(300-2\times25)]+2\times(11.9\times d)+(8\times d)$	21	21	1.15	24.23	9.562
1. 右支座筋1	HRB335	18	270 1548	$3520/3+400-25+15\times d$	2	2	1.82	3.64	7.263
1. 下部钢筋1	HRB335	16	240 4270 240	$400-25+15\times d+3520+400-25+15\times d$	1	1	4.75	4.75	7.497
1. 下部钢筋2	HRB335	18	270 4270 270	$400-25+15\times d+3520+400-25+15\times d$	2	2	4.81	9.62	19.217
1. 箍筋1	HPB235	8	300 200	$2\times[(250-2\times25)+(350-2\times25)]+2\times(11.9\times d)+(8\times d)$	24	24	1.25	30.1	11.875
构件名称：KL10			构件数量：1		本构件钢筋重：195.964kg				
1. 上通长筋1	HRB335	20	300 11870 300	$400-25+15\times d+11120+400-25+15\times d$	2	2	12.47	24.94	61.506

续表

楼层名称：基础层					钢筋总重：2192.284kg				
筋号	级别	直径	钢筋图形	计算公式	根数	总根数	单长（m）	总长（m）	总重（kg）
1. 左支座筋 1	HRB335	20	300 1575	$400-25+15\times d+3600/3$	1	1	1.88	1.88	4.624
1. 右支座筋 1	HRB335	20	2800	$3600/3+400+3600/3$	1	1	2.8	2.8	6.905
1. 下部钢筋 1	HRB335	20	300 4675	$400-25+15\times d+3600+35\times d$	2	2	4.98	9.95	24.538
1. 下部钢筋 2	HRB335	18	270 4605	$400-25+15\times d+3600+35\times d$	1	1	4.88	4.88	9.738
1. 箍筋 1	HPB235	8	300 200	$2\times[(250-2\times25)+(350-2\times25)]+2\times(11.9\times d)+(8\times d)$	24	24	1.25	30.1	11.875
2. 右支座筋 1	HRB335	20	2746	$3520/3+400+3520/3$	1	1	2.75	2.75	6.772
2. 下部钢筋 1	HRB335	16	4320	$35\times d+3200+35\times d$	3	3	4.32	12.96	20.455
2. 箍筋 1	HPB235	8	300 200	$2\times[(250-2\times25)+(350-2\times25)]+2\times(11.9\times d)+(8\times d)$	22	22	1.25	27.59	10.886
3. 右支座筋 1	HRB335	20	300 1548	$3520/3+400-25+15\times d$	1	1	1.85	1.85	4.557
3. 下部钢筋 1	HRB335	16	240 4455	$35\times d+3520+400-25+15\times d$	3	3	4.7	14.09	22.231
3. 箍筋 1	HPB235	8	300 200	$2\times[(250-2\times25)+(350-2\times25)]+2\times(11.9\times d)+(8\times d)$	24	24	1.25	30.1	11.875
构件名称：LL3					本构件钢筋重：76.489kg				
1. 跨中筋 1	HRB335	16	240 3700 240	$250-25+15\times d+3250+250-25+15\times d$	2	2	4.18	8.36	13.195
1. 右支座筋 1	HRB335	20	300 875	$3250/5+250-25+15\times d$	1	1	1.18	1.18	2.898
1. 下部钢筋 1	HRB335	16	3634	$12\times d+3250+12\times d$	3	3	3.63	10.9	17.207
1. 箍筋 1	HPB235	8	300 200	$2\times[(250-2\times25)+(350-2\times25)]+2\times(11.9\times d)+(8\times d)$	17	17	1.25	21.32	8.412

续表

楼层名称：基础层					钢筋总重：2192.284kg				
筋号	级别	直径	钢筋图形	计算公式	根数	总根数	单长（m）	总长（m）	总重（kg）
1. 次梁加筋 1	HPB235	8	300 200	2×[(250−2×25)+(350−2×25)]+2×(11.9×d)+(8×d)	6	6	1.25	7.52	2.969
构件名称：LL4				构件数量：1	本构件钢筋重：95.838kg				
1. 跨中筋 1	HRB335	20	300 4195 300	250−25+15×d+3745+250−25+15×d	2	2	4.8	9.59	23.65
1. 左支座筋 1	HRB335	22	330 974	250−25+15×d+3745/5	2	2	1.3	2.61	7.782
1. 右支座筋 1	HRB335	16	240 974	3745/5+250−25+15×d	1	1	1.21	1.21	1.916
1. 下部钢筋 1	HRB335	25	75 4195 75	12×d+3745+12×d	2	2	4.35	8.69	33.486
1. 下部钢筋 2	HRB335	22	39 4195 39	12×d+3745+12×d	1	1	4.27	4.27	12.751
1. 箍筋 1	HPB235	10	300 200	2×[(250−2×25)+(350−2×25)]+2×(11.9×d)+(8×d)	20	20	1.32	26.36	16.252
构件名称：LL5					本构件钢筋重：62.72kg				
1. 跨中筋 1	HRB335	16	240 2770 192	250−25+15×d+2570+192−25	2	2	3.2	6.4	10.108
1. 跨中筋 2	HRB335	16	240 2153	250−25+15×d+0.75×2570	1	1	2.39	2.39	3.777
1. 下部钢筋 1	HRB335	16	2737	12×d+2570−25	2	2	2.74	5.47	8.64
1. 箍筋 1	HPB235	6	200 100	2×[(150−2×25)+(250−2×25)]+2×(75+1.9×d)+(8×d)	14	14	0.82	11.49	2.994
构件名称：LL6				构件数量：1	本构件钢筋重：58.774kg				
1. 跨中筋 1	HRB335	16	240 4195 240	250−25+15×d+3745+250−25+15×d	2	2	4.68	9.35	14.757
1. 左支座筋 1	HRB335	14	210 974	250−25+15×d+3745/5	1	1	1.18	1.18	1.431

续表

楼层名称：基础层					钢筋总重：2192.284kg				
筋号	级别	直径	钢筋图形	计算公式	根数	总根数	单长（m）	总长（m）	总重（kg）
1. 右支座筋 1	HRB335	14	210 974	3745/5 + 250 − 25 + 15 × d	1	1	1.18	1.18	1.431
1. 下部钢筋 1	HRB335	20	15 4195 15	12 × d + 3745 + 12 × d	3	3	4.23	12.68	31.259
1. 箍筋 1	HPB235	8	300 200	2 × [(250 − 2 × 25) + (350 − 2 × 25)] + 2 × (11.9 × d) + (8 × d)	20	20	1.25	25.08	9.896
构件名称：B − 100					本构件钢筋总重：13.874kg				
马凳筋.1	HPB235	8	80 80 60	80 + 2 × 80 + 2 × 60	9	9	0.36	3.24	1.278
构件名称：B − 110					本构件钢筋总重：9.146kg				
马凳筋.1	HPB235	8	90 80 60	80 + 2 × 90 + 2 × 60	14	28	0.38	10.64	4.198
构件名称：B − 135					本构件钢筋总重：5.679kg				
马凳筋.1	HPB235	8	115 80 60	80 + 2 × 115 + 2 × 60	18	18	0.43	7.74	3.054
构件名称：B − 140					本构件钢筋重：2.431kg				
马凳筋.1	HPB235	8	120 80 60	80 + 2 × 120 + 2 × 60	14	14	0.44	6.16	2.431
楼层名称：第 2 层（计算方法同一层）					钢筋总重：5511.832kg				
楼梯									
构件名称：LTL				构件数量：1	本构件钢筋重：24.231kg				
1. 跨中筋 1	HRB335	14	210 2705 210	250 − 25 + 15 × d + 2255 + 250 − 25 + 15 × d	2	2	3.13	6.25	7.553
1. 下部钢筋 1	HRB335	14	2591	12 × d + 2255 + 12 × d	3	3	2.59	7.77	9.393

续表

筋号	级别	直径	钢筋图形	计算公式	根数	总根数	单长(m)	总长(m)	总重(kg)
楼层名称：基础层					钢筋总重：2192.284kg				
1. 箍筋 1	HPB235	8	250 200	2×[(250-2×25)+(300-2×25)]+2×(11.9×d)+(8×d)	16	16	1.15	18.46	7.286
构件名称：B-平台板				构件数量：1	本构件钢筋重：1.499kg				
马凳筋.1	HPB235	8	60 80 90	80+2×90+2×60	10	10	0.38	3.8	1.499
构件名称：LT-1				构件数量：2	本构件钢筋重：125.668kg				
梯板下部纵筋	HRB335	12	2429	1650×1.351+2×100	12	24	2.43	58.3	51.756
下梯梁端上部纵筋	HPB235	10	0 875 600 70	897+6.25×d	12	24	0.96	23.04	14.205
上梯梁端上部纵筋	HPB235	10	150 875 450 70	885+6.25×d	12	24	0.95	22.75	14.028
梯板分布钢筋	HPB235	10	1070	1070+12.5×d	31	62	1.2	74.09	45.679
构件名称：LT-2				构件数量：2	本构件钢筋重：138.415kg				
梯板下部纵筋	HRB335	12	2514	1750.1×1.322+2×100	12	24	2.51	60.34	53.567
下梯梁端上部纵筋	HPB235	10	0 889 550 70	918+6.25×d	12	24	0.98	23.54	14.516
上梯梁端上部纵筋	HPB235	10	150 889 412 70	906+6.25×d	12	24	0.97	23.26	14.338
梯板分布钢筋	HPB235	10	1070	1070+12.5×d	38	76	1.2	90.82	55.994
楼层名称：第3层（计算方法同一层）					钢筋总重：4191.031kg				
构件名称：GZ-1				构件数量：3	本构件钢筋重：14.248kg				
全部纵筋.1	HPB235	12	411 1485	1500+33×d+12.5×d	4	12	2.05	24.55	21.798

续表

楼层名称：基础层					钢筋总重：2192.284kg				
筋号	级别	直径	钢筋图形	计算公式	根数	总根数	单长（m）	总长（m）	总重（kg）
插筋.1	HPB235	12	960	$47\times d+33\times d+12.5\times d$	4	12	1.11	13.32	11.826
箍筋.1	HPB235	6	210 210	$2\times[(240-2\times15)+(240-2\times15)]+2\times(75+1.9\times d)+(8\times d)$	11	33	1.06	35.01	9.12
构件名称：GZ-1			构件数量：5		本构件钢筋重：60.81kg				
构件名称：内墙120			构件数量：1		本构件钢筋重：5.361kg				
砌体加筋									
砌体加筋.1	HPB235	6	60 3880 60	$4000-60+60-60+60+12.5\times d$	4	4	4.08	16.3	4.246
构件名称：外墙240			构件数量：1		本构件钢筋重：3.892kg				
构件位置：<4-180，B+280>，<5-120，B+280>									
砌体加筋.1	HPB235	6	60 3540 60	$3660-60+60-60+60+12.5\times d$	4	4	3.74	14.94	3.892
构件名称：女儿墙压顶			构件数量：1		本构件钢筋重：9.004kg				
上部钢筋.1	HPB235	12	250 3620	$3650-15-15+250+12.5\times d$	1	1	4.02	4.02	3.569
上部钢筋.2	HPB235	12	51 3851	$3230+28\times d+28\times d+12.5\times d$	1	1	4.05	4.05	3.597
其他箍筋.1	HPB235	6	260	$260+2\times d+2\times11.9\times d$	17	17	0.42	7.06	1.838
构件名称：女儿墙压顶			构件数量：3		本构件钢筋重：33.03kg				
楼层名称：第4层（计算方法同一层）					钢筋总重：2475.532kg				
构件名称：雨篷板［9］			构件数量：1		本构件钢筋重：1.928kg				

续表

楼层名称：基础层					钢筋总重：2192.284kg				
筋号	级别	直径	钢筋图形	计算公式	根数	总根数	单长（m）	总长（m）	总重（kg）
SLJ－a6－200[17].1	HPB235	6	1405	$1295-15+\max(250/2, 5\times d)+12.5\times d$	5	5	1.48	7.4	1.928
构件名称：KL1			构件数量：1		本构件钢筋重：67.803kg				
1. 上通长筋1	HRB335	16	240 99 L1 158 L2 103 240	$406-25+15\times d+7112+410-25+15\times d$	2	2	8.36	16.72	26.384
1. 下部钢筋1	HPB235	8	L1 171 L2	$0.5\times406+5\times d+3525+0.5\times400+5\times8+12.5\times d$	6	6	4.11	24.65	9.726
1. 箍筋1	HPB235	8	300 200	$2\times[(250-2\times25)+(350-2\times25)]+2\times(11.9\times d)+(8\times d)$	24	24	1.25	30.1	11.875
2. 下部钢筋1	HPB235	8	L1 167 L2	$0.5\times400+5\times8+3188+0.5\times410+5\times d+12.5\times d$	6	6	3.77	22.64	8.933
2. 箍筋1	HPB235	8	300 200	$2\times[(250-2\times25)+(350-2\times25)]+2\times(11.9\times d)+(8\times d)$	22	22	1.25	27.59	10.886
构件名称：KL2			构件数量：1		本构件钢筋重：100.796kg				
1. 上通长筋1	HRB335	16	0 90 L1 158 L2	$42\times d-3525/3+7112+410-25+15\times d$	2	2	7.23	14.47	22.835
1. 右支座筋1	HRB335	16	1550 240 180.0	$3525/3+400-25+15\times d$	2	2	1.79	3.58	5.65
1. 左支座筋1	HRB335	18	1556 270 99.5	$406-25+15\times d+3525/3$	1	1	1.83	1.83	3.648
1. 左支座筋2	HRB335	20	1556 300 99.5	$406-25+15\times d+3525/3$	2	2	1.86	3.71	9.154

续表

楼层名称：基础层					钢筋总重：2192.284kg				
筋号	级别	直径	钢筋图形	计算公式	根数	总根数	单长（m）	总长（m）	总重（kg）
1. 下部钢筋 1	HPB235	8	L1 171 L2	0.5×406+5×d+3525+0.5×400+5×8+12.5×d	6	6	4.11	24.65	9.726
1. 箍筋 1	HPB235	8	300 200	2×[(250−2×25)+(350−2×25)]+2×(11.9×d)+(8×d)	24	24	1.25	30.1	11.875
2. 右支座筋 1	HRB335	16	240 1448 102.7	3188/3+410−25+15×d	2	2	1.69	3.38	5.328
2. 左支座筋 1	HRB335	20	300 1550 180.0	400−25+15×d+3525/3	2	2	1.85	3.7	9.125
2. 左支座筋 2	HRB335	18	270 1550 180.0	400−25+15×d+3525/3	1	1	1.82	1.82	3.636
2. 下部钢筋 1	HPB235	8	L1 167 L2	0.5×400+5×8+3188+0.5×410+5×d+12.5×d	6	6	3.77	22.64	8.933
2. 箍筋 1	HPB235	8	300 200	2×[(250−2×25)+(350−2×25)]+2×(11.9×d)+(8×d)	22	22	1.25	27.59	10.886
构件名称：KL3				构件数量：1	本构件钢筋重：124.2kg				
1. 上通长筋 1	HRB335	16	240 99 L1 158 L2 103 240	304−25+15×d+7139+410−25+15×d	2	2	8.28	16.57	26.147
1. 下部钢筋 1	HRB335	16	240 2406 99.5	304−25+15×d+1567+35×d	3	3	2.65	7.94	12.529
1. 侧面构造筋 1	HRB335	14	L1 171 L2	15×d+4351+15×d	2	2	4.77	9.54	11.531
1. 箍筋 1	HPB235	8	550 200	2×[(250−2×25)+(600−2×25)]+2×(11.9×d)+(8×d)	16	16	1.75	28.06	11.074

续表

楼层名称：基础层					钢筋总重：2192.284kg				
筋号	级别	直径	钢筋图形	计算公式	根数	总根数	单长（m）	总长（m）	总重（kg）
1. 拉筋 1	HPB235	6	200	(250 − 2 × 25) + 2 × (75 + 1.9 × d) + (2 × d)	9	9	0.39	3.47	0.903
2. 下部钢筋 1	HRB335	16	L1 167 L2 0 171	35 × d + 5168 + 410 − 25 + 15 × d	3	3	6.35	19.06	30.082
2. 箍筋 1	HPB235	8	550 200	2 × [(250 − 2 × 25) + (600 − 2 × 25)] + 2 × (11.9 × d) + (8 × d)	36	36	1.75	63.14	24.916
2. 拉筋 1	HPB235	6	200	(250 − 2 × 25) + 2 × (75 + 1.9 × d) + (2 × d)	70	70	0.39	26.95	7.02
构件名称：KL4			构件数量：1		本构件钢筋重：97.692kg				
1. 跨中筋 1	HRB335	16	L1 102.7 L2 240 90.0 240	400 − 25 + 15 × d + 5168 + 410 − 25 + 15 × d	2	2	6.41	12.82	20.228
1. 下部钢筋 1	HRB335	18	L1 102.7 L2 270 90.0 270	400 − 25 + 15 × d + 5168 + 410 − 25 + 15 × d	3	3	6.47	19.4	38.761
1. 侧面构造筋 1	HRB335	14	2800	15 × d + 2380 + 15 × d	2	2	2.8	5.6	6.767
1. 箍筋 1	HPB235	8	550 200	2 × [(250 − 2 × 25) + (600 − 2 × 25)] + 2 × (11.9 × d) + (8 × d)	36	36	1.75	63.14	24.916
1. 拉筋 1	HPB235	6	200	(250 − 2 × 25) + 2 × (75 + 1.9 × d) + (2 × d)	70	70	0.39	26.95	7.02
构件名称：女儿墙压顶			构件数量：1		本构件钢筋重：13.735kg				
上部钢筋.1	HPB235	12	250 5430 250	5460 − 15 + 250 − 15 + 250 + 12.5 × d	1	1	6.08	6.08	5.398
上部钢筋.2	HPB235	12	250 5581	5260 − 15 + 250 + 28 × d + 12.5 × d	1	1	5.98	5.98	5.31
其他箍筋.1	HPB235	6	260	260 + 2 × d + 2 × 11.9 × d	28	28	0.42	11.62	3.027

参考文献

[1] 中华人民共和国国家标准（GB/T 50353－2005）. 建筑工程建筑面积计算规范. 北京：中国计划出版社，2005.

[2] 中华人民共和国国家标准（GB 50500－2008）. 建设工程工程量清单计价规范. 北京：中国计划出版社，2008.

[3] 中国建筑工程造价管理协会. 图释建筑工程建筑面积计算规范. 北京：中国计划出版社，2007.

[4] 河南省建筑工程标准定额站. 河南省建设工程工程量清单综合单价 A 建筑工程（上、下册）B 装饰装修工程. 北京：中国计划出版社，2008.

[5] 邵怀宇. 建筑工程定额与预算. 北京：中国建筑工业出版社，2003.

[6] 丛培风等. 全国统一建筑工程基础定额应用百例图解. 济南：山东科学技术出版社，2002.

[7] 全国造价工程师职业资格考试培训教材编审委员会. 工程造价案例分析. 北京：中国计划出版社，2009.

[8] 梁庚贺等. 建设工程工程量清单计价规范应用. 天津：人民出版社，2004.

[9] 袁建新. 建筑工程预算. 北京：中国建筑工业出版社，2002.

[10] 代学灵等. 建筑工程计量与计价. 郑州：郑州大学出版社，2007.

[11] 工程造价从业人员资格考试统编教材. 建筑工程计价. 北京：中国计划出版社，2003.

[12] 王卫国. 建筑工程预算与清单培训教材. 北京：中国计划出版社，2004.

[13] 李文渊等. 平法钢筋识图算量基础教程. 北京：中国建筑工业出版社，2009.